STIG VEIBEL

ANALYTIK ORGANISCHER VERBINDUNGEN

PROF. DR. STIG VEIBEL
KOPENHAGEN

ANALYTIK ORGANISCHER VERBINDUNGEN

Mit 26 Abbildungen

AKADEMIE-VERLAG · BERLIN
1960

Erschienen im Akademie-Verlag GmbH, Berlin W 1, Leipziger Str. 3—4

Lizenz-Nr. 202 · 100/461/60
Gesamtherstellung: VEB Druckerei „Thomas Müntzer" Bad Langensalza
Bestellnummer: 5380
Printed in Germany
E S 18 C 3/5

GELEITWORT

Die wissenschaftliche und technische Analytik und Charakterisierung organischer Verbindungen und Verbindungsgemische gehört zu den schwierigsten Aufgaben der Chemie und setzt ihr gesamtes physikalisch-chemisches und chemisches Rüstzeug voraus. Im Gegensatz zu den überwiegend ionischen Verbindungen der anorganischen Chemie, die durch einen systematischen Analysengang erfaßt werden können, sind die Hunderttausende organischer unpolarer Stoffe Einzelindividuen, die nach funktionellen Gruppen klassifiziert werden, wobei Verbindungen des verschiedenartigsten chemischen Baues, wie Kettenverbindungen, Cyclen und Heterocyclen, unter die gleiche Verbindungsgruppe fallen.

Gemische, z. B. ätherische Öle, wurden bisher meist lediglich nach ihren physikalischen Daten (Dichte, Brechung, Drehung) und funktionellen Gruppen charakterisiert.

Zur eindeutigen analytischen Erfassung unbekannter Inhaltsstoffe natürlicher oder synthetischer Gemische folgt auf die Reinigung in einem umständlichen und zeitraubenden Verfahren die qualitative und quantitative Elementaranalyse, die Molekulargewichtsbestimmung und dann erst die systematische Prüfung auf alle funktionellen Gruppen und Atomgruppierungen (z. B. Mehrfachbindungen), die nach der Bruttoformel möglich sind.

Für analytische Prüfungen organischer Verbindungsgemische läßt sich kein allgemeines Schema in Gestalt von Routineverfahren geben. Vielmehr werden theoretische und praktische Kenntnisse sowie Erfahrung in der Benutzung der Literatur vorausgesetzt.

Aus innigster, langjähriger Vertrautheit mit der organisch-chemischen Analyse in Lehre und Forschung unternahm Herr Stig Veibel, der Verfasser der vorliegenden Monographie über die „Analytik organischer Verbindungen“, Professor an der Techn. Universität in Kopenhagen, bereits 1927 den dankenswerten und in den Grenzen des Möglichen geglückten Versuch, einen konzentierten Leitfaden für die Identifizierung der organischen Verbindungen mittels funktioneller Gruppen auszuarbeiten, der die Aneignung der notwendigsten Kenntnisse im Rahmen eines Hochschulkurses von 40 Tagen bei 5 Arbeitsstunden je Tag erlaubte. Dieser systematische analytische Leitfaden wurde durch den Verfasser unter ständiger Verwertung neuester Literatur in Unterrichtskursen immer wieder neu erprobt und auf den modernsten Wissensstand gebracht. In seiner jetzigen Form enthält er zuverlässige und einfache Analysenverfahren, die mit geringstem Aufwand an Geld, Zeit und Mühe durchführbar sind.

Bekanntlich haben in den letzten Jahrzehnten die physikalischen, in erster Linie die spektroskopischen und chromatographischen Analysenverfahren einen jede Erwartung übertreffenden Siegeszug angetreten. Eindeutige Analysenresultate lassen sich aber stets nur durch die sich gegenseitig ergänzende Anwendung physikalischer und chemischer Methoden erzielen. Nur der Analytiker, der die chemischen Methoden gründlich kennt, ist in der Lage, die physikalischen Analysenverfahren im höchsten Maße nutzbringend auszuwerten.

Aus den genannten Gründen kann man der „Analytik organischer Verbindungen" des Herrn Professor STIG VEIBEL eine günstige Prognose stellen. Im deutschen Sprachgebiet ist die systematische chemische Analyse sehr zu Unrecht in den letzten Jahrzehnten vernachlässigt worden, so daß das vorliegende Buch einen empfindlichen Mangel behebt. Vor praktischer Erprobung wird man sich zunächst zweckmäßigerweise mit dem ganzen Inhalt vertraut machen, um Anlage, Umfang und Methodik kennenzulernen. Das Buch wird den deutschen Chemikern zweifellos die gleichen guten Dienste leisten, wie den skandinavischen, englischen, französischen und russischen, in deren Sprachen es bereits übersetzt wurde.

Leipzig, den 8. 6. 1960 Prof. Dr. W. TREIBS

VORWORT

Der Ursprung dieser Anleitung geht bis 1925 zurück. Schon damals wurde beschlossen, daß die *funktionelle Analyse*, d. h. die Identifizierung organischer Substanzen durch ihre funktionellen Gruppen, in den obligatorischen Lehrgang der Chemieingenieure der Technischen Hochschule Dänemarks und der Chemiker der Kopenhagener Universität aufgenommen werden sollte. Da keine der Studienzeit angepaßte Anleitung zur Verfügung stand, war es notwendig, eine solche auszuarbeiten.

Die für den Kursus zur Identifizierung organischer Substanzen vorgesehene Zeit beträgt nur 40 fünfstündige Arbeitstage. Unter den vielen vorgeschlagenen Methoden mußten solche ausgewählt werden, deren Anwendungsbreite am größten ist, so daß den Studenten zwar nur eine begrenzte Auswahl von Methoden gegeben wird, aber nicht der Eindruck entsteht, daß die erwähnten Methoden die einzig praktisch anwendbaren oder die einzig möglichen sind.

Die während der vergangenen 30—35 Jahre gesammelten Erfahrungen haben gezeigt, daß es auch in einem so konzentrierten Kursus möglich ist, die Studenten so viele Methoden zu lehren, daß sie selbst ziemlich komplizierte Substanzen identifizieren können.

Der Kursus wird damit abgeschlossen, daß dem Studenten zwei Substanzen zur Identifizierung gegeben werden. Er hat 6 sechsstündige Arbeitstage zur Verfügung. Im Laufe dieser Zeit muß er sich vom Reinheitsgrad der Substanzen überzeugen und gegebenenfalls die notwendigen Reinheitsoperationen durchführen. Über die ausgeführten Untersuchungen wird ein Protokoll geschrieben, in dem die Reinheitskriterien erwähnt werden. Außerdem wird angegeben, welche Elemente und funktionellen Gruppen vorgefunden wurden und welche Methode zur Ermittlung des Äquivalentgewichtes benutzt worden ist. Aus diesen Daten werden die möglichen Strukturen aufgestellt und diskutiert. Von den Strukturen wird diejenige ausgewählt, die am besten mit den gefundenen Daten übereinstimmt. Durch Darstellung geeigneter Derivate wird die Hypothese bestätigt. Bisweilen müssen diese Derivate zur Bestimmung des Äquivalentgewichtes mitherangezogen werden.

Die dänischen Ausgaben haben eine gute Verbreitung in Skandinavien gefunden. Seit dem zweiten Weltkrieg hat die funktionelle Analyse auch außerhalb Skandinaviens ein ständig wachsendes Interesse erregt. Deshalb erschien die

4. Ausgabe 1954 in englischer Sprache. Es hat sich gezeigt, daß auch in den nicht englisch sprechenden Ländern das Interesse für die funktionelle Analyse genügend groß ist, um besondere Ausgaben zu rechtfertigen. Eine französische Ausgabe wurde vom Verfasser 1957 herausgegeben und noch im gleichen Jahr ins Russische übersetzt.

Die Identifizierung organischer Substanzen ist ein so rasch anwachsender Zweig der chemischen Wissenschaft, daß immer wieder neue Methoden vorgeschlagen werden, die ältere Methoden ergänzen oder ersetzen, und es muß die Aufgabe des Verfassers sein, unter diesen neuen Methoden für jede neue Ausgabe diejenigen auszuwählen, die ihm am besten geeignet erscheinen, die Anleitung zu verbessern.

Ich möchte nicht versäumen, meinen dänischen Mitarbeitern, die in täglicher Laboratoriumspraxis große Erfahrungen sammeln, auch hier meinen Dank dafür auszusprechen, daß sie mir immer bereitwillig ihr Wissen zur Verfügung stellten.

Herrn Professor Dr. W. Treibs und den Kollegen in Leipzig, die sich die Mühe gegeben haben, eine gewissenhafte sprachliche Korrektur der deutschen Ausgabe zu lesen, möchte ich hier meinen ergebensten Dank aussprechen.

Ich möchte hinzufügen, daß ich versucht habe, die Nomenklaturregeln der IUPAC so weit wie möglich zu befolgen, wobei mir die in den Chemischen Berichten 92, XLVII, 1959, veröffentlichten „Richtlinien für die Nomenklatur der anorganischen Chemie“ als Anleitung gedient haben.

Kopenhagen, April 1960

Stig Veibel

INHALT

BERICHTIGUNGEN

Seite 19, Zeile 3 v. o.	statt: Peroxysäuren	lies: Peroxosäuren
Seite 36, Zeile 14—13 v. u.	statt: Ammoniumphosphatomolybdat	lies: Ammoniummolybdatophosphat
Seite 36, Zeile 8 v. u.	statt: Phenolphtalein	lies: Phenolphthalein
Seite 47, Zeile 8 v. u.	statt: HERSCHENSON	lies: HERSHENSON
Seite 49, Zeile 4 v. o.	statt: S. 5	lies: S. 15
Seite 59, Zeile 14 v. u.	statt: *Aryldiazoniumionen*	lies: *Arendiazoniumionen*
Seite 74, Zeile 19 v. u.	statt: 50 ml	lies: 50 mikroliter oder 50 μl
Seite 86, Zeile 7 v. u.	statt: Aminophenden	lies: Aminophenolen
Seite 88, Zeile 2 v. u.	statt: WHITMAN	lies: WITMAN
Seite 91, Zeile 16 v. u.	statt: Phenylhydrazine	lies: Phenylhydrazone
Seite 94, Zeile 17 v. o.	statt: S. 100	lies: S. 110
Seite 116, Zeile 14 v. o.	statt: Phosohorpentoxid	lies: Phosphorpentoxid
Seite 118, Zeile 12 v. u.	Die Gleichung muß lauten: $M_{Carbonyl} = \frac{a \cdot 22400}{b - c}$	
Seite 129, Zeile 8 v. u.	statt: Hydroxymethylfurfurol	lies: Hydroxymethylfurfural
Seite 129, Zeile 6 v. u.	statt: Hydromethylfurfurol	lies: Hydroxymethylfurfural
Seite 140, Zeile 16 v. o.	statt: des Fe(III)	lies: der Fe(III)-
Seite 140, Zeile 12 v. u.	statt: äquivalenten Zuckerarten	lies: äquivalenten Mengen verschiedener Zuckerarten
Seite 180, Zeile 5 v. u.	statt: S. 198	lies: S. 178
Seite 195, Zeile 16 v. o.	statt: Amoniumdithiocarbaminat	lies: Ammoniumdithiocarbaminat
Seite 204, Zeile 12—11 v. u.	statt: Milli-gramm	lies: Mikro-gramm
Seite 222, Zeile 14 und 23 v. o.	statt: Xanthydryl	lies: Xanthydrol
Seite 252, Zeile 20 v. u.	statt: unter	lies: unten
Seite 272, Zeile 21 v. o.	statt: ROCSNH	lies: $ROCSHN_2$
Seite 284, Zeile 11 v. o.	statt: S. 216	lies: S. 276

5380 — VEIBEL, Analytik organischer Verbindungen

I. Prüfung des Reinheitsgrades der Untersuchungssubstanz

Die Untersuchung einer unbekannten Substanz sollte immer mit der Feststellung des Reinheitsgrades beginnen, denn sehr oft sind die Substanzen, die zur Identifizierung vorgelegt werden, unrein. In vielen Fällen handelt es sich um echte Verunreinigungen, die prozentual geringfügig sind; in anderen Fällen können aber Gemische verschiedener mehr oder weniger verwandter oder gar völlig unverwandter Substanzen vorliegen. Man muß also die Verunreinigung entfernen oder das Stoffgemisch in seine Bestandteile zerlegen. Die Methoden, die hierfür zur Verfügung stehen, sind dieselben wie in der präparativen organischen Chemie: Umkristallisation, fraktionierte Destillation, chromatographische Methoden, entweder Säulenchromatographie auf einer geeigneten Säule oder Papierchromatographie.

Für *feste Stoffe* ist das übliche Reinheitskriterium die Bestimmung des Schmelzpunktes. Reine Substanzen haben scharfe Schmelzpunkte, d. h., daß die ganze Substanzmenge beim langsamen Erwärmen innerhalb eines Temperaturintervalls von 0,5—1° schmilzt, während das Schmelzpunktintervall sich bei unreinen Substanzen über mehrere Grade ausdehnen kann.

Für die Umkristallisation ist ein Lösungsmittel zu wählen, in welchem die Substanz in der Wärme einigermaßen gut (1 Teil in 5—10 Gewichtsteilen), in der Kälte aber so schwer wie möglich löslich ist. Für unbekannte Substanzen ist deshalb eine Reihe von Vorversuchen zu empfehlen, wobei man in Reagenzgläschen das Lösungsvermögen verschiedener Lösungsmittel feststellt, um das für die eigentliche Umkristallisation geeignetste auszuwählen. Die Umkristallisation wird so oft wiederholt, bis sich der Schmelzpunkt bei nochmaliger Umkristallisation nicht mehr ändert. Um den Reinheitsgrad der Substanz noch besser zu prüfen, kann man eine Umkristallisation aus einem anderen Lösungsmittel vornehmen: Der Schmelzpunkt darf sich dabei nicht ändern.

Bei der üblichen Methode zur Bestimmung des Schmelzpunktes wird eine winzige Menge der reinen, trockenen, fein pulverisierten Substanz in ein dünnwandiges, an einem Ende zugeschmolzenes Kapillarröhrchen eingebracht. Das Röhrchen wird mittels eines Gummibandes oder eines Metalldrahtes an einem Thermometer derart befestigt, daß sich das zugeschmolzene Ende des Kapillarröhrchens im Niveau der Quecksilberkugel des Thermometers befindet. Das Thermometer mit dem Kapillarröhrchen wird dann in einem geeigneten Bade erhitzt. Für Temperaturen bis zu 200° C kann man Glyzerol (hygroskopisch und deshalb nicht sehr praktisch), Schwefelsäure (auch hygroskopisch) oder Paraffinöl als Badflüssigkeit verwenden; über 200° C ist ein Bad von Schwefelsäure mit zugesetztem Kaliumsulfat oder ein Gemisch von gleichen Gewichtsteilen Kalium- und Natriumsulfat (das Gemisch schmilzt bei etwa 200° C) empfohlen worden. Die Silicone mit sehr hohen Siedepunkten, die jetzt zugänglich sind, eignen sich vorzüglich als Schmelzpunktbäder; sie geben jedoch bei Temperaturen über 200° C reichlich Dämpfe ab und sollten deshalb, wie auch die Schwefelsäurebäder, nur unter dem Abzug Verwendung finden.

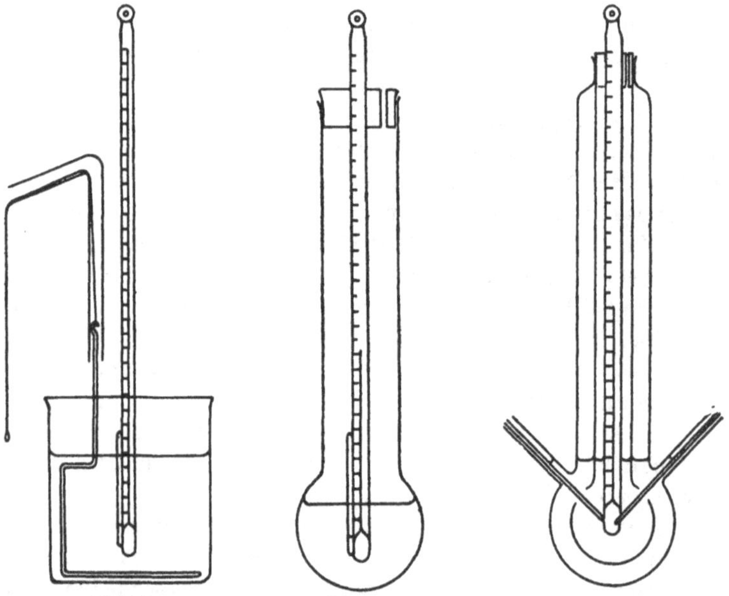

Abb. 1 Abb. 2 Abb. 3

Die einfachste Apparatur zur Schmelzpunktbestimmung ist ein mit einer geeigneten Flüssigkeit gefülltes Becherglas, welches mit einem (manuell oder mechanisch betriebenen) Rührer ausgestattet ist (Abb. 1). Das Thermometer mit dem Kapillarröhrchen wird in die Flüssigkeit getaucht, das Becherglas wird elektrisch oder über einem Bunsenbrenner erwärmt und der Rührer in Tätigkeit gesetzt. Heizung und Rühren müssen so abgestimmt sein, daß eine gleichmäßige Erwärmung des Bades garantiert wird und der Temperaturanstieg bei orientierenden Bestimmungen 5° C pro Minute nicht überschreitet.

Andere Methoden zur Sicherung gleichmäßiger Erwärmung des Bades sind in den Abbildungen 2—5 schematisch dargestellt.

Einige Substanzen schmelzen unter Zersetzung. In solchen Fällen wird der beobachtete Schmelzpunkt von der Geschwindigkeit der Temperatursteigerung abhängen, und die Literaturangaben verschiedener Verfasser können beträchtlich abweichen, wenn nicht das Maß der Temperatursteigerung angegeben ist.

Ziemlich allgemein wird eine Temperatursteigerung von höchstens 1—2° C pro Minute in der Nähe des Schmelzpunktes empfohlen. Man notiert die Temperatur, bei welcher die Substanz anfängt zusammenzusintern, und die Temperatur, bei der sie sich vollständig verflüssigt hat, und gibt dann an, daß die Substanz innerhalb dieses Intervalls schmilzt. Wie erwähnt, übersteigt dieses Intervall bei reinen Substanzen kaum 1°. Eine Zersetzung der Substanz während des Heizens bewirkt jedoch üblicherweise eine Erweiterung des Schmelzpunktintervalls. Für

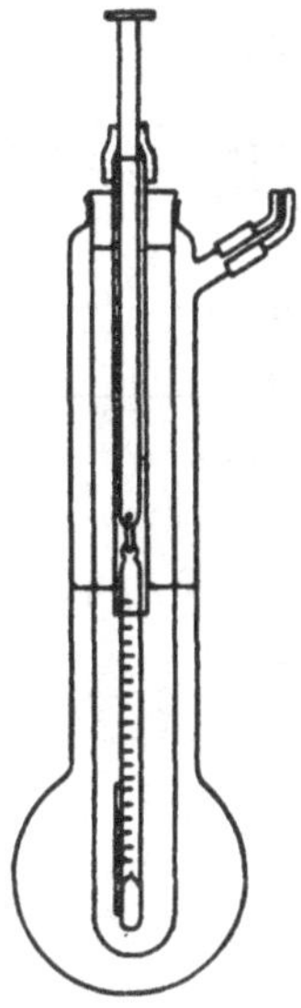

Abb. 4

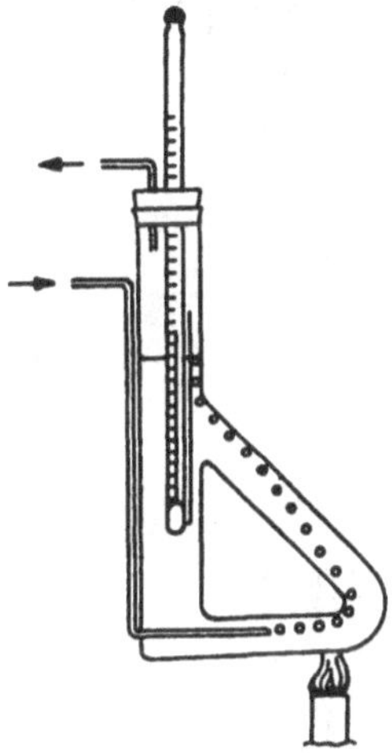

Abb. 5

solche Substanzen ist ein Apparat wie der in Abb. 3 skizzierte besonders vorteilhaft. Es wird eine Reihe von Kapillarröhrchen mit der Substanz beschickt. Ein vorläufiger Schmelzpunkt wird mit einem der Röhrchen ermittelt, und für jede weitere Temperatursteigerung um 2° C bringt man ein neues Kapillarröhrchen in den Apparat. Der wirkliche Schmelzpunkt ist dann definitionsgemäß diejenige Temperatur, bei welcher die Substanz 10—15 Sekunden nach Einführen des Kapillarröhrchens in den Apparat schmilzt.

Für Schnellbestimmungen kann man ein Quecksilberbad benutzen. Ein Becherglas wird mit Quecksilber beschickt und mit einem Thermometer versehen. Einige Substanzkristalle werden auf die Oberfläche des Quecksilbers gebracht; dann wird das Bad elektrisch oder über einem Bunsenbrenner erhitzt. Der Zeitpunkt, bei dem die Kristalle verschwinden, ist leicht festzustellen, und die entsprechende Temperatur wird abgelesen.

Ein Nachteil dieser Methode sind die während des Beheizens auftretenden Quecksilberdämpfe. Für Temperaturen unter etwa 200° genügt es jedoch, die Schmelzpunktbestimmung unter einem gut ziehendem Abzug vorzunehmen.

Für die Schmelzpunktbestimmung leicht zersetzlicher Substanzen eignet sich vorzüglich ein Metallblock, der mit Gas (Bloc MAQUENNE, Abb. 6 [1—2]) oder elektrisch (Abb. 7 [3]) beheizt wird. Eine geringe Menge der Substanz wird auf die Oberfläche des Blockes gebracht. Die Temperatur des Blockes wird mittels eines Thermometers festgestellt, das in einer Bohrung im Block angebracht ist, wobei man davon ausgeht, daß die Wärmetransmission des Metalls genügend groß ist,

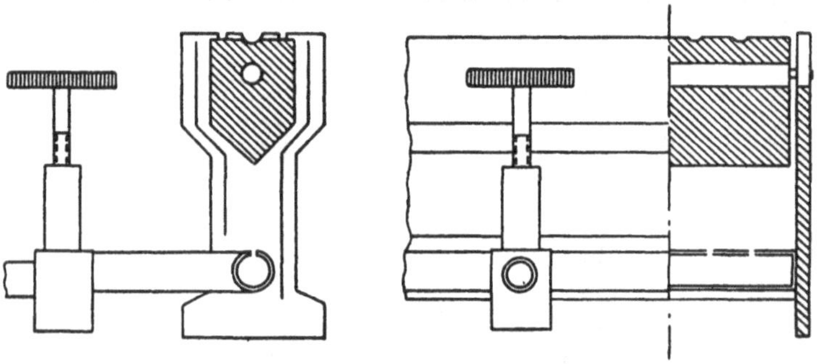

Abb. 6

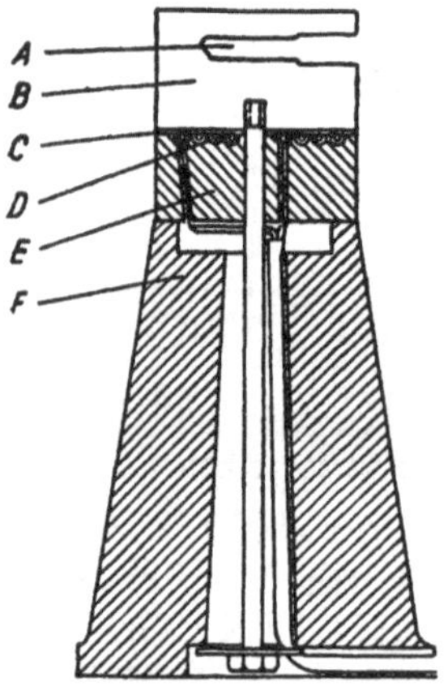

Abb. 7

A — Tasche für das Thermometer; *B* — Block aus Messing oder Aluminium; *C* — Platte aus Glimmer, 0,5 mm; *D* — Heizspirale, 18 m 0,10 mm Konstantan-Draht, Wiederstand etwa 900 Ohm; *E* — Platte aus Schiefer; *F* — Sockel aus Porzellan

um eine gleichmäßige Temperatur des ganzen Blockes zu gewährleisten. Ein provisorischer Schmelzpunkt wird bestimmt, indem die Substanz mit dem Block erwärmt wird. Die Beheizung des Blockes wird fortgesetzt, und für jede Steigerung um 2° über den provisorischen Schmelzpunkt werden neue Proben der Substanz auf die Metalloberfläche gebracht. Der „*point de fusion instantané*“ (*momentane Schmelzpunkt*) ist als die Temperatur definiert, bei der die Substanz nach 5—8sekundigem Erwärmen schmilzt.

Der Unterschied zwischen dem momentanen Schmelzpunkt und dem mittels Kapillarröhrchen bestimmten Schmelzpunkt kann mehrere Grade betragen, siehe z. B. [4].

Auch für Schmelzpunktbestimmungen mittels Kapillarröhrchen kann ein Metallblock Verwendung finden, siehe Abb. 8.

Das Kapillarröhrchen mit der Substanz wird in eine vertikale Bohrung im Metallblock eingebracht. Eine horizontale Bohrung durch den Metallblock im Niveau des Tiefpunktes der vertikalen Bohrung, die gekreuzt wird, ermöglicht den Durchgang von Licht aus einer Lichtquelle, die sich hinter dem Block befindet. Solange im Kapillarröhrchen die Substanz in Pulverform vorliegt, wird die Passage des Lichtes verhindert, und erst im Moment des Schmelzens erhellt sich plötzlich die horizontale Bohrung.

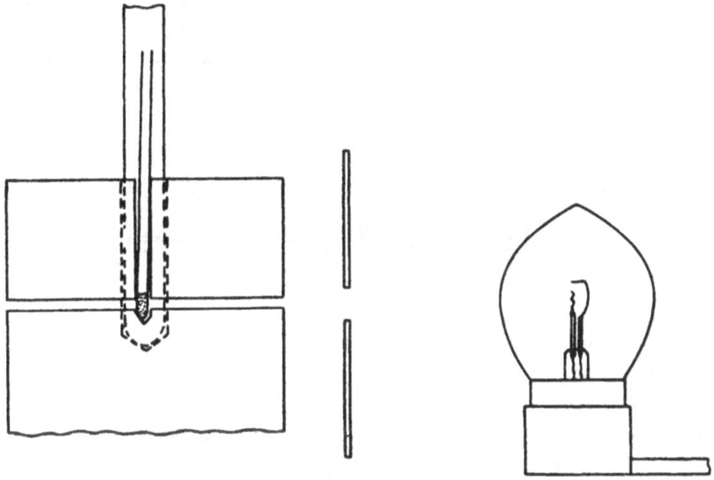

Abb. 8

Für die genaue Bestimmung des Schmelzpunktes mittels eines Metallblockes ist es sehr wichtig, die Geschwindigkeit des Temperaturanstieges genau zu kontrollieren. Bei einer zu schnellen Temperatursteigerung wird die am Thermometer abgelesene Temperatur zu niedrig sein, denn das Quecksilber erwärmt sich weniger schnell als der Block, und außerdem ist eine gleichmäßige Temperatur des Blockes bei zu schneller Erwärmung nicht gewährleistet. Am bequemsten ist elektrische Beheizung, da die Temperatursteigerung durch Einschalten eines regulierbaren Widerstandes in den Stromkreis geregelt werden kann. Jeder Änderung des Widerstandes entspricht eine definierte Geschwindigkeit der Temperatursteigerung.

Die Kofler-*Heizbank* (Abb. 9), Modell L. Kofler und W. Kofler (5), ist eine moderne Ausführung der Metallblock-Methode. Die Heizbank ist ein Metallblock, der an einem Ende einseitig elektrisch beheizt wird. Nach einer gewissen Zeit (etwa 45 Minuten) bleibt die Temperatur im Block konstant, solange keine Änderung der Energiezufuhr stattfindet. Eine experimentelle Temperaturskala wird dadurch ermittelt, daß verschiedene Substanzen mit bekannten Schmelzpunkten so auf der Bank verteilt werden, daß von allen Eichsubstanzen ein

Teil geschmolzen, ein Teil aber noch fest ist. Die Stelle der Oberfläche, die durch die verschiedenen Grenzlinien fest/flüssig festgelegt werden, haben Temperaturen, die den Schmelzpunkten der entsprechenden Eichsubstanz gleichkommen. Durch eine Reiteranordnung wird die Bankoberfläche mit der experimentellen Temperaturskala verglichen, und um den Schmelzpunkt einer unbekannten Substanz festzustellen, genügt es, die Stelle auf der Heizbank aufzusuchen, wo eine Grenzlinie fest/flüssig festgestellt werden kann. Mittels des Reiters wird dann der Schmelzpunkt, ermittelt.

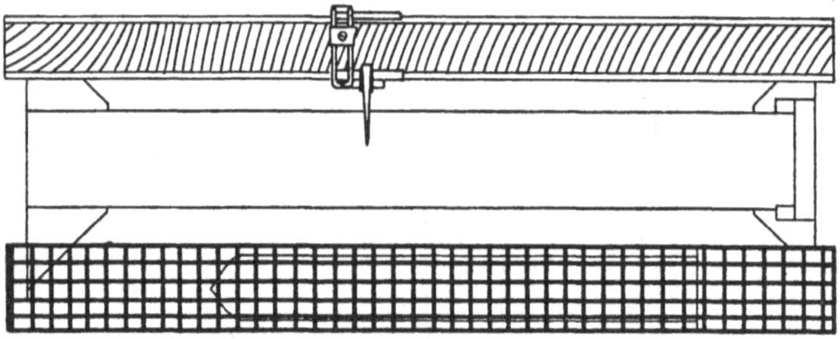

Abb. 9

Bei sorgfältiger Eichung der Temperaturskala werden mit der Kofler-Heizbank sofort die *korrigierten Schmelzpunkte* ermittelt, während die übrigen Methoden nur *unkorrigierte Schmelzpunkte* liefern. Der Unterschied zwischen korrigiertem und unkorrigiertem Schmelzpunkt kann dadurch hervorgerufen werden, daß 1. ein nichtgeeichtes Thermometer verwendet wird und 2. sich der größte Teil der Quecksilbersäule außerhalb des Bades oder des Metallblockes befindet und die am Thermometer abgelesene Temperatur deshalb nicht der wirklichen Temperatur des Bades oder des Blockes entspricht. Die erstgenannte Ursache vermeidet man durch Vergleichen des ungeeichten Thermometers mit einem geeichten, wenn beide Thermometer in demselben Bade erwärmt werden. Die zweite Fehlerquelle wird zum größten Teil eliminiert bei Verwendung von Thermometern nach Anschütz, d. h. eine Reihe von abgekürzten Thermometern, die zusammen den Temperaturbereich von 0° bis 360° decken, wobei jedes Thermometer einen Bereich von nur 50—60° umfaßt. Bei diesen Thermometern bleibt nur der Teil des Quecksilberfadens, welcher sich zwischen der Oberfläche des Bades und dem abgelesenen Schmelzpunkt befindet, d. h. maximal 50°, außerhalb des Bades. Dadurch werden die durch unzulängliche Erwärmung des Quecksilberfadens verursachten Fehler entsprechend reduziert. Bei Verwendung gewöhnlicher Thermometer korrigiert man die ungleichmäßige Beheizung des Quecksilberfadens dadurch, daß eine Größe, $0{,}000154\ N\ (T—t)°$, zur abgelesenen Temperatur addiert wird. Hier bedeutet N den Abstand (in Thermometergraden gerechnet) zwischen der Oberfläche des Bades und der abgelesenen Temperatur T, t die Mitteltemperatur des Quecksilberfadens (d. h. die am Mittelpunkt des Fadens mittels eines anderen Thermometers festgestellte Außentemperatur), während 0,000154 den scheinbaren Ausdehnungskoeffizienten des Quecksilbers im Glas wiedergibt. Diese Korrektur, die je nach den Abschirmungsmaßnahmen gegen Luftzug variieren kann, beträgt bei 100° 0,6—1°, bei 200° 2,5—4° und bei 300° 6—9°.

Wenn Metallblöcke Verwendung finden, werden gleichzeitig der Block und das Thermometer korrigiert, indem man den Stand des Thermometers bei den Schmelzpunkten einer Reihe von Eichsubstanzen mit wohldefinierten Schmelzpunkten abliest. In dieser Weise werden sowohl der ungleichmäßige Temperaturausgleich des Blockes als auch die unvollständige Erwärmung des Quecksilberfadens korrigiert. Eine geeignete Reihe von Eichsubstanzen ist folgende:

p-Dichlorbenzol	53°	Isatin	200°
m-Dinitrobenzol	90°	Anthracen	216°
Azetanilid	115°	Carbanilid	240°
Benzoesäure	122°	Oxanilid	253°
Harnstoff	133°	Anthrachinon	285°
Salizylsäure	159°	N,N'-Diazetylbenzidin	317°
Hippursäure	190°		

Für Substanzen, die am Schmelzpunkt oder noch vor dem Schmelzpunkt sublimieren, kann es notwendig sein, den Schmelzpunkt im geschlossenen, d. h. an beiden Enden zugeschmolzenen Kapillarröhrchen zu bestimmen. Dieses Verfahren darf niemals bei Substanzen, deren thermische Stabilität unbekannt ist, Verwendung finden, denn manche Substanzen zersetzen sich bei erhöhter Temperatur ziemlich heftig. Die Zersetzungsprodukte können da einen genügend großen Druck ausüben, um das Zerplatzen des Kapillarröhrchens zu bewirken, wobei Tropfen der heißen Badflüssigkeit aus dem Bade herausgeschleudert werden können.

Die Verwendung eines *Heißtisch-Mikroskopes* für Schmelzpunktbestimmungen erlaubt das Beobachten von Umwandlungen in der Nähe des Schmelzpunktes, die Feststellung der Existenz dimorpher oder polymorpher Modifikationen oder die Ermittlung des Schmelzpunktes eines isolierten Kristalls.

Wenn man meint, die Identität der vorgelegten Substanz durch den Schmelzpunkt und durch andere Kriterien festgestellt zu haben, kann man diese Behauptung beinahe zur vollkommenen Gewißheit erhärten durch die Bestimmung eines *Mischschmelzpunktes*: Die Schmelzpunkte der vorgelegten Substanz, einer authentischen Probe der angenommenen Substanz und eines innigen Gemischs gleicher Teile beider Substanzen werden auf einmal in demselben Bade ermittelt, indem alle 3 Kapillarröhrchen an demselben Thermometer befestigt werden. Man kann dadurch sehr leicht die Übereinstimmung oder die Nichtübereinstimmung der 3 Schmelzpunkte feststellen. Wenn bei der Mischung eine Schmelzpunkterniedrigung festzustellen ist, bedeutet dies, daß die beiden Substanzen nicht identisch sind, und da jede Verunreinigung eine Schmelzpunkterniedrigung bewirkt, ist umgekehrt die Übereinstimmung aller 3 Schmelzpunkte beinahe ein Beweis der Identität beider Substanzen. Eine Ausnahme bilden jedoch Substanzen, die zur Mischkristallbildung fähig sind. Hier brauchen Mischungen keine Schmelzpunkterniedrigung zu zeigen.

Für bei gewöhnlicher Temperatur *flüssige Substanzen* kann der *Siedepunkt* als Reinheitskriterium Verwendung finden. Es muß jedoch hervorgehoben werden, daß, während zur Bestimmung des Schmelzpunktes einer festen Substanz winzige Mengen (Bruchteile eines Milligramms) genügen, spezielle Mikromethoden zur Hilfe genommen werden müssen, wenn weniger als 0,5—1 g für die Ermittlung des Siedepunktes zur Verfügung stehen. Die folgenden Bemerkungen betreffen nur Siedepunktsbestimmungen, die ohne Mikrotechnik durchgeführt werden können.

Viele organische Flüssigkeiten werden bei ihren Siedepunkten oder schon bei tieferen Temperaturen zersetzt. Es empfiehlt sich deshalb, zuerst eine kleine Probe der Flüssigkeit in einem Reagenzglas zum Sieden zu bringen, um einen vorläufigen Siedepunkt zu ermitteln und zugleich festzustellen, ob eine Zerstörung eintritt oder nicht. Ein Reagenzglas wird mit 1—2 ml der Flüssigkeit gefüllt und ein Thermometer so ins Reagenzglas gehalten, daß der Thermometerfuß sich 2—3 cm oberhalb der Flüssigkeitsoberfläche befindet; dann wird die Flüssigkeit zum Sieden gebracht. Eine Zersetzung wird gewöhnlich an der Verfärbung der Flüssigkeit, an der Ausscheidung von Kohlenstoff oder an der Entwicklung von Dämpfen erkannt. Wenn dagegen die Substanz unzersetzt siedet, kann die Erwärmung so geregelt werden, daß die Dämpfe sich in einer Zone um den Thermometerfuß herum kondensieren. Bei hochsiedenden Flüssigkeiten bereitet es keine Schwierigkeiten, dies zu erreichen; mit niedrigsiedenden Flüssigkeiten ist es etwas schwieriger, aber diese Flüssigkeiten sieden meistens ohne Zersetzung. In dieser Weise wird ein vorläufiger Siedepunkt ermittelt, welcher gewöhnlich 1—2° niedriger ist als der wirkliche Siedepunkt.

Wenn nur wenig Flüssigkeit zur Verfügung steht, kann man einen angenäherten Siedepunkt in folgender Weise bestimmen:

Ein Mikroreagenzglas (0,5×8 cm), mit 0,2—0,3 ml der Flüssigkeit beschickt, wird an einem Thermometer befestigt, so daß der Boden des Glases sich im Niveau der Quecksilberkugel am Thermometer befindet. Außerdem wird ein etwa 2 cm langes Kapillarröhrchen, das etwa 0,5 cm von der unteren Öffnung entfernt zugeschmolzen ist, ins Reagenzglas gestellt. Das Thermometer mit anhängendem Reagenzgläschen wird, wie unter Schmelzpunktbestimmung erwähnt in ein Bad hineingebracht (Paraffinöl, Silicon, s. o.). Wenn das Bad langsam erhitzt wird, sieht man von Zeit zu Zeit infolge der thermischen Ausdehnung der im Kapillarröhrchen eingesperrten Luft eine Luftblase aus dem Kapillarröhrchen entweichen. Wenn aber die Badtemperatur den Siedepunkt der Flüssigkeit erreicht hat, kann man eine zusammenhängende Reihe von Dampfblasen beobachten. Bei Wiederholung des Experimentes mit einem neuen Kapillarröhrchen, wobei das Bad in der Nähe des zuerst ermittelten Siedepunktes sehr langsam erhitzt wird, kann man ziemlich genau den Siedepunkt feststellen.

Genauer wird der Siedepunkt durch Destillation in einem Fraktionierkölbchen bestimmt. Das Thermometer wird so angebracht, daß sich der obere Teil der Quecksilberkugel im Niveau der unteren Kante des Seitenrohres befindet. Wenn die Substanz rein ist, destilliert die ganze Menge innerhalb eines Intervalls von 1°; wenn dagegen das Intervall 2° überschreitet, scheint eine *fraktionierte Destillation* am Platze. Diese wird am besten, wie aus der präparativen Chemie bekannt ist, mit einem Destillieraufsatz durchgeführt (siehe Abb. 10). Wichtig ist, daß die Destillation langsam verläuft, so daß der Rücklauf genügend groß wird, um die Trennung der Dämpfe der verschiedenen Komponenten zu ermöglichen. Bei Flüssigkeiten mit Siedepunkten unterhalb etwa 150° werden die Dämpfe mittels eines Wasserkühlers kondensiert, bei solchen mit Siedepunkten oberhalb 150° dagegen mittels eines Luftkühlers.

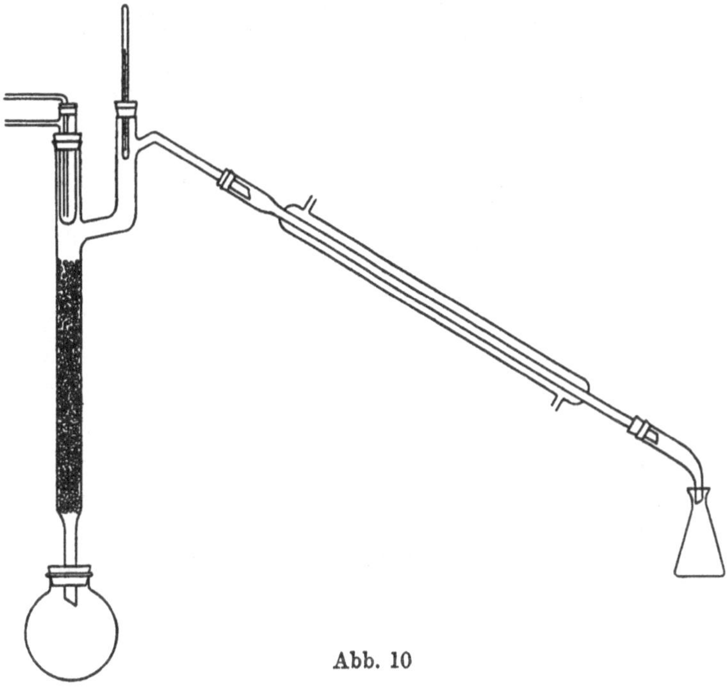

Abb. 10

Substanzen, die sehr hohe Siedepunkte haben oder die sich während der Destillation unter Atmosphärendruck zersetzen, kann man bei reduziertem Druck destillieren. Die Abbildungen 11 und 12 zeigen verschiedene Ausführungsformen der Vacuumdestillation. Die einfachste Methode ist die in der Abb. 11 gezeigte. Hier muß man aber die Destillation unterbrechen und das Vacuum wegnehmen, wenn man die Vorlage auszutauschen wünscht. Die in der Abb. 12 gezeigte Anordnung gestattet dagegen den Austausch der Vorlage, ohne daß das Vacuum verlorengeht.

Mit der Wasserstrahlpumpe kommt man bis zum Wasserdampfdruck bei der Temperatur des Leitungswassers, d. h. etwa 12—15 mm Quecksilber herunter, was einer Siedepunktserniedrigung von etwa 100° gleichkommt. Muß man den Siedepunkt noch weiter herunterdrücken, bleiben nur die Hochvacuumpumpen übrig, und zwar entweder eine Ölpumpe oder eine Quecksilber- oder Öldiffusionspumpe. Bei Hochvacuumpumpen ist es notwendig, zwischen Destillationskölbchen und Pumpe eine Gefrierfalle, welche in einem Kältebad (festes Kohlendioxid-

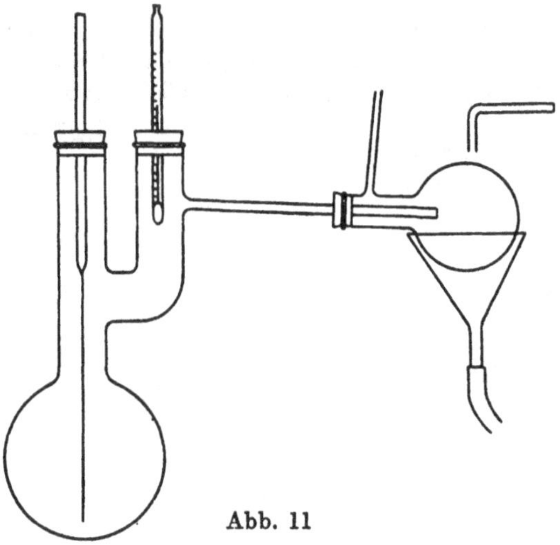

Abb. 11

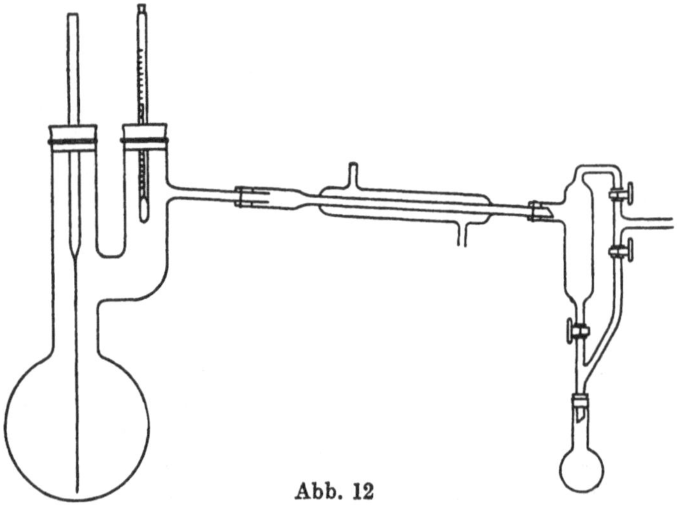

Abb. 12

Azeton) gekühlt wird, zu schalten, um die Pumpe gegen flüchtige Substanzen zu schützen, da solche Substanzen sehr leicht das Öl der Pumpe verunreinigen und das Erreichen des gewünschten Vacuums (0,01—1 mm Quecksilber mit der Ölpumpe; bis 10^{-5} mm Hg bei der Diffusionspumpe) verhindern können.

Für Flüssigkeiten existiert kein dem Mischschmelzpunkt der festen Substanzen vergleichbares Reinheitskriterium.

Der *Brechungsindex „n“*, welcher sehr einfach bestimmt werden kann, ist ein bequemes Reinheitskriterium für Flüssigkeiten. Für seine Bestimmung stehen Refraktometer nach ABBÉ oder nach PULFRICH zur Verfügung. Die am häufigsten benutzten Lichtquellen sind die gelbe Natriumlinie, die rote Heliumlinie oder die grüne Quecksilberlinie. Wichtig ist, daß die Temperaturkonstanz bei der Messung sehr groß sein muß ($\pm$ 0,01°).

Bisweilen ist das *spezifische Gewicht „d“* einer Flüssigkeit genügend charakteristisch, um die Identifizierung der Substanz zu erleichtern. Die meisten organischen Substanzen haben spezifische Gewichte zwischen 0,80 und 1,10, und eine genaue Bestimmung des spezifischen Gewichtes wird die Anzahl der in Frage kommenden Verbindungen nur ungenügend reduzieren. Doch scheint eine gewisse Abgrenzung verschiedener Gruppen (z. B. Kohlenwasserstoffe, Alkohole, Säuren) durchaus möglich. Wenn jedoch eine vorläufige Bestimmung des spezifischen Gewichtes gezeigt hat, daß dieses außerhalb der genannten Größen liegt, lohnt es sich, eine genaue Bestimmung vorzunehmen. Im allgemeinen genügt es, 1, 2, 5 oder 10 ml der Flüssigkeit mittels einer geeichten Pipette in einem verschließbaren Wägegläschen abzumessen und zu wiegen. Bei viscosen Flüssigkeiten empfiehlt es sich, statt einer Pipette eine geeichte Rekordspritze zur Abmessung zu verwenden.

Bei der Beurteilung der gefundenen Werte erinnere man sich daran, daß z. B. die Nitrogruppe und die Halogenatome das spezifische Gewicht erhöhen. Für die Halogene trifft dies in wachsendem Maße mit dem Ansteigen der Ordnungszahl zu.

Eine sehr eingehende Beschreibung der Methoden zur Bestimmung der physikalischen Konstanten organischer Verbindungen hat A. WEISBERGER [6] gegeben.

In vielen Fällen wird die vollständige Reinigung einer Substanz weder durch Umkristallisation noch durch fraktionierte Destillation erreicht. In solchen Fällen kann man versuchen, die Reinigung mittels *chromatographischer Methoden* [6—12] zu erreichen. Wenn sowohl die reine Substanz als auch die Verunreinigungen gefärbt sind, ist es sehr leicht, die chromatographische Trennung zu verfolgen. Eine Lösung der unreinen Substanz in einem geeigneten Lösungsmittel (z. B. Ligroin oder Benzol) wird durch eine Säule eines geeigneten Adsorptionsmittels (z. B. Calciumcarbonat, Aluminiumhydroxid oder -oxid, Stärke, Cellulose), welches sich in einem zylindrischen Glasrohr befindet, gegossen. Die Passage durch die Säule kann durch schwaches Saugen unterstützt werden (Abb. 13). Die gelösten Substanzen werden im oberen Teil der Säule adsorbiert. Wenn man aber nach dem Aufgießen der Lösung das reine Lösungsmittel nachgießt, wird das Chromatogramm „entwickelt“, d. h., daß die verschiedenen Komponenten, wenn die vorgelegte Substanz ein Gemisch ist, mit verschiedenen Haftfestigkeiten an der Säule gebunden werden, und beim Nachgießen des Lösungsmittels der Reihe nach durch die Säule wandern. Nach der Entwicklung zeigt die Säule dann verschieden gefärbte Zonen, die durch farblose Zwischenräume getrennt sind. Die Säule wird aus dem Glaszylinder herausgepreßt, ihre gefärbten Teile werden isoliert, jeder Teil für sich wird mit einem geeigneten Lösungsmittel (oft

Methanol oder Äthanol) eluiert, und schließlich werden die einzelnen Fraktionen durch Abdampfen des Lösungsmittels gewonnen.

Eine andere Methode zur Trennung des vorgelegten Gemischs ist die folgende: Nach Entwicklung des Chromatogramms fügt man zum Lösungsmittel 5—10% eines Elutionsmittels hinzu und setzt dann die Entwicklung fort. Es ist leicht zu beobachten, wann die einzelnen gefärbten Fraktionen durchlaufen. Der Durchlauf wird jedesmal gesondert aufgesammelt.

Bei farblosen Substanzen, wo man die einzelnen Zonen nicht beobachten kann, besteht die erste Aufgabe darin, die Lage der Zonen auf der Säule festzustellen. Hierfür muß man Indicatoren finden, die den Eigenschaften der adsorbierten Substanzen angepaßt sind. Liegt z. B. ein Phenolgemisch vor, kann man nach beendeter Chromatographie die Säule der Zylinderachse entlang mit einer Lösung von Ferrichlorid bestreichen. Die Stellen, wo phenolische Substanzen adsorbiert sind, werden dadurch gefärbt.

Abb. 13

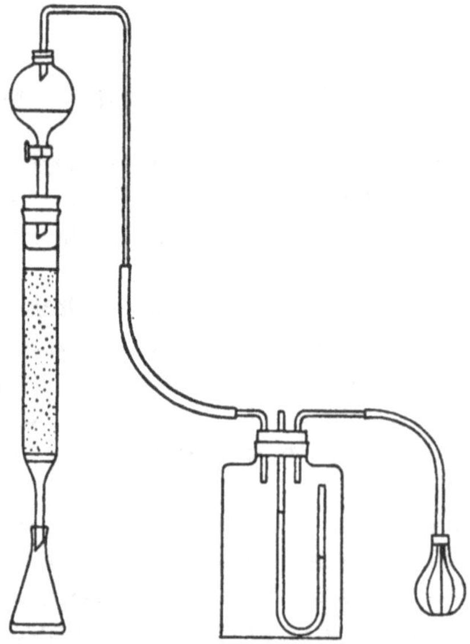

Abb. 14

Bequem ist es auch, die Säule mit ultraviolettem Licht zu beleuchten. Viele organische Substanzen werden das ultraviolette Licht absorbieren, andere haben die Fähigkeit, im ultravioletten Licht zu fluorescieren. Am besten verwendet man einen Quarzzylinder und beleuchtet ihn nach Entwicklung des Chromatogramms. Der Platz der einzelnen Zonen wird auf dem Zylinder vermerkt, um nachher die Säule zerteilen zu können.

Soll man eine Reihe von mehr oder weniger nahe verwandten Säuren oder Basen trennen oder wünscht man, die freie Säure oder Base aus einem ihrer Salze zu isolieren, kann man sich der *Ionenaustauscher* bedienen [13—14]. Viele verschiedene Typen dieser Stoffe sind jetzt kommerziell erhältlich, mit Angabe ihrer Leistungsfähigkeit.

Für analytische Zwecke wird der Ionenaustauscher in einen Glaszylinder gebracht, und es wird eine Lösung der zu untersuchenden Substanz aufgegossen. Der Durchgang der Lösung durch die Säule kann durch Anlegen eines schwachen Überdruckes beschleunigt werden (Abb. 14). Die Lösung, die durchläuft, wird die freie Säure oder Base enthalten, wenn diese genügend löslich sind; die Substanz wird dann wie üblich isoliert.

Wenn aber die Substanz in Wasser zu schwer löslich ist, scheidet sie sich aus der Lösung aus und erschwert dadurch den Durchgang durch die Säule. Man kann dann versuchen, die Säule mit einem organischen Lösungsmittel zu eluieren.

Ionenaustauscher eignen sich auch, wenn man aus sehr verdünnten Lösungen irgend eine saure oder basische Substanz zu isolieren hat. So kann man z. B. Verunreinigungen identifizieren, wenn man die Lösung der Substanz durch einen Ionenaustauscher gießt, welcher wohl die Verunreinigung, aber nicht die reine Substanz festhält. Man kann nach sorgfältigem Auswaschen die Verunreinigung wieder eluieren und dadurch eine höhere Konzentration als ursprünglich erreichen, so daß die Identifizierung erleichtert wird.

Man sieht, daß diese Art der Anwendung der Ionenaustauscher der chromatographischen Methode sehr ähnlich ist.

Weiteres über die analytischen Anwendungen der Chromatographie und der Ionenaustauscher muß in der Spezialliteratur nachgelesen werden.

LITERATUR

[1] Maquenne, L., Bull. Soc. Chim. [2] 48, 771, 1887.
[2] Maquenne, L., Bull. Soc. Chim. [3] 31, 356, 1904.
[3] Veibel, S., Dansk Tiddsskr. Farm. 14, 184, 1940.
[4] Veibel, S., Bull. Soc. Chim. [4] 41, 1410, 1927.
[5] Kofler, L., und Kofler, W., Mikrochem. Mikrochim. Acta 34, 374, 1949.
[6] Weisberger, A., Physical Methods of Organic Chemistry, Vol. I., 3. Edition, New York 1959—60.
[7] Annals of the New York Academy of Science 49, 141—326, 1948.
[8] Zechmeister, L., und Cholnoky, L., Principles and Practice of Chromatography, New York 1943.
[9] Lederer, E., Progrès récents de la Chromatographie, Hermann et Cie, Paris 1949.
[10] Lederer, E., und Lederer, M., Chromatographie, Amsterdam 1953.
[11] Lederer, E., Journées de la chromatographie sur papier, Bull. Soc. chim. 19, 815, 1952.
[12] Lederer, E., Chromatographie, I—II. Monographies de Chimie Organique, Vol. II, Masson, Paris, 1959—60.
[13] Kunin, R., und Myers, R. J., Ion Exchange Resins, 2. Edition, New York und London 1958.
[14] Samuelson, O., Ion Exchange in Analytical Chemistry, New York 1953.

II. Die Elemente

Wenn durch die Methoden, die im Abschnitt I beschrieben wurden (Konstanz des Schmelz- oder Siedepunktes, chromatographische Einheitlichkeit), die Reinheit der vorgelegten Substanz als bewiesen erscheint, ist die nächste Aufgabe, herauszufinden, aus *welchen Elementen* die Substanz aufgebaut ist, und bisweilen eine *Elementaranalyse* durchzuführen, um die quantitative Zusammensetzung der Substanz zu ermitteln.

In den meisten Fällen hat es sich als vorteilhafter erwiesen, die einzelnen *funktionellen Gruppen* nachzuweisen und quantitativ zu erfassen, als eine vollständige Elementaranalyse durchzuführen. Es kann aber vorkommen, daß eine Bestimmung des Gehaltes einer Substanz an irgend einem Element (z. B. Stickstoff, Schwefel, Halogene) erwünscht erscheint, und deshalb seien nachstehend einige Methoden angegeben, die sich für die quantitative Bestimmung der in organischen Verbindungen am häufigsten vorkommenden Elemente einigermaßen bequem und zuverlässig erwiesen haben.

A. KOHLENSTOFF

Der Nachweis von Kohlenstoff in einer organischen Verbindung ist eigentlich überflüssig, da diese definitionsgemäß eine Kohlenstoffverbindung ist. Es gibt aber Fälle, wo man nicht weiß, ob eine vorgelegte Verbindung organisch ist oder nicht, und hier ist es zweckmäßig, die Anwesenheit von Kohlenstoff nachzuweisen. Häufig genügt es, eine Probe der Substanz in einem Porzellantiegel zu erhitzen. Die organischen Substanzen werden dabei zersetzt, und meistens bleibt mehr oder weniger reiner Kohlenstoff zurück. Es gibt aber auch organische Verbindungen, die sich zersetzen, ohne Kohle auszuscheiden, z. B. Azetate und Oxalate.

Wenn die zu untersuchende Substanz vollkommen unbekannt ist, darf man für diese etwas grobe Methode nur eine winzige Menge nehmen, denn verschiedene organische Substanzen explodieren ziemlich heftig, wenn man sie plötzlich stark erhitzt. Verbrennt die kleine Probe ohne Verpuffung oder Explosion, kann man das Experiment mit größeren Substanzmengen wiederholen.

Um die Anwesenheit von Kohlenstoff in einer unbekannten Substanz festzustellen, wird ein inniges Gemisch der Substanz mit Cuprioxid oder Bleichromat in einem Duran-Reagenzglas, das einen Stopfen mit winkelgebogenem Ableitungsrohr hat, stark erhitzt. Kohlenstoff wird dadurch in Kohlendioxid umgewandelt. Das Kohlendioxid leitet man durch ein Ableitungsrohr in eine Lösung von

Bariumhydroxid, wodurch Bariumcarbonat ausgefällt wird. Diese Probe ist, jedenfalls bei Abwesenheit von Schwefel, ganz sicher.

Die *quantitative Bestimmung* von Kohlenstoff wird nach demselben Prinzip durchgeführt. Hier müssen aber auch die übrigen Verbrennungsprodukte (Wasser, Stickstoffoxide, Halogene usw.) berücksichtigt werden. Heutzutage werden Kohlenstoffbestimmungen meistens in speziellen mikroanalytischen Laboratorien durchgeführt, und deshalb wird hier auf die Beschreibung der üblichen Methode verzichtet. Wird es notwendig, eine Kohlenstoffbestimmung vorzunehmen, sei auf die üblichen Anleitungen zur Durchführung der Elementaranalyse verwiesen [1]—[6].

B. WASSERSTOFF

Die Anwesenheit von Wasserstoff wird *nachgewiesen*, indem man ein Gemisch der scharf getrockneten Substanz mit Cu(II)oxid in einem Reagenzglas stark erhitzt. Wenn sich dabei Tröpfchen von Wasser im oberen Teil des Glases kondensieren, ist Wasserstoff nachgewiesen, sofern die Substanz kein Kristallwasser enthält. Viele Substanzen geben aber erst beim Trocknen im Vacuum über Phosphorpentoxid bei erhöhter Temperatur das Kristallwasser ab. Die hier erwähnte Probe ist deshalb kein absoluter Beweis dafür, daß die Svbstanz an sich wasserstoffhaltig ist.

Auch für die *quantitative Bestimmung* von Wasserstoff haben die Bemerkungen, die oben zu der quantitativen Bestimmung von Kohlenstoff gemacht wurden, Gültigkeit.

Durch eine Makro- oder Mikroanalyse wird der Gesamtgehalt der Substanz an Wasserstoff ermittelt. Für die Identifizierung und Klassifizierung der Substanz kann aber eine *Bestimmung des aktiven Wasserstoffes* [7], [8] sehr nützlich sein. In Substanzen wie Wasser, Alkoholen, Phenolen, Enolen, Thiolen (Mercaptanen), Säuren, Aminen, Amiden, Heterocyclen, die im Kern eine NH-Gruppe enthalten, und Alkynen werden 1 oder 2 Wasserstoffatome mit Alkylmagnesiumhalogenid oder mit Lithiumaluminiumhydrid reagieren können, wobei ein Alkan bzw. Wasserstoff entwickelt wird. Durch Messung des aus einer bekannten Gewichtsmenge der Substanz freigemachten Alkan- oder Wasserstoffvolumens kann man also die Gewichtsmenge der Substanz, die ein aktives Wasserstoffatom enthält, bestimmen, oder man kann, wenn das Molekulargewicht der Substanz bekannt ist, die Zahl der aktiven Wasserstoffatome im Molekül berechnen.

Üblicherweise wird als Reagenz eine Lösung von Methylmagnesiumjodid in Isoamyläther benutzt. Isoamyläther wird anstelle von Äthyläther wegen seines niedrigen Dampfdruckes bei Zimmertemperatur benutzt.

Lithiumaluminiumhydrid ist in Isoamyläther so schwer löslich, daß man statt dessen Propyläther verwendet, der in bezug auf Lösungsvermögen, Dampfdruck und Siedepunkt zwischen den beiden erstgenannten Äthern steht.

Die Reaktionen, die sich mit den genannten Reagenzien abspielen, sind:

$$RH + CH_3MgX \rightarrow RMgX + CH_4$$
$$4\,RH + LiAlH_4 \rightarrow LiAlR_4 + 4\,H_2\,.$$

Man sieht, daß 1 aktives Wasserstoffatom 1 Molekül der Grignard-Reagenz, aber nur 0,25 Mol Lithiumaluminiumhydrid verlangt.

Theoretisch sollte man 1 aktives Wasserstoffatom pro Molekül in folgenden Gruppen finden: —OH, —SH, >NH und —C≡CH, 2 in Wasser und in der —NH_2-Gruppe (sowohl primäre Amine als auch Amide). Diese theoretischen Werte werden jedoch nicht immer erreicht [9]. In Enolen findet man 0,3—1 Atom aktiven Wasserstoff, je nach der Natur des Lösungsmittels (statt Äther können auch andere Lösungsmittel Verwendung finden, z. B. Anisol oder Pyridin). In m-*Dihydroxybenzol* und in symm. *Trihydroxybenzol* kann nur 1 aktives Wasserstoffatom nachgewiesen werden. In *primären Aminen* und in *Amiden* findet man bei gewöhnlicher Temperatur meistens nur 1 aktives Wasserstoffatom, das zweite reagiert erst bei erhöhter Temperatur. Unlängst [10] wurde nachgewiesen, daß öftere, andauernde Erwärmung unter Rückfluß bis zu 170° notwendig ist, um die Gesamtzahl der aktiven Wasserstoffatome nachzuweisen.

Andererseits lassen sich in *tertiären Alkoholen* oft mehr als 1 aktives Wasserstoffatom nachweisen, da unter dem Einfluß des Grignard-Reagenz eine Entwässerung des Alkohols zu Alken und Wasser eintreten kann.

Substanzen, die *Nitro-*, *Nitroso-* oder *Diazogruppen* enthalten, reagieren anormal; man kann nämlich eine Gasentwicklung, die einem oder mehreren aktiven Wasserstoffatomen entspricht, feststellen, und selbst durch eine Substanz wie Tetranitromethan, die überhaupt keinen Wasserstoff enthält, werden gasförmige Produkte freigemacht.

Lithiumaluminiumhydrid reagiert mit dem aktiven Wasserstoff viel energischer als Methylmagnesiumjodid. Substanzen, deren Reaktion mit dem Grignard-Reagenz langsam und unvollständig ist, können mit Lithiumaluminiumhydrid schnell und quantitativ reagieren.

Für die Ausführung der Bestimmung aktiver Wasserstoffatome ist ein Apparat, wie in Abb. 15 gezeigt, empfohlen worden [11].

Die Lösungen des Grignard-Reagenzes oder des Lithiumaluminiumhydrids sind 1—2 *n*. Oft ist die Reaktion schon nach 5—15 Minuten bei Zimmertemperatur beendet, in anderen Fällen ist es aber notwendig, das Reaktionsgefäß *D* bis zu 50° oder noch höher (170°, vgl. Ref. [10]) zu erwärmen.

Die Genauigkeit der Bestimmungen wird für beide Reaktionen zu 3—5% angegeben.

A. P. Terentjev und A. J. Kirejeva [12] haben eine einfachere Methode empfohlen, die auch Mikrobestimmungen erlaubt. Nach dieser wird Äthyläther als Lösungsmittel benutzt. Das freigemachte Gasvolumen wird über 50%igem Äthanol aufgesammelt und dann zu einem mit Wasser gefüllten Azotometer weitergeleitet. Die Ätherdämpfe werden in wäßrigem Alkohol absorbiert, so daß man das im Azotometer gemessene Gasvolumen nur für den Wasserdampfdruck zu korrigieren braucht.

Die Anwesenheit aktiver Wasserstoffatome kann mittels einer ätherischen Lösung von *Triphenylmethylnatrium* nachgewiesen werden [13]. Die Reagenzlösung ist sehr intensiv gefärbt. Die unbekannte Substanz wird darin gelöst.

Enthält sie aktiven Wasserstoff, wird die Reagenzlösung entfärbt, und es entsteht Triphenylmethan.

Diese Reaktion kann man auch für orientierende quantitative Bestimmungen benutzen, indem man eine gewogene Menge der unbekannten Substanz in sehr scharf getrocknetem absolutem Äther löst und diese Lösung mit einer Lösung

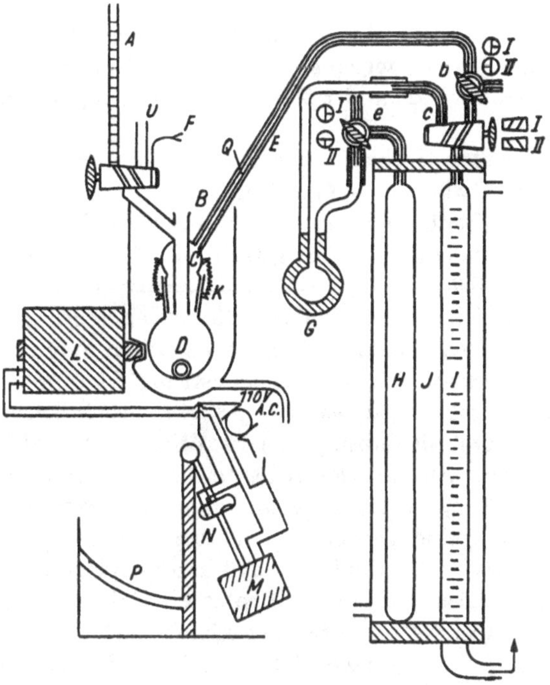

Abb. 15 Apparat zur Bestimmung von aktivem Wasserstoff nach ZAUGG und HORROM; Analyt. Chem. **20**, 1026, 1948

A — Bürette, 1 ml; *B* — Glasrohr, Totallänge 6,5 cm, Lichte 5,5 mm, mit einem Spezialgummistopfen versehen, welcher gestattet, das Grignard-Reagens hinzuzufügen; *C* — Kopf mit Konusschliff; *D* — Reaktionsgefäß, 5—7 ml; *E* — Kapillarrohr, 1—2 mm Lichte; *F* — Sicherung des Bürettenhahns; *G* — Manometer; *H* — Luftreservoir zur Ausgleichung des Druckes; *I* — Gasbürette; *J* und *K* — Wasserbäder von konstanter Temperatur; *L* — Magnet, für die magnetische Rührung in D; *M* — Solenoide; *N* — Quecksilberschalter; *P* — Eisenbogen, welcher die Pendelbewegung der Solenoide steuert; *U* — Glasrohr; *a* und *c* — Dreiwegehahn ⏀; *b* und *e* — Dreiwegehahn ⊕

von Triphenylmethylnatrium bekannter Normalität titriert. Die Titrierlösung dient selbst als Indikator. Sowohl Vorratsflasche als auch die Bürette müssen sorgfältig gegen die Feuchtigkeit der Luft geschützt werden. Zur Einstellung benutzt man eine Standardsubstanz mit aktivem Wasserstoff [14].

Die Bestimmung des aktiven Wasserstoffes in Alkoholen, Thiolen und Aminen wird üblicherweise durch *quantitative Acylierung*, und zwar meistens als *quantitative Azetylierung* durchgeführt. Die hierzu zur Verfügung stehenden Methoden werden später (S. 77—81) beschrieben.

E. D. OLLEMAN [15] hat eine Übersicht über die zur Bestimmung des aktiven Wasserstoffes benutzten Methoden gegeben.

C. SAUERSTOFF

Im allgemeinen untersucht man nicht direkt, ob eine vorgelegte Substanz Sauerstoff enthält, denn es steht keine absolut zuverlässige Methode zur Verfügung. Dagegen existieren zahlreiche Methoden zur Bestimmung sauerstoffhaltiger funktioneller Gruppen; solche Methoden werden in späteren Kapiteln beschrieben.

Zur orientierenden Untersuchung einer unbekannten Substanz werden zwei Methoden vorgeschlagen, die zeigen sollen, ob die Substanz sauerstoffhaltig oder sauerstofffrei sei. Obwohl keine der Methoden allgemeingültig ist, seien sie hier kurz beschrieben.

Das Prinzip der ersten Methode ist, daß Jod sich in sauerstofffreien Lösungsmitteln mit violetter Farbe löst, in sauerstoffhaltigen dagegen mit brauner Farbe. Eine 0,005%ige Standardlösung von Jod in Benzol wird zubereitet. Diese Lösung ist schwach, aber deutlich violett gefärbt. Zu 5 ml dieser Lösung fügt man 5 ml einer wenn möglich 5—10%igen Lösung der zu untersuchenden Substanz in Benzol. Dann vergleicht man die Farbe dieses Gemisches mit der Farbe einer Probe der mit demselben Volumen Benzol verdünnten Standardlösung. Ist die Farbe des Gemisches etwas braun- oder gelbstichig, kann man damit rechnen, daß die Substanz sauerstoffhaltig ist; wenn dagegen beide Lösungen rein violett sind, ist es möglich, daß die Substanz sauerstofffrei ist. Sicher ist es aber nicht; denn eine bedeutende Anzahl von sauerstoffhaltigen Substanzen, z. B. viele Carbonsäureester, geben, in dieser Weise untersucht, rein violette Lösungen, selbst Dimethyloxalat, eine Verbindung, die mehr als 50% Sauerstoff enthält.

Das Prinzip der zweiten Methode ist, daß das komplexe Fe(III)rhodanid sich in sauerstoffhaltigen Lösungsmitteln mit roter bis violetter Farbe löst, während seine Lösungen in sauerstofffreien Lösungsmitteln farblos sind. J. Goerdeler und H. Domgörgen [16] behaupten, daß diese Methode zuverlässiger ist als die zuerst erwähnte. Sie empfehlen die folgende Ausführungsform der Probe:

Eine ätherische Lösung von Fe(III)rhodanid wird hergestellt, indem man eine Lösung von 5 g Kaliumrhodanid in 20 ml Wasser mit einer Lösung von 4 g Hexaquoferrichlorid in 20 ml Wasser mischt. Das Gemisch wird dann mit 30 ml Äther extrahiert. Diese Ätherlösung des Fe(III)rhodanids hält man vorrätig in dunklen, gegen Licht geschützten Flaschen.

Die Untersuchung einer Substanz auf Sauerstoff wird so vorgenommen:

Ein Glasstäbchen wird in die Ätherlösung des Fe(III)rhodanids getaucht. Ein dünnes Schichtchen von Fe(III)rhodanid wird nach Verdampfung des Lösungsmittels auf dem Glasstäbchen hinterlassen. Ein Tropfen der zu untersuchenden Substanz oder, für feste Stoffe, eine möglichst konzentrierte Lösung davon in einem Kohlenwasserstoff wird auf ein Uhrglas oder in ein Reagenzgläschen gebracht, und man rührt mit dem soeben präparierten Glasstäbchen um. Wenn die Flüssigkeit eine rote bis violette Farbe annimmt, kann man, jedenfalls bei stickstoff- und schwefelfreien Substanzen, schließen, daß die Substanz sauerstoffhaltig ist. Eine negative Reaktion (d. h. wenn der Tropfen farblos bleibt) bedeutet aber nicht unbedingt, daß die Verbindung sauerstofffrei ist.

Einige Substanzen enthalten *aktiven Sauerstoff*, d. h. Sauerstoff, welcher imstande ist, Jodwasserstoff zu oxydieren. Unter Verbindungen mit aktivem Sauerstoff sind *Chinone*, *Peroxide*, *Peroxysäuren*, *Nitroso-*, *Jodoso-* (JO) und Jodyl- (JO_2)verbindungen zu verzeichnen.

Aktiver Sauerstoff wird einfach dadurch *nachgewiesen*, daß man zu einer mit Schwefelsäure angesäuerten Lösung von Kaliumjodid einen Tropfen der Substanz oder deren Lösung (z. B. in Äthanol) hinzufügt. Die Gegenwart von aktivem Sauerstoff gibt sich sofort durch Ausscheidung von Jod zu erkennen.

Für die *quantitative Bestimmung* des aktiven Sauerstoffes benutzt man dieselbe Reaktion. Das ausgeschiedene Jod wird mit Natriumthiosulfat titriert. Nach einer anderen Methode titriert man den aktiven Sauerstoff direkt mit Titantrichlorid. Beide Methoden werden später genau beschrieben, siehe S. 263 und S. 238 und 124.

Der Gehalt einer organischen Verbindung an Sauerstoff wird meistens als Differenz errechnet, indem man die Summe der Prozentgehalte aller anderen Elemente von 100 abzieht. Das heißt aber, daß die an den übrigen Bestimmungen haftenden Fehler sich beim Sauerstoff akkumulieren können. Man hat deshalb versucht, unabhängige Methoden zur Bestimmung von Sauerstoff auszuarbeiten. Die am meisten benutzte scheint die von J. Unterzaucher [17], [18] vorgeschlagene Methode zu sein. Sie fordert große Sorgfalt; wie es bei Mikrobestimmungen von Kohlenstoff, Wasserstoff und Stickstoff der Fall ist, werden die genauesten Bestimmungen in mikroanalytischen Speziallaboratorien erreicht.

D. STICKSTOFF

Viele stickstoffhaltige Substanzen entwickeln Ammoniak, wenn man sie mit Natriumhydroxid vermischt und stark erhitzt. Die Entwicklung von Ammoniak kann man durch Lackmus- oder Kurkumapapier nachweisen. Die Reaktion ist aber nicht ganz allgemein anwendbar. Hinzu kommt noch, daß viele Proben von Natriumhydroxid an sich schon Ammoniak abgeben, wenn man sie erhitzt. Ein Blindversuch ist deshalb unbedingt notwendig.

Zuverlässiger und allgemeiner ist die *Lassaigne-Probe.* Das Prinzip dieser Probe ist, daß jede stickstoffhaltige organische Substanz Natrium- oder Kaliumcyanid bildet, wenn man sie mit metallischem Natrium oder Kalium bis zur Rotglut erhitzt.

Ein erbsengroßes Stückchen Natrium, frisch geschnitten und von Krusten befreit, wird in ein Reagenzglas, welches vertikal eingespannt ist, gelegt und mit einem Bunsenbrenner eben bis zum Schmelzen erhitzt. Der Bunsenbrenner wird entfernt, und einige Milligramm der vorgelegten Substanz werden hinzugefügt, wobei man aufpassen muß, daß die Substanz direkt mit dem Natrium in Berührung kommt. Flüssige Substanzen sollten am besten vor dem Schmelzen des Natriums zugefügt werden. Nachdem man die Substanz zugesetzt hat, wird wieder erwärmt, zuerst mäßig, um eine Verdampfung der Substanz noch vor ihrer Reaktion mit dem Natrium zu verhindern. Während des Heizens wird Rauch entwickelt, Kohlenstoff scheidet sich aus, und oft werden sich die Zersetzungsprodukte entzünden. Wenn die heftige Reaktion beendet ist, erwärmt man das Reagenzglas 1—2 Minuten lang bis zur Rotglut, wobei das Glas oft schmilzt, so daß der Überschuß von Natrium in Natriumperoxid oder -oxid übergeführt wird.

Das noch heiße Glas wird in einem mit 10 ml destilliertem Wasser beschickten Becherglas von 50—100 ml abgeschreckt. Der untere Teil des Glases mit den daran haftenden Reaktionsprodukten wird dadurch meistens abgesprengt. Wenn nicht, zertrümmert man diesen Teil des Glases an der Wand des Becherglases. Wenn das Glas nicht während des Heizens durchgeschmolzen ist, ist Vorsicht bei der weiteren Behandlung angebracht, denn Reste von metallischem Natrium können sehr heftig, und zwar explosionsartig mit Wasser reagieren. In solchen Fällen empfiehlt es sich, dem im Glas befindlichen Rest zuerst einige ml Äthanol hinzuzufügen und dann, wenn alles Natrium reagiert hat, mit 10 ml Wasser zu verdünnen.

Um sicher zu sein, daß die Lösung alkalisch reagiert, fügt man 1—2 ml verdünnte Natriumhydroxidlösung hinzu. Die Reaktionsprodukte werden durch 1—2 minutenlanges Kochen gelöst, die Lösung wird filtriert, um Glassplitter und Kohle zu entfernen, und das Filtrat wird in 3 Teile geteilt, die zum Nachweis von Stickstoff (nachstehend), Halogenen und Schwefel (siehe später) dienen.

Wenn die vorgelegte Substanz Stickstoff enthalten hat, wird die Lösung Natriumcyanid enthalten. Um Cyanidionen nachzuweisen, fügt man der alkalischen Lösung einige Tropfen einer frisch zubereiteten Lösung von Fe(II)sulfat (oder noch besser ein Kriställchen vom Mohrschen Salz (Fe(II)ammoniumsulfat) und einen Tropfen einer Fe(III)chloridlösung hinzu. (Da die Fe(III)chloridlösung immer sauer reagiert, darf man nicht so viel davon zusetzen, daß die alkalische Reaktion des Gemisches aufgehoben wird, denn dadurch wird der Nachweis des Cyanidions unmöglich.) Entsteht kein dunkler Niederschlag von Fe(II)hydroxid, muß tropfenweise Natriumhydroxid bis zur alkalischen Reaktion zugegeben werden. Das Gemisch wird dann einige Minuten im Sieden gehalten. Nach dem Erkalten wird mit verdünnter Salzsäure angesäuert. Hat das ursprüngliche Filtrat Cyanidionen enthalten, wird durch die nachfolgenden Behandlungen Berlinerblau gebildet. Bisweilen entsteht ein nachweisbarer Niederschlag von Berlinerblau, aber häufig in so geringfügiger Menge, daß nur eine kolloidale, blau oder grün gefärbte Lösung entsteht. Eine solche Lösung braucht erst nach einigen Stunden zu koagulieren; es scheidet sich dann eine Spur von Berlinerblau aus. Da Lösungen von Fe(III)ionen in verdünnter Salzsäure gelb bis braun sind, kann es schwierig sein, eine schwache blaue oder grüne Farbe zu erkennen. Wenn aber einige Tropfen verdünnter Phosphorsäure hinzugefügt werden, verschwindet die von den Ferriionen herrührende gelbe Farbe, so daß die blaue Farbe des Berlinerblaus leichter erkennbar wird. Filtriert man die Lösung durch ein feinporiges Filter, zeigen sich selbst winzige Mengen von Berlinerblau als blaue oder grüne Flecken auf dem Filter.

Einige stickstoffhaltige Substanzen (z. B. Diazoniumverbindungen) geben so leicht elementaren Stickstoff ab, daß bei der beschriebenen Prozedur kein Cyanid und deshalb auch kein Fe(II)cyanid gebildet wird. Andere Substanzen sind Natrium gegenüber so reaktionsträge, daß sie verdampfen, ohne mit dem Natrium zu reagieren (z. B. verschiedene Pyrrolderivate). In solchen Fällen kann man durch längeres mäßiges Erhitzen bisweilen eine positive Reaktion hervorrufen.

K. N. Campbell, M. St. Charles und B. K. Campbell [19] haben eine Untersuchung der besten experimentellen Bedingungen für den Nachweis von Stickstoff durch die Lassaigne-Probe veröffentlicht.

V. Castellana [20] hat vorgeschlagen, das Natrium durch ein inniges Gemisch von Magnesiumpulver und wasserfreiem Kaliumcarbonat zu ersetzen. Nach Erfahrungen in unserem Laboratorium [21] ist diese Methode weniger sicher als die ursprüngliche, denn das Magnesiumpulver ist manchmal mit Magnesiumnitrid verunreinigt, und deshalb bedeutet eine positive Reaktion nicht unbedingt, daß die untersuchte Substanz Stickstoff enthalten hat.

Eine Modifikation der Lassaigne-Probe, die als Mikromethode für den Nachweis von Stickstoff, Arsen und den Halogenen empfohlen wird, hat G. Widmark [22] vorgeschlagen. Nach dieser Methode läßt man die organische Substanz und das Natrium im zugeschmolzenen Rohr reagieren.

M. Delépine [23] empfiehlt eine Methode, welche nach ihm allgemeiner und zugleich schneller ist als die Lassaigne-Methode:

Einige (1—10) Milligramm der zu untersuchenden Substanz werden in einem Reagenzglas mit 0,3 ml konzentrierter Schwefelsäure übergossen und dann eine Minute unter ständigem Umschütteln siedend gehalten, wobei die Substanz mehr oder weniger verkohlt. Das Glas wird einige Sekunden gekühlt, und dann werden einige Kriställchen von Kaliumpermanganat hinzugesetzt. Man erwärmt aufs neue bis zum Sieden, und wenn die Flüssigkeit nicht annähernd farblos geworden ist, wird so lange Kaliumpermanganat zugesetzt, bis eine farblose Flüssigkeit entstanden ist (vgl. die ursprüngliche Kjeldahl-Methode, Ref. [25], [26]). Während des Abkühlens des Reagenzglases (das unter dem Wasserstrahl vorgenommen werden kann) bereitet man zwei Kristallisierschalen vor, in denen die eventuelle Entwicklung von Ammoniak nachher untersucht wird. Diese Schalen können einen Durchmesser von 5—6 cm haben. Sie werden mit 1 g festem Kaliumhydroxid und 0,5 ml Wasser beschickt; man sorgt dafür, daß der Boden der Schalen nicht ganz befeuchtet wird. Außerdem werden zwei Uhrgläser mit etwas größerem Durchmesser als die Kristallisierschalen so hergerichtet, daß in der Mitte ihres konvexen Teils ein Streifen rotes Lackmuspapier (etwa 1 cm^2) durch einen Wassertropfen befestigt wird.

Dann wird die Lösung im Reagenzglas mit 1 ml Wasser verdünnt, und das eventuell ausgeschiedene Kaliumsulfat dadurch gelöst. Man kühlt wiederum unter dem Wasserstrahl ab, gießt den Inhalt des Glases in den trockenen Teil der Kristallisierschalen hinein und mischt die beiden Lösungen in den Schalen; dabei wird Wärme entwickelt, und die Flüssigkeit kann sogar spritzen. Die Schale wird nun mit dem Uhrglas bedeckt, und wenn die Substanz Stickstoff enthielt, tritt sofort eine Blaufärbung des Lackmuspapiers ein.

Die zweite Schale dient als Reserve, falls der erste Versuch durch das Spritzen mißlingen sollte.

Selbst Nitroverbindungen, Aldazine, Azoverbindungen, Alkylnitrate und -nitrite und einige Diazoverbindungen, z. B. Diazoessigester, geben, in dieser Weise geprüft, genügend Ammoniak ab, um den Gehalt an Stickstoff nachzuweisen. Bei gewissen Nitrilen versagt jedoch die Methode.

Eine Modifikation der Methode, bei der Lackmus durch einen Fluoreszenzindicator ersetzt worden ist, wurde von L. Velluz und M. Pesez [24] vorgeschlagen.

Für die quantitative Bestimmung von Stickstoff hat die Bestimmung nach Dumas den größten Anwendungsbereich. Das Prinzip dieser Methode ist, daß die Substanz mit Cu(II)oxid in einem Strom von Kohlenstoffdioxid verbrannt wird, wodurch ein Gemisch von Stickstoffoxiden und Stickstoff gebildet wird. Die Stickstoffoxide werden beim Durchgang durch ein auf Rotglut erhitztes Rohr, das mit metallischem Kupfer gefüllt ist, zu Stickstoff reduziert. Das Gasgemisch, welches jetzt nur Kohlenstoffdioxid und Stickstoff enthält, wird in einem Azotometer über 50%igem Kaliumhydroxid aufgesammelt, wodurch alles Kohlenstoffdioxid absorbiert wird. Aus dem Stickstoffvolumen errechnet man leicht den Gehalt der Substanz an Stickstoff.

Wie die Bestimmungen von Kohlenstoff, Wasserstoff und Sauerstoff werden auch die Stickstoffbestimmungen am bequemsten als Mikrobestimmungen in Speziallaboratorien durchgeführt.

Eine andere Methode, die zwar nicht so allgemein anwendbar ist wie die Methode nach Dumas, aber sehr oft benutzt wird für die Bestimmung von Stickstoff in Verbindungen, welche den Stickstoff in der den Aminen entsprechenden Oxydationsstufe enthalten, ist die von J. Kjeldahl [25], [26] angegebene. Das Prinzip dieser Methode ist, daß die Substanz durch konzentrierte Schwefelsäure zersetzt wird, wodurch sich der Stickstoff in Ammoniumsulfat umwandelt. Nach dem Abkühlen wird reichlich mit Wasser verdünnt, ein Überschuß von Natriumhydroxid wird hinzugefügt, das Ammoniak abdestilliert und in einem Überschuß von 0,1 *n*-Salzsäure aufgefangen. Der Säureüberschuß wird durch Titration mit 0,1 *n*-Natronlauge bestimmt; der Indicator ist Methylrot.

Der Kjeldahl-Methode sind aber Grenzen gesetzt. In Substanzen, die den Stickstoff in einer höheren Oxydationsstufe als die den Aminen entsprechende enthalten — besonders in Nitro- und Nitrosoverbindungen, aber auch in Azoverbindungen und den Hydrazinen —, wird der Stickstoff durch Zersetzung mit Schwefelsäure nicht quantitativ in Ammoniumsulfat übergeführt, sondern teilweise als elementarer Stickstoff freigemacht. Man kann diese Fehlerquelle oft durch Reduktion der Substanz vor oder während der Zersetzung eliminieren. Vor der Zersetzung reduziert man mit nascierendem Wasserstoff, z. B. mit Zink und verdünnter Schwefelsäure (das Zink muß stickstofffrei sein, Blindversuch notwendig!). Die verdünnte Lösung muß man dann vor der Zersetzung wieder eindampfen. Während der Zersetzung kann man durch Hinzufügen von etwa 0,5 g Benzoesäure zum Zersetzungsgemisch eine Reduktion erreichen; in diesem

Falle muß man aber doppelt so viel Schwefelsäure benutzen, als unten angegeben ist. Diese Reduktionsmethode ist aber nicht so zuverlässig wie die Reduktion mit nascierendem Wasserstoff.

In zahlreichen stickstoffhaltigen Substanzen wird der Stickstoff durch bloßes Behandeln mit Schwefelsäure nicht quantitativ in Ammoniak übergeführt, man muß noch Katalysatoren hinzufügen. Einmal kann man, um die Zersetzungstemperatur zu erhöhen, zur Schwefelsäure Kaliumsulfat (stickstofffreies!) zusetzen, und zwar zu 20 ml Schwefelsäure 10 g Kaliumsulfat. Außerdem kann man aber auch eigentliche Katalysatoren benutzen. KJELDAHL selbst hat die Addition von Cu(II)sulfat und Hg(II)sulfat angegeben. Später haben verschiedene Verfasser eine bedeutende Anzahl von Katalysatoren vorgeschlagen und behauptet, daß man dadurch die zur vollständigen Zersetzung notwendige Zeit abkürzen könne. Oft hat man dem Selen diese katalytische Fähigkeit zugeschrieben. Ohne ablehnen zu können, daß mit Selen dieser Effekt in der Mehrzahl der stickstoffhaltigen Verbindungen zu erreichen ist, muß jedoch hervorgehoben werden, daß es mit den schwierig zersetzbaren Verbindungen, wie z. B. Pyridinzinkchlorid, nicht reagiert. In unserem Laboratorium empfehlen wir deshalb, immer den gemischten, Cu(II) und Hg(II)sulfat enthaltenden Katalysator zu benutzen.

Für die Ausführung der KJELDAHL-Bestimmung empfehlen wir die von A. C. ANDERSEN und B. NORMAN JENSEN [27] gegebene Vorschrift als die am zuverlässigsten durchgearbeitete und geben sie deshalb nachstehend detailliert an.

In einen KJELDAHL-Zersetzungskolben (100 ml) werden 0,10—0,15 g (genau gewogen) der zu untersuchenden Substanz gebracht. 10 g Kaliumsulfat, 1 g Cu(II)sulfat (stickstofffrei!), 0,75 g Hg(II)sulfat (oder 0,50 g rotes Hg(II)oxid) und 20 ml konzentrierte Schwefelsäure werden hinzugefügt, wobei man darauf achten muß, daß die Schwefelsäure das Gemisch völlig durchfeuchtet. Wenn man weiß, daß Stickstoff in einer höheren Oxydationsstufe als in den Aminen vorliegt, sollte man die notwendige Reduktion durchführen und die Lösung wieder konzentrieren, ehe man die Katalysatoren und das Gemisch von Schwefel säure und Kaliumsulfat hinzufügt.

Der Kolben wird dann auf ein Spezialgerüst gestellt (siehe Abb. 16) und mit einer kleinen Flamme bis zum Sieden erwärmt. Die Zugabe von Kaliumsulfat bewirkt eine Erhöhung des Siedepunktes bis auf etwa 400°. Um ein regelmäßiges Sieden aufrechtzuerhalten, wird empfohlen, etwa 0,1 g spezialbehandelten Graphit hinzuzufügen. (5 g gewöhnlicher Graphit werden mit 15 ml 20%iger Schwefelsäure übergossen und auf dem Wasserbade erwärmt. 4 mal 5 ml einer gesättigten Lösung von Kaliumpermanganat werden hinzugefügt, danach dampft man bis zur Trockenheit ein. Die trockenen Reste werden in einen Quarztiegel gebracht, mit einem Quarzdeckel abgedeckt und bis zur Rot- und schließlich Weißglut erhitzt. In dieser Weise wird der Graphit in ein voluminöses Pulver umgewandelt, welches für den hier erwähnten Zweck sehr geeignet ist.) Ein zu lebhaftes Sieden muß vermieden werden, denn die Schwefelsäuredämpfe können Ammoniumsulfat mitreißen. Andererseits ist ein mäßiges Kochen notwendig, um die Temperatur auf etwa 400° zu halten, damit die Zersetzung innerhalb kurzer Zeit durchgeführt werden kann. Eine zu starke Verdampfung kann durch eine mit Stiel versehene Glaskugel verhindert werden, die im Hals des Zersetzungskolbens angebracht wird.

Bei der Analyse halogenhaltiger Substanzen darf man das Hg(II)sulfat erst zusetzen, nachdem alles Halogen als Halogenwasserstoff (Jod, als elementares Jod) ausgetrieben ist. Sonst wird Hg(II)halogenid wegsublimieren und sich im Hals des Kolbens niederschlagen, wodurch der wirksamste Katalysator ganz oder teilweise aus dem Reaktionsgemisch entfernt wird.

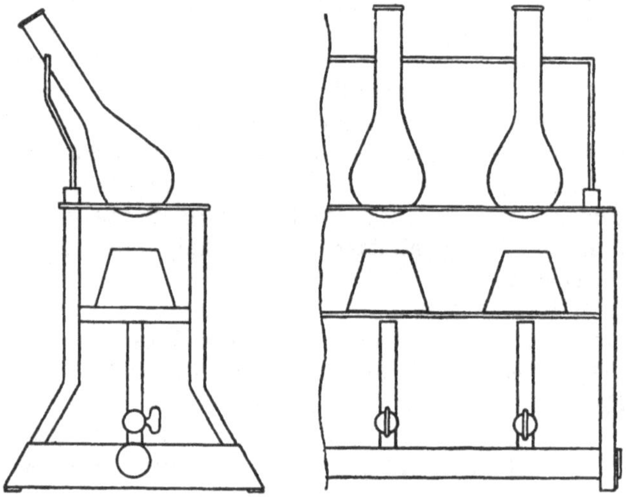

Abb. 16

Während der Zersetzung tritt Verkohlung ein, und das Gemisch wird ganz schwarz. Häufig schäumt die Mischung anfangs stark. Man kann sie dann nicht sofort zum Sieden bringen, sondern muß so lange vorsichtig erwärmen, bis das Schäumen zu Ende ist. Nach 2—3stündigem Sieden ist der ausgeschiedene Kohlenstoff gewöhnlich von der Schwefelsäure zu Kohlenstoffdioxid oxydiert worden, und das Gemisch hat eine grüne Farbe angenommen. Einige Heterocyclen geben sofort eine solche grüne Farbe infolge der Bildung komplexer Cu(II)-ionen. Später können auch diese Lösungen dunkel werden, um zuletzt wieder die grüne Farbe anzunehmen. Um sicher zu sein, daß die Umbildung des Stickstoffes in Ammoniumsulfat quantitativ verlaufen ist, wird das Ganze noch 2—4 Stunden siedend gehalten, nachdem das Gemisch grün geworden ist.

Wenn die Zersetzung beendet ist, läßt man den Destillationskolben langsam abkühlen (*man darf nie den Kolben unter dem Wasserstrahl kühlen, solange die Kolbentemperatur etwa über 100° ist*). Nach Abkühlung werden vorsichtig 40 ml Wasser hinzugegeben; dann wird das Gemisch quantitativ in einen Destillierkolben von 1000 ml gegossen (und anschließend auf etwa 400 ml aufgefüllt). Der

Kolben ist mit einem doppelt durchbohrten Gummistopfen versehen, welcher mit einem Scheidetrichter und einem Tropfenfänger, Modell Hopkins, ausgestattet ist. Die Dimensionen des Tropfenfängers sind in Abb. 17 angegeben. Der Tropfenfänger ist mit einem absteigenden Zinnkühler verbunden.

Einige Stückchen Bimsstein werden zugesetzt, und dann werden 100 ml 10 n-Natronlauge (frei von Natriumnitrit, denn ein Gemisch von Natronlauge und Natriumsulfid kann Natriumnitrit bis zu Ammoniak reduzieren) und 20 ml n-Natriumsulfidlösung zugesetzt. Der Kolben wird sofort mit dem Kühler und dieser mit einem Erlenmeyer-Kolben (300 ml) verbunden, der mit 20 ml 0,1 *n*-Salzsäure gefüllt ist. Der Erlenmeyer-Kolben hat einen doppelt durchbohrten Stopfen durch den der Zinnkühler und ein 3 cm langes, mit Glasperlen gefülltes Glasrohr gesteckt wird. Die Glasperlen werden mit Wasser oder mit einer abgemessenen Menge 0,1 *n*-Salzsäure befeuchtet.

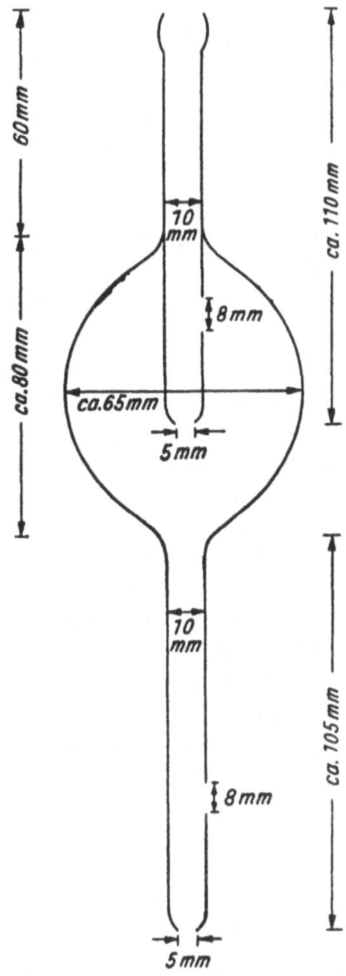

Abb. 17

Der Destillationskolben wird direkt mit einem Bunsenbrenner geheizt. Die Quecksilberionen werden durch die Sulfidionen gefällt. Wenn die Mischung anfängt zu sieden, ist das Quecksilber quantitativ gefällt, und der Überschuß an Sulfid, welcher die Bildung von flüchtigen schwefelhaltigen Verbindungen verursachen könnte, die ihrerseits die Rücktitrierung des Salzsäureüberschusses stören könnten, wird dadurch entfernt, daß man durch den Scheidetrichter 10 ml einer konzentrierten Lösung von Cu(II)sulfat hinzufügt.

Man destilliert dann so schnell wie möglich 125—150 ml ab. Dieses Destillat enthält die ganze Ammoniakmenge, die während der Zersetzung gebildet wurde. Man entfernt den Erlenmeyer-Kolben vom Kühler, spült die Glasperlen mit Wasser durch, so daß das Spülwasser mit dem Destillat vereinigt wird, und titriert den Säureüberschuß mit 0,1 *n*-Natronlauge zurück; der Indicator ist Methylrot.

Aus der bekannten Gewichtsmenge der Substanz und dem gesamten Volumen von 0,1 *n*-Säure und Base, die verbraucht wurden, berechnet man das Äquivalentgewicht der Substanz in bezug auf Stickstoff, d. h. die Substanzmenge, die ein Grammatom Stickstoff enthält, durch die Formel

$$E = \frac{a \cdot 1000}{b \cdot n},$$

wo a die Gewichtsmenge der Substanz, b ml verbrauchte Säure der Normalität n bedeutet.

Die Genauigkeit der Methode ist $\pm$ 0,5%.

Man hat die KJELDAHL-Methode für die Mikrotechnik ausgearbeitet. Die genaue Beschreibung der Mikromethode findet man z. B. in PREGL-ROTH (siehe S. 39). Eine bequeme Apparatur zum Abdestillieren des Ammoniaks nach Mikro- oder Halbmikrozersetzungen nach KJELDAHL ist von W. KIRSTEN [28] angegeben worden.

E. HALOGENE

Die Anwesenheit von Halogenen in einer organischen Substanz ist sehr einfach durch die *BEILSTEIN-Probe* festzustellen: Ein Kupferdraht, an einem Ende zu einem „Auge" gebogen, wird in einer Bunsenflamme so lange geglüht, bis die Grünfärbung der Flamme, die durch die Verdampfung flüchtiger Kupfersalze bedingt ist, verschwunden ist. Hierdurch wird die Oberfläche des Drahtes in Cu(II)-oxid umgebildet. Nach Abkühlung des Drahtes wird das „Auge" mit einem bißchen Substanz versehen und wiederum in der Bunsenflamme geglüht. Die Substanz brennt, und wenn sie Halogen enthält, wird Kupferhalogenid gebildet, welches flüchtig ist und deshalb die Flamme grün färbt. Die Probe ist für die Halogene sehr empfindlich, aber einige halogenfreie Substanzen (z. B. Harnstoff, einige Pyridinderivate) sind fähig, flüchtige Kupfersalze zu bilden und geben deshalb auch eine scheinbar positive Reaktion auf Halogen.

Eine Unterscheidung der vier Halogene erlaubt die BEILSTEIN-Probe nicht.

Man kann die Anwesenheit von *Fluor* in einer organischen Substanz in derselben Weise wie in einer anorganischen Substanz [29] nachweisen. 2—3 ml einer Mischung von Kaliumdichromat und konzentrierter Schwefelsäure werden in einem Reagenzglas erwärmt. Sofern das Glas sauber ist, befeuchten sich die Seiten des Glases gleichmäßig, wenn man es schüttelt. Einige Milligramme der Substanz werden zum heißen Gemisch hinzugefügt. Enthält es Fluor, wird Fluorwasserstoff gebildet, welcher das Glas anätzt, dessen Seiten beim Schütteln dann nicht mehr glatt befeuchtet werden (Kriechprobe).

Die Anwesenheit von *Chlor, Brom und Jod* kann man im Filtrat der LASSAIGNE-Probe (siehe S. 19) prüfen. Durch das Schmelzen mit Natrium werden die Halogene in Natriumhalogenide umgebildet. Wenn Stickstoff und Schwefel abwesend sind, werden die Halogene wie üblich nachgewiesen.

Die Gegenwart von Jod zeigt sich oft durch violette Dämpfe an, wenn die Substanz in einem Porzellantiegel erwärmt wird.

Wenn die Substanz Stickstoff oder Schwefel enthält, wird das LASSAIGNE-Filtrat Natriumcyanid oder -sulfid enthalten, und die übliche Methode zum Nachweis des Halogens versagt deshalb, sofern man nicht zuerst den Cyanwasserstoff oder Schwefelwasserstoff entfernt. Man säuert daher das Filtrat mit Schwefelsäure an und dampft bis zum halben Volumen ein. Nach dem Auffüllen mit destilliertem Wasser bis zum ursprünglichen Volumen wird mit Silbernitrat gefällt und wie gewöhnlich geprüft, ob Silberchlorid, -bromid oder -jodid vorliegt.

Eine Fehlerquelle der soeben beschriebenen Methode besteht darin, daß Brom- und besonders Jodwasserstoff während des Eindampfens durch die Schwefelsäure in Brom bzw. Jod oxydiert werden können. Deshalb hat man andere Methoden ausgearbeitet, um Cyanide und Sulfide zu bestimmen. Kürzlich wurde beschrieben, wie man durch Hinzufügen von 1—2 Tropfen einer 5%igen Nickelnitratlösung zum alkalischen LASSAIGNE-Filtrat die Cyanid- und Sulfidionen als Nickelcyanid bzw. -sulfid quantitativ beseitigen und durch Filtration entfernen kann [30]. Dann wird mit Salpetersäure angesäuert, und die Silberhalogenide werden wie üblich gefällt und untersucht.

M. DELÉPINE [31] hat eine andere Methode zum Nachweis von Halogenen, Schwefel, Phosphor und Arsen angegeben. Man oxydiert die vorgelegte Substanz mit Kaliummanganit, wodurch die genannten Elemente in Kaliumhalogenid, -sulfid, -phosphat oder -arsenat umgewandelt werden.

Das Kaliummanganit, eine schlecht definierte Substanz $(MnO)_m(MnO_2)_n(K_2O)_p(H_2O)_q$, wird gefällt, wenn eine Lösung von 100 g Kaliumpermanganat in 1500 ml Wasser bis zum Sieden erwärmt und dann portionsweise (30—40 ml Portionen) Äthanol bis zur völligen Entfärbung zugesetzt wird. Diese Reduktion des Kaliumpermanganats ist in etwa einer Stunde beendet. Der Niederschlag wird abgesaugt, 2—3mal mit 500 ml heißem Wasser gewaschen, wiederum abgesaugt und getrocknet (zuerst bei 100°, dann bei 220—250°), pulverisiert, gesiebt (Sieb 20, dann 40) und schließlich in luftdicht verschlossenen Flaschen aufbewahrt.

Um die Halogene mit Kaliummanganit nachzuweisen, wird in ein Duran-Reagenzglas (Durchmesser 10 mm) ein Gemisch von 20—50 mg der pulverisierten Substanz und etwa 0,7 g Kaliummanganit gebracht und mit weiteren 0,3 g des Kaliummanganits bedeckt. Das Reagenzglas wird schräg eingespannt, und die Mischung mit einer Bunsenflamme, mit den oberen Schichten des Kaliummanganits angefangen, bis zur Dunkelrotglut erhitzt. Nach dem Abkühlen wird das Gemisch mit 10 ml Wasser ausgekocht. Man dekantiert ab und filtriert die wäßrige Lösung. Die einzelnen Halogene werden dann in 1 ml-Proben wie üblich untersucht.

Um die Halogene *quantitativ* zu erfassen, erfordert das *Fluor* wiederum eine eigene Methode: Die organische Substanz wird mit Calciumoxid geglüht, das Fluor als Hydrogenhexafluorosilikat nach dem Ansäuern mit Perchlorsäure abdestilliert und das Destillat mit einer standardisierten Lösung von Thoriumnitrat titriert; Indicator ist eine 0,01%ige Alizarin-S-Lösung (die Thoriumionen bilden einen Farblack, sobald alle Hexafluorosilikationen durch die Thoriumionen entfernt worden sind). Die detaillierte Beschreibung der Methode möge man in [32] nachlesen.

Eine andere Methode zur Bestimmung von Fluor in organischen Substanzen, nach welcher das Fluor als Bleihexafluorosilikat gefällt wird, haben CHAPMAN, HEAP und SAUNDERS [33] angegeben. Diese Methode scheint besser reproduzierbare Resultate zu geben als die Thoriummethode.

Für die Bestimmung des *Chlors*, des *Broms* und bisweilen des *Jods* ist die Methode nach STEPANOV und BACON [34], [35] eine bequeme und, jedenfalls was Chlor und Brom anbelangt, ziemlich allgemeine Methode. Das Prinzip dieser Methode besteht darin, daß die halogenhaltige Substanz durch nascierenden Wasserstoff (Äthanol und Natrium) reduziert wird, wobei die Halogene als Halogenionen freigemacht und nachher nach Volhard bestimmt werden können. Man muß daran erinnern, daß Silberchlorid vor dem Zurücktitrieren des Silbernitratüberschusses abfiltriert werden muß, während Silberbromid und Silberjodid, die beide viel schwerlöslicher sind als Silberrhodanid, die Zurücktitrierung nicht stören können.

Schulek, Pungor und Kéthelyi [36] geben an, daß man Chlor ohne vorheriges Abfiltrieren des Silberchlorids bestimmen kann, wenn man zu der Silberchlorid enthaltenden Flüssigkeit etwas Kaliumnitrat hinzufügt (1 g auf 50 ml der Aufschlämmung) und dann das Gemisch 3 Minuten kochen läßt. Nach dem Abkühlen auf Zimmertemperatur wird der Silbernitratüberschuß mit 0,1 n-Ammoniumrhodanidlösung zurücktitriert; der Indicator ist Fe(III)ammoniumsulfat. Man titriert, bis die rote Farbe des Fe(III)rhodanids mindestens eine Minute bestehenbleibt. Das Silberchlorid hat sich während des Kochens mit Kaliumnitrat so zusammengeballt, daß es sich nicht mehr gleich mit Rhodanidionen umsetzt.

Die Stepanow-Bacon-Methode ist für die Bestimmung von Jod deshalb nicht ganz zuverlässig, weil es passieren kann, daß die Jodwasserstoffsäure, die beim Ansäuern der alkalischen Lösung mit Salpetersäure freigemacht wird, gleichzeitig durch die Salpetersäure zu Jod oxydiert, wodurch die Bestimmung selbstverständlich unzuverlässig wird.

Folgende Arbeitsweise wird für die Durchführung der Bestimmung nach Stepanow-Bacon empfohlen:

0,2—0,3 g der Substanz werden in einem 300-ml-Erlenmeyer-Kolben genau abgewogen und absoluter Alkohol zugesetzt (etwa 40 ml für chlorhaltige Substanzen, etwa 20 ml für bromhaltige und etwa 12 ml für jodhaltige Substanzen). Der mit einem Rückflußkühler versehene Kolben wird im Wasserbade bis zum Sieden erhitzt. Sobald der Alkohol siedet, werden durch den Kühler Stückchen von metallischem Natrium zugegeben (etwa 5 g für chlorhaltige Substanzen, 2—2,5 g für bromhaltige und 1,4—1,6 g für jodhaltige Substanzen), wobei man das Tempo so reguliert, daß die Zugabe der ganzen Menge mindestens eine halbe Stunde dauert. Am besten werden Schliffkölbchen für die Reduktion benutzt. Wenn das nicht möglich ist, muß man den Stopfen mit Zinn- oder Aluminiumfolie umhüllen und damit gegen die Einwirkung der heißen Natriumäthylatlösung schützen. Um die Reaktion zu vollenden, wird das Gemisch nach der Zugabe des letzten Stückchens Natrium noch eine Stunde erwärmt. Dann wird auf 50—68° abgekühlt und Wasser durch den Kühler hinzugefügt, um eventuell Tropfen der alkalischen Lösung mithinunterzuwaschen. Nachdem die Seiten des Kolbens mit Wasser gespült sind, wird die alkalische Lösung mit Salpetersäure angesäuert. Dann werden die Halogenionen nach Volhard bestimmt.

Zahlreiche organische Verbindungen geben mehr oder weniger dunkel gefärbte Oxydationsprodukte, wenn sie in alkalischer Lösung bei Luftzutritt gekocht werden. Falls die Lösung zu dunkel ist, um den Indicatorumschlag sichtbar werden zu lassen, kann man versuchen, eine potentiometrische Bestimmung durchzuführen. Oder man kann den Niederschlag von Silberhalogenid wägen, indem man ihn auf eine gewogene Glasfilternusche abfiltriert, sehr sorgfältig mit Wasser auswäscht und die Nutsche bei 105° bis zum konstanten Gewicht trocknet. In diesem Falle sollte man den Alkohol vor dem Ansäuern abdestillieren, um Halogenverluste durch Halogenwasserstoffabgabe während der Destillation oder durch Oxydation des Äthanols, Bildung von Knallsäure und Zersetzung von Knallsilber zu vermeiden.

In einigen Substanzen, in denen das Halogen an eine aliphatische Doppelbindung oder an einen Aromaten gebunden ist, sitzt es so fest, daß es bei der beschriebenen Methode nicht quantitativ umgesetzt wird. Eine quantitative Reaktion kann man üblicherweise erreichen, wenn man doppelt so viel Natrium benutzt wie oben angegeben. Man muß dann den Kolben über freier Flamme erhitzen und darauf achten, daß keine Krusten von Natriumäthylat, die die Wärmetransmission durch die Wände des Kolbens verhindern können, gebildet werden. Bei dieser Bestimmungsmethode wird empfohlen, das Äthanol durch Amylalkohol zu ersetzen, der etwa 60° höher als Äthanol siedet.

Wenn ein gut wirkender Abzug vorhanden ist, kann man eine andere Methode benutzen, um kovalent gebundenes Halogen in Halogenionen überzuführen, und zwar indem man die Substanz in flüssigem Ammoniak löst und diese Lösung mit metallischem Natrium behandelt. Diese Bestimmungsart wird gegenüber der oben beschriebenen Methode als allgemeiner bezeichnet [37], [38].

Die Substanz wird in einem 250-ml-Erlenmeyer-Kolben genau abgewogen (0,1 g einer chlorhaltigen Substanz, 0,15 g einer bromhaltigen und 0,20 g einer jodhaltigen Substanz). Der Kolben wird mit einem Uhrglas bedeckt und unter den Abzug gestellt. Ist die Substanz fest, lohnt es sich, den Kolben in eine Kristallisierschale zu stellen, die eine Schicht flüssigen Ammoniak (0,5 cm) enthält, so daß der Kolben vor dem Auflösen der Substanz durch flüssigen Ammoniak gut gekühlt ist. Man vermeidet dadurch Verluste an Substanz durch eine zu lebhafte Verdampfung von Ammoniak. Flüssige Substanzen werden in Ampullen abgewogen, die man nachher unter flüssigem Ammoniak zerbricht.

Die Substanz wird durch vorsichtiges Umschwenken des Kolbens in Lösung gebracht. Wenn sie sich nach wenigen Minuten nicht gelöst hat, fügt man vorsichtig bis zur völligen Auflösung der Substanz Äther, Dimethylacetal, Trimethylamin oder ein anderes halogenfreies Lösungsmittel, das nicht mit in Ammoniak gelöstem Natrium reagiert, hinzu.

Dann werden 0,4 g frisch geschnittenes Natrium in kleinen Stückchen zugesetzt, der Kolben wird mit dem Uhrglas bedeckt und stehengelassen, bis die Reaktion zu Ende ist (etwa 5 Minuten). Die Lösung sollte dann eine deutlich einheitliche blaue Farbe haben. Wenn nicht, fügt man noch Natrium hinzu, bis die blaue Farbe erhalten bleibt. Um den Überschuß an Natrium zu beseitigen, fügt man eine Lösung von etwa 2 g Ammoniumnitrat (halogenfreies!) in 4—5 ml flüssigem Ammoniak hinzu. Dann läßt man den Ammoniak verdampfen, entweder freiwillig über Nacht oder schneller, indem man den Kolben in ein Wasserbad von Zimmertemperatur hineintaucht. Der Rückstand wird in 50 ml Wasser gelöst und mit Salpetersäure angesäuert. Die schwach saure Lösung wird 15 Minuten lang schwach siedend gehalten, um etwaigen Cyanwasserstoff auszutreiben, der sich während der Reaktion bilden kann, wenn die Substanz zwei oder drei am selben Kohlenstoffatom gebundene Halogenatome enthält. Man darf aber nicht vergessen, daß beim andauernden Kochen eine Oxydation des Brom- und besonders des Jodwasserstoffs eintreten kann. Man muß deshalb die Reaktion sorgfältig überwachen.

Nach dem Abkühlen wird der Halogengehalt nach Volhard oder potentiometrisch ermittelt.

Wenn in einer aliphatischen Substanz zwei Halogenatome am Nachbarkohlenstoffatom gebunden sind, wird durch die beschriebene Behandlung zuerst ein Molekül Halogenwasserstoff abgespalten, während eine ungesättigte Halogenverbindung übrigbleibt. In dieser Verbindung ist das Halogen sehr fest gebunden. Weiter haben solche Verbindungen oft ziemlich niedrige Siedepunkte, so daß sie verdampfen, ehe sie mit dem Natrium reagiert haben, wodurch erhebliche Fehler verursacht werden. 1,2-Dibromäthan ist eine solche Substanz. Durch Einwirkung von Natriumäthylat wird zuerst Vinylbromid, Sp. 16°, gebildet, und diese Substanz wird meistens quantitativ entfernt, ohne mit dem Natriumäthylat reagiert zu haben.

Wenn bei der Volhard-Bestimmung a g der Substanz b ml Silbernitrat von der Normalität n verbraucht haben, so ist das Äquivalentgewicht (d. h. die Gewichtsmenge, welche ein Grammatom Halogen enthält) durch den Ausdruck

$$E = \frac{a \cdot 1000}{b \cdot n}$$

gegeben.

In gravimetrischen Analysen, wo a g Substanz b g Silberhalogenid ergeben haben, berechnet man

$$E = \frac{a \cdot 143{,}3}{b} \text{ (AgCl)} \quad \text{oder} \quad \frac{a \cdot 187{,}8}{b} \text{ (AgBr)} \quad \text{oder} \quad \frac{a \cdot 234{,}8}{b} \text{ (AgI)}.$$

Sofern in einer Substanz zwei verschiedene Halogene anwesend sind, kann man das Äquivalentgewicht berechnen, wenn sowohl das Silbernitratvolumen als auch das Gesamtgewicht des Silberhalogenidniederschlages bekannt sind. Diese Berechnung wird wie nachstehend angegeben ausgeführt:

Dem Silbernitratvolumen entsprechen b g Silber, und das Gesamtgewicht des Silberhalogenidniederschlags beträgt c g aus einem Gemisch von x % AgBr und $(100-x)$ % AgCl.

Wäre c ausschließlich Silberchlorid, wäre sein Silbergehalt d g.

Wäre c ausschließlich Silberbromid, wäre sein Silbergehalt e g.

Daraus errechnet man:

$$x = 100 \cdot \frac{d - b}{d - e} = \% \text{ AgBr}; \quad 100 - x = 100 \cdot \frac{b - e}{d - e} = \% \text{ AgCl}.$$

$$\text{Gewicht von AgBr} = c\,\frac{d - b}{d - e}\,\text{g}, \quad \text{von AgCl} = c\,\frac{b - e}{d - e}\,x\%\,\text{g}.$$

$$\text{Äquivalentgewicht in bezug auf Brom} = \frac{a \cdot 187{,}8}{c} \cdot \frac{d - e}{d - b}.$$

$$\text{Äquivalentgewicht in bezug auf Chlor} = \frac{a \cdot 143{,}3}{c} \cdot \frac{d - e}{b - e}.$$

Wie angegeben, wird die Bestimmung von Jod nach Stepanov-Bacon unzuverlässig, wenn beim Ansäuern der Lösung mit Salpetersäure eine Oxydation des Jodwasserstoffes zu Jod stattfindet. Diese Fehlerquelle wird vermieden, wenn der Jodgehalt nach Baubigny und Chavanne [39] bestimmt wird.

In einem Erlenmeyer-Kolben (300 ml) werden 1—1,5 g Silbernitrat in 40 ml konzentrierter, wenn notwendig lauwarmer Schwefelsäure gelöst, die 4—8 g Kaliumdichromat enthält. (Man darf nicht das Kaliumdichromat durch Natriumdichromat ersetzen.) Nach dem Abkühlen werden etwa 0,15 g (genau wiegen!) der Substanz hinzugefügt. Die Substanz wird durch die Chromsäure oxydiert, die Kohlenstoffdioxidentwicklung verursacht die Bildung von Schaum. Wenn kein Schaum entsteht, kann man die Oxydation durch schwaches Erwärmen unterstützen. Sobald die Gasentwicklung nachläßt, wird das Gemisch unter gleichmäßigem Schütteln bis auf 150—160° erwärmt. (Die Temperatur darf diese Grenze nicht überschreiten, da die Chromsäure sich bei einer nur wenig höheren Temperatur in Chromtrioxid und Sauerstoff zersetzt.) In dieser Weise wird Jod zu Jodsäure oxydiert, die mit dem Silbernitrat Silberjodat bildet.

Wenn die Gasentwicklung beendet ist, wird das Gemisch auf Zimmertemperatur abgekühlt. Dann wird, ohne abzukühlen, 140—150 ml Wasser zugesetzt. Das warme Gemisch, welches Chromsäure und die Hauptmenge des Jodes als Silberjodat enthält — in diesem Stadium der Reaktion findet man, wenn überhaupt, nur einen geringen Niederschlag von Silberjodid —, wird durch einen Strom von Schwefeldioxid reduziert, bis die Farbe rein grün wird und sich kein Silberjodid mehr ausscheidet, was leicht zu beobachten ist. Am besten reduziert man die heiße Lösung, denn in kalter Lösung kann sich Silberjodat ausscheiden, dessen Wiederauflösung schwierig ist. Falls ein rotbrauner Niederschlag von Silberjodat beobachtet wird, sollte man sofort etwas Ammoniumsulfat hinzufügen, um die weitere Fällung von Silberjodat zu verhindern und die Wiederauflösung des schon gefällten zu erleichtern.

Wird die Reduktion zu lange fortgesetzt, kann das Silberjodid weiter bis zu Silber reduziert werden, was sich durch den Farbwechsel des Niederschlages von gelb in grau verrät. Man kann versuchen, das Silber wieder in Salpetersäure zu lösen, aber dabei wird meist zugleich Jodid in Jod oxydiert.

Das Silberjodid wird durch einen gewogenen Glasfiltertiegel abfiltriert, mit Wasser sorgfältig gewaschen und bei 105° bis zur Gewichtskonstanz getrocknet.

Aus dem Gewicht des Silberjodids wird wie oben das Äquivalentgewicht berechnet, d. h. die Gewichtsmenge der Substanz, welche ein Grammatom Jod enthält.

Für die Bestimmung von Chlor und Brom kann auch die von GROTE und KREKELER [40], [41] angegebene Methode, die unter die Bestimmung von Schwefel beschrieben wird, Verwendung finden. Die Flüssigkeit in dem Absorptionsgefäß ist dann aus 1 ml 30%igem Wasserstoffsuperoxid, 2 ml n-Kaliumhydroxid und 47 ml Wasser zusammengesetzt. Die Absorptionsflüssigkeit und das Waschwasser werden vereinigt und durch Eindampfen auf 10 ml konzentriert. Der Gehalt an Chlor und Brom wird nach VOLHARD bestimmt.

F. SCHWEFEL

Eine schwefelhaltige Substanz gibt Natriumsulfid beim Schmelzen mit Natrium nach LASSAIGNE, und im Filtrat (siehe S. 19) kann man wie üblich Sulfidione nachweisen, z. B., indem man zum abgekühlten Filtrat Bleiazetat hinzufügt und nachher mit Essigsäure übersättigt. Ein schwarzer Niederschlag oder eine braune oder schwarze kolloidale Lösung dienen zum Nachweis von Schwefel. Eine schwache Bräunung des essigsauren Filtrates kann aus Verunreinigungen stammen, z. B. aus einer Spur von Sulfat, bei der Herstellung der Substanz entstanden, oder, wenn das Reagenzglas während der LASSAIGNE-Probe durchgeschmolzen ist, aus schwefelhaltigen Verunreinigungen des Glases, die bei der Reaktion mit Natrium oder Natriumoxiden Sulfid, Sulfit oder Sulfat gebildet haben. Um Schwefel sicher nachzuweisen, muß man deshalb einen schwarzen Niederschlag oder *mindestens* eine dunkelbraune bis schwarze kolloidale Lösung verlangen.

Die Bestimmung von Schwefel wird oft am bequemsten durch die Bestimmung einer schwefelhaltigen funktionellen Gruppe ermittelt. Verschiedene Methoden zur Erkennung und zur Bestimmung schwefelhaltiger funktioneller Gruppen werden in späteren Abschnitten dieser Anleitung gegeben.

Es gibt aber Fälle, wo keine geeignete Gruppe die Bestimmung des Äquivalentgewichtes ermöglicht. Dann scheint eine Bestimmung des Schwefels, z. B. nach der Methode von GROTE und KREKELER [40] angebracht. Das Prinzip dieser Methode ist, daß die Substanz im Luftstrom verbrannt wird. Dadurch wird Schwefeldioxid gebildet, welches nachher durch Wasserstoffsuperoxid zu Schwefeltrioxid oxydiert wird. Die Sulfationen, die dadurch gebildet werden, kann man nach üblichen Methoden bestimmen.

Die GROTE-KREKELER-Verbrennungen werden am besten in einem Ofen, wie Abb. 18 zeigt, durchgeführt.

Das Rohr *R* ist aus klarem Quarz, *a* und *b* sind zwei mit dem Rohr zusammengeschmolzene Scheiben aus gesintertem Quarz, *c* ist eine Scheibe aus klarem Quarz, in der Mitte durchlöchert. *R* ist mit dem Absorptionsgefäß *F* schliffverbunden. *F* besteht aus Duran- oder Pyrex-Glas, die eingeschmolzene Scheibe *d* aus gesintertem Glas. Der Tropfenfänger *S* ist mit *F* schliffverbunden. Der untere Teil von *F* ist zu zwei Dritteln mit Glasperlen gefüllt; *e*, ein eingeschmolzenes Glaskreuz, soll verhindern, daß die Glasperlen sich in der Richtung gegen *R* verschieben. *R* ist auf ein Gestell, wie in Abb. 18 gezeigt, gelegt. Das Rohr hat eine schwache Neigung gegen das Absorptionsgefäß (Höhenunterschied der beiden Enden des Gestells etwa 5 mm). *T* ist ein beweglicher U-förmiger Ofen aus asbestbekleidetem Blech. *R* wird durch zwei wirksame Brenner (z. B. Teclu-Brenner) geheizt; weiter kann man, wenn erwünscht, einen Bunsenbrenner zu Hilfe nehmen. *f* ist eine Asbestscheibe, die den Stopfen *g* gegen die Hitze des Ofens schützt.

Die Absorptionsflüssigkeit in *F* ist eine 2—3%ige Wasserstoffsuperoxidlösung.

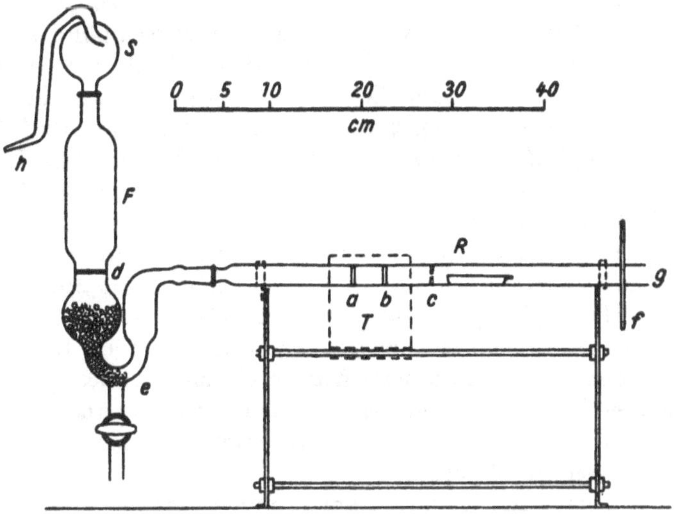

Abb. 18

Die Bestimmung wird in folgender Weise durchgeführt:

Etwa 25 ml der Absorptionsflüssigkeit werden in den oberen Teil des Absorptionsgefäßes *F* gebracht und mit Überdruck durch die Scheibe *d* gepreßt. Weitere 25 ml der Absorptionsflüssigkeit werden in den oberen Teil von *F* gebracht; der Tropfenfänger *S* wird aufgesetzt und mit einer Wasserstrahlpumpe verbunden. Um den Rückschlag von Wasser zu verhindern, wird eine Sicherheitsflasche zwischengeschaltet.

Die Verbindung zur Pumpe wird durch einen mit einem *T*-Rohr versehenen Vakuumschlauch hergestellt. Das Seitenrohr des *T*-Rohres ist mit einem einen Schraubenquetschhahn tragenden Vakuumschlauch versehen, mit welchem die Geschwindigkeit des durch den Apparat gesaugten Luftstromes geregelt werden kann, ohne den Wasserhahn zu regulieren. Hierdurch wird die Gefahr des Rückschlages von Wasser vermindert. Das Quarzrohr *R* ist mit dem Absorptionsgefäß schliffverbunden; der Schliff wird mit Wasser, nicht mit Fett geschmiert und mit Federn festgehalten. *R* wird dann auf das Gestell gelegt.

0,05—0,2 g der Substanz werden in einem Porzellanschiffchen abgewogen und, wie in Abb. 18 gezeigt, in Rohr *R* eingebracht; der Abstand zwischen *c* und der vorderen Kante des Schiffchens sollte 1—3 cm betragen. Das Rohr wird mit einem Stopfen *g* verschlossen. *g* ist mit einem Glasrohr ausgestattet, das durch einen Gummischlauch mit 1 oder 2 Waschflaschen verbunden ist, die KOHlösung enthalten.

Der eine der Teclu-Brenner wird angezündet und zwischen *a* und *b* gestellt. Gleichzeitig fängt man an, Luft durch den Apparat zu saugen. (Ist die Substanz flüchtig, muß man mit dem Zuführen des Luftstroms so lange warten, bis das Rohr zwischen *a* und *b* genügend heiß geworden ist.) Wenn das Rohr zwischen *a* und *b* helle Rotglut erreicht hat, wird die Geschwindigkeit des Luftstromes erhöht; der zweite Teclu-Brenner wird angezündet, und man fängt an, das Rohr zu erhitzen, wobei mit dem hinteren an die Asbestscheibe *f* angrenzenden Teil des Rohres zu beginnen ist. Um die vorzeitige Kondensation der Substanzdämpfe zu verhindern, kann man bei *c* mit einem Bunsenbrenner heizen. Die Geschwindigkeit des Luftstromes sollte so geregelt werden, daß kein Kohlenstoff sich zwischen *b* und *a* niederschlägt und kein Teer auf der anderen Seite von *a* gebildet wird. Wenn Abscheidung von Kohlenstoff oder Teer beobachtet wird, muß die Bestimmung unterbrochen werden, um das Rohr zu reinigen, indem man es in einem Sauerstoffstrom bis zur Rotglut erhitzt. Das Absorptionsgefäß muß ebenfalls sehr sorgfältig mit rauchender Salpetersäure gereinigt werden.

Die Durchführung der Verbrennung sollte nicht länger als 10—20 Minuten dauern. Das durchgesaugte Luftvolumen sollte 200 ml/Min oder mehr betragen. Wenn sich während der Verbrennung eine Flamme zwischen *c* und *b* bilden sollte, die sich gegen *c* ausbreitet, muß man die Luftgeschwindigkeit steigern und die Heizung des Schiffchens dämpfen.

Sobald die Substanz im Schiffchen vollständig verbrannt ist und auch alle etwaigen Niederschläge zwischen dem Schiffchen und *c* sich durch Extraheizung wieder verflüchtigt haben, stellt man die Luftgeschwindigkeit etwas ab und erwärmt das Rohr von *a* bis zum Schliff, damit Schwefelsäure oder Schwefeltrioxid, die sich an den Wänden des Rohres kondensiert haben, sich wieder verflüchtigen. Der Schliff und der angrenzende Teil des Absorptionsgefäßes *F* werden ebenfalls geheizt, bis alle Schwefelsäure- oder Schwefeltrioxiddämpfe im Innern von *F* verschwunden sind. Das Absorptionsgefäß und das Quarzrohr werden heiß getrennt, um das „Beißen“ der zwei Teile des Schliffes, des einen aus Quarz, des anderen aus Duran- oder Pyrexglas, zu vermeiden. Hat man die Heizung des Quarzrohres und des konischen Teils des Schliffes richtig durchgeführt, ist es nicht notwendig, das Quarzrohr nachzuspülen. Der andere Teil des Schliffes und der Hals des Absorptionsgefäßes werden mit Wasser nachgespült.

Der Inhalt der beiden Teile des Absorptionsgefäßes wird durch einen Hahn, welcher sich unter dem Glaskreuz *e* befindet, in ein Becherglas abgelassen. Das Absorptionsgefäß wird dreimal mit je 50 ml Wasser gewaschen, indem man jede Portion mehrmals vom oberen in den unteren Teil und umgekehrt durchpreßt, so daß sowohl die Glasfilterplatte als auch die Perlen gut durchgespült werden. Die erste Portion Waschwasser hat man zuerst zur Abspülung des Tropfenfängers benutzt. Die Absorptionsflüssigkeit und sämtliche Portionen Waschwasser werden vereinigt und auf dem Wasserbade bis auf etwa 50 ml konzentriert. Der Schwefelgehalt wird wie üblich durch Fällung, Abfiltrieren und Wägung des Bariumsulfats bestimmt.

Das Äquivalentgewicht der Substanz, bezogen auf Schwefel, ist, wenn *a* g der Substanz *b* g Bariumsulfat ergeben haben:

$$E = \frac{a \cdot 233{,}4}{b}.$$

G. PHOSPHOR

Die Anwesenheit von Phosphor in einer organischen Verbindung kann in folgender Weise nachgewiesen werden: Die Substanz wird durch ein Gemisch von konzentrierter Schwefelsäure und konzentrierter Salpetersäure oxydiert, wobei Phosphor zu Phosphorsäure oxydiert wird, die in salpetersaurer Lösung mit Ammoniummolybdat einen gelben Niederschlag gibt.

0,1—0,2 g Substanz werden in einem KJELDAHL-Zersetzungskolben mit 5—10 ml eines Gemischs gleicher Volumenteile konzentrierter Schwefelsäure und konzentrierter Salpetersäure ($d = 1{,}41$) übergossen. Sollte eine zu lebhafte Reaktion eintreten, kann man den Kolben unter dem Wasserstrahl kühlen. Wenn die lebhafte Reaktion zu Ende ist, wird der Kolben auf dem KJELDAHL-Gestell (siehe Abb. 16, S. 24) mit einer kleinen Flamme bis zur völligen Zersetzung der Substanz erhitzt. Wenn die Entwicklung nitroser Gase nachläßt, wird aus einem Scheidetrichter mit gebogenem Stiel, der in den KJELDAHL-Kolben hineinragt, tropfenweise konzentrierte Salpetersäure hinzugetropft. Die Geschwindigkeit der Zugabe wird so geregelt, daß eine zwar lebhafte, aber nicht stürmische Reaktion aufrechterhalten wird. Das Zutropfen von Salpetersäure wird so lange fortgesetzt, bis aller Kohlenstoff wegoxydiert ist und die Entwicklung nitroser Gase wieder nachläßt. Wenn bei fortgesetzter Erwärmung eine farblose bis hellgelbe Flüssigkeit erhalten bleibt, ist die Oxydation beendet. Findet dagegen eine Nachdunklung statt, muß mehr Salpetersäure zugefügt werden.

Ist die Oxydation beendet, läßt man den Kolben abkühlen. Dann werden 3 Volumenteile Wasser hinzugefügt, und die Lösung wird 5—10 Minuten im Sieden gehalten, um den Überschuß an Nitrosylschwefelsäure und Pyroschwefelsäure zu zerstören und die nitrosen Gase auszutreiben. Man kocht so lange, bis man die Entwicklung solcher Gase nicht mehr sehen oder riechen kann. Die Lösung ist dann für die Reaktion mit Ammoniummolybdat vorbereitet. Wenn die gleichzeitige Anwesenheit von Phosphor und Arsen möglich erscheint, muß man eine sehr verdünnte Lösung von Ammoniummolybdat benutzen, um sicher zu sein, daß der gelbe Niederschlag von Dodecamolybdatophosphat nicht durch das entsprechende Arsenat verunreinigt ist.

Die Methode zur *quantitativen Bestimmung von Phosphor* ist mit der soeben beschriebenen identisch. Die Phosphorsäure wird als Ammoniumdodecamolybdatophosphat, das 2 Mol Salpetersäure enthält, $(NH_4)_3PO_4$, 12 MoO_3, 2 HNO_3, gefällt. Der Niederschlag wird abfiltriert, sorgfältig mit Wasser gewaschen und dann mit einem bekannten Volumen von 0,5 *n*-Natronlauge (Überschuß) so lange gekocht, bis alles Ammonium als Ammoniak entfernt ist. Der Überschuß an Natronlauge wird dann mit 0,5 *n*-Salzsäure zurücktitriert; als Indicator dient Phenolphthalein.

Wäre die Zusammensetzung des Niederschlages genau die oben angegebene, könnte man aus der Reaktionsgleichung:

$$(NH_4)_3PO_4,\ 12\,MoO_3,\ 2\,HNO_3 + 28\,NaOH$$
$$\rightarrow Na_2HPO_4 + 2\,NaNO_3 + 12\,Na_2MoO_4 + 3\,NH_3 + 16\,H_2O$$

ableiten, daß 28 Äquivalenten der Base ein Atom Phosphor oder 1 ml 0,5 *n*-Natronlauge $\frac{31,04}{28 \cdot 2} = 0,555$ mg Phosphor entsprechen. Man findet aber, wenn man den Faktor 0,555 benutzt, zu niedrige Resultate. Deshalb hat SØRENSEN [42] den empirischen Faktor 0,560 empfohlen und folgende Arbeitsvorschrift gegeben:

Ein Teil der phosphorhaltigen Substanz, etwa 20 mg Phosphor enthaltend, wird, wie oben angegeben, oxydiert. Nach vollständigem Entfernen der Salpetersäure (Eindampfung, bis dicke Schwefelsäuredämpfe entweichen) werden 25 ml einer 5%igen Ammoniumnitratlösung zugesetzt. Die Mischung wird auf dem siedenden Wasserbade erwärmt, und dann werden 40 ml einer 10%igen Ammoniummolybdatlösung hinzugefügt. Man erwärmt noch 5 Minuten unter zeitweisem Schütteln des Kolbens und läßt dann mindestens eine Stunde bei Zimmertemperatur stehen.

Den sich langsam absetzenden Niederschlag isoliert man durch Abgießen der darüberstehenden Flüssigkeit durch ein aschefreies Filter. Man trägt dafür Sorge, daß so wenig wie möglich vom Niederschlag auf das Filter kommt. Der Niederschlag im Kolben und das Filter werden 4mal mit Eiswasser und dann 8mal mit eiskaltem 50%igen Äthanol gewaschen. Das Filter wird dann in den Zersetzungskolben zurückgebracht und mit der Hauptmenge des Ammoniumphosphatomolybdat-Niederschlages vereinigt. Unter ständigem Umschütteln des Kolbens wird aus einer Bürette 0,5 *n*-Natronlauge bis zur völligen Auflösung des Niederschlages hinzugesetzt. Man gibt dann noch 5—6 ml 0,5 *n*-Natronlauge und einige Stückchen Bimsstein hinzu und läßt das Gemisch eine Stunde kochen, um das Ammoniak quantitativ zu entfernen. Nach dem Abkühlen wird der Überschuß von Natronlauge mit 0,5 *n*-Salzsäure zurücktitriert; der Indicator ist Phenolphtalein. Das Äquivalentgewicht E bezogen auf Phosphor, ist durch den Ausdruck

$$E = \frac{a \cdot 27,7 \cdot 1000}{b \cdot n}$$

gegeben (a = g Substanz, b = ml Natronlaoge der Normalität n).

H. ARSEN

Arsen kann *nachgewiesen* werden, indem man die Substanz mit Schwefelsäure und Salpetersäure, wie auf Seite 35 unter Phosphor beschrieben, oder wie von DELÉPINE (siehe S. 27) angegeben, behandelt. Selbstverständlich kann man

Arsen neben Phosphor nicht mit Ammoniummolybdat nachweisen. Selbst wenn Phosphor anwesend ist, kann man aber Arsen als Arsentrisulfid fällen, wenn man in die heiße Reaktionsflüssigkeit Schwefelwasserstoff einleitet. Die Arsensäure wird dadurch, zwar etwas langsam, reduziert und Arsentrisulfid, mit Schwefel vermischt, gefällt.

Man kann Arsen auch dadurch nachweisen, daß man die organische Substanz verflüchtigt und die Dämpfe durch ein mit Quarzpulver beschicktes, bis zur Rotglut erhitztes Rohr aus Duranglas leitet. Enthält die Substanz Arsen, wird sich, etwas von der erhitzten Stelle des Rohres entfernt, ein schwarzer Arsenspiegel absetzen.

Um *Arsen quantitativ zu erfassen*, wird die Arsensäure, die sich bei der Behandlung mit Schwefelsäure-Salpetersäure gebildet hat, durch Hydrazin zu arseniger Säure reduziert. Diese wird dann in stark saurer Lösung mit Kaliumbromat zurückoxydiert.

Die Salpetersäure wird aus der Lösung entfernt, indem man diese bis zur Abgabe von Schwefelsäuredämpfen erhitzt. Nach Abkühlung auf Zimmertemperatur (*anfangs nicht unter dem Wasserstrahl kühlen*) wird der Reaktionskolben senkrecht eingespannt. Durch einen Trichter mit langem Stiel werden etwa 0,2 g halogenfreies Hydrazinsulfat (wenn die Lösung 10—100 mg Arsen enthält) zugesetzt. Sollten Spuren von Hydrazinsulfat an den Wänden des Kolbens haften, wird mit ein wenig konzentrierter Schwefelsäure nachgespült. Der Kolben wird dann wieder auf das Gestell gebracht, und man läßt etwa 10 Minuten lebhaft kochen, um den Hydrazin-Überschuß zu zerstören. Nach Abkühlung auf Zimmertemperatur werden 25 ml Wasser und 0,1 g Kaliumbromid zugesetzt. Das Gemisch erwärmt sich und wird heiß sofort mit 0,1 *n*-Kaliumbromat titriert, bis die Lösung eine bleibende schwach gelbliche Farbe (Brom, aus dem zugesetzten Kaliumbromid freigemacht, wenn alle arsenige Säure oxydiert ist) angenommen hat.

Der Reaktionsgleichung

$$3\,As_2O_3 + 2\,HBrO_3 \rightarrow 3\,As_2O_5 + 2\,HBr$$

nach ist das Äquivalentgewicht E, bezogen auf Arsen, durch den Ausdruck:

$$E = \frac{2 \cdot a \cdot 1000}{b \cdot n}$$

gegeben, wenn a g Substanz b ml Kaliumbromat der Normalität n erfordern.

I. WEITERE ELEMENTE

Unter den Elementen außer den schon erwähnten, (Kohlenstoff, Wasserstoff, Sauerstoff, Stickstoff, den Halogenen, Schwefel, Phosphor und Arsen), die man in organischen Substanzen antreffen kann, sind die *Metalle* hervorzuheben, welche ziemlich oft als Salze der Carbonsäuren oder Sulfonsäuren vorkommen. Sie werden im nicht brennbaren, nicht flüchtigen Rest der verbrannten Substanz im Luft- oder Sauerstoffstrom aufgesucht (Ausnahme: Quecksilber). Um die vollständige Verbrennung des Kohlenstoffs zu fördern, kann man der Asche etwas Ammoniumnitrat zumischen und wiederum glühen. Die Identifizierung der im Rückstand anwesenden Metalle wird als gewöhnliche anorganische Analyse durchgeführt.

Nur Quecksilber wird, wie oben angedeutet, in dieser Weise nicht erfaßt, weil es sich während des Glühens quantitativ verflüchtigt. Die Anwesenheit von Quecksilber kann man im allgemeinen dadurch nachweisen, daß man die Substanz einige Zeit mit konzentrierter Salzsäure kocht. Wenn nötig, wird filtriert, das Filtrat mit Wasser verdünnt und mit Schwefelwasserstoff gefällt. Wenn keine anderen Metalle der Schwefelwasserstoffgruppe anwesend sind, bedeutet ein schwarzer Niederschlag, daß die Substanz Quecksilber enthält. Einige quecksilberhaltige Substanzen sind aber so beständig, daß sie durch Salzsäure nicht gespalten werden. Durch eine Methode, wie sie oben im Abschnitt Phosphor beschrieben wurde, werden aber auch solche beständigen Quecksilberverbindungen zersetzt, und wenn die Substanz kein Chlor enthält, kann man das Quecksilber in der Reaktionsflüssigkeit nachweisen. Die gleichzeitige Anwesenheit von Phosphor und besonders Arsen kann den Nachweis von Quecksilber etwas erschweren.

In Substanzen, die gleichzeitig Quecksilber und Chlor enthalten, kann das Quecksilber sich während der Reaktion teilweise oder vollständig als Sublimat verflüchtigen.

Die quantitative Bestimmung der Metalle wird nach Methoden, die aus der anorganischen quantitativen Analyse bekannt sind, durchgeführt, indem man eine genau abgewogene Menge der Substanz, wie oben beschrieben, mit Schwefelsäure und Salpetersäure digeriert und die Reaktionsflüssigkeit mit Wasser verdünnt.

Die *Alkalimetalle* und die *Erdalkalimetalle* können durch Abrauchen der Salze mit Schwefelsäure ziemlich einfach als Sulfate bestimmt werden:

Etwa 0,2 g der Substanz werden genau in einem Platin- oder Quarztiegel abgewogen und mit einigen Tropfen konzentrierter Schwefelsäure befeuchtet. Wenn die zu untersuchende Substanz leicht zersetzbar oder gar explosiv ist, sollte man die Schwefelsäure zuerst mit 1—2 Volumen Wasser verdünnen. Der Tiegel wird mit einem Deckel versehen und schräg auf einen Dreifuß gestellt, damit man bequem den oberen Teil des Tiegels mäßig erwärmen kann, ohne daß der Inhalt spritzt. Die mäßige Erwärmung wird so lange fortgesetzt, bis die Schwefelsäure vollkommen entfernt ist. Dann wird die Erwärmung nach und nach bis zur Rotglut (im Falle der Alkalimetalle nur bis zur Dunkelrotglut) verstärkt. Man glüht bis zur völligen Veraschung der Substanz und Verbrennung des ausgeschiedenen Kohlenstoffs. Der Tiegel wird gewogen, einige Kristalle von Ammoniumcarbonat werden hinzugefügt und nochmals geglüht. Diese Behandlung mit Ammoniumcarbonat setzt man so lange fort, bis das Gewicht des Tiegels konstant bleibt. Durch das Glühen mit Ammoniumcarbonat werden saure Sulfate oder Pyrosulfate, die sich während des Abrauchens mit Schwefelsäure gebildet haben, in normale Sulfate umgebildet.

Das Äquivalentgewicht E, bezogen auf ein Metallatom, errechnet sich aus:

$$E = \frac{a \cdot M_2SO_4}{2 \cdot b} \quad \text{oder} \quad E = \frac{a \cdot MSO_4}{b},$$

wenn *a* g Substanz, *b* g Sulfat des Molekülgewichtes M_2SO_4 (Alkalimetallsulfate) oder MSO_4 (Erdalkalimetallsulfate) ergeben haben.

LITERATUR

[1] Pregel-Roth, Quantitative organische Mikroanalyse, 7. Auflage. Springer, Wien 1958.
[2] Pesez, M., und Poirier, P., Méthodes et réactions de l'analyse organique, Masson et Cie, Paris 1952.
[3] Korschun, M. O., und Gelman, N. E., Novie Metodi elementarnovo, Moskva 1949.
[4] ter Meulen, H., und Heslinga, J., Nouvelles Méthodes d'Analyse Chimique Organique, 2e éd. Paris 1932.
[5] Belcher, R., und Gadbert, A. L., Semi-micro Quantitative Organic Analysis, London 1945.
[6] Clark, E. P., Semi-micro Quantitative Organic Analysis, New York 1943.
[7] Zerevitinov, Th., Ber. **40**, 2023, 1907.
[8] Zaugg, H. E., und Lauer, W. M., Anal. Chem. **20**, 1022, 1948.
[9] Zerevitinov, Th., Ber. **41**, 2233, 1908.
[10] McAlpine, I. M., und Ongley, P. A., Anal. Chem. **27**, 55, 1955.
[11] Zaugg, H. E., und Horrom, A. W., Anal. Chem. **20**, 1026, 1948.
[12] Terentiev, A. P., und Kirejeva, A. J., Isvest. Akad. Nauk. U.S.S.R. 172, 1951.
[13] Ziegler, K., und Dersch, F., Ber. **62**, 1833, 1929.
[14] Corvin, A. H., und Ellingson, R. C., J. amer. chem. Soc. **64**, 2098 1942.
[15] Olleman, E. D., Anal. Chem. **24**, 1425, 1952.
[16] Goerdeler, J., und Domgörgen, H., Mikrochem. Mikrochim. Acta **40**, 212, 1953.
[17] Unterzaucher, J., Ber. **73**, 391, 1940.
[18] Unterzaucher, J., Analyst **77**, 584, 1952.
[19] Campbell, K. N., Charles, M. St., und Campbell, B. K., J. chem. Educ. **27**, 261, 1950.
[20] Castellana, V., Gazz. chim. ital. **34** II, 357, 1904.
[21] Veibel, S., unveröffentlicht.
[22] Widmark, G., Acta chem. Scand. **7**, 1385, 1953.
[23] Delépine, M., Bull. Soc. chim. **7**, 905, 1940.
[24] Velluz, L., und Pesez, M., Ann. Pharm. 4, 10, 12, 1946.
[25] Kjeldahl, J., C. R. Trav. Lab. Carlsberg **2**, 1, 1883.
[26] Kjeldahl, J., Z. anal. Chem. **22**, 366, 1883.
[27] Andersen, A. C., und Norman Jensen, B., Z. anal. Chem. **67**, 427, 1926.
[28] Kirsten, W., Anal. Chem. **24**, 1078, 1952.
[29] Hagen, S. K., Mikrochem. **15**, 313, 1934.
[30] May und Bakers Laboratory Bulletin **1**, 41, 1955.
[31] Delépine, M., Bull. Soc. Chim. **8**, 685, 1941.
[32] Official Methods of the Society of Public Analysts, Analyst **69**, 243, 1944.
[33] Chapman, N. B., Heap, R., und Saunders, B. C., Analyst **73**, 434, 1948.
[34] Stepanov, A., Ber. **39**, 4056, 1906.
[35] Bacon, C. W., J. amer. chem. Soc. **31**, 49, 1909.
[36] Schulek, E., Pungor, E., und Kéthelyi, J., Anal. Chim. Acta **8**, 229, 1953.
[37] Vaughn, T. H., und Nieuwland, J. A., Ind. Engng. Chem. Anal. **3**, 274, 1931.
[38] Norges Tekniske Højskole, Trondheim, Privatmitteilung.
[39] Baubigny, H., und Chavanne, G., Bull. Soc. chim. [3] **29**, 807, 1903; **31**, 396, 1904.
[40] Grote, W., und Krekeler, H., Angew. Chem. **46**, 106, 1933.
[41] Kirsten, W., Svensk Kem. Tidskr. **56**, 248, 1944; **57**, 69, 1945.
[42] Sørensen, M., C. R. Trav. Lab. Carlsberg **15**, Nr. 10, 1925.

III. Vorläufige Untersuchung und allgemeine Reaktionen

Es empfiehlt sich oft, eine Voruntersuchung der vorgelegten Substanz vorzunehmen, ehe man mit der eigentlichen Identifizierung der funktionellen Gruppen anfängt. Hierbei untersucht man die Löslichkeit der Substanz in verschiedenen Lösungsmitteln, man merkt sich ihre Farbe, untersucht die sauren oder basischen Eigenschaften der Substanz usw. Durch die Zusammenstellung der durch solche vorläufigen Proben ermittelten Auskünfte mit den Kenntnissen von vorhandenen Elementen, die man durch die in Kapitel II beschriebenen Methoden erhalten hat, kann man sehr oft eine Begrenzung der Anzahl möglicher funktioneller Gruppen durchführen und dadurch die schließliche Identifizierung erleichtern.

A. AUSSEHEN DER SUBSTANZ

Das Äußere einer Substanz richtet sich wesentlich nach ihrem Reinheitsgrad. Die folgenden Bemerkungen haben nur für solche Substanzen Gültigkeit, welche den im ersten Kapitel erwähnten Reinheitskriterien gerecht werden.

Es lohnt sich zu erinnern, daß viele Amide (z. B. außer Formamid alle am Stickstoff unsubstituierten Carbonsäureamide) bei Zimmertemperatur fest sind, die Nitrile, Ester und Äther dagegen oft flüssig. Unter den festen Estern haben die Methylester im allgemeinen höhere Schmelzpunkte als die entsprechenden Äthylester.

Wenn eine Substanz mehr als eine funktionelle Gruppe enthält, können sich die Eigenschaften der verschiedenen Gruppen überlagern, und dadurch kann eine Verschleierung der Charakteristika der einzelnen Gruppen eintreten, so daß die Beobachtungen, die wir im vorliegenden Kapitel diskutieren, mehr oder weniger hinfällig werden.

Unter den Faktoren, welche das Aussehen einer Substanz bestimmen, ist die *Farbe* einer der bedeutungsvollsten, denn die meisten organischen Substanzen sind farblos. Eine wohldefinierte Farbe erlaubt deshalb oft, wichtige Rückschlüsse auf die Natur der Substanz zu ziehen. Die Größe und die Form der Kristalle sind dagegen gewöhnlich von keinem großen Interesse, denn beide sind vom Lösungsmittel und von den experimentellen Bedingungen (Konzentration, Temperatur usw.) der Kristallisation abhängig. Außerdem sind einige Substanzen amorph und zeigen nicht einmal unter dem Mikroskop kristalline Struktur. Kristalline Substanzen können bisweilen durch Pulverisieren oder Zermahlen eine quasi-amorphe Struktur annehmen, die sich aber unter dem Mikroskop als kristalline offenbart.

Für **Flüssigkeiten** ist die **Viscosität** eine wichtige Eigenschaft. Die meisten organischen Flüssigkeiten von nicht allzu großem Molekulargewicht sind leicht beweglich, wenn sie keine viscositätserhöhende Gruppe enthalten. Wenn eine vorgelegte flüssige Substanz eine bedeutende Viscosität zeigt, kann man daraus schließen, daß entweder die Substanz nicht monomolekular, d. h. entweder polymerisiert oder assoziiert ist, oder daß es sich um einen Polyol, den Ester einer mehrbasischen Säure oder einer Hydroxysäure, ein Mono- oder Polyphenol oder einen Äther eines solchen Mono- oder Polyphenols handelt. Unter den hier genannten Möglichkeiten zeichnen sich die Phenole durch den charakteristischen *Phenolgeruch* aus. Die Phenole sind außerdem in Lauge leichter löslich als in Wasser, und ihre Lösungen, besonders die alkalischen, schwärzen sich schnell, weil die Phenole von Sauerstoff schnell unter Bildung von dunklen Oxydationsprodukten angegriffen werden.

Unter den an sich gefärbten Substanzen können genannt werden:

Nitroverbindungen, die gelb oder rot sein können. Wenn aber die Nitrogruppe als einziger Substituent anwesend ist, kann die gelbe Farbe so schwach sein, daß die Substanz eher als farblos zu bezeichnen ist.

Nitrosoverbindungen, die im festen Zustand häufig farblos oder schwach gelblich sind (gelbe, braune oder grüne Nitrosoverbindungen sind jedoch bekannt, z. B. ist *p*-Nitrosodimethylanilin intensiv grün gefärbt). Geschmolzen oder in einem Lösungsmittel gelöst sind alle Nitrosoverbindungen, in welchen die Nitrosogruppe direkt an Kohlenstoff gebunden ist, grün oder blau. Ist aber die Nitrosogruppe an Stickstoff gebunden, ist die entsprechende Nitrosoverbindung farblos oder gelb.

Azoverbindungen sind sehr intensiv gefärbt, z. B. rot, gelb, braun oder violett.

Azoxyverbindungen sind auch gefärbt, meistens gelb oder orange, aber lange nicht so intensiv wie die Azoverbindungen.

Chinone sind gelb oder gelbbraun, bisweilen (hauptsächlich die *o*-Chinone) rot gefärbte Substanzen, wenn es sich um echte Chinone handelt. Man muß aber beachten, daß die Farbe verschiedener intensiv gefärbter Substanzen, z. B. der Triphenylmethanfarbstoffe, oft durch das Auftreten von chinoiden Strukturen erklärt wird.

B. GERUCH

Es ist immer schwierig, den Geruch einer Substanz zu beschreiben, denn es existiert keine experimentell festlegbare Geruchskala. Um den Geruch einer Substanz zu charakterisieren, muß man ihn deshalb mit dem Geruch irgend einer anderen Substanz vergleichen, und die persönliche Erfahrung ist der einzige Maßstab, um festzustellen, ob die Beschreibung des Geruches nützlich ist oder nicht. Das heißt also, daß entweder eine große „Geruchserfahrung“ oder eine große Sammlung von Substanzen mit charakteristischen Gerüchen notwendig ist, wenn man aus dem Geruch einer unbekannten Substanz Rückschlüsse auf ihre Konstitution ziehen will.

Als Beispiel seien genannt, daß oft der Geruch einer Substanz als Amingeruch, Phenolgeruch, Estergeruch, Chinongeruch, Nitrosogeruch bezeichnet wird oder daß man sagt, die Substanz „rieche ungesättigt". Solche Bezeichnungen lassen erkennen, daß es sich lohnt, eine persönliche Sammlung von charakteristischen Geruchsstoffen anzulegen.

C. GESCHMACK

Es ist sehr wichtig zu erinnern, daß viele organischen Substanzen sehr giftig sind, weshalb bei der Feststellung des Geschmackes einer unbekannten Substanz gewisse Vorsichtsmaßnahmen innegehalten werden müssen: Nur eine winzige Menge der Substanz darf auf die Zunge kommen; man darf die Substanz nicht verschlucken, sondern sollte sie ausspucken, sobald man sich den Geschmack gemerkt hat, und dann gut mit Wasser nachspülen.

Mit dem Geschmack ist es wie mit dem Geruch: der Vorteil einer Angabe des Geschmackes der unbekannten Substanz ist durch die Notwendigkeit der Einrichtung einer Sammlung von Vergleichsgeschmacken begrenzt. Man muß aber zugeben, daß es leichter ist, einen Geschmack zu beschreiben als einen Geruch, denn es scheint allgemeinverständlich zu sein, daß man angibt, die Substanz schmeckt sauer, bitter, süß usw.

Die *Säuren* schmecken *sauer.* Sie können aber außerdem noch *bitter* oder *süß* schmecken. Viele mehrwertigen *Alkohole* schmecken *süß* und sehr oft dazu noch *brennend.* Die Anwesenheit einer Hydroxylfunktion ist aber keineswegs die Vorbedingung für einen süßen Geschmack, was durch das Vorhandensein hydroxylfreier, künstlicher Süßstoffe bewiesen wird.

Die meisten *Glycoside* und *Alkaloide* schmecken sehr *bitter;* man kann aber nicht das Auftreten des bitteren Geschmackes mit der Anwesenheit einer bestimmten Gruppe erklären. Bis jetzt hat man keine einfache Beziehung zwischen Konstitution und Geschmack aufstellen können, und die Schlüsse in bezug auf die Konstitution, die man aus dem Geschmack einer Substanz ziehen kann, sind äußerst ungenau.

D. LÖSLICHKEIT

Die Löslichkeit einer Substanz in Wasser ist durch die Anwesenheit hydrophiler Gruppen im Molekül der Substanz bedingt. Die effektivsten hydrophilen Gruppen sind die Hydroxylgruppe, die Sulfonsäuregruppe und die quarternäre Ammoniumgruppe; weniger effektive Gruppen sind die Carbonylgruppe (in Aldehyden, Ketonen, Estern und, mit der Hydroxylgruppe kombiniert, in der Carboxylgruppe). Weiter werden einige stickstoff- oder schwefelhaltige Gruppen, wie die Amino- oder die Mercaptogruppe, auch die Löslichkeit einer Substanz in Wasser, mit der Löslichkeit des Kohlenwasserstoffs verglichen, etwas erhöhen. In Substanzen, die viele Kohlenstoffatome enthalten, genügt die Anwesenheit nur einer hydrophilen Gruppe nicht immer, um Wasserlöslichkeit hervorzurufen. Die gleichzeitige Anwesenheit von zwei oder mehreren solchen Gruppen vermag aber die Wasserlöslichkeit selbst von Verbindungen, die viele Kohlenstoffatome enthalten, sehr kräftig zu erhöhen.

Es sei daran erinnert, daß Substanzen, die an sich in Wasser schwer löslich sind, mit Wasser reagieren und dadurch wasserlöslich werden können (z. B. Säureanhydride, Säurechloride).

Alle Kohlenwasserstoffe, mit Ausnahme der einfachsten aliphatischen, sind in Wasser unlöslich. Man kann daraus schließen, daß eine wasserlösliche Substanz, die keinen Stickstoff und Schwefel enthält, sauerstoffhaltig sein muß. Eine in Wasser leicht lösliche Substanz ist gewöhnlich schwer löslich in Äther und umgekehrt, denn die Gruppen, die die Löslichkeit in Wasser und anderen polaren Lösungsmitteln erhöhen, werden die Löslichkeit in Äther und anderen nichtpolaren Lösungsmitteln herabsetzen. Die meisten Polyole sind mit Wasser mischbar, in Äther aber beinahe unlöslich.

Die Löslichkeit einer Substanz in verschiedenen Lösungsmitteln ist durch den polaren Charakter der Moleküle, nicht nur der Substanz, sondern auch des Lösungsmittels bedingt. Substanzen mit polaren Molekeln sind üblicherweise löslicher in polaren Lösungsmitteln (wie Wasser) als in unpolaren (wie Äther und den Kohlenwasserstoffen); für Substanzen mit unpolaren Molekeln werden die Löslichkeitsverhältnisse vertauscht. Man wird dann leicht verstehen können, daß die Löslichkeit einer Substanz in Äthanol gewöhnlich zwischen den Löslichkeiten der Substanz in Wasser und in Äther liegt.

Der Unterschied der Löslichkeit einer Reihe von Substanzen in absolutem und in 96%igem Äthanol zeigt, daß die Anwesenheit von nur wenigen Prozenten Wasser das Lösungsvermögen eines Lösungsmittels ziemlich kräftig beeinflussen kann. Für höhere Alkohole gilt dasselbe in noch stärkerem Maße.

E. SAURE UND BASISCHE EIGENSCHAFTEN

Für wasserlösliche Substanzen bestimmt man zuerst die Reaktion gegenüber Lackmuspapier. Reagiert die Lösung stark sauer gegen Lackmus, ist die Anwesenheit einer Carboxyl- oder Sulfonsäuregruppe wahrscheinlich. Diese Probe genügt aber nicht, um die Anwesenheit einer dieser Gruppen sicher zu beweisen, denn z. B. stark elektronegativ substituierte Phenole und enolisierbare Heterocyclen (Barbitursäure und monosubstituierte Barbitursäuren) reagieren gleichfalls stark sauer gegen Lackmus. Die Wahrscheinlichkeit der Anwesenheit einer Carboxyl- oder Sulfonsäuregruppe wird erhöht, wenn die Substanz fähig ist, Kohlendioxid aus einer Natriumcarbonatlösung freizumachen. Auch hier vermögen aber einige der obengenannten Substanzen eine positive Reaktion zu geben.

Eine schwach saure Reaktion kann durch die Anwesenheit einer schwach sauren Gruppe bedingt sein, und auch Lösungen von Salzen schwacher Basen (z. B. Aminen) mit starken Säuren werden schwach sauer reagieren, da die Salze durch Wasser hydrolysiert werden und die substituierten Ammoniumionen Säuren sind. Die wäßrige Lösung eines solchen Aminsalzes wird das Säureanion enthalten, und da unter den Aminsalzen die Hydrochloride die häufigsten sind, lohnt es sich, auf die Anwesenheit von Halogenionen zu prüfen. Trotzdem kann jedes andere Anion anorganisch wie organisch an und für sich anwesend sein.

Reagiert die wäßrige Lösung der Substanz basisch gegenüber Lackmus, ist es wahrscheinlich, daß die Substanz stickstoffhaltig ist. Die aliphatischen Amine und einige stickstoffhaltige Heterocyclen stehen hier in der ersten Reihe, ohne jedoch andere Substanztypen, wie z. B. Aminosäuren mit mehr Aminogruppen als Carboxylgruppen, auszuschließen.

Wenn die wäßrige Lösung einer stickstofffreien Substanz alkalisch reagiert, kann die Substanz ein basisches Salz, das Salz einer schwachen Säure oder eines Phenols sein, welches in der wäßrigen Lösung hydrolysiert wird.

Ist die wäßrige Lösung anfangs neutral, später schwach sauer, so beruht das auf einer langsamen Reaktion der Substanz mit Wasser, bei der eine oder mehrere saure Gruppen freigemacht werden.

Säurehalogenide, Säureanhydride und nicht wenige Ester werden so reagieren. Die Hydrolyse verläuft sehr schnell mit den Säurehalogeniden, etwas langsamer mit den Säureanhydriden und besonders träge mit den Estern, aber sogar die Ester werden oft genügend schnell hydrolysiert, um eine Rotfärbung des Lackmuspapiers hervorzurufen. Diese Reaktion allein charakterisiert deshalb die Substanz nicht als eine Säure.

Ist die Substanz in Wasser unlöslich, bereitet es Schwierigkeiten, die Reaktion der wäßrigen Lösung gegenüber Lackmus festzustellen. Ist die Substanz in Äthanol löslich, untersucht man die äthanolische Lösung mit einem Streifen wasserbefeuchteten Lackmuspapiers. Man kann auch einige Kriställchen oder einen Tropfen der Substanz auf einen Streifen des wasserbefeuchteten Lackmuspapiers bringen. Ist die Substanz eine Säure, werden gewöhnlich rote Ränder um den Kriställchen oder den Tropfen entstehen.

Außerdem kann man die Löslichkeit der Substanz in einer wäßrigen Natriumcarbonatlösung untersuchen. Die meisten eigentlichen Säuren sind darin löslich, während Substanzen, die schwächere Säuren als die Kohlensäure sind, sich nicht lösen. Die Phenole sind z. B. unlöslich, wenn sie nicht elektronegativ substituiert sind.

F. LÖSLICHKEIT IN BASEN

Die folgenden Substanzen sind gewöhnlich in *n*-Natronlauge löslich: Säuren, Phenole, einige Amide, insbesondere Sulfonamide mit mindestens einem unsubstituierten Wasserstoffatom am Stickstoff. Weiter werden primäre und sekundäre Nitroverbindungen und einige aromatische mehrfach nitrierte Kohlenwasserstoffe sich in Natronlauge mit gelber Farbe lösen.

Nitrophenylhydrazone lösen sich gewöhnlich in Natronlauge mit blauer oder violetter Farbe. Die Nitrophenole bilden orangenfarbige (*o*-Nitrophenol) oder gelbe (*p*-Nitrophenol) Lösungen. Amine werden aus ihren Salzen freigemacht und verraten sich, wenn sie aliphatisch sind, durch ihren Geruch. Sind sie aromatisch, kann man oft die Ausscheidung in Wasser unlöslicher Tröpfchen beobachten.

Zahlreiche Carbonylverbindungen sind in *n*-Natronlauge löslich, jedoch nicht sofort, denn die Löslichkeit wird durch die Umbildung einer Keto- in eine

Enolform bedingt, und diese Enolisierung ist eine Zeitreaktion. Oft geben solche enolisierbaren Carbonylverbindungen eine rote bis violette Farbreaktion mit Fe(III)chlorid.

Die meisten eigentlichen Säuren sind in einer 5%igen Lösung von Natriumhydrogencarbonat löslich, während die Phenole und die übrigen in Natronlauge löslichen Substanzen in Natriumhydrogencarbonat unlöslich sind, wenn sie nicht an sich wasserlöslich sind. Wie schon oben erwähnt, wird die pK_a der Phenole durch elektronegative Substituenten gesenkt, und bei ausreichender Substitution kann die pK_a des Phenols unter der pK_a der Kohlensäure liegen. Ein solches Phenol wird dann in Natriumhydrogencarbonatlösung löslich sein.

G. HYDROLYSE DURCH BASEN

Viele Substanzen werden hydrolysiert, wenn man sie mit Natronlauge kocht: Amide, Imide, Nitrile, *iso*-Cyanate, *iso*-Thiocyanate, Anilide (und Homologe), Säureanhydride, Lactone und Ester. Die aromatischen Sulfonamide sind Ausnahmen, sie werden unverändert zurückgewonnen, selbst nach längerem Kochen mit Basen. Um sie zu hydrolysieren, muß man sie stundenlang mit 6 *n*-Salzsäure unter Rückfluß kochen.

Aus den Amiden und den Nitrilen wird Ammoniak (oder ein primäres oder sekundäres Amin) entwickelt, das sich meistens verflüchtigt, während die Natriumsalze der entsprechenden Säuren in der Lösung zurückbleiben.

iso-Cyanate und *iso*-Thiocyanate geben primäre Amine und Natriumcarbonat oder ein Gemisch von Natriumcarbonat und Natriumsulfid. Alkyl-*iso*-thioharnstoffsalze geben bei der alkalischen Hydrolyse ein Mercaptan (oder Natriummercaptid), Ammoniak und Natriumcarbonat.

Die Säureanhydride geben nur das Natriumsalz der Säure, die Lactone das Natriumsalz der entsprechenden Hydroxysäure. Die Ester geben bei der Hydrolyse einen Alkohol oder ein Phenol, ganz allgemein eine Hydroxyverbindung, und das Natriumsalz einer Säure.

Die Geschwindigkeit der Hydrolyse ist sehr stark von der Natur und von der Struktur der zu hydrolysierenden Gruppe abhängig. Aber auch unter den einzelnen Gliedern einer Reihe analog gebauter Substanzen sind Unterschiede in der Hydrolysegeschwindigkeit zu beobachten. Die Geschwindigkeit ist nicht nur von der Struktur der Substanz abhängig, auch die Konzentration, der Bau und die Natur des Lösungsmittels (Wasser, Äthanol, verdünntes Äthanol) spielen eine Rolle. Für Vorversuche werden meistens wäßrige 1 bis 2 *n*-Lösungen von Natronlauge verwendet. 1—2 g der Substanz werden mit 50 ml 2 *n*-Natronlauge unter Rückfluß gekocht, bis die Substanz sich vollkommen gelöst hat oder bis keine Veränderungen mehr zu beobachten sind. Einige Substanzen, z. B. Monoester oder Monoamide mehrbasischer Säuren, sind schon in der Kälte in Natronlauge löslich. In diesem Fall bewirkt das Kochen unter Rückfluß überhaupt keine Änderung des Aussehens. In anderen Fällen, z. B. wenn die Substanz der Ester eines höheren, in Wasser unlöslichen Alkohol ist, sind sowohl die ursprüngliche Substanz als auch das eine der Hydrolyseprodukte unlöslich, und man wird, selbst nach quantitativer Hydrolyse, keine homogene Lösung erhalten. Wieder andere Substanzen, z. B. die Phenolester, geben bei der Hydrolyse zwei Natriumsalze und keine freie Hydroxylverbindung.

Bei der Beschreibung der einzelnen funktionellen Gruppen werden Angaben gemacht, wie man in verschiedenen Fällen am vorteilhaftesten arbeitet.

H. LÖSLICHKEIT IN SÄUREN

Verdünnte Salzsäure löst die Amine, die Hydrazine, die Pyridine, Chinoline und andere stickstoffhaltige Heterocyclen, von denen einige schon wasserlöslich sind, da sie Hydrochloride oder substituierte Ammoniumsalze bilden. Die Löslichkeit dieser Basen in verdünnten Säuren wird herabgesetzt, wenn pK_b derselben durch elektrophile Substitution, z. B. durch Nitrogruppen, erhöht wird. Amine mit mehreren solcher Substituenten sind in verdünnten Säuren unlöslich, und selbst konzentrierte Salzsäure vermag die Substanz nicht immer in Lösung zu bringen. Solche Amine sind oft in konzentrierter Schwefelsäure löslich; beim Verdünnen der Lösung mit Wasser fällt aber meistens das Amin wieder unverändert aus.

Unter stickstofffreien Substanzen, die in konzentrierter Salzsäure löslich sind, können die Äther genannt werden, die sich unter Wärmeentwicklung lösen (Oxoniumsalzbildung). Beim Verdünnen mit Wasser scheiden sich die Äther aber wieder unverändert aus.

I. FLAMMENPROBE

Die meisten organischen Substanzen sind brennbar und verbrennen unter Flammenbildung. Das Aussehen der Flamme hängt vom Verhältnis C/H der Substanz ab.

Die gesättigten Kohlenwasserstoffe verbrennen mit einer beinahe farblosen Flamme. Ist die Substanz halogensubstituiert, wird die Flamme leuchtend und oft rußend. Ungesättigte Kohlenwasserstoffe mit 1 oder 2 Doppelbindungen verbrennen mit einer leuchtenden, aber nicht rußenden Flamme, während Kohlenwasserstoffe mit Dreifachbindungen oder mit mehr als 2 Doppelbindungen, die aromatischen Verbindungen mit einbegriffen, mit einer stark rußenden Flamme verbrennen. Der Sauerstoffgehalt einer Substanz kann diese empirischen Regeln etwas modifizieren; jedoch verbrennen z. B. die Phenole und die aromatischen Carbonsäuren mit rußender Flamme trotz ihres Sauerstoffgehaltes.

K. ABSORPTIONSSPEKTREN

Die Absorptionsspektren der organischen Verbindungen können sehr wertvolle Auskünfte in bezug auf die Anwesenheit oder Abwesenheit verschiedener funktioneller Gruppen oder cyclischer Strukturen in der zu untersuchenden Substanz liefern. Verschiedene Handbücher oder Zusammenfassungen geben genaue Beschreibungen von Spektrophotometern für ultraviolettes Licht, sichtbares und infrarotes Licht sowie von den Anwendungsbereichen der drei Typen. Siehe z. B. MACCOLL [1], der auch die Theorie der Absorption behandelt, FRIEDEL und ORCHIN [2], SUHRMANN und LUTHER [3]. In den unten als [4]—[8] erwähnten Werken sowie in den *Comptes rendus des Congrès du Groupement pour l'Avancement des Méthodes Spectrographiques*, 1945—55, 1—19, sind viele interessante Auskünfte zu finden.

Seit 1956 erscheint, als gemeinsames Unternehmen des Verlages Chemie, Weinheim/Bergstraße, und Butterworths Scientific Publications, London, eine Randlochkartei: Dokumentation der Molekül-Spektroskopie, die unter Mitarbeit des Instituts für Spektrochemie und angewandte Spektroskopie, Dortmund, und des Infrared Absorption Data Joint Committee, London, ausgearbeitet wird und infrarote, ultraviolette und Raman-Spektren bringt. Bis jetzt (Herbst 1958) sind 4500 Karten zur Ausgabe gelangt.

LITERATUR

[1] MACOLL, A., Quart. Rev. 1, 16, 1947.

[2] FRIEDEL, R. A., und ORCHIN, M., Ultraviolet Spectra of Aromatic Compounds, 1951, Wiley, New York.

[3] SUHRMANN, R., und LUTHER, H., Neuere Ergebnisse der Ultrarotspektroskopie. Fortschritte der chemischen Forschung 2, 758, 1953.

[4] HOUBEN-WEYL, Methoden der organischen Chemie, 4. Auflage durch EUGEN MÜLLER, Bd. 3, 2, p. 593—900, Thieme, Stuttgart, 1955.

[5] HERSCHENSON, H. M., Ultraviolet and Visible Absorption Spectra. Index for 1930—1954. Academic Press, New York, 1956.

[6] GILLAM, A. E., und STERM, E. S., An Introduction to Electronic Absorption Spectroscopy in Organic Chemistry, Edward Arnold, London, 1958.

[7] BELLAMY, L. J., The Infra-red Spectra of Complex Molecules, 2. Edition, Methuen, London, 1958.

[8] HERSHENSON, H. M., Infrared Absorption Spectra. Index for 1945—1957. Academic Press, New York, 1959.

IV. Erkennung und Bestimmung der funktionellen Gruppen

A. DIE HYDROXYLGRUPPE

Es bereitet im allgemeinen keine Schwierigkeit, die Anwesenheit einer Hydroxylgruppe nachzuweisen. Um die Substanz zu identifizieren und eine Methode zur Ermittlung des Äquivalentgewichtes anzugeben, genügt aber meistens diese einfache Feststellung nicht. Oft ist es möglich, den Charakter der Hydroxylgruppe — aliphatisch, aromatisch oder heterocyclisch — zu präzisieren, die Anzahl der Hydroxylgruppen im Molekül festzustellen usw. Deshalb erscheint es angebracht, dieses Kapitel, in dem Substanzen mit der Hydroxylgruppe als einziger funktioneller Gruppe behandelt werden, in verschiedene Abschnitte zu unterteilen, und zwar:

1. ALIPHATISCHE HYDROXYLVERBINDUNGEN
2. AROMATISCHE HYDROXYLVERBINDUNGEN
3. HETEROCYCLISCHE HYDROXYLVERBINDUNGEN
4. DARSTELLUNG VON DERIVATEN, DIE SICH ZUR CHARAKTERISIERUNG DER HYDROXYLVERBINDUNGEN EIGNEN
5. METHODEN ZUR ERMITTLUNG DES ÄQUIVALENTGEWICHTES DER HYDROXYLVERBINDUNGEN

1. ALIPHATISCHE HYDROXYLVERBINDUNGEN

a) Unspezifische Reaktionen

Die meisten unspezifischen Reaktionen der Hydroxylgruppe sind so allgemein, daß nicht nur die hier betrachteten Substanzen, die die Hydroxylgruppe als einzige funktionelle Gruppe enthalten und sie an einem Kohlenstoffatom tragen (dessen übrige Bindungen entweder C–C-Bindungen oder C–H-Bindungen sind), positiv reagieren, sondern auch Verbindungen, die die Hydroxylgruppe in einer zusammengesetzten Funktion enthalten, wie z. B. in der Carboxylgruppe. Unter solchen allgemeinen Reaktionen können genannt werden:

Wasserstoffentwicklung, wenn die Substanz mit metallischem Natrium behandelt wird. Dazu ist zu sagen, daß nicht alle eigentlichen Hydroxylverbindungen diese Reaktion hervorrufen — Triphenylcarbinol ist eine solche Ausnahme —, während es andererseits Verbindungen gibt, in denen ein Wasserstoffatom so aktiviert ist, daß es mit Natrium reagieren kann, selbst wenn keine Hydroxylgruppe existiert.

Entwicklung von Chlorwasserstoff, wenn die Substanz mit Phosphorpentachlorid behandelt wird.

Entwicklung von Methan bei der Behandlung der Substanz mit Methylmagnesiumhalogenid (siehe S. 5, Bestimmung von „aktivem Wasserstoff", wo auch Verbindungen mit aktivem Wasserstoff ohne Hydroxylgruppen erwähnt werden).

Alle diese Reaktionen sind durch die Aktivierung des Hydroxylwasserstoffes oder der Hydroxylgruppe als solcher bedingt. Diese Aktivierung ist von einer Reihe, der Hydroxylgruppe nicht innewohnenden Faktoren bestimmt. Außerdem wird jede Spur von Wasser bei diesen Proben eine positive Reaktion für Hydroxyl geben.

Die unten erwähnten Reaktionen α und β haben auch allgemeinen Charakter; deshalb darf man nur die Anwesenheit einer Hydroxylgruppe als einigermaßen sicher betrachten, wenn beide Reaktionen positiv sind. Die Reaktionen γ und δ sind spezifischer als die beiden anderen. Ihre Bedeutung wird aber dadurch begrenzt, daß sie nicht die aromatischen Hydroxylverbindungen umfassen, daß die Polyole gewöhnlich nicht die Farbreaktion γ geben und daß einige aliphatische Hydroxylverbindungen keine Xanthogenate bilden.

α) Die Alkohole geben mit einer *alkalischen Lösung von Diazobenzolsulfonsäure* eine Farbreaktion, die von tiefrot bei den wasserlöslichen bis zu kirschrot oder hellrot bei den in Wasser schwer oder unlöslichen Alkoholen variieren kann. Die Arbeitsweise ist folgende:

Eine Lösung von Diazobenzolsulfonsäure wird zubereitet, indem man 1 Volumen einer 0,7%igen Lösung von Natriumnitrit (etwa 0,1 *n*) mit 4 Volumen einer 0,5%igen Lösung von Sulfanilsäure in *n*-Salzsäure (etwa 0,025 *n*) mischt. Zu 2—3 ml dieses Gemischs werden 1—2 Tropfen oder ein paar Kriställchen der zu untersuchenden Substanz hinzugefügt; dann wird die Lösung mit verdünnter Natronlauge alkalisch gemacht. Die alkalische Mischung wird einige Minuten nicht ganz bis zum Sieden erwärmt. Die Farbentwicklung beginnt während des Heizens und ist 5—10 Minuten nach der Unterbrechung des Heizens beendet.

Die große Empfindlichkeit dieser Reaktion ist zugleich ihre größte Schwäche. Nicht nur kuppeln die meisten Phenole mit Diazobenzolsulfonsäure zu Azofarbstoffen, sondern auch viele aromatische Amine, die ebenfalls Azofarbstoffe bilden können, geben eine Farbreaktion. Die Kuppelungsgeschwindigkeit ist aber so groß, daß die Farbreaktionen der Phenole und Amine beinahe momentan erfolgen, während die Reaktion mit den aliphatischen Hydroxylverbindungen langsamer verläuft.

Weiter können leicht hydrolysierbare Substanzen, wie die Ester oder die aliphatischen Halogenverbindungen (die vom alkalischen Reagenz zu Hydroxylverbindungen hydrolysiert werden), zwar etwas langsamer als gewöhnlich, eine positive Reaktion geben. Eine schwache Reaktion, die sich erst nach verlängertem Heizen entwickelt, dürfte deshalb nicht als eine positive Reaktion gedeutet werden.

Endlich können viele Carbonylverbindungen sich in alkalischer Lösung in genügendem Maße enolisieren und eine positive Reaktion geben.

Eine weitere Fehlerquelle entsteht, wenn man bei der Bereitung des Reagenzes einen Überschuß von Natriumnitrit nimmt. Enthält die zu untersuchende Substanz eine primäre aliphatische Aminogruppe, könnte diese sich durch den Überschuß an salpetriger Säure in eine Hydroxylgruppe umbilden, die dann positiv reagieren würde. Ein Überschuß von Natriumnitrit sollte deshalb vermieden werden.

β) Die meisten aliphatischen Hydroxylverbindungen geben mit einer verdünnten Lösung von *Fe(III)chlorid* eine gelbe Farbreaktion. Die Intensität der Farbe ist schwach, und oft muß man die Reaktion so ausführen, daß man zu 5 ml einer wäßrigen Lösung der Substanz 1—2 Tropfen der verdünnten Fe(III)-chloridlösung zugibt, und die dadurch erhaltene Farbe mit der einer Blindprobe, bei der man zu 5 ml Wasser 1—2 Tropfen der Fe(III)chloridlösung zugegeben hat, vergleicht. Ist der Farbton des ersten Glases intensiver als der des zweiten, darf man die Reaktion als positiv bezeichnen.

Man bedenke aber, daß Farbreaktionen mit Fe(III)ionen keineswegs spezifisch für aliphatische Hydroxylverbindungen sind. Wäßrige Lösungen vieler Carbonsäuren färben sich beim Zusatz von Fe(III)chlorid gelb. Die meisten Phenole und Enole geben mit Fe(III)chlorid ziemlich intensive Farbreaktionen, die gewöhnlich nicht gelb sind. Die Aminosäuren geben mit Fe(III)ionen oft rötliche, aber auch gelbliche Farben. Viele aromatische Amine werden durch Fe(III)ionen zu dunkel gefärbten Produkten oxydiert.

γ) *Farbreaktion mit Vanadium-8-Hydroxychinolin* [1]. 8-Hydroxychinolin bildet mit Vanadinsäure eine schwarze Komplexverbindung, welche in den meisten Lösungsmitteln schwer löslich ist. In Tetrachloräthan kann man aber eine etwa $2 \cdot 10^{-4}$ M-Lösung davon bereiten. Diese Lösung ist schwarz. Die Farbe schlägt nach Zusatz eines Alkohols in rot bis purpur um. Die folgende Arbeitsweise wird empfohlen:

Das Reagenz wird bereitet, indem man eine heiße, schwach saure, mit Ammoniumazetat gepufferte (p_H 3—6) Lösung von Ammoniumvanadat mit einer 2%igen Lösung von 8-Hydroxychinolin in 5%iger Essigsäure versetzt. Nach vollständiger Präzipitation wird der Niederschlag auf einem Glasfilter abgesaugt, mit heißem Wasser gewaschen und bei 120° getrocknet. Die trockene Substanz wird mit Benzol ausgekocht, um mitgefälltes 8-Hydroxychinolin zu entfernen, wiederum abgesaugt, mit heißem Benzol gewaschen und bei 120° getrocknet.

18—19 mg der so gewonnenen Komplexverbindung werden bei 70—80° in 250 ml trockenem Tetrachloräthan gelöst.

1—2 ml dieser Lösung werden mit 2—3 Tropfen oder etwa 0,1 g der zu prüfenden Substanz versetzt. Dabei können folgende Farbänderungen eintreten:

Einwertige Alkohole: schwarz → rot
(bei den Polyolen versagt die Reaktion meistens)
Thiole: schwarz → grün oder gelb
Amine: schwarz → zitronengelb.

Außerdem ist festgestellt worden, daß Phenol und Essigsäure einen Farbwechsel schwarz → blau hervorrufen.

Ist nach 10—15 Minuten bei Zimmertemperatur kein Farbenwechsel eingetreten, wird das Gemisch schwach erwärmt. Nach Wiederabkühlung beobachtet man die Farbe.

δ) *Die Xanthogenatreaktion.* Die meisten primären und sekundären Alkohole sowie einige tertiäre geben mit Schwefelkohlenstoff und Kaliumhydroxid Kaliumsalze eines Monoesters der Dithiokohlensäure, einer Alkylxanthogensäure [2]:

$$R\cdot OH + KOH + CS_2 \rightarrow ROCSSK + H_2O\,.$$

Diese Xanthogenate reagieren mit Cu(II)ionen in ziemlich komplizierter Weise. Die Cu(II)ionen werden zu Cu(I)ionen reduziert, die als Cu(I)Xanthogenat gefällt werden, während eine entsprechende Menge Xanthogenation zu Dixanthogen oxydiert wird. Sowohl Cu(I)Xanthogenat als Dixanthogen bilden bräunlichgelbe Niederschläge. Die Reaktionen sind:

$$4\,ROCSSK + 2\,CuSO_4 \rightarrow 2\,ROCSSCu + (ROCSS)_2 + 2\,K_2SO_4\,.$$

Einige Tropfen (oder Kriställchen) der Substanz werden in einem Reagenzglas mit 0,5 ml Schwefelkohlenstoff vermischt, ein Plätzchen Kaliumhydroxid wird zugesetzt und das Glas einige Minuten vorsichtig erwärmt. Man beachte, daß Schwefelkohlenstoff eine äußerst leicht entzündbare Flüssigkeit ist! Das Kaliumhydroxid löst sich ganz oder teilweise, und die Lösung nimmt eine gelbe Farbe an. Wenn Wasser hinzugefügt wird, entsteht eine durch Emulsion von Schwefelkohlenstoff getrübte Flüssigkeit, die sich vielleicht etwas klärt, wenn sich Tropfen von Schwefelkohlenstoff ausscheiden. Ohne eine vollständige Klärung abzuwarten, fügt man ein oder zwei Tropfen einer Cu(II)sulfatlösung hinzu. Hat sich während der ersten Phase der Reaktion ein Kaliumxanthogenat gebildet, wird ein gelber bis brauner Niederschlag entstehen, wenn nicht, dann ein blauer aus Cu(II)hydroxid oder ein schwarzer aus Cu(II)sulfid, denn die Cu(II)ionen können mit dem Schwefelkohlenstoff reagieren. Deshalb darf nur ganz wenig Cu(II)sulfat hinzugefügt werden. Durch einen Überschuß wird eine positive Xanthogenatreaktion durch Cu(II)sulfid verschleiert.

Auf Seite 81 wird angegeben, wie man die Xanthogenate zur Ermittlung des Äquivalentgewichtes einer aliphatischen Hydroxylverbindung, insbesondere eines Alkohols, benutzen kann.

b) Primäre Alkohole

α) *Die Nitrolsäurereaktion.* Die zuverlässigste Reaktion zum Nachweis einer primären Alkoholgruppe ist die Nitrolsäurereaktion, die aber ziemlich kompliziert und mühsam ist. Das Prinzip der Methode ist, daß der Alkohol in Alkyljodid umgewandelt wird, das, mit Silbernitrit erwärmt, ein Gemisch von Nitroalkan und Alkylnitrit bildet. Ohne dieses Gemisch zu trennen (das Alkylnitrit stört die Nitrolsäureprobe nicht), wird sie mit einer Lösung von Natriumnitrit in 10 *n*-Natronlauge behandelt, wodurch ein farbloser Niederschlag eines Dinatriumsalzes entsteht. Das Salz löst sich beim Zusatz von Wasser; dann wird tropfenweise verdünnte Schwefelsäure hinzugesetzt. Die farblose oder schwach gelbe Lösung verbleibt so, bis die Lösung nur noch schwach alkalisch reagiert, um dann, wenn die zu untersuchende Substanz ein primärer Alkohol gewesen ist, einen roten oder orangefarbigen Ton anzunehmen. Diese Farbe verschwindet, wenn die Reaktion der Lösung sauer wird.

Die Reaktion wurde zuerst von V. Meyer [3] und von V. Meyer und J. Locher [4] beschrieben. Diese Verfasser geben an, daß sich die Nitrolsäure durch Einwirkung von salpetriger Säure auf das Nitroalkan bildet. Diese Interpretation hat man ohne Diskussion in die meisten Anleitungen, in denen die Nitrolsäureprobe beschrieben wird, aufgenommen, und in der 4ten Ausgabe von HOUBEN-WEYL: Methoden der organischen Chemie [5] wird sogar angegeben, daß die Farbe beim Ansäuern der Lösung entsteht und daß die Farbe wieder verschwindet, wenn die Lösung alkalisch gemacht wird. Das ist unbedingt falsch. Wir glauben, daß die Reaktionsfolge die unten angegebene ist. Diese Annahme berücksichtigt, daß die gefärbten Erythronitrolate sich in der noch alkalischen Lösung bilden [6]:

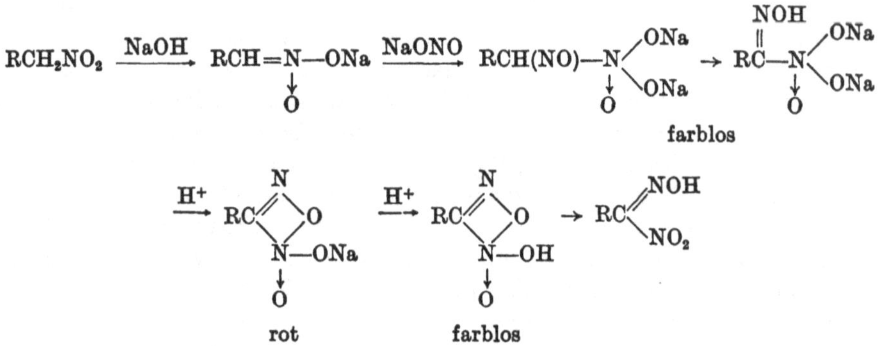

Für die Ausführung der Nitrolsäureprobe hat sich das folgende Verfahren bewährt:

Der Alkohol wird mit Jod und rotem Phosphor in Alkyljodid übergeführt, das durch Schütteln mit verdünnter Natronlauge gewaschen und dann über Calciumchlorid getrocknet wird. Ein Reagenzglas wird mit 2—3 g eines Gemischs gleicher Gewichtsteile von trockenem Silbernitrit und Sand (als Verdünnungsmittel des Silbernitrits) beschickt. Das Glas wird mit einem mit Ableitungsrohr versehenen Stopfen verschlossen und 0,1—1 g des Alkyljodids zugesetzt. Es setzt eine exotherme Reaktion ein, die man durch mäßiges Erhitzen unterstützt. Nach 1—2 Minuten wird die Erhitzung verstärkt und das gebildete Nitroalkan, mit etwas Alkylnitrit vermischt, abdestilliert. Die aufgesammelten Tropfen werden in einem Reagenzglas mit 0,5 ml einer gesättigten Lösung von Natriumnitrit in 10 *n*-Natronlauge geschüttelt. Das Nitroalkan wird hierdurch in ein Salz der *aci*-Form umgebildet, das ein Molekül Natriumnitrit addiert und sich als Dinatriumsalz ausscheidet. Nach 1—2 Minuten werden 3—4 Volumen Wasser hinzugefügt, um das Dinatriumsalz aufzulösen. Zur alkalischen Lösung wird tropfenweise verdünnte Schwefelsäure hinzugefügt. Hierdurch färbt sich die Lösung orange bis rot, wenn ein primäres Nitroalkan in der ersten Phase der Reaktion gebildet wurde. Die gefärbte Lösung ist noch alkalisch. Die Farbe verschwindet aber, sobald die Lösung sauer wird, um wieder in Erscheinung zu treten, wenn die Lösung alkalisch gemacht wird.

Die aliphatischen primären Alkohole, jedenfalls bis C_{16} und vielleicht noch höhere Alkohole, geben diese Nitrolsäureprobe, ungeachtet der eventuellen Anwesenheit sekundärer Alkohole. Bei den arylsubstituierten Alkoholen, wie z. B. Benzylalkohol, versagt die Nitrolsäureprobe.

β) Oxydation mit BECKMANN*scher Lösung.* Die primären Alkohole lassen sich leicht zu den entsprechenden Aldehyden oder Säuren oxydieren. Mit einer alkalischen Lösung von Kaliumpermanganat entsteht gewöhnlich die Säure; mit Chromsäure ist es oft möglich, den Aldehyd zu isolieren. Mit der BECKMANNschen Lösung [7] ist das Ergebnis gewöhnlich befriedigend. 60 g Kalium- oder Natriumdichromat werden in 300 ml Wasser gelöst und 50 g (27 ml) konzentrierter Schwefelsäure hinzugefügt. 1 ml des Alkohols wird mit 10 ml des Reagens einige Minuten unter Rückfluß siedend gehalten. Diese Menge des BECKMANN-Reagens entspricht etwa 0,035 Äquivalenten Sauerstoff und ist also fähig, 0,017 Mol eines primären Alkohols in Aldehyd überzuführen. Das Gemisch wird destilliert, die ersten 1—2 ml des Destillats werden in einer Lösung von 2,4-Dinitrophenylhydrazin in 2 *n*-Salzsäure oder *p*-Phenylhydrazincarbonsäure in *n*-Salzsäure aufgefangen. (Einzelheiten bezüglich dieser Reagenzien siehe später unter den Carbonylverbindungen, S. 90). Bildet sich hierdurch ein Niederschlag von einem 2,4-Dinitrophenylhydrazon oder einem *p*-Carbonsäurephenylhydrazon, liefern die Schmelzpunkte der Derivate des ersten Typs und die Äquivalentgewichte der des zweiten Typs (nach Umkristallisation aus Äthanol oder Toluol) wertvolle Auskünfte über die Identifizierung des Alkohols.

Sowohl die primären als auch die sekundären Alkohole geben bei der Oxydation Carbonylverbindungen, die mit Wasserdampf flüchtig sind. Reduziert das Destillat nach vollendeter Oxydation mit dem BECKMANN-Reagens FEHLINGsche Lösung, ist das Oxydationsprodukt ein aliphatischer Aldehyd, und der ursprüngliche Alkohol war primär aliphatisch. Reagiert das Destillat wohl mit 2,4-Dinitrophenylhydrazin, aber nicht mit FEHLINGscher Lösung, ist das Oxydationsprodukt ein aromatischer Aldehyd oder ein Keton, und der ursprüngliche Alkohol war also entweder primär aromatisch oder sekundär.

Weiter kondensieren sich die Aldehyde, aromatische wie aliphatische, mit *Dimedon* (siehe S. 108), die Ketone dagegen nicht.

γ) NESSLERS *Reagens.* Die primären und sekundären Alkohole reduzieren NESSLERS Reagens [8]: 50 g Kaliumjodid werden in Wasser gelöst, und 13,4 g Hg(II)chlorid werden zugesetzt. Nach Auflösung des Hg(II)chlorids wird mit Wasser bis 1000 ml aufgefüllt. Einige Tropfen der zu untersuchenden Substanz werden zu 5 ml eines Gemischs gleicher Volumina dieser Lösung und 2 *n*-Natronlauge zugegeben und zum Sieden erwärmt. Ist die Substanz ein primärer oder sekundärer Alkohol, entsteht nach kurzem (1—2 Minuten) Sieden ein gelbbrauner Niederschlag, der bald grau wird (Ausscheidung von Quecksilber).

c) Sekundäre Alkohole

α) Die Pseudonitrol-Probe [9], [10]. Die sekundären Alkohole werden in sekundäre Nitroalkane übergeführt nach demselben Verfahren, welches für primäre Alkohole beschrieben wurde (S. 52). Auch die sekundären Alkohole werden durch 10 *n*-Natronlauge in ein Natriumsalz der *aci*-Form umgelagert. Ist die

Natronlauge mit Natriumnitrit gesättigt, lagert sich ein Molekül Natriumnitrit an, so daß ein Niederschlag eines Dinatriumsalzes entsteht. Das Salz löst sich beim Verdünnen mit Wasser, und durch Ansäuerung wird ein Pseudonitrol freigemacht, das sich in Chloroform mit blauer oder grüner Farbe löst, da die Verbindung eine C-Nitrosogruppe enthält. Die Bildung des Pseudonitrols läßt sich in folgender Weise erklären:

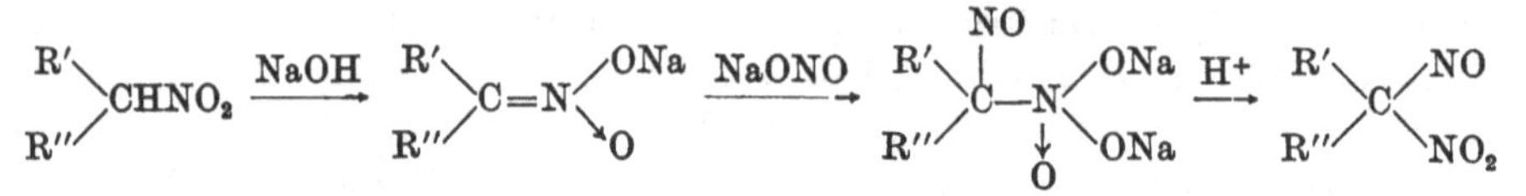

In festem Zustand sind die meisten Pseudonitrole wegen Dimerisierung farblos.

Während die Nitrolsäureprobe mindestens bis C_{16} gültig ist und nicht durch die Anwesenheit von sekundären Alkoholen gestört wird, ist die Pseudonitrolreaktion nur sicher bis zu C_5, und zwar nur in Abwesenheit von primären Alkoholgruppen.

β) Die sekundären Alkohole werden mit Beckmanns *Reagens* zu Ketonen oxydiert; das Verfahren ist dasselbe, wie es für primäre Alkohole beschrieben wurde (S. 53).

γ) *Nesslers Reagens* wird von sekundären wie von primären Alkoholen reduziert, siehe S. 53.

d) Tertiäre Alkohole

α) Man kann wohl nach der oben beschriebenen Methode die tertiären Alkohole in tertiäre Nitroalkane überführen. Das tertiäre Kohlenstoffatom enthält aber kein Wasserstoffatom mehr, so daß eine Umlagerung in eine *aci*-Form nicht möglich ist. Bei der Behandlung des Nitroalkans mit Natriumnitrit in Natronlauge wird deshalb weder Nitrolsäure noch Pseudonitrol gebildet. Die Lösung verbleibt farblos im alkalischen wie im sauren Bereich.

β) Die tertiären Alkohole werden nur schwierig oxydiert. Wenn eine Oxydation stattfindet, wird die Kohlenstoffkette gesprengt, so daß mehrere Oxydationsprodukte, Ketone oder Säuren, gebildet werden, die alle weniger Kohlenstoffatome enthalten als der ursprüngliche tertiäre Alkohol.

γ) Das *Nessler-Reagens* (siehe S. 53) wird nicht reduziert, wenn es mit einem tertiären Alkohol erwärmt wird. Beim Zusammengießen von Reagens und Alkohol kann ein weißer Niederschlag entstehen, der sich aber beim Umschütteln wieder löst. Wird das Gemisch längere Zeit (mehr als 1—2 Minuten) im Sieden gehalten, können auch tertiäre Alkohole einen dunklen Niederschlag hervorrufen.

δ) Die tertiären Alkohole werden von *Denigès' Reagens* [11] entwässert, wodurch Alkene gebildet werden, welche mit dem Reagens einen gelben Niederschlag geben. Das Reagens wird durch Auflösung von 50 g Hg(II)oxid in 200 g konzentrierter Schwefelsäure hergestellt. Diese Lösung wird zu 1000 ml Wasser gegeben. Einige Tropfen des Alkohols werden mit 2—3 ml des Reagens erwärmt. Ist die Substanz ein tertiärer Alkohol, bildet sich noch vor dem Erreichen des

Siedepunktes ein gelber Niederschlag. Die Reaktion ist nur positiv, wenn der Niederschlag nach maximal 1—2minutenlangem Sieden gebildet wird.

Die Reaktion ist eine Alken-Reaktion, nicht eine Reaktion des tertiären Alkohols. Dem Niederschlag entspricht die Formel $C_nH_{2n}\left(O\begin{smallmatrix}\diagup Hg \diagdown \\ \diagdown Hg \diagup\end{smallmatrix}SO_4\right)_3$. Der gelbe Komplex ist aber nicht stabil, er kann sich unter Gasentwicklung in einen farblosen Niederschlag umwandeln.

Die primären Alkohole werden durch DENIGÈS' Reagens nicht entwässert. Dagegen werden einige sekundäre Alkohole mehr oder weniger schnell entwässert. Solche Alkohole geben eine positive Reaktion mit dem Reagens, so bald die Entwässerung stattgefunden hat. Die tertiären Alkohole vom Triphenylcarbinoltypus, die kein Wasserstoffatom zur Wasserabspaltung zur Verfügung haben, geben keine Reaktion mit DENIGÈS' Reagens, wogegen andere Substanzen, die vom Reagens entwässert werden, z. B. Äther, die mindestens 1 sekundäres oder tertiäres Kohlenstoffatom am Sauerstoffatom gebunden haben, eine positive Reaktion geben mögen.

ε) Die tertiären Alkohole werden sehr leicht in tertiäre Alkylchloride übergeführt, wenn man einige Minuten 1 Vol. Alkohol mit 5—6 Vol. *konzentrierter Salzsäure* schüttelt. Die Alkylchloride scheiden sich als eine leichtere Schicht im Reagenzglas aus. Die Mischung ist nicht mehr homogen, während sie im Falle der sekundären und primären Alkohole homogen bleibt, vorausgesetzt, der Alkohol ist in Salzsäure löslich. Wenn nicht, bildet sich nicht einmal intermediär eine homogene Phase.

Die Alkylchloride werden leicht in S-Alkylthiuroniumpicrate umgebildet, siehe S. 69.

e) Polyole

α) *Bildung von komplexen Borsäuren.* Oben (S. 41 und 42) wurde angegeben, daß Polyole oft viscose, süßschmeckende Flüssigkeiten sind. Analytisch wichtiger ist es aber, daß man Polyole an ihrer Fähigkeit erkennen kann, Komplexe mit Borsäure oder Natriumborat zu bilden, wenn sie mindestens zwei Hydroxylgruppen an zwei benachbarten Kohlenstoffatomen besitzen und die Hydroxylgruppen nicht in *Trans*stellung zu einander stehen [12]. Die Struktur dieser komplexen Borsäuren ist

$$\left[\begin{matrix}\text{R-CHO} & & \text{OHCR} \\ | & \diagdown B \diagup & | \\ & \diagup \quad \diagdown & \\ \text{R'-CHO} & & \text{OHCR'}\end{matrix}\right] H^+.$$

Sie sind bedeutend stärkere Säuren als die Borsäure. Während eine wäßrige Lösung von Natriumborat dem Phenolphthalein gegenüber alkalisch reagiert, sind die Salze der komplexen Borsäure diesem Indicator gegenüber sauer. Man kann deshalb das Vorhandensein von benachbarten Hydroxylgruppen in folgender Weise erkennen:

Zu 1—2 ml der Substanz oder einer nicht zu verdünnten wäßrigen Lösung davon fügt man einen Tropfen Phenolphthaleinlösung und dann tropfenweise verdünnte Natronlauge bis zur Rotfärbung zu; ein Tropfen genügt meistens. Wenn die Substanz außer der Hydroxylgruppe noch eine saure Funktion enthält, muß diese neutralisiert werden, bevor die Anwesenheit von benachbarten Hydroxylgruppen nachgewiesen werden kann. In einem anderen Reagenzglas setzt man zu einer Natriumborat-Lösung einen Tropfen Phenolphthalein. Beim Zusammengießen der zwei rotgefärbten Lösungen verschwindet die Farbe, wenn die vorgelegte Substanz eine 1,2-Diol oder -Polyol ist.

β) Wie viele anderen Hydroxylverbindungen vermögen auch die Polyole mit *Cu(II)ionen* Komplexionen zu bilden. Diese Komplexionen werden nicht durch Hydroxylionen gefällt. Ein wohlbekanntes Beispiel ist die *Fehlingsche Lösung*.

Die Substanz wird in verdünnter Natronlauge gelöst. Einige Tropfen einer Cu(II)sulfatlösung werden zugesetzt, und es entsteht ein Niederschlag von Cu(II)hydroxid. Ist die Substanz ein Polyol, geht der Niederschlag beim Schütteln des Reagenzglases wieder mit tiefblauer Farbe in Lösung.

f) Andere aliphatische Hydroxylverbindungen

Wenn die Substanz außer der Hydroxylgruppe auch andere funktionelle Gruppen enthält, ist es häufig einfacher, die Identifizierung der Substanz auf diesen anderen Gruppen aufzubauen, z. B. wenn es sich um Hydroxysäuren, Aminoalkohole, Hydroxyaldehyde und -ketone handelt. Ab und zu können auch Spezialmethoden, die mehrere Funktionen in einer Reaktion berücksichtigen, Verwendung finden. Weiter unten werden Beispiele solcher Reaktionen erwähnt, die die Anwesenheit anderer Funktionen ausnützen.

In Substanzen, in welchen eine Methylengruppe sich zwischen einer Carbonylgruppe und einer anderen elektrophilen Gruppe befindet, kann oft eine Keto-Enol-Tautomerie festgestellt werden. Die Hydroxylgruppe der *Enol-Form* gibt meistens eine intensive Farbreaktion mit Fe(III)chlorid. Im Gegensatz zu den Phenolen (siehe unten) ist die Farbe intensiver in Äthanollösung als in wäßriger Lösung, was darauf beruht, daß nichtdissoziierende, d. h. nur schwach polare Lösungsmittel die Enolisierung begünstigen.

2. AROMATISCHE HYDROXYLVERBINDUNGEN

a) Unspezifische Reaktionen und einwertige Phenole

α) Die meisten Phenole geben bei Zusatz einer *Fe(III)chloridlösung* zu ihrer wäßrigen Lösung eine blaue oder violette Farbreaktion. Bei gewissen substituierten Phenolen ist sie grün oder rot. Einige empirische Regeln, die aber nur begrenzte Gültigkeit haben, mögen hier erwähnt werden:

aa) Zweiwertige Phenole mit *o*-gestellten Hydroxylgruppen geben eine grüne Farbe.

bb) Phenole mit einer *o*-gestellten Carboxylgruppe geben statt einer blauen eine violette Farbreaktion.

cc) Ist aber die Carboxylgruppe *p*-gestellt, wird die Farbe nach rot oder gelb verschoben, wobei die violette Farbe intensiver, die roten oder gelben Farben dagegen weniger intensiv sind als die Farbreaktion des unsubstituierten Phenols.

Außerdem geben einige *p*-Hydroxycarbonsäuren gelbe oder rötliche Niederschläge mit Fe(III)chlorid.

dd) Die *m*-substituierten Phenole verursachen gewöhnlich nur eine schwache oder sogar keine Reaktion mit Fe(III)chlorid. Das *m*-Dihydroxybenzol ist jedoch eine Ausnahme: Resorcin bekommt mit Fe(III)chlorid eine sehr intensive Farbe.

ee) Viele *p*-substituierte Phenole geben normale Farbreaktionen. Der Spezialfall der *p*-Hydroxybenzoesäure wurde oben erwähnt; die *p*-Dihydroxybenzole werden zu Chinhydronen oxydiert (siehe S. 59).

ff) Viele Hydroxybenzolsulfonsäuren geben rote oder purpurne Farbreaktionen.

gg) Nitrogruppen schwächen bedeutend die Intensität der Farbreaktion ab. Viele Nitrophenole zeigen mit Fe(III)chlorid in wäßriger Lösung keine Farbreaktion.

Die Empfindlichkeit der Farbreaktion wird erhöht, wenn man statt Wasser Chloroform als Lösungsmittel benutzt, vgl. die oben erwähnte Beobachtung, daß die Farbreaktion des Phenols in Äthanollösung weniger intensiv ist als in wäßriger Lösung: die Farbe einer wäßrigen Phenollösung nach Zusatz von Fe(III)chlorid verblaßt vollkommen beim Zusatz von 1—2 Vol. Äthanol. Soloway und Wilen [13] empfehlen folgende Arbeitsweise:

Etwa 30 mg (oder ein Tropfen) der Substanz werden in 1 ml Chloroform gelöst. 2 Tropfen einer Lösung von 1 g wasserfreies Fe(III)chlorid in 100 ml Chloroform und dann 2—3 Tropfen einer Lösung von 8 ml Pyridin in 100 ml Chloroform werden zugesetzt. In dieser Ausführungsform geben einige Nitrophenole, die in wäßriger Lösung negativ reagieren, eine deutliche Farbreaktion. Bei sterisch gehinderten Phenolen und einigen Phenolcarbonsäuren versagt jedoch die Reaktion auch in dieser Ausführung.

β) *Liebermanns Reaktion* [14]. Viele Phenole mit unbesetzter *p*-Stellung geben, mit Nitrosylschwefelsäure behandelt, Kondensationsprodukte, die sich in konzentrierter Schwefelsäure mit intensiver Farbe lösen. Die Reaktion besteht in einer Nitrosierung; das Nitrosophenol kondensiert sich anschließend mit unsubstituiertem Phenol zu indophenolähnlichen Substanzen:

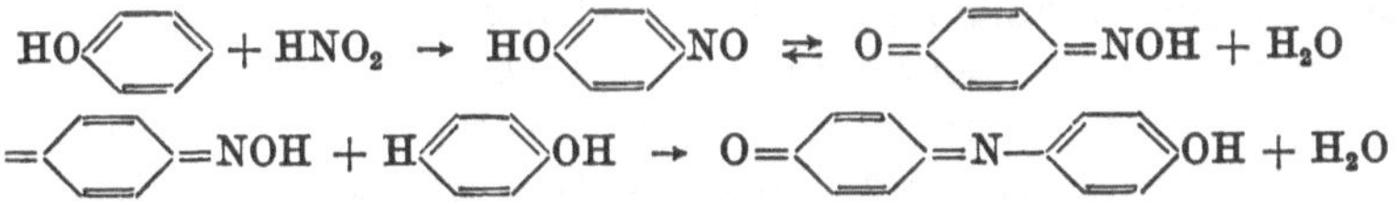

Die Kondensationsprodukte sind jedenfalls den Indophenolen darin ähnlich, daß sie in Natronlauge löslich sind, und zwar mit intensiv blauer oder grüner Farbe.

Einige Kriställchen (0,1—0,2 g) Natriumnitrit werden in 1—2 ml konzentrierter Schwefelsäure gelöst und 0,1—0,2 g der zu untersuchenden Substanz hinzugefügt. Ist die Substanz ein Phenol mit unbesetzter *para*-Stellung, färbt sich die Mischung intensiv blau oder grün, bei gewöhnlicher Temperatur oder nach 1—2minütiger Erwärmung auf 90—100°. Nach Abkühlung gießt man das Gemisch in 20 ml Wasser, wobei die Farbe von blau oder grün in rot umschlägt. Beim Alkalischmachen der Lösung mit Natronlauge schlägt die Farbe nochmals um, diesmal von rot nach blau oder grün. Die Reaktion darf man nur als positiv betrachten, wenn beide Farbumschläge zu beobachten sind.

Nach T. A. TURNEY [15] ist der Gültigkeitsbereich der LIEBERMANN-Reaktion ziemlich begrenzt. Eine Vorbedingung ist, wie erwähnt, daß die *p*-Stellung frei ist. Außerdem versagt die Reaktion bei der Anwesenheit einer Reihe von Substituenten, und zwar:

aa) aktivierender Gruppen, die stärker aktivieren als Alkylgruppen, z. B. Hydroxyl-, Amino- oder Methoxygruppen (Ausnahme: *m*-Methoxyphenol).

bb) desaktivierender Gruppen, stärker als die Halogene, z. B. Nitro-, Aldehyd-, Carboxyl- oder -$COCH_3$-Gruppen (Ausnahme: *o*-Mercurichloridphenol).

Diese Begrenzungen bedeuten, daß im allgemeinen nur alkyl- und halogensubstituierte Phenole mit freier *p*-Stellung positiv reagieren.

γ) Phenole, die mindestens eine freie *o*- oder *p*-Stellung haben, *entfärben Bromwasser*; bromsubstituierte Phenole werden gebildet, die oft ausfallen. Diese bromsubstituierten Phenole können oft nach Umkristallisation aus Äthanol oder verdünntem Äthanol zur Charakterisierung des Phenols dienen (siehe S. 75).

δ) Die Phenole sind gewöhnlich *in verdünnter Natronlauge löslich.* Es gibt jedoch Ausnahmen, die sogenannten „Kryptophenole“, aromatische Hydroxylverbindungen, in denen die Hydroxylgruppen zwischen stark verzweigten Seitenketten oder zwischen Gruppen stehen, die starke Elektrondonatoren darstellen.

Die Phenole bleiben aber *in Natriumhydrogencarbonatlösungen unlöslich,* wenn sie nicht mit stark elektrophilen Gruppen substituiert sind (siehe S. 45).

Die alkalischen Phenollösungen verfärben sich beim Stehen, da sie vom Luftsauerstoff oxydiert und dann polymerisiert werden.

Die alkalischen Lösungen von *o*- oder *p*-nitrosubstituierten Phenolen sind intensiv orange (*o*) oder gelb (*p*) gefärbt.

ε) Phenole mit mindestens einer freien *o*- oder *p*-Stellung bilden *Azofarbstoffe* beim Kuppeln mit diazotierten primären aromatischen Aminen, jedenfalls wenn die freie *o*- oder *p*-Stellung nicht zugleich in *meta*-Stellung zu einer Aminogruppe oder zu einer Hydroxylgruppe steht. Eine Aminogruppe in *m*-Stellung verhindert vollkommen, eine Hydroxylgruppe in *m*-Stellung nicht völlig die Kupplung.

Als primäre Amine werden Sulfanilsäure oder *p*-Nitroanilin benutzt. Die Lösung des diazotierten Amins setzt man zu einer alkalischen Lösung der Substanz zu. Ist ein Phenol zugegen, wird das Gemisch momentan orange oder rot gefärbt. Der Farbstoff fällt oft schon in der alkalischen Lösung, bestimmt aber nach dem Ansäuern der Lösung aus (Ausnahme: *m*-Aminophenol, bei dem der Farbstoff sowohl in Säuren als in Basen löslich ist. Neutralisiert man genau, fällt der Farbstoff aus). Diese Reaktion ist also deutlich verschieden von der auf Seite 49 erwähnten Farbreaktion der aliphatischen Hydroxyverbindungen.

b) Zweiwertige Phenole

α) ortho-Dihydroxybenzole

aa) Die *o*-Dihydroxybenzole geben gewöhnlich mit *Ferrichlorid* eine tiefgrüne Farbreaktion.

bb) Die alkalischen Lösungen der *o*-Dihydroxybenzole werden beim Zutritt von Luft schnell *oxydiert*, so daß sie sich dunkelbraun oder schwarz verfärben.

cc) *o*-Dihydroxybenzole kondensieren sich mit *Säurechloriden*, *Alkylidenchloriden* oder *Diaminen* zu heterocyclischen Verbindungen.

Diese Reaktionen haben für den Nachweis der *o*-Dihydroxybenzole nur wenig Bedeutung. Die genannten Reagenzien, besonders die Säurechloride und die Diamine, finden aber zum Nachweis und zur Charakterisierung von Substanzen mit anderen funktionellen Gruppen als die Hydroxylgruppe Verwendung (z. B. Thionylchlorid für die Darstellung von Säurechloriden aus den Carbonsäuren, Diamine für den Nachweis von Diketonen). Man muß daran erinnern, daß auch *o*-Dihydroxybenzole mit diesen Reagenzien in Reaktion treten können.

β) meta-Dihydroxybenzole

aa) Die *m*-Dihydroxybenzole geben mit *Fe(III)chlorid* eine intensiv violette Farbreaktion.

bb) Wenn *m*-Dihydroxybenzole mit Phthalsäureanhydrid und einem Entwässerungsmittel, z. B. konzentrierter Schwefelsäure oder wasserfreiem Zinkchlorid, erhitzt werden, bilden sich *Phthaleine*, die mit Natronlauge stark fluoerescierende Lösungen bilden [16]. Die Bildung von Phthaleinen wird von Substituenten in *meta*-Stellung zu den beiden Hydroxylgruppen verhindert.

cc) Die alkalischen Lösungen der *m*-Dihydroxybenzole *verfärben sich nur langsam* beim Zutritt von Luft.

dd) Die *m*-Dihydroxybenzole existieren auch in tautomeren Formen, wie Oxo-cyclohexadienole oder Dioxo-cyclohexene:

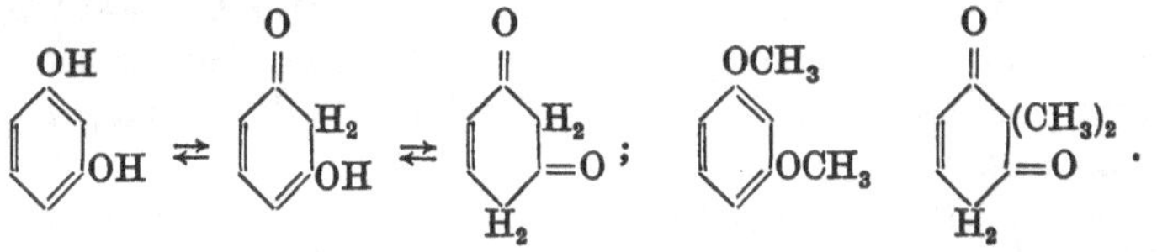

Bei der Methylierung der *m*-Dihydroxybenzole entstehen Methylderivate aller drei tautomeren Formen, d. h. sowohl C-Methylderivate der Mono- oder Diketoformen als auch Dimethoxybenzole.

ee) Unter den Dihydroxybenzolen sind die *m*-Dihydroxybenzole die einzigen, die mit *Aryldiazoniumionen* normal kuppeln unter Bildung von Azofarbstoffen, während die *o*- und besonders die *p*-Dihydroxybenzole oft von der salpetrigen Säure zu dunklen Produkten oxydiert werden [17]—[19].

Die Lösung des diazotierten Amins wird zu einer 1—2%igen Lösung der zu untersuchenden Substanz gegeben und die Mischung mit verdünnter Natronlauge alkalisch gemacht. *m*-Dihydroxybenzole geben hierbei eine klare Lösung des Azofarbstoffes, während *o*- und *p*-Dihydroxybenzole dunkle Lösungen geben, in denen manchmal schnell ein schwarzer Niederschlag entsteht.

γ) *para*-Dihydroxybenzole

aa) Die *p*-Dihydroxybenzole werden von *Fe(III)chlorid* oxydiert, so daß die momentan entstehende blaue Farbreaktion in 1—2 Sekunden ins Gelbbraune umschlägt. Das Dihydroxybenzol wird von Fe(III)ionen zu einem Chinon oxydiert, das sofort mit nichtoxydiertem Phenol ein Chinhydron bildet. Die Chinhydrone sind in Wasser zwar schwer löslich, vermögen aber dem Wasser eine gelbbraune Farbe zu geben. Wird Fe(III)chlorid in stöchiometrischer Menge zugesetzt, scheidet sich das Chinhydron in schwarz-grünlichen, metallisch glänzenden Nadeln aus.

bb) Mit anderen Oxydationsmitteln, z. B. Chromsäure, entstehen aus den *p*-Dihydroxybenzolen *p-Chinone*, die meisten mit Wasserdampf flüchtig sind. Auch hier sind bisweilen die Chinhydrone isolierbar.

cc) Die *p*-Dihydroxybenzole können mit Hydroxylamin reagieren, wobei das Monoxim oder das Dioxim des entsprechenden Chinons entsteht.

c) Dreiwertige Phenole

α) Vicinale Trihydroxybenzole

aa) Die vicinalen Trihydroxybenzole werden als *Bleisalze* gefällt, wenn man ihre wäßrigen Lösungen mit einer Bleiazetatlösung versetzt. Es sei aber erinnert, daß auch viele Carbonsäuren durch Bleiazetat als Bleisalze gefällt werden.

bb) Wäßrige oder alkoholische Lösungen der vicinalen Trihydroxybenzole geben mit einem Tropfen einer *alkoholischen Jodlösung* eine rötliche Farbreaktion. Die Farbe kann aber so schwach sein, daß man sie nur beim Vergleich mit einer Blindprobe beobachten kann. Bei der Blindprobe wird ein Tropfen der Jodlösung zu einem ebenso großen Volumen Wasser gesetzt, wie von der Phenollösung im Hauptversuch genommen wurde.

cc) Die alkalischen Lösungen der vicinalen Trihydroxybenzole werden noch schneller als die Lösungen der *o*-Dihydroxybenzole vom *Luftsauerstoff oxydiert*. Macht man, ohne das Reagenzglas zu schütteln, eine Lösung eines vicinalen Trihydroxybenzols alkalisch, beginnt die Verfärbung der Lösung an der Oberfläche der Lösung.

dd) Die vicinalen Trihydroxybenzole geben beim *Methylieren* ein Gemisch von O- und C-methylierten Substanzen, woraus geschlossen werden kann, daß auch von den vicinalen Trihydroxybenzolen mehrere tautomere Formen existieren müssen.

β) Asymmetrische Trihydroxybenzole

Die asymmetrischen Trihydroxybenzole haben teilweise den Charakter der Hydrochinone beibehalten, und mehrere der für die Hydrochinone angegebenen Reaktionen haben auch für die asymmetrischen Trihydroxybenzole Gültigkeit.

Bei der *Alkylierung* zeigt die Bildung von sowohl C- als auch O-alkylierten Derivaten, daß ein Tautomeriegleichgewicht vorliegt.

γ) Symmetrische Trihydroxybenzole

aa) Ein *Fichtenspan*, in eine Lösung eines symmetrischen Trihydroxybenzols in konzentrierter Salzsäure getaucht, nimmt eine rote bis purpurne Farbe an. Bedingung ist jedoch, daß das Phenol mindestens ein unsubstituiertes Wasserstoffatom enthält.

bb) In den symmetrischen Trihydroxybenzolen ist die Keto-Form (Triketohexahydrobenzol) die überwiegende im Gleichgewicht. Bei der *Methylierung* mit Methyljodid oder Dimethylsulfat werden beinahe ausschließlich C-methylierte Verbindungen gebildet.

Die O-methylierten Verbindungen, die *Trimethoxybenzole*, entstehen dagegen bei der Methylierung mit Diazomethan.

cc) Mit *salpetriger Säure* behandelt, liefern die symmetrischen Trihydroxybenzole Chinonoxime [20].

3. HETEROCYCLISCHE HYDROXYLVERBINDUNGEN

a) Mit *Fe(III)chlorid* geben die Hydroxypyridine und die Hydroxychinoline rotbraune, blaue oder grüne Farben. Auch bei Hydroxyderivaten der 5gliedrigen stickstoffhaltigen Heteocyclen mit aromatischem Charakter entstehen mit Fe(III)-chlorid gewöhnlich rote Farbreaktionen.

b) Die Hydroxypyridine und die Hydroxychinoline mit der Hydroxylgruppe in α- oder β-Stellung des Pyridinringes oder im Benzolring kuppeln wie die Phenole mit diazotierter Sulfanilsäure unter Bildung von *Azofarbstoffen.*

c) Die α- und γ-Hydroxypyridine und -Hydroxychinoline sind mit den entsprechenden Pyridonen und Chinolonen tautomer. Bei der *Methylierung* entsteht ein Gemisch der O- und N-methylierten Verbindungen.

d) Viele heterocyclische Hydroxyverbindungen entfärben *Bromwasser*; gewöhnlich entstehen dabei schwerlösliche Bromsubstitutionsprodukte.

4. DARSTELLUNG VON DERIVATEN ZUR CHARAKTERISIERUNG DER HYDROXYLVERBINDUNGEN

a) *meta*-Nitrophenylurethane

Die meisten aliphatischen, aromatischen und heterocyclischen Hydroxylverbindungen bilden Ester der *m*-Nitrophenylcarbamidsäure (*m*-Nitrophenylurethane), wenn sie unter Rückflußkühlung mit einer Lösung von *m*-Nitrobenzazid in Xylol oder Toluol gekocht werden. Bei etwa 100° wird das *m*-Nitrobenzazid unter Stickstoffabgabe in *m*-Nitrophenyl-*iso*-cyanat umgelagert, welches dann, anderen *iso*-Cyanaten entsprechend, mit der Hydroxylverbindung reagiert [21]—[23].

Diese Reaktion ist also eine Hinzufügung der Hydroxylverbindung zur C=N-Doppelbindung. Die Thiole geben bei einer analogen Reaktion S-Ester der *m*-Nitrophenylthiocarbamidsäure.

1—2 g *m*-Nitrobenzazid werden in einem mit Rückflußkühler versehenen Kolben von 50 ml mit etwa der äquivalenten Menge Hydroxylverbindung gemischt. Nach Zusatz von 10 ml Xylol wird 1—3 Stunden unter Rückfluß gekocht. Ist die Hydroxylverbindung ein tertiärer Alkohol, wird das Xylol durch Toluol oder Ligroin (Sp. 60—100°) ersetzt, um die Entwässerung des tertiären Alkohols zu vermeiden. Die Reaktionszeit wird in diesem Fall auf 4—6 Stunden erhöht. Bisweilen kristallisieren die *m*-Nitrophenylurethane spontan beim Abkühlen aus; wenn nicht, läßt man das Gemisch über Nacht im Eisschrank stehen, oder man dampft einen Teil des Lösungsmittels ab. Das Rohprodukt wird aus Toluol, Äthanol oder, wenn der Schmelzpunkt unter 60° liegt, aus Petroläther oder Ligroin umkristallisiert.

Sowohl die Hydroxylverbindung als auch das Lösungsmittel müssen absolut wasserfrei sein, denn das *m*-Nitrophenyl-*iso*-cyanat reagiert schneller mit Wasser als mit allen anderen Hydroxylverbindungen. Mit Wasser wird bis-*m*-Nitrophenylharnstoff gebildet, eine gelbe kristallinische Substanz mit Schmp. 245—247°. Mit tertiären Alkoholen wird diese Substanz statt des gewünschten *m*-Nitrophenylurethans gebildet, wenn die Reaktionstemperatur, d. h. der Siedepunkt des Lösungsmittels so hoch ist, daß aus den Alkoholen Wasser abgespalten wird.

Die Enole, die in Abschnitt 1f., S. 56 erwähnt wurden, reagieren mit *m*-Nitrobenzazid unter Bildung von Enolestern der *m*-Nitrophenylcarbamidsäure.

Mit Hydroxysäuren und deren Estern können sekundäre Reaktionen eintreten, die die *m*-Nitrophenylurethane in heterocyclische Verbindungen (Oxazolidindione, Tetrahydrooxazindione) umwandeln [23], [24].

$$m\text{-}NO_2C_6H_4CO{-}N{=}N^+{=}N^- \rightarrow N_2 + m\text{-}NO_2C_6H_4N{=}C{=}O \xrightarrow{ROH} m\text{-}NO_2C_6H_4NHCOOR\,.$$

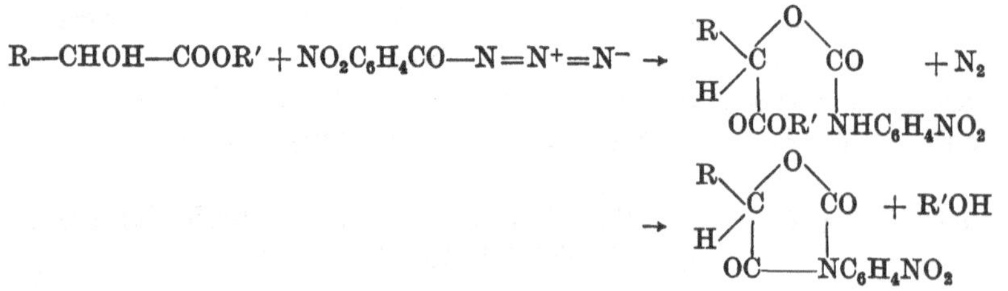

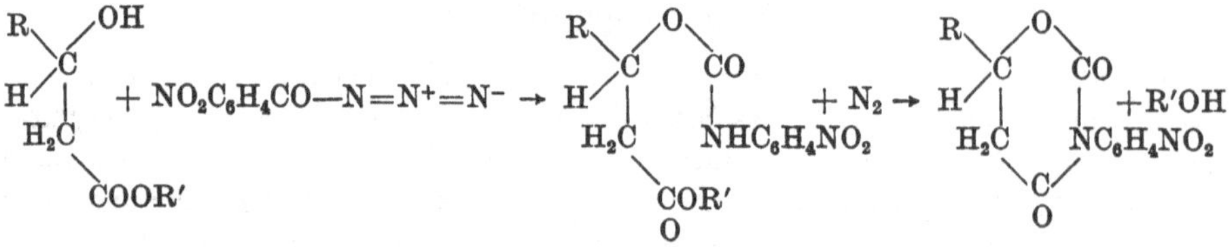

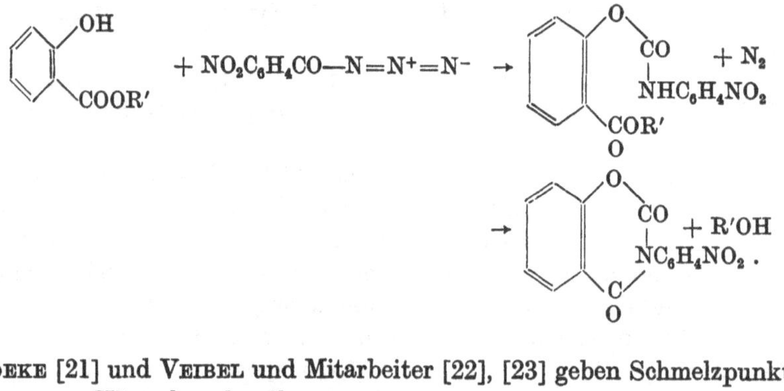

Hoeke [21] und Veibel und Mitarbeiter [22], [23] geben Schmelzpunkte einer Reihe von *m*-Nitrophenylurethanen an.

Auf Seite 83 wird beschrieben, wie man die *m*-Nitrophenylurethane zur Ermittelung des Äquivalentgewichtes der Hydroxylverbindungen benutzen kann.

Schon lange hat man *Phenyl-iso-cyanat* und *α-Naphthyl-iso-cyanat* in ähnlicher Weise, wie hier für *m*-Nitrophenyl-*iso*-cyanat beschrieben, benutzt. Kürzlich hat sich hierzu das *2,4,6-Trijodphenyl-iso-cyanat* [25] gesellt. Alle diese Reagenzien bilden mit den Hydroxylverbindungen Ester der substituierten Arylcarbamidsäuren, von welchen die Trijodphenylcarbamidsäureester sich durch Schwerlöslichkeit und Kristallisationsvermögen auszeichnen sollen.

Diese Reagenzien werden oft als 10%ige Toluol- oder Ligroinlösungen aufbewahrt. Sie müssen gegen Luftfeuchtigkeit sehr sorgfältig geschützt werden, denn die *iso*-Cyanate reagieren alle sehr schnell mit Wasser; es entstehen symmetrische Diarylharnstoffe.

Schmelzpunkte der Phenyl- und -Naphthylurethane der Alkohole und Phenole, welche vor 1930 beschrieben wurden, findet man in Beilstein, Bd. XII, die der heterocyclischen Hydroxylverbindungen nach dem Beilstein-System dagegen dort, wo die Hydroxylverbindung erwähnt wird. Urethane aller Kategorien, die nach 1930 beschrieben wurden, muß man in den Zeitschriften oder z. B. im Formelregister des Chemischen Zentralblattes aufsuchen. Eine ziemlich vollständige Liste der Schmelzpunkte findet man in: Organic Reagents for Organic Analysis, edited by the Staff of the Research Laboratories of Hopkins and Williams, Ltd., Second Edition, 1950.

b) Azetate

Hydroxylverbindungen können durch *Azetylchlorid* oder durch *Essigsäureanhydrid azetyliert* werden; da aber die Azetate der niedrigen Alkohole und einiger Phenole bei Zimmertemperatur flüssig sind, ist die Azetylierung nur in begrenztem Umfang zur Charakterisierung der Hydroxylverbindungen geeignet.

In Fällen, wo die Darstellung eines Azetats erwünscht ist, eignet sich die folgende Methode:

Ein Gemisch von 0,5 g der Hydroxylverbindung und 1 ml *Essigsäureanhydrid* wird mit 1 Tropfen konzentrierter Schwefelsäure versetzt, 1—2 Minuten bis zum Sieden erhitzt und dann in 5—10 ml Wasser gegossen. Nach Hydrolyse des Essigsäureanhydrids scheidet sich das Azetat als Öl oder kristallinisch aus, wobei man oft die Kristallisation durch Reibung der Reagenzglaswand mit einem Glasstab einleiten kann. Da einige Azetate in Essigsäure (selbst verdünnter Essigsäure) viel löslicher sind als in Wasser, lohnt es sich, beim Ausbleiben der Kristallisation die Essigsäure durch Zusatz von Natronlauge zu neutralisieren.

Um eine Azetylierung mit *Azetylchlorid* durchzuführen, löst man 0,5 g der Hydroxylverbindung in 2 ml Pyridin und versetzt mit 2—2,5 ml Azetylchlorid. Man läßt das Gemisch 3—4 Stunden bei Zimmertemperatur stehen und neutralisiert dann das Pyridin mit 20 ml verdünnter Schwefelsäure. Das Azetat wird wie vorstehend beschrieben isoliert.

Die soeben erwähnten Methoden eignen sich zur Azetylierung der tertiären Alkohole nicht, denn diese werden durch die Schwefelsäure in Alkene oder durch das Azetylchlorid in tertiäre Alkylchloride umgebildet. Spassow [26] hat aber gezeigt, daß man mit *Azetylchlorid und Magnesium* eine Azetylierung der tertiären Alkohole erreichen kann.

1—2 g des Alkohols werden in 5—10 ml wasserfreiem Äther gelöst, 1 g Magnesium (Pulver oder Grieß) wird zugesetzt und dann tropfenweise eine Lösung von 2—3 ml Azetylchlorid in 5 ml wasserfreiem Äther. Die Reaktion kann ziemlich heftig werden; um ein zu heftiges Kochen zu vermeiden, kühlt man das Reagenzglas in kaltem Wasser. Wenn alles Azetylchlorid zugesetzt ist, läßt man das Gemisch eine Stunde bei Zimmertemperatur stehen und erwärmt dann unter Rückfluß 1—2 Stunden. Das Reaktionsgemisch ist gewöhnlich ein weißer Niederschlag oder eine halbfeste Masse. Man verdünnt mit Äther und gießt in eine eiskalte Natriumcarbonatlösung. Die Ätherschicht wird abdekantiert und die wäßrige Schicht mit Äther extrahiert. Dann werden die beiden Ätherlösungen vereinigt und über einem Gemisch von wasserfreiem Natriumsulfat und Natriumcarbonat getrocknet. Schließlich wird der Äther abgedampft und das Azetat durch fraktionierte Destillation oder durch Kristallisation isoliert.

Auch für die Azetylierung von Phenolen hat sich die Azetylierung mit Azetylchlorid in Anwesenheit von Magnesium als vorteilhaft erwiesen. Man löst 1—2 g des Phenols in 20 ml wasserfreiem Benzol, fügt 0,5—1 g Magnesiumpulver und dann 1—2 g Azetylchlorid hinzu und erwärmt das Gemisch während 30 bis 60 Minuten auf 90°. Nach Abkühlung wird mit Äther verdünnt, und das Azetat wird wie oben angegeben isoliert. Die azetylierten Phenole sind gewöhnlich bei Zimmertemperatur kristalline Körper. Die fraktionierte Destillation erübrigt sich deshalb.

Die physikalischen Konstanten der Azetate der aliphatischen Alkohole findet man in Beilstein, Bd. II, Abschnitt Essigsäure, während die Azetate aller anderen Hydroxylverbindungen zusammen mit den entsprechenden Substanzen erwähnt werden. Für Azetate, die seit 1930 beschrieben sind, sollte man das Formelregister des Chemischen Zentralblatts konsultieren.

c) Benzoate

Die Benzoate haben gewöhnlich höhere Schmelzpunkte als die entsprechenden Azetate. Alle Arylbenzoate und viele Benzoate der aliphatischen Hydroxylverbindungen sind bei Zimmertemperatur feste Körper. Deshalb haben die Benzoate größere Bedeutung als die Azetate für die Charakterisierung von Hydroxylverbindungen.

Die meisten Phenole lassen sich nach Schotten [27] und Baumann [28] benzoylieren. 1 g der zu benzoylierenden Substanz wird mit 3—5 g *Benzoylchlorid* gemischt und mit einem Überschuß an Natronlauge versetzt. Das Reagenzglas wird mit einem Stopfen verschlossen und das Gemisch so lange geschüttelt, bis der Geruch nach Benzoylchlorid verschwunden ist (5—10 Minuten). Während des Schüttelns wird der Stopfen von Zeit zu Zeit abgenommen, da die Reaktion von einer bedeutenden Wärmeentwickelung begleitet ist. Häufig scheiden sich die Benzoate als halbfeste Massen aus, die unverbrauchtes Benzoylchlorid einschließen. Das unverbrauchte Benzoylchlorid sowie die eventuell gebildete Benzoesäure werden durch nochmalige Behandlung der halbfesten Masse mit Natronlauge beseitigt und die Benzoate dann durch Umkristallisation aus Äthanol oder verdünntem Äthanol gereinigt.

Die Phenolcarbonsäuren geben Benzoate, die in Natronlauge löslich sind, so daß man ihre Bildung nicht ohne weiteres beobachten kann. Wird die alkalische Lösung angesäuert, fällt ein Gemisch von Benzoesäure und Phenylcarbonsäurebenzoat aus. Die Trennung dieses Gemisches durch Umkristallisierung kann ziemlich kompliziert sein, und bisweilen gelingt die Isolierung eines reinen Benzoats nur, wenn chromatographische Methoden zu Hilfe genommen werden.

Ist die Hydroxylverbindung alkaliempfindlich, ersetzt man die Natronlauge durch Natriumcarbonat oder Natriumhydrogencarbonat. Man kann auch eine *saure Benzoylierung* durchführen, indem man die zu untersuchende Substanz mit Benzoylchlorid bis zu dessen Siedepunkt erwärmt (198°). Die SCHOTTEN-BAUMANN-Methode ist jedoch in allen Fällen vorzuziehen, in denen die stark alkalische Reaktion nicht stört.

Elektrophile Substituenten erschweren die Benzoylierung der Hydroxylverbindungen. Die Mononitrophenole lassen sich, zwar etwas zögernd, noch nach SCHOTTEN-BAUMANN benzoylieren, die Polynitrophenole werden aber von Benzoylchlorid gar nicht angegriffen.

Schmelzpunkte der Benzoate findet man in BEILSTEIN, Bd. IX, für alle Hydroxylverbindungen, die in früheren Bänden erwähnt werden. Die Benzoate anderer Hydroxylverbindungen, z. B. aromatischer Hydroxycarbonsäuren, heterocyclischer Hydroxylverbindungen, sind zusammen mit den Hydroxylverbindungen genannt, die bis 1930 bekannt waren. Für Benzoate, die nach 1930 beschrieben wurden, muß man z. B. das Formelregister des Chemischen Zentralblattes nachschlagen.

d) *p*-Nitrobenzoate

Die *p*-Nitrobenzoate haben noch höhere Schmelzpunkte als die Benzoate, und selbst die der niederen aliphatischen Alkohole sind bei Zimmertemperatur fest. Deshalb werden diese Ester zur Charakterisierung der niederen Alkohole den Benzoaten vorgezogen. Außerdem haben die *p*-Nitrobenzoate den Benzoaten gegenüber den Vorteil, daß sie die Ermittlung des Äquivalentgewichtes durch Titration mit Titantrichlorid gestatten (siehe S. 82). HENSTOCK [29] empfiehlt das folgende Verfahren zur Herstellung der *p*-Nitrobenzoate:

0,5 g des Alkohols oder eine solche Menge seiner wäßrigen Lösung, daß der Gehalt an Alkohol 0,5 g beträgt, werden mit Wasser auf ein Volumen von 5 ml aufgefüllt und 0,5 g *p*-Nitrobenzoylchlorid, 3 ml alkoholfreier Äther und eine Spur Phenolphtalein (nicht in Äthanollösung) zugesetzt; das Gemisch wird gut durchgeschüttelt. Dann setzt man tropfenweise verdünnte Natronlauge zu, bis die wäßrige Schicht sich rosa färbt. Man schüttelt noch einige Minuten gut durch und trennt dann die Ätherschicht ab, trocknet sie über wasserfreiem Calciumchlorid und destilliert den Äther ab. Der Rückstand wird aus Petroläther umkristallisiert.

Ist die Hydroxylverbindung absolut wasserfrei, löst man 0,5 g in 3 ml wasserfreiem Pyridin und fügt 0,5 g *p*-Nitrobenzoylchlorid hinzu. Eine spontane Reaktion setzt ein, die durch Kochen am Rückfluß einige Minuten unterstützt wird. Das Gemisch wird dann unter Umschütteln zu 10 ml Wasser gegeben. Der dadurch entstehende Niederschlag wird abfiltriert, mit 5 ml einer Natriumcarbonatlösung und dann mit Wasser gewaschen und schließlich aus Äthanol oder besser, um Umesterung zu vermeiden, aus Petroläther umkristallisiert.

Die Schmelzpunkte der *p*-Nitrobenzoate der Hydroxylverbindungen, die im BEILSTEIN vor *p*-Nitrobenzoesäure erwähnt werden, sucht man in BEILSTEIN,

Bd. IX, unter *p*-Nitrobenzoesäure auf. *p*-Nitrobenzoate anderer Hydroxylverbindungen sind unter den Hydroxylverbindungen angeführt.

Eine Liste von Schmelzpunkten der *p*-Nitrobenzoesäureester aller Art findet man in Organic Reagents for Organic Analysis (siehe S. 63).

e) *p*-Nitrophenylazetate

WARD und JENKINS [30] empfehlen statt *p*-Nitrobenzoate *p*-Nitrophenylazetate als Derivate der Hydroxylverbindungen. Sie schlagen die folgende Arbeitsweise vor:

0,5 g der Hydroxylverbindung und 1 g *p*-Nitrophenylazetylchlorid werden gemischt. Nach Zusatz von 1 Tropfen konzentrierter Schwefelsäure wird das Gemisch 10 Minuten unter Rückfluß im Sieden gehalten. Dann wird das Reaktionsgemisch unter Umschütteln in Wasser gegossen. Der Niederschlag, das *p*-Nitrophenylazetat, wird abfiltriert, mit Sodalösung und Wasser gewaschen und aus verdünntem Alkohol umkristallisiert.

Ist die Hydroxylverbindung ein Phenol, werden 0,5 g davon mit 1,5 g *p*-Nitrophenylazetylchlorid gemischt. Man erwärmt das Gemisch 20 Minuten auf dem Wasserbad und isoliert den Ester wie oben beschrieben.

WARD und JENKINS [30] geben Schmelzpunkte einer Reihe von *p*-Nitrophenylessigsäureestern an. Ein Nachteil dieser Derivate ist, daß die Ester der Alkohole mit 4 bis 7 Kohlenstoffatomen bei Zimmertemperatur flüssig sind.

f) 3,5-Dinitrobenzoate

3,5-Dinitrobenzoylchlorid ist den Hydroxylverbindungen gegenüber so aktiv, daß selbst tertiäre Alkohole verestert werden, ohne daß eine Dehydrierung oder eine Umbildung in tertiäre Alkylchloride erfolgt [31].

Nach der ursprünglichen Vorschrift zur Darstellung der 3,5-Dinitrobenzoate mischt man 1 ml des Alkohols mit 0,5 g 3,5-Dinitrobenzoylchlorid, kocht das Gemisch 5 Minuten unter Rückfluß und setzt dann 10 ml Wasser hinzu. Man kühlt in Eiswasser und versucht durch Reiben der Reagenzglaswände mit einem Glasstab die Kristallisation einzuleiten. Der Niederschlag wird abfiltriert, mit einer 2%igen Sodalösung und dann mit Wasser gewaschen und schließlich aus verdünntem Alkohol umkristallisiert.

Da aber 3,5-Dinitrobenzoylchlorid sehr leicht durch die Luftfeuchtigkeit hydrolysiert wird, empfehlen SAUNDERS, STACEY und WILDING [32] folgende Arbeitsweise:

In einem Reagenzglas werden 0,5 g 3,5-Dinitrobenzoesäure mit 1 g Phosphorpentachlorid gemischt und bis zur Verflüssigung erwärmt. Eine spontane Reaktion setzt ein, die durch mäßiges Erwärmen 5 Minuten unterstützt wird. Das flüssige Gemisch wird auf ein Uhrglas gegossen und nach Kristallisation des 3,5-Dinitrobenzoylchlorids auf eine poröse Tonplatte gebracht, um das flüssige Phosphoroxychlorid zu entfernen. Das so gewonnene 3,5-Dinitrobenzoylchlorid ist genügend rein, um die Darstellung der 3,5-Dinitrobenzoesäureester zu erlauben.

Gelingt die Darstellung in dieser Weise nicht, haben DUNBAR und FERRIN [33] folgende Methode ausgearbeitet:

Zu 1 ml des Alkohols wird vorsichtig Natrium gegeben, bis keine weitere Reaktion zu beobachten ist. Einen Überschuß an Natrium sollte man vermeiden; eventuell werden zuletzt 1—2 Tropfen des Alkohols zugefügt. Ist die Hydroxylverbindung fest, löst man sie in einem gegen Natrium resistenten Lösungsmittel wie Äther. Setzt die Reaktion nicht ein, kann sie durch mäßiges Erwärmen eingeleitet und unterstützt werden. Zum Natriumsalz gibt man dann 0,5 g 3,5-Dinitrobenzoylchlorid. Eine Reaktion setzt ein, die gegebenenfalls durch Kühlung gemäßigt werden muß, so daß keine Verkohlung eintritt. Bleibt das Reaktionsprodukt purpurgefärbt, setzt man noch etwas 3,5-Dinitrobenzoylchlorid hinzu. Das nur schwach gefärbte Reaktionsgemisch wird mit 10 ml Wasser versetzt und gut geschüttelt. Das Wasser wird abdekantiert, der Rückstand mit 10 ml 2%iger Sodalösung gewaschen und mehrmals aus Azeton oder Äthanol (Vorsicht, Gefahr der Umesterung) umkristallisiert.

Um aus wäßrigen Lösungen 3,5-Dinitrobenzoate darzustellen, empfiehlt Huth [34] folgende Arbeitsweise:

Zu 10 ml der etwa 10%igen Alkohollösung setzt man 10 ml Azeton und dann festes Kaliumcarbonat (bis zu 30 g) hinzu, bis nach 15minutigem Stehen nur noch eine Schicht vorhanden ist. Diese Schicht wird abdekantiert und mit 0,5 g 3,5-Dinitrobenzoylchlorid, frisch dargestellt und von Phosphoroxychlorid durch Umkristallisation aus Petroläther befreit, vermischt. Das Gemisch läßt man 10 Minuten unter Rückfluß kochen. Anschließend wird das Azeton teilweise abgedampft. Beim Abkühlen kristallisiert der 3,5-Dinitrobenzoesäureester aus. Auch bei den tertiären Alkoholen gelingt die Esterbildung, wenn statt Azeton Pyridin als Lösungsmittel benutzt wird.

Schmelzpunkte der 3,5-Dinitrobenzoate findet man u. a. bei den Hinweisen [32]—[38] oder in Organic Reagents for Organic Analysis (siehe S. 63).

Um die aus Alkoholgemischen dargestellten 3,5-Dinitrobenzoate chromatographisch zu trennen, empfehlen Micheel und Schminke [39] die Verwendung von Azetylcellulosepapier, wogegen Sundt und Winter [40] vorziehen, dimethylformamidimprägniertes Papier zu benutzen. Als mobile Phase wird dimethylformamidgesättigtes Decalin gebraucht. Sehr wichtig ist, das Papier 12 Stunden in der chromatographischen Kammer zu belassen, um die Sättigung des Papiers mit Dampf zu erreichen. Empfohlen wird die absteigende Technik (siehe S. 72). Ein Vorteil dieser Methode ist, daß die Flecken nach der Trocknung sofort infolge der Lichtempfindlichkeit der Ester erkennbar sind (violette Flecken).

Für die chromatographische Trennung der Alkohole hat van Duin [41] die Darstellung von 4-Diäthylamino-3,5-dinitrobenzoaten vorgeschlagen. Diese Ester sind gefärbt, werden quantitativ gebildet, und ihre Gemische lassen sich durch Chromatographie auf einer Silicagel-Säule trennen, wobei Nitromethan als stationäre Phase und Petroläther als mobile Phase empfohlen werden.

Die Quantitäten der verschiedenen Alkohole in einem Gemisch läßt sich durch Aufnahme der UV-Spektren der einzelnen Zonen nach dem Eluieren bestimmen.

g) Brenztraubensäureester der primären und sekundären Alkohole und Semicarbazone dieser Ester

Bouveault [42] schlägt vor, die primären und sekundären Alkohole als Brenztraubensäureester oder als Semicarbazone zu charakterisieren, die aus diesen Estern dargestellt werden.

Ein Gemisch des Alkohols mit Brenztraubensäure wird einige Stunden auf 140—150° erhitzt und der Ester dann durch fraktionierte Destillation, eventuell im Vacuum, isoliert. Die Semicarbazone werden wie auf S. 105 beschrieben dargestellt.

Einige ungesättigte Alkohole reagieren anormal.

h) Allophanate der tertiären Alkohole

Behal [43] und später Bougault und Leboucq [44] empfehlen, die tertiären Alkohole als Allophanate zu charakterisieren. Diese Ester werden dargestellt, indem man in einem Mörser Allophansäurechlorid mit Benzol verreibt und langsam eine Benzollösung des Alkohols zugibt. Aus dem Gemisch kristallisiert im Laufe einiger Stunden der Allophansäureester, der abfiltriert und mit Wasser gewaschen wird. Der Ester wird durch Umkristallisation aus Äthanol gereinigt.

i) Pseudo-Saccharinäther

Meadoe und Reid [45] haben diese Äther zur Charakterisierung der primären und sekundären Alkohole empfohlen, und später haben Böhme und Opper [46] gefunden, daß sich dieses Reagens zur Charakterisierung der Glycole und deren Monoester oder -äther eignet.

Das Reagens, Pseudo-Saccharinchlorid wird nach Jesurun [47] oder nach Böhme und Opper [46] dargestellt und in folgender Weise umgesetzt:

α) 0,3 g des Glycols und 0,8 g wasserfreies Pyridin werden in 10 ml wasserfreiem Chloroform gelöst. Eine Lösung von 2 g Pseudo-Saccharinchlorid in 10 ml Chloroform wird tropfenweise zugesetzt, wobei eine ziemlich heftige Reaktion erfolgt, die man durch Kochen unter Rückflußkühlung unterstützt, bis die Entwicklung von Chlorwasserstoff beendet ist. Man kühlt ab, saugt den Niederschlag ab, wäscht mit verdünnter Salzsäure und dann mit Wasser und kristallisiert aus Eisessig um.

β) Derivate der Monoäther von Glycolen entstehen, wenn ein Gemisch von 0,8 g Äther und 2 g Pseudo-Saccharinchlorid einige Stunden auf dem Ölbade unter Rückfluß auf 120° erwärmt wird. Das Reaktionsgemisch wird durch ein Chlorcalciumrohr gegen Luftfeuchtigkeit geschützt. Nach dem Abkühlen löst man das Reaktionsprodukt in Chloroform, wäscht die Lösung zuerst mit Wasser, dann mit einer Natriumhydrogencarbonatlösung und trocknet schließlich die Lösung mit Calciumchlorid. Das Lösungsmittel wird abgedampft und der Rückstand aus einem Gemisch von Äther und Chloroform umkristallisiert.

Die Reaktionen sind:

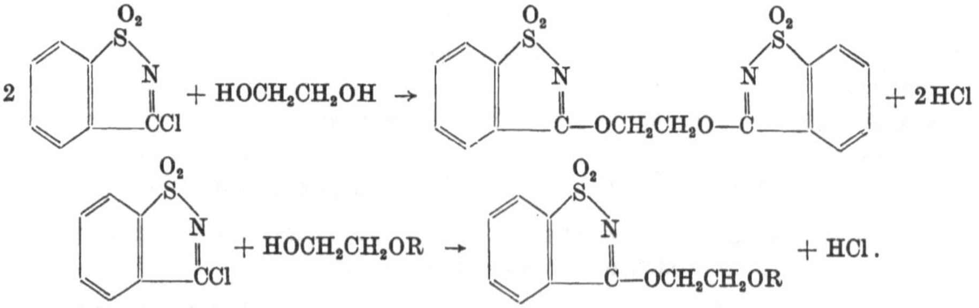

Einige Schmelzpunkte der Pseudo-Saccharinäther werden von Meadoe und Reid [45] und von Böhme und Opper [46] angegeben.

k) Alkylthiuroniumpikrate

Die meisten der oben angegebenen Methoden eignen sich nur schlecht zur Charakterisierung der tertiären Alkohole. Die folgende Methode ist aber zur Darstellung von Derivaten besonders dieses Alkoholtyps geeignet [48]:

Der Alkohol wird, wie auf Seite 55 angegeben, in Alkylchlorid oder in Alkylbromid umgewandelt, wenn statt rauchender Salzsäure konstant siedende Bromwasserstoffsäure benutzt wird.

1 g des Alkylchlorids wird zu einer Lösung von 1 g *Thioharnstoff* in 3 ml Wasser und 2 ml Äthanol gegeben. Das Gemisch wird unter Rückfluß auf dem Wasserbade erwärmt, bis die Alkylchloridschicht verschwunden ist und anschließend noch 15 Minuten erwärmt. Die Reaktion ist gewöhnlich in 2—3 Stunden zu Ende. Das Reaktionsgemisch wird noch heiß zu 200 ml einer wäßrigen 1%igen *Pikrinsäurelösung* hinzugesetzt. Die Kristallisation des S-Alkylthiuroniumpikrats fängt sofort an. Nach einer halben Stunde wird abgesaugt, mit Wasser gewaschen und aus verdünntem Äthanol umkristallisiert. Einmalige Umkristallisation genügt meistens zur Reinigung der Pikrate.

Die Reaktionen sind:

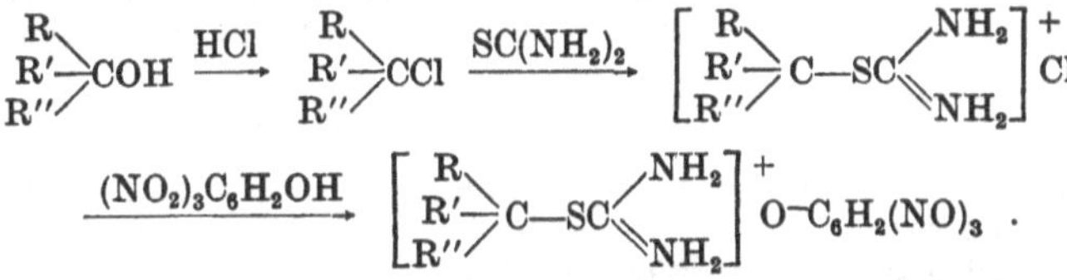

Die Methode scheint in dieser Form auf rein aliphatische tertiäre Alkohole beschränkt zu sein.

Schotte und Veibel [48] geben die Schmelzpunkte einer Reihe von S-Alkylthiuroniumpikraten an.

Jureček und Mitarbeiter [49] haben gezeigt, daß die Methode für alle Alkohole geeignet ist, die leicht in Chloride umgebildet werden können, d. h. besonders für sekundäre und tertiäre Alkohole. Diese Autoren ziehen es aber vor, anstelle der Pikrate Alkylthiuronium-3,5-dinitrobenzoate zu isolieren, weil diese zur titanometrischen Bestimmung des Äquivalentgewichtes des Alkohols noch besser geeignet sind als die Pikrate, die leicht durch Pikrinsäure verunreinigt isoliert werden.

Unten wird angegeben, wie eine acidimetrische Methode noch bequemer als die titanometrische Methode zur Ermittlung des Äquivalentgewichtes dienen kann (S. 82).

l) 2,4-Dinitrobenzolsulfensäureester der Alkohole

Kharasch, McQuarrie und Buess [50] empfehlen zur Charakterisierung aller Typen von Alkoholen die Bildung der 2,4-Dinitrobenzolsulfensäureester.

Das Reagens *2,4-Dinitrobenzolsulfenylchlorid*, Schmp. 95—96°, wird durch katalytische Chlorolyse des entsprechenden Disulfids gebildet:

$$(NO_2)_2C_6H_3S{-}SC_6H_3(NO_2)_2 + Cl_2 \rightarrow 2\,(NO_2)_2C_6H_3SCl\,.$$

In einem trockenen 50-ml-Erlenmeyer-Kolben wird 1 g 2,4-Dinitrobenzolsulfenylchlorid in 10 ml Äthylenchlorid durch Schütteln gelöst (alle Reagenzien müssen wasserfrei sein). 1 g des Alkohols wird zugesetzt, die Lösung durch Schütteln homogenisiert und dann mit 1 ml Pyridin versetzt, wobei sich die gelbe Farbe des Gemischs vertieft. Nach erneutem Schütteln läßt man es 15—30 Minuten bei Zimmertemperatur stehen. Meistens bildet sich ein weißer Niederschlag. Der Niederschlag wird abfiltriert und mit wenig heißem Äthylenchlorid gewaschen. Filtrat und Waschflüssigkeit werden im Wasserstrahlvacuum bei Zimmertemperatur zur Trockenheit eingedampft; der Rückstand wird mit 3—5 10 ml-Portionen kalten Wassers extrahiert. Der rohe 2,4-Dinitrobenzolsulfensäureester wird abgesaugt, im Vacuumexsiccator oder in der Trockenpatrone (56°) über Calciumsulfat getrocknet und aus absolutem Alkohol oder einem Alkohol/Ligroin-Gemisch umkristallisiert.

Einige Schmelzpunkte sind in [50] angegeben.

m) Saure Ester der Phthalsäure oder Tetrachlorphthalsäure

Oben wurde erwähnt, daß die Darstellung von Estern der tertiären Alkohole oft an der Entwässerung des Alkohols scheitert. Saure, substituierte Phthalsäureester der tertiären Alkohole bilden sich aber, wenn der Alkohol mit Äthylmagnesiumbromid in ein Alkoholat umgebildet wird, welches dann mit dem substituierten Phthalsäureanhydrid reagiert [51], [52], vgl. S. 63.

Eine Lösung von Äthylmagnesiumbromid wird aus 0,75 ml Äthylbromid und 0,24 g Magnesiumspänen in 25 ml wasserfreiem Äther dargestellt und 0,01 Mol des Alkohols in 10 ml Äther zugegeben. Es entsteht ein Niederschlag aus tertiärem Magnesiumbromidalkoholat:

$$C_2H_5MgBr + HOCR_3 \rightarrow C_2H_6 + R_3COMgBr\,.$$

Wasserfreies Dioxan und 0,01 Mol Phthalsäureanhydrid oder noch besser Tetrachlorphthalsäureanhydrid wird zugesetzt. Mit den beiden ersten Gliedern der tertiären Alkohole (C_4 und C_5) erwärmt man die Suspension eine Stunde auf 50°; bei den höheren Alkoholen wird empfohlen, das Gemisch über Nacht im Eisschrank stehen zu lassen.

Das Gemisch wird mit 50 g Eis versetzt und mit verdünnter Salzsäure angesäuert. Nicht umgesetztes Säureanhydrid (oder Säure) wird durch Filtration beseitigt. Die Ätherschicht wird abgetrennt und die wäßrige Schicht mit 15 ml Äther ausgeschüttelt. Die vereinigten Ätherauszüge werden zweimal mit je 10 ml Wasser gewaschen und dann zweimal mit 10 und 5 ml eiskalter 5%iger Natronlauge extrahiert.

Die alkalischen Extrakte werden vereinigt, in Eiswasser gekühlt und mit 6 *n*-Salzsäure angesäuert. Der saure Ester wird abfiltriert und durch Umkristallisieren aus Petroläther gereinigt. Einige Schmelzpunkte sind von Fessler und Shriner [51], von Lawlor [52] sowie von Teterin und Zonis [53] angegeben.

Verschiedene Autoren empfehlen, statt Phthalsäureanhydrid 3-Nitrophthalsäureanhydrid zur Bildung der sauren Ester zu verwenden, siehe z. B. [54] und [55].

n) Oxydationsprodukte

Oben wurde angegeben, daß durch die Beckmannsche Lösung Aldehyde oder Ketone als Oxydationsprodukte der primären und sekundären Alkohole entstehen und daß die Oxydationsprodukte sich bequem als 2,4-Dinitrophenylhydrazone isolieren lassen.

Es hat sich gezeigt, daß bei Zimmertemperatur eine Conway-Schale sich ausgezeichnet zur Durchführung der Oxydation und der Destillation eignet (Abb. 19). Das Gemisch von Beckmann-Lösung und Substanz wird in die äußere Kammer und eine Lösung von 2,4-Dinitrophenylhydrazin in Salzsäure in die innere Kammer gebracht.

Duke und Witman [56] empfehlen, die Oxydation nicht mit Chromsäure, sondern mit einer gesättigten Lösung von Kaliumpermanganat in 2 *n*-Schwefelsäure durchzuführen. Der Niederschlag von Mangandioxid wird durch Hinzufügung einer gesättigten Oxalsäurelösung beseitigt. Dann werden 20 ml einer 1%igen Lösung von 2,4-Dinitrophenylhydrazin in 2 *n*-Perchlorsäure oder 5 ml einer 5%igen Lösung des Reagens in Äthanol-Phosphorsäure (Zubereitung des Reagens siehe S. 104) zugesetzt. Ein Niederschlag eines 2,4-Dinitrophenylhydrazons nach Verdünnung des Reaktionsgemisches mit 1 Volumen Wasser zeigt, daß die vorgelegte Substanz bei der Oxydation ein Aldehyd oder ein Keton gebildet hat.

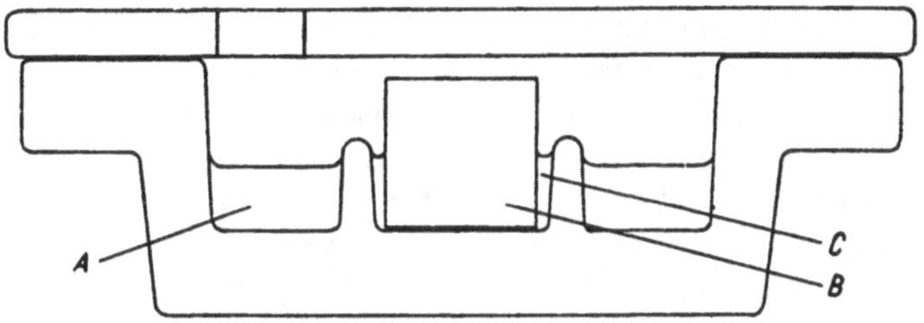

Abb. 19

A Reaktionsgemisch: *B* Glaszylinder, welcher eingesetzt wird, wenn nur winzige Mengen von der Reagenzlösung benutzt werden; *C* Reagenzlösung;

Auf Seite 105 findet man Hinweise auf Abhandlungen, wo Schmelzpunkte von 2,4-Dinitrophenylhydrazonen angegeben sind. Außerdem wird dort die Unsicherheit in bezug auf Schmelzpunkte diskutiert, die mit der Möglichkeit einer *cis-trans*-Umlagerung oder der Existenz polymorpher Formen zusammenhängt.

o) Papierchromatographie

Die chromatographischen Methoden sind für die Charakterisierung zahlreicher Typen organischer Verbindungen sehr nützlich und bedeutungsvoll. Wie in der Papierchromatographie üblich, werden die einzelnen Hydroxylverbindungen durch eine chromatographische Konstante — den R_f-Wert — charakterisiert, die mittels Verteilungschromatographie auf Filtrierpapier ermittelt wird [57], [58]. Die Ausführung der Bestimmung der R_f-Werte sei hier kurz erwähnt.

Eine winzige Menge einer organischen Substanz oder eines Substanzgemisches wird am oberen Rande eines Filtrierpapierstreifens angebracht. Der Papierstreifen wird senkrecht aufgehängt, und eine wassergesättigte organische Flüssigkeit sickert von oben durch den Streifen, wobei die organische Substanz zu wandern anfängt. Die Wanderungsgeschwindigkeit hängt teils von der Löslichkeit der Substanz, teils von ihrer Adsorptionsfestigkeit ab. Nach einer gewissen Zeit, noch bevor das Lösungsmittel den unteren Rand des Papierstreifens erreicht hat, wird der Flüssigkeitsstrom durch Entfernen des Papierstreifens unterbrochen. Man markiert auf dem Streifen die Grenze, bis zu der das Lösungsmittel gekommen ist (die Flüssigkeitsfront), trocknet den Streifen und lokalisiert die Position der organischen Substanz oder Substanzen, falls ein Gemisch vorliegt. Bei gefärbten Substanzen ist die Lokalisierung einfach, bei farblosen Substanzen muß man das

Chromatogramm „entwickeln" (mittels eines Reagens, mit dem die Substanz eine Farbreaktion gibt).

Die Strecke, die die Substanz durchlaufen hat, geteilt durch die vom Lösungsmittel durchlaufene Strecke, wird als R_f-Wert bezeichnet. Dieser Wert ist für eine gegebene Substanz, ein gegebenes Lösungsmittel und eine gegebene Papiersorte eine Konstante, die deshalb zur Charakterisierung der organischen Substanz dienen kann.

Für die Identifizierung durch Papierchromatographie ist es wichtig, nicht zu viel Substanz in Arbeit zu nehmen, höchstens 60 Mikrogramm einer reinen Substanz oder höchstens 60 Mikrogramm je Komponente in einem Gemisch. Mit größeren Quantitäten riskiert man, daß das Wasser oder eine andere polare Komponente des Lösungsmittels nicht imstande ist, die Substanz vollkommen zu lösen, und die Flecken, die nach der Entwicklung entstehen, sind dann nicht wohldefiniert (haben keine scharfen Grenzen). Wenn die Substanz auf dem Streifen angebracht wird, sollte man auf einmal nur 0,005 ml der Lösung der Substanz applizieren, um Flecken, die einen zu großen Durchmesser haben, zu vermeiden. Enthält 0,005 ml nicht genügend Substanz, wird der Fleck deutlich vermerkt; der Streifen wird getrocknet und eine neue 0,005 ml Probe der Lösung dort, wo die erste Probe vermerkt ist, angebracht. Hat der Fleck einen zu großen Durchmesser, zeigt das entwickelte Chromatogramm zu diffuse und schlecht definierte Flecken.

Nicht alle Filtrierpapiersorten sind gleich gut zur Verteilungschromatographie geeignet. Die besten Sorten sind angeblich das englische Papier Whatman Nr. 1 und das deutsche Papier Schleicher und Schüll Nr. 2043b. Unter den amerikanischen Sorten werden die Papiere Schleicher und Schüll (USA) Nr. 589 und 595 oder Eaton und Dikeman Nr. 613 empfohlen.

Das Filtrierpapier wird in Streifen, z. B. 12 × 40—50 cm, geschnitten. Mit Bleistift wird etwa 6 cm vom Rande eine Anfangslinie gezogen, und die Substanzen, die chromatographiert werden sollen, werden dann dieser Linie entlang wie oben beschrieben angebracht. Die simultane Chromatographie mehrerer Substanzen ist möglich, nur muß der Abstand benachbarter Flecken mindestens 2,5—3 cm betragen. Mit den oben angegebenen Dimensionen kann man also bis zu 4 Substanzen auf einmal untersuchen.

Das obere Ende des Streifens wird dann in eine Cuvette placiert und dort mittels eines Glasstabes oder einer Glasplatte festgehalten (siehe Abb. 20). Die Cuvette ist so eingerichtet, daß 2 Streifen auf einmal festgehalten werden können. Man bringt sofort die Cuvette mit den Streifen in das Chromatographie-Gefäß (siehe Abb. 21), das vorher mit den Dämpfen der Lösungsmittel gesättigt wurde. Diese Sättigung wird dadurch erreicht, daß man mindestens 24 Stunden vor der Benutzung eine Schale mit Wasser und der organischen Flüssigkeit (gewöhnlich der wasserreichen Schicht eines Geimsches der beiden Lösungsmittel nach Trennung der beiden Schichten) in das Gefäß hineinstellt.

Die Cuvette wird dann mit der wassergesättigten organischen Flüssigkeit (gewöhnlich der wasserarmen Schicht nach Trennung der beiden Schichten) gefüllt, so daß die Papierstreifen in die Flüssigkeit hineintauchen. Das Gefäß wird mit einem Deckel verschlossen und bei Zimmertemperatur (so konstant wie möglich) in einem zugfreien Raum sich selbst überlassen. Die Flüssigkeit wird durch die Capillarkräfte über die Ränder der Cuvette gehoben, und von dort aus durchsickert sie die Papierstreifen. Man läßt das Gefäß so lange stehen, bis eine Wanderung der Flüssigkeitsfront von 30—40 cm zu beobachten ist (12—18 Stunden).

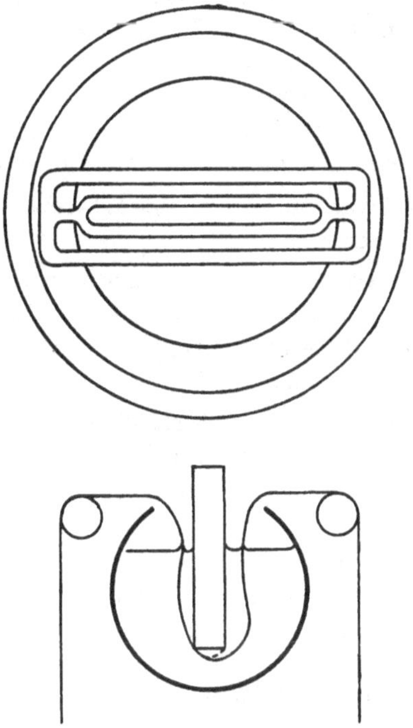

Abb. 20

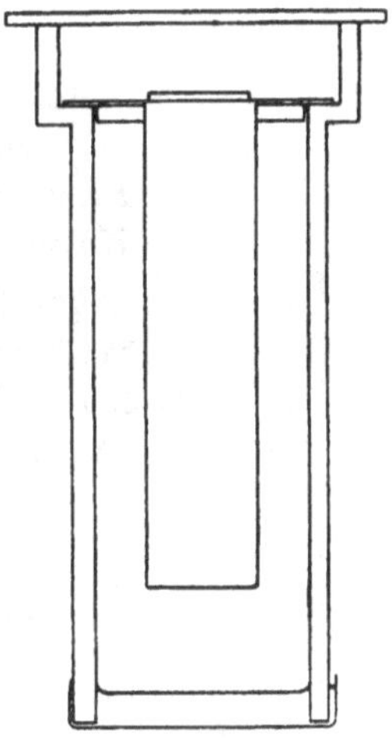

Abb. 21

Dann werden die Streifen aus dem Gefäß genommen, der Stand der Flüssigkeitsfront wird vermerkt, und die Streifen werden bei Zimmertemperatur oder bei erhöhter Temperatur getrocknet. Sind die zu trennenden Substanzen gefärbt, kann man ohne weiteres Flecken beobachten, sind sie farblos, muß das Chromatogramm durch Besprühung mit einem passenden Reagens entwickelt werden, z. B. Nesslers Reagens (S. 53) für Alkohole, Ferrichlorid, Diazobenzolsulfonsäure oder Millons Reagens für Phenole.

Für Phenole wird die folgende Mischung als Lösungsmittel empfohlen:

50 ml Wasser, 40 ml n-Butanol und 10 ml Eisessig werden gemischt. Die organische Schicht wird abgetrennt, und zu 50 ml der homogenen organischen Schicht werden 5 ml Äthylenglycol zugesetzt [59], [60]. Die genannten Autoren haben mit diesem Gemisch eine Reihe von Phenolen untersucht und geben deren R_f-Werte an.

Durant [61] empfiehlt als Lösungsmittel n-Butanol, mit einer wäßrigen Natriumhydrogencarbonatlösung gesättigt. Die Phenole werden durch Besprühung mit MILLONS Reagens lokalisiert (100 g Quecksilber werden in 100 g Salpetersäure ($d = 1{,}40$) gelöst, und die Lösung wird mit Wasser bis zu 300 ml verdünnt).

Für Polyole hat HOUGH [62] wassergesättigtes *n*-Butanol empfohlen und eine Reihe von R_f-Werten angegeben.

Statt der hier beschriebenen Technik mit absteigender Bewegung des Lösungsmittels bürgert sich mehr und mehr eine andere Methode mit aufsteigender Bewegung des Lösungsmittels ein. Nach dieser Technik stellt man das Lösungsmittel in einer Schale auf den Boden des Chromatographie-Gefäßes. Der Papierstreifen wird ins Gefäß gebracht, ohne mit der Flüssigkeit in Berührung zu kommen. Wenn nach einigen Stunden das Filtrierpapier mit den Dämpfen im Gefäß ins Gleichgewicht gekommen ist, senkt man den Streifen, so daß er jetzt in die Flüssigkeit taucht [63]. Abb. 22 zeigt, wie man sich ganz einfach behelfen kann.

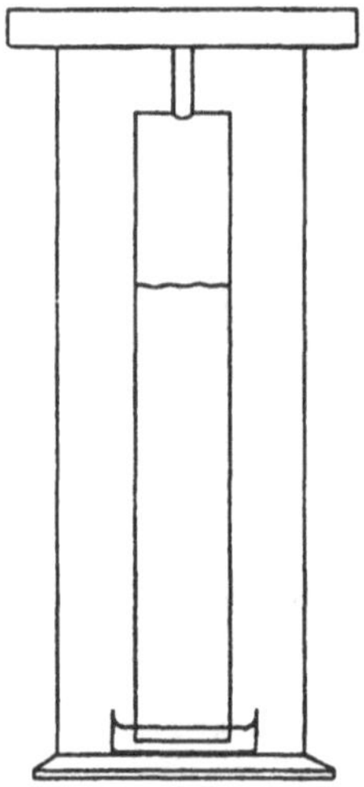

Abb. 22

Weitere Auskünfte müssen in Spezialwerken nachgesucht werden (siehe Literaturverzeichnis).

Als besonders geeignet zur Trennung von Alkoholgemischen werden die Alkylxanthogenate empfohlen, und zwar sowohl mit Papierchromatographie als auch mit Kolonnenchromatographie.

POHLAUDEK-FABINI und BEYRICH [68] beschreiben eine papierchromatographische Methode, die erlaubt, Alkohole selbst in verdünnter Lösung zu trennen und zu identifizieren.

Einige Tropfen der Alkohollösung, 5—10 mg Alkohol enthaltend, werden einige Minuten mit 3 Tropfen 60%iger Kaliumhydroxidlösung und 4 Tropfen Schwefelkohlenstoff geschüttelt und dann mit 0,5 ml Wasser und 0,5 ml Pentan oder Tetrachlorkohlenstoff versetzt. 50 ml der dadurch entstehenden wäßrigen Schicht werden auf mit Phosphatpuffer *pH* 12 imprägniertes Filtrierpapier gebracht und dann nach 5stündigem Aufenthalt in der chromatographischen Kammer mit wassergesättigtem *n*-Butanol chromatographiert.

Das Chromatogramm wird nachher durch Besprühung mit 1,5%iger Kupfersulfatlösung, 10%iger Nickelsulfatlösung oder einer 2% Schwefelsäure enthaltenden 1%igen Ammoniummolybdatlösung entwickelt.

Die Kolonnenchromatographie wird nach J. W. SPANYER und J. P. PHILLIPS [69] in folgender Weise durchgeführt:

Eine 30 cm lange Kolonne aus Whatman Cellulose-Pulver wird mit 30 ml wassergesättigtem *n*-Butanol, 0,5% Kaliumhydroxid enthaltend, durchtränkt. 1 ml einer Kaliumxanthogenatlösung, 10 mg Kaliumxanthogenat enthaltend, wird auf die Kolonne gebracht; dann entwickelt man das Chromatogramm mit wassergesättigtem Butanol, indem man den Überdruck so einstellt, daß 6—10 Tropfen pro Minute durchlaufen. Eine genügende Trennung ist gewöhnlich erreicht, wenn der Durchlauf 50—75 ml beträgt. Die Bänder werden durch Belichtung mit einer Fluorescenzlampe sichtbar (alle Operationen sollte man im gedämpften Licht ausführen, um Dekompositionen zu vermeiden). Die Kolonne wird zerschnitten, die einzelnen Bänder werden mit Wasser eluiert, die wäßrige Lösung filtriert, das Filtrat neutralisiert und mit einer 0,8%igen Thallosulfatlösung versetzt. Dann wird bis zur einsetzenden Kristallisation bis zum Sieden erhitzt. Nach dem Abkühlen wird bei 80° getrocknet und dann der Schmelzpunkt bestimmt.

p) Bromierungsprodukte

Es wurde oben (S. 58) hervorgehoben, daß Wasserstoffatome in *ortho-* und *para*-Stellung zur aromatischen Hydroxylgruppe durch Brom leicht substituierbar sind. Man kann die Bromierung in der Weise durchführen, daß man zur alkalischen Lösung des Phenols einen Überschuß einer Kaliumbromid-Kaliumbromatlösung (etwa 0,1 *n* in bezug auf Brom) hinzufügt und dann mit verdünnter Schwefelsäure ansäuert. Sind die Phenole in Wasser einigermaßen löslich, entstehen die Bromierungsprodukte einfach bei der Addition von Bromwasser zur wäßrigen Lösung oder Suspension des Phenols. Um die Bildung von Substanzen vom Typ „Tribromphenolbrom" (die an ihrer gelben Farbe und ihrer Fähigkeit, Jod aus einer sauren Kaliumjodidlösung freizumachen, leicht erkennbar sind) zu vermeiden, darf Brom nicht in zu großem Überschuß verwendet werden.

Die Bromierungsprodukte sind gewöhnlich in Wasser sehr schwer löslich. Sie werden durch Umkristallisation aus Äthanol gereinigt.

Viele heterocyclische Hydroxylverbindungen können in analoger Weise durch ihre Bromierungsprodukte charakterisiert werden.

Bei der Bromierung der Phenolcarboxylsäuren werden *o-* oder *p*-gestellte Carboxylgruppen leicht durch Brom substituiert, so daß z. B. sowohl Salizylsäure als auch *p*-Hydroxybenzoesäure mit Bromwasser Tribromphenol bilden.

Die bromierten Phenole werden im „Beilstein" in Zusammenhang mit den unsubstituierten Phenolen erwähnt.

q) Aryloxyessigsäuren

Bei der Vermischung konzentrierter Lösungen von einem Natriumphenolat und chloressigsaurem Natrium entsteht das Natriumsalz der entsprechenden Aryloxyessigsäure. Übersättigt man diese Lösung mit Salzsäure, fällt die Aryloxyessigsäure aus und läßt sich durch Filtrierung isolieren [70].

$$\mathrm{ArONa} + \mathrm{ClCH_2COONa} \rightarrow \mathrm{ArOCH_2COONa} \xrightarrow{\mathrm{H^+}} \mathrm{ArOCH_2COOH}\,.$$

1 g Phenol wird in einem Reagenzglas oder einem 25-ml-Erlenmeyer-Kolben in 4 ml 10 *n*-Natriumhydroxid gelöst und mit 1,25 g Monochloressigsäure und genügend (1—2 ml) Wasser (um eine homogene Lösung zu erreichen) versetzt. Die Mischung wird dann eine Stunde auf dem Wasserbade erwärmt. Nach dem Abkühlen wird mit verdünnter Salzsäure angesäuert (Indicator: Methylorange). Die Aryloxyessigsäure wird mit 3 Portionen Äther von je 5 ml extrahiert, die Ätherschichten werden vereinigt, mit Wasser gewaschen und dann mit 10 ml 2 *n*-Sodalösung extrahiert. Die wäßrige Schicht wird abgetrennt. Beim Ansäuern fällt die Aryloxyessigsäure aus, wobei es notwendig sein kann, Natriumchlorid hinzuzufügen, um die Löslichkeit der Säure herabzusetzen. Die Säure wird durch Umkristallisation aus Wasser gereinigt.

Schmelzpunkte vieler Aryloxyessigsäuren sind in den Abhandlungen [70]—[79] oder in Organic Reagents for Organic Analysis (siehe S. 63) angegeben.

Die Anwesenheit von elektrophilen Substituenten erschwert die Bildung der Aryloxyessigsäuren. Um Nitrophenoxyessigsäure zu präparieren empfiehlt GRUNDY [79] die Verwendung der wasserfreien Natriumsalze der Nitrophenole, die gebildet werden, wenn man das Nitrophenol in Natriummethylatlösung löst, wonach das Methanol durch Erwärmen in einem Ölbade bis 140° verdrängt wird. Das trockene Natriumnitrophenolat wird dann in Trimethylenglycol gelöst, eine äquivalente Menge Chloressigsäureäthylester wird zugegeben und das Gemisch 20 Minuten in einem Ölbad auf 180—200° erwärmt. Nach dem Abkühlen wird mit verdünnter Schwefelsäure angesäuert und der Ester unter Rückflußkühlung hydrolysiert. Beim Abkühlen fällt die Nitrophenoxyessigsäure aus. Sie wird durch Umkristallisation aus Wasser gereinigt.

r) Methyläther

Da die meisten aliphatischen Äther bei Zimmertemperatur flüssig sind, wird die Ätherifizierung wie die Bromierung gewöhnlich nur für Phenole vorgenommen, und es ist üblich, die Ätherifizierung als eine Methylierung mit Dimethylsulfat durchzuführen (vgl. jedoch die Pseudo-Saccharinäther S. 68 und die 2,4-Dinitrophenyläther S. 77).

Das Phenol wird in der berechneten Menge Natriumhydroxidlösung (deren Konzentration zwischen *n* und 6—8 *n* variieren kann) gelöst. Etwas mehr als 1 Mol Dimethylsulfat je Mol Phenol wird in kleinen Portionen zugesetzt. Die Methylierung kann von einer großen Wärmeentwicklung begleitet sein. Eine zu große Temperatursteigerung wird durch Abkühlung des Reaktionsgemisches beseitigt. Gewöhnlich ist die Methylierung in 10—15 Minuten beendet. Man fügt Natriumhydroxid in Überschuß hinzu, um unverbrauchtes Dimethylsulfat zu hydrolysieren, verdünnt die Mischung mit Wasser und isoliert den Methyläther durch Filtrieren (wenn er fest ist) mittels eines Scheidetrichters, sofern es sich um bei Zimmertemperatur flüssige Äther handelt. Man kann das Anisol auch in Äther aufnehmen, um es nachher durch Abdampfung des Äthers zu gewinnen. Das Anisol wird durch Umkristallisation, durch fraktionierte Destillation oder, wenn nötig, durch Wasserdampfdestillation gereinigt.

Wenn bei Zimmertemperatur keine Methylierung stattfindet, kann man die alkalische Lösung erwärmen, wobei man bisweilen ein Lösungsmittel mit hohen Siedepunkt, wie z. B. Nitrobenzol, benutzt. Gewöhnlich hört man mit dem Erhitzen auf, sobald die Reaktion anfängt.

Man muß sich erinnern, daß Dimethylsulfat sehr giftig ist, und zwar sowohl beim Einatmen der Dämpfe als auch beim Kontakt des flüssigen Reagens mit der Haut, durch welche eine schnelle Resorption stattfinden kann. Im Falle einer Beschmutzung der Haut mit Dimethylsulfat muß man deshalb möglichst schnell das Reagens zerstören, was am einfachsten durch Abwaschen mit verdünntem Ammoniakwasser erreicht wird, das mit Dimethylsulfat beinahe momentan Methylamin bildet.

Es lohnt sich zu erinnern, daß die Naphthole sich durch Rückflußkochen mit methanolischem Chlorwasserstoff methylieren lassen, während die Phenole zur Methylierung die Einwirkung von Dimethylsulfat oder Methyljodid bei alkalischer Reaktion oder von Diazomethan bei neutraler oder schwach saurer Reaktion verlangen.

Schmelzpunkte der Anisole sind im „BEILSTEIN" unter den einzelnen Phenolen aufzusuchen.

Wie auf S. 59—60 erwähnt, können divalente und trivalente Phenole bei der Methylierung Gemische von O- und C-methylierten Derivaten ergeben (die letzteren von den Ketonformen der Phenole abgeleitet). Analog können aus hydroxysubstituierten heterocyclischen

Verbindungen mit der Hydroxylgruppe in α- oder γ-Stellung zu einem Stickstoffatom Gemische von O- und N-methylierten Derivaten entstehen, z. B. N-Methylpyridon usw., siehe S. 61.

s) 2,4-Dinitrophenyläther

Die Methyläther vieler Phenole sind bei Zimmertemperatur flüssig. Deshalb zieht man oft vor, 2,4-Dinitrophenyläther der Phenole herzustellen. Diese Äther entstehen, wenn die Natriumphenolate mit 2,4-Dinitrochlorbenzol [80] oder besser mit 2,4-Dinitrofluorbenzol [81]—[84] behandelt werden (vgl. jedoch die Angaben von Hammond und Parks [84], nach denen die Reaktivität der 2,4-Dinitrohalogenbenzole in der Reihenfolge Br > Cl > F abnimmt.

Für die Umsetzung mit 2,4-Dinitrochlorbenzol geben Bost und Nicholson [80] an, daß man 0,01 Mol Phenol in 5 ml 2 *n*-Natriumhydroxid löst und mit einer Lösung von 2 g 2,4-Dinitrochlorbenzol in 30 ml Alkohol mischt. Das rotgefärbte Gemisch wird so lange unter Rückfluß gekocht, bis die Farbe wieder verschwunden ist (etwa eine halbe Stunde). Das im Laufe der Reaktion ausgeschiedene Natriumchlorid wird durch Zusatz von 35 ml Wasser gelöst, während der Äther sich ausscheidet. Nach Abkühlung wird dieser abfiltriert, mit Wasser gewaschen und aus Alkohol umkristallisiert.

Für die Umsetzung mit 2,4-Dinitrofluorbenzol empfehlen Chapman und Parker [81], 0,5 g des Reagens in einem Überschuß des Alkohols oder Phenols zu lösen. Man kann auch die äquivalente Menge Phenol und dann 5 ml Benzol als Lösungsmittel nehmen. Als Katalysator werden 0,1—0,5 ml Triäthylamin zugesetzt; man beläßt das Gemisch bei Zimmertemperatur über Nacht oder erwärmt es unter Rückfluß auf dem Wasserbade 1—4 Stunden. Beim Abkühlen kristallisiert der Äther aus. Nach Filtration wird dieser durch Umkristallisation aus Alkohol oder verdünntem Alkohol gereinigt.

Reinheimer et al. [83] empfehlen, 0,005 Mol Phenol in 5 ml Azeton zu lösen. Nach Zusatz von 0,5 ml Triäthylamin und 0,005 Mol 2,4-Dinitrofluorbenzol in 5 ml Azeton wird unter Rückfluß eine halbe Stunde auf dem Wasserbade erhitzt und das Azeton abgedampft. Darauf setzt man 10 ml 5%ige Salzsäure zu. Der Niederschlag wird abfiltriert, mit Wasser gewaschen, mit 15 ml 5%igem Natriumhydroxid erwärmt, wiederum filtriert und mit Wasser gewaschen. Der Rückstand wird 24 Stunden im Vacuum über Magnesiumsulfat getrocknet und dann aus Alkohol oder verdünntem Alkohol (Ester mit Schmp. < 120°) oder aus Eisessig oder verdünntem Eisessig (Ester mit Schmp. > 120°) umkristallisiert.

Schmelzpunkte verschiedener 2,4-Dinitrophenyläther findet man in den Literaturangaben [80]—[84].

5. METHODEN ZUR ERMITTLUNG DES ÄQUIVALENTGEWICHTES DER HYDROXYLVERBINDUNGEN

a) Aliphatische Hydroxylverbindungen

α) Acylierung

Eine quantitative Acylierung der Alkohole läßt sich gewöhnlich mit einem großen Überschuß von Säurechlorid oder Säureanhydrid durchführen, wenn man von den tertiären Alkoholen absieht, die anders reagieren als die primären und sekundären (siehe S. 63). Das Äquivalentgewicht läßt sich dann nach Bestimmung des Überschusses an Acylierungsmittel berechnen.

aa) *Azetylierung mit Azetylchlorid*

Als Reagens wird eine etwa 1,5 *n*-Lösung von Azetylchlorid in Toluol benutzt [85]. In einem 300-ml-Erlenmeyer-Kolben, der in einem Eisbad gekühlt wird, werden 10 ml des Reagens (15 Millimol) mittels Burette oder Pipette abgemessen. 2 ml Pyridin werden zugesetzt. Man wiegt 0,2—0,4 g (4—6 Millimol) der Hydroxylverbindung in einem Gläschen ab und bringt das Gläschen in den Erlenmeyer-Kolben. Der Kolben wird in einem Wasserbad von 60° 20 Minuten belassen und von Zeit zu Zeit geschüttelt. Nach 20 Minuten wird wieder im Eisbade gekühlt; dann werden 25 ml Wasser zugesetzt, um das überschüssige Azetylchlorid zu hydrolysieren, was durch energisches Schütteln des Kolbens unterstützt wird. Man setzt 1—3 Tropfen Phenolphthalein hinzu und titriert den Säureüberschuß mit *n*-Natriumhydroxid zurück. Die Reaktionen sind:

$$ROH + CH_3COCl \rightarrow CH_3COOR + HCl$$
$$H_2O + CH_3COCl \rightarrow CH_3COOH + HCl.$$

Durch einen Blindversuch wird der Titer des Reagens bestimmt. Man sieht, daß 10 ml einer 1,5 *n*-Lösung des Reagens 30 ml *n*-Natriumhydroxid verlangen. Die Differenz der im Blindversuch und im Versuch benutzten Natriumhydroxidvolumina ist ein Ausdruck der in Arbeit genommenen Menge der Hydroxylverbindung. Ist diese Menge 5 Millimol, beträgt die Differenz 5 ml *n*-Natriumhydroxid.

Arbeitet man nach der hier gegebenen Vorschrift, muß man vor Augen haben, daß der Maximalwert der Differenz die Hälfte des Wertes der Blindprobe beträgt. Findet man Differenzen, die in der Nähe des Maximalwertes liegen, muß man die Bestimmung mit einer kleineren Substanzmenge oder einer größeren Menge des Reagens wiederholen.

Das Äquivalentgewicht, d. h. die Gewichtsmenge der Substanz, welche eine Hydroxylgruppe enthält, ist:

$$E = \frac{a \cdot 1000}{b \cdot n},$$

wo a = g Substanz, b die erwähnte Differenz in ml und n Normalität der Natriumhydroxidlösung ist.

Diese Methode eignet sich gut zur Ermittelung des Äquivalentgewichtes der primären und sekundären Alkohole; sie versagt jedoch, wenn es sich um tertiäre Alkohole handelt. Primäre und sekundäre Amine, Mercaptane und in einem gewissen Maße Aldehyde stören die Bestimmung des Alkohols, die Amine und Mercaptane deshalb, weil diese Substanzen auch azetyliert werden. Man weiß nicht, in welcher Weise die störende Wirkung der Aldehyde zustande kommt.

Die Genauigkeit der Methode von Smith und Bryant wird zu ± 0,5—1,0% angegeben.

bb) *Azetylierung mit Essigsäureanhydrid*

Ursprünglich wurde die quantitative Azetylierung von Hydroxylverbindungen mit Essigsäureanhydrid von LIEBERMANN und HÖRMANN [86], [87] vorgeschlagen. Diese Autoren empfehlen, 1—2 g der Hydroxylverbindung in der 5—10fachen Gewichtsmenge Essigsäureanhydrid zu lösen, die gleiche Gewichtsmenge frisch entwässertes Natriumazetat (oder Kaliumazetat) hinzuzugeben und das Gemisch 5—20 Minuten unter Rückfluß zu kochen. Nach Abkühlung werden 50 ml Wasser zugesetzt; dann läßt man das Gemisch einige Stunden stehen, um die quantitative Hydrolyse des Essigsäureanhydrids sicherzustellen. Man kann die Hydrolyse durch Erwärmung beschleunigen, riskiert aber dabei, gleichzeitig den gebildeten Ester zu hydrolysieren; die kalte Hydrolyse ist deshalb vorzuziehen. Nach beendeter Hydrolyse titriert man die gebildete Essigsäure mit *n*-Natronlauge. Die Differenz zwischen dieser Titration und der Titration einer mit derselben Menge Essigsäureanhydrid durchgeführten Blindprobe erlaubt die Bestimmung des Äquivalentgewichtes, wie vorstehend unter aa) angegeben.

Es wird behauptet, daß diese Methode die zuverlässigste ist, um die quantitative Azetylierung sicherzustellen. Die Genauigkeit der Methode wird aber durch die Möglichkeit einer Hydrolyse der gebildeten Ester während der Hydrolyse des Essigsäureanhydrids herabgesetzt.

Um diese Fehlerquelle zu beseitigen, schlagen VERLEY und BÖLSING [88], [89] vor, ein Gemisch von 120 ml Essigsäureanhydrid und 880 ml Pyridin als Azetylierungsmittel zu benutzen. 25 ml dieser Lösung werden in einen Erlenmeyer-Kolben (am besten einen Jodzahlkolben mit eingeschliffenem Stopfen) getan und 1—2 g der Hydroxylverbindung dazugegeben. Der Stopfen wird eingesetzt und der Kolben 15 Minuten auf dem Wasserbade erwärmt. Nach Abkühlung (während welcher der Stopfen etwas gelockert wird, um die Entstehung eines Vakuums im Kolben zu vermeiden) werden 25 ml Wasser in der Weise zugegossen, daß die Wände des Kolbens sorgfältig abgespült werden. Der Überschuß an Essigsäureanhydrid wird durch 10minutenlanges Erhitzen auf dem Wasserbade hydrolysiert. Man kühlt wiederum ab, fügt Phenolphthalein hinzu und titriert mit *n*-Natriumhydroxid.

Die Reaktionen sind:

$$ROH + (CH_3CO)_2O + C_5H_5N \rightarrow CH_3COOR + CH_3COO^-HN^+C_5H_5$$

$$H_2O + (CH_3CO)_2O + 2\,C_5H_5N \rightarrow 2\,CH_3COO^-HN^+C_5H_5\,.$$

Die Anwesenheit von Pyridin verhindert die Hydrolyse des gebildeten Esters und stört die Titrierung der Essigsäure nicht, wenn Phenolphthalein als Indicator benutzt wird.

Der Titer des Reagens wird in einem Blindversuch festgestellt. Die Differenz zwischen Blindversuch und Hauptversuch erlaubt hier auch unter Benutzung derselben Formel die Berechnung des Äquivalentgewichtes der Hydroxylverbindung, wenn deren Gewichtsmenge bekannt ist. Auch hier ist die Differenz maximal die Hälfte des Blindwertes.

Ist die Lösung dermaßen gefärbt, daß der Phenolphthaleinumschlag nicht beobachtet werden kann, wendet man eine potentiometrische Bestimmung des Umschlagpunktes an.

Da der Pyridinüberschuß nach VERLEY und BÖLSING sehr groß erscheint, hat man versucht, ihn zu reduzieren. Eine häufig benutzte Methode ist die von DELABY und Mitarbeiter [90], [91] vorgeschlagene. Nach dieser Methode ist das Azetylierungsreagens ein Gemisch von 1 Vol. Essigsäureanhydrid und 2 Vol. Pyridin. 1—2 g der Hydroxylverbindung werden in einem 150-ml-Erlenmeyer-Kolben genau abgewogen. Mit einer geeichten, senkrecht gehaltenen Pipette läßt man 10 ml des Azetylierungsgemisches hineinlaufen, so daß das Reagens nicht die Wände des Kolbens berührt. Der Kolben wird mit einem Kautschukstopfen (oder mit einem eingeschliffenen Stopfen) versehen, der von einem Glasrohr (von etwa 1 m Länge und 6—9 mm lichter Weite) durchbohrt ist. Dieses Rohr dient als

Rückflußkühler. Eine Blindprobe, bei der 10 ml des Reagens in einen ähnlichen Kolben hineinpipettiert wurden, wird gleichzeitig angesetzt.

Beide Kolben werden ½ Stunde bis höchstens 2 Stunden in ein siedendes Wasserbad getaucht, wobei man dafür Sorge tragen muß, daß der Wasserstand im Bade ständig 2—3 cm höher ist als der Flüssigkeitsstand im Innern der Kolben.

Nach dem Abkühlen werden das Rohr, der Stopfen und die Wände in beiden Kolben sorgfältig mit Wasser abgespült, so daß das Waschwasser in die Kolben hineinkommt. Das überschüssige Essigsäureanhydrid wird durch 10minutenlanges Erwärmen auf dem Wasser- oder Dampfbade hydrolysiert. Nach erneutem Abkühlen titriert man die Lösungen mit 0,5 *n*-Natriumhydroxid (Indicator: Phenolphthalein). Das Äquivalentgewicht der Hydroxylverbindung wird, wie oben, aus der Differenz der beiden Titationen errechnet.

Neulich haben HAUSCHILD, SINGER und PETIT [92) angegeben, daß der von DELABY und SABETAY angegebene Überschuß an Essigsäureanhydrid (200%) nicht genügt, um eine quantitative Azetylierung sicherzustellen. Diese Autoren empfehlen, einen Überschuß von 400—500% eines Essigsäureanhydrid-Pyridin-Gemisches (1:10) zu benutzen, wodurch man sich wieder der von VERLEY und BÖLSING empfohlenen Methode nähert.

cc) Propionylierung

Die tertiären Alkohole lassen sich durch die Azetylierungsmethoden nicht bestimmen. PESEZ [93] gibt an, daß selbst diese Alkohole sich in folgender Weise propionylieren lassen:

Das Reagens ist ein Gemisch von 30 ml Eisessig und 5 ml Propionsäureanhydrid, in welchem man 1 g (schwefelsäurefreie) *p*-Toluolsulfonsäure löst. Man sollte das Reagens spätestens 15 Minuten vor der Verwendung zubereiten.

Die Probe einer Monohydroxylverbindung sollte 0,5—1,5 Millimol betragen. Liegen Polyhydroxylverbindungen vor, ist ihre Menge proportional zu verkleinern, so daß immer 0,5—1,5 Milliäquivalente Hydroxyl in Arbeit genommen werden.

Die Probe (*a* g) wird in einem 5 ml-Schliffkölbchen abgewogen. 2 ml des Reagens werden zugefügt, der Stopfen eingesetzt und das Gemisch durch vorsichtiges Schütteln homogenisiert. Man läßt das Kölbchen entweder 2 Stunden bei Zimmertemperatur stehen, oder man erwärmt es 30 Minuten in einem siedenden Wasserbade. Nach 15minutenlangem Abkühlen wird das Kölbchen in einen 500-ml-Erlenmeyer-Kolben gebracht, der 25 ml einer etwa 0,1 *n*-Lösung von Anilin in Benzol (0,9%) und 30 ml Eisessig enthält. Man schüttelt gut um und läßt den Kolben 5 Minuten bei Zimmertemperatur stehen. Nach Zugabe von 5 Tropfen einer 0,1%igen Lösung von Kristallviolett in Eisessig wird mit einer 0,1 *n*-Lösung von Perchlorsäure in Eisessig titriert. Parallel wird ein Blindversuch vorgenommen.

Die Reaktionen sind:

$$\begin{matrix} C_2H_5CO \\ C_2H_5CO \end{matrix}\Big\rangle O + ROH \rightarrow C_2H_5COOR + C_2H_5COOH$$

$$\begin{matrix} C_2H_5CO \\ C_2H_5CO \end{matrix}\Big\rangle O + C_6H_5NH_2 \rightarrow C_2H_5CONHC_6H_5 + C_2H_5COOH\,,$$

Das überschüssige Anilin läßt sich durch Perchlorsäure titrieren. Werden im Hauptversuch b ml und im Blindversuch c ml Perchlorsäurelösung verbraucht, ist das Äquivalentgewicht E durch den Ausdruck

$$E = \frac{a \cdot 1000}{(b - c) \cdot n}$$

gegeben, wobei n der Titer der Perchlorsäure ist. Man sieht, daß primäre und sekundäre Aminogruppen, die mit Propionsäureanhydrid reagieren können, diese wie andere Acylierungsmethoden zur Bestimmung des Äquivalentgewichtes stören.

β) Bestimmung durch die Kaliumxanthogenate

Diese Salze werden nach Reaktion δ, S. 50 hergestellt. Selbst für Alkoholgemische können sie zur Charakterisierung und Bestimmung der Komponenten des Gemisches dienen, indem man die einzelnen Komponenten nach Spanyer und Phillips [94] isoliert.

aa) Titration mit Perchlorsäure

Die Xanthogenate lassen sich, in Eisessig gelöst, mit einer Perchlorsäure-Eisessiglösung titrieren [95]. Das Kaliumxanthogenat wird durch Lösung in der minimalen Menge Azeton und Wiederausfällung mit Äther gereinigt. Man isoliert das Salz durch Filtrierung, wäscht auf dem Filter mit Äther und trocknet es in einem Exsiccator über Calciumchlorid.

Für die Bestimmung löst man 0,15—0,20 g des Kaliumsalzes in 20 ml Eisessig und titriert mit einer 0,1 n-Lösung von Perchlorsäure in Eisessig. Diese Lösung wird nach den Angaben von Markunas und Riddick [96] bereitet: 14,5 g Perchlorsäure (70—72%) werden in 900 ml Eisessig gelöst. Man setzt so viel Essigsäureanhydrid zu, daß alles in der Perchlorsäurelösung vorhandene Wasser in Eisessig umgebildet wird. Man läßt das Gemisch 24 Stunden bei Zimmertemperatur stehen, um die vollständige Beseitigung des Wassers zu erreichen. Dann füllt man mit Eisessig bis zu 1000 ml auf. Eine 1%ige Lösung von Kristallviolett in Eisessig dient als Indicator; Umschlagfarben von blau nach grün.

Die Perchlorsäure wird aus einer Burette zugetropft. Der Umschlag ist scharf. Die Genauigkeit der Titrierungen mit Perchlorsäure-Eisessig ist dadurch begrenzt, daß der Eisessig einen außergewöhnlich hohen thermischen Ausdehnungskoeffizienten hat, so daß man bedacht sein muß, alle Titrationen bei derselben Temperatur auszuführen oder man kann auch bei jeder Titration eine parallele Einstellung der Perchlorsäurelösung auf Kaliumhydrogenphthalat in Eisessig vornehmen.

Es kann aber vorkommen, daß man eine Titration bei einer anderen Temperatur ausführen muß als der, bei welcher der Titer der Perchlorsäurelösung festgestellt wurde. In solchen Fällen kann man eine approximative Korrektion für die Temperaturvariation dadurch erreichen, daß man den Titer der Lösung um ½% erhöht oder vermindert für eine Abweichung um 1° von der Temperatur, bei welcher die Einstellung stattgefunden hat.

Ist die Lösung zu stark gefärbt, um die visuelle Titration zu erlauben, kann man eine potentiometrische Titration mittels einer Glaselektrode und einer Calomelelektrode als Bezugselektrode durchführen.

Das Äquivalentgewicht des Alkohols ist durch den Ausdruck

$$E = \frac{a \cdot 1000}{b \cdot n} - 114{,}2$$

gegeben, wenn a g des Kaliumsalzes b ml Perchlorsäure von der Normalität n verlangen. 114,2 ist die Differenz zwischen den Molekulargewichten von ROCSSK und ROH.

bb) Jodometrische Titrierung der Kaliumxanthogenate [97]

Man löst 0,15—0,20 g des Kaliumxanthogenats, wie oben erwähnt gereinigt, in 100 ml Wasser. 1—2 ml einer Stärkelösung werden zugesetzt, und man titriert mit einer 0,1 *n*-Lösung von Jod in Kaliumjodid, bis die blaue Farbe sich mindestens eine Minute hält.

Die Reaktionsgleichung:

$$2\,ROCSSK + J_2 \rightarrow (ROCSS)_2 + 2\,KJ$$

zeigt, daß der oben gegebene Ausdruck zur Berechnung des Äquivalentgewichtes auch hier gültig bleibt, wenn b das Volumen der zugesetzten Jodlösung in ml bedeutet.

γ) Bestimmung durch die Alkylthiuroniumpikrate

Diese Salze werden nach Reaktion 4, k), S. 69 hergestellt. Sie dienen nicht nur zur Charakterisierung der tertiären Alkohole durch ihre Schmelzpunkte, sondern auch zur Bestimmung ihrer Äquivalentgewichte, was sehr günstig ist, da die Acylierungsmethoden für diese Alkohole gewöhnlich versagen.

0,30—0,35 g des Picrates werden in Eisessig (25—50 ml) gelöst und mit einer 0,1 *n*-Lösung von Perchlorsäure in Eisessig titriert, potentiometrisch mit Glaselektrode/Calomelelektrode oder visuell mit Kristallviolett als Indicator. Außerdem kann das Pikration selbst als Indicator dienen, denn die Lösung von Pikraten in Eisessig ist intensiv gelb gefärbt, während Pikrinsäure sich in Eisessig farblos löst.

Die Äquivalentgewichte des Pikrats und des Alkohols sind:

$$E_{\text{Pikrat}} = \frac{a \cdot 1000}{b \cdot n}\,; \quad E_{\text{Alkohol}} = E_{\text{Pikrat}} - 288{,}2$$

wenn a g Salz b ml Perchlorsäure der Normalität n verlangen und 288,2 die Differenz zwischen den Molekulargewichten von

$$\left[RSC\begin{matrix}\nearrow N^{+}H_2\\ \searrow NH_2\end{matrix}\right]O^{-}C_6H_2(NO_2)_3 \quad \text{und} \quad ROH \text{ ist.}$$

δ) Bestimmung durch die *p*-Nitrobenzoate oder die 3,5-Dinitrobenzoate

Diese Derivate, die nach den Reaktionen 4, d) oder 4, f) (S. 65 und S. 66) hergestellt werden, können zur Bestimmung des Äquivalentgewichtes der Hydroxylverbindung dienen, indem man die Nitrogruppe reduziert und dann den Stickstoff nach KJELDAHL bestimmt (siehe S. 22). Diese Methode ist aber mühsam. Nach einer bequemeren Methode werden die Nitrogruppen mittels Titantrichlorid reduziert. Diese Methode wird später (siehe Azoverbindungen, S. 238) genau beschrieben. Wir geben hier nur die Gleichungen, die für die Reduktion der beiden Typen von Derivaten gelten:

$$ROOCC_6H_4NO_2 + 6\,TiCl_3 + 6\,HCl \rightarrow ROOCC_6H_4NH_2 + 6\,TiCl_4 + 2\,H_2O$$
$$ROOCC_6H_3(NO_2)_2 + 12\,TiCl_3 + 12\,HCl \rightarrow ROOCC_6H_3(NH_2)_2 + 12\,TiCl_4 + 4\,H_2O\,.$$

Das Äquivalentgewicht ist deshalb $^1/_6$ bzw. $^1/_{12}$ des Molekulargewichtes, so daß Ungenauigkeiten in der Bestimmung des Äquivalentgewichtes des Esters einen bedeutenden Fehler im (berechneten) Molekulargewicht der Hydroxylverbindung verursacht, denn bei dessen Berechnung wird 149,2 bzw. 194,2 vom Molekulargewicht des Esters abgezogen. Das Gewicht von ROH, auf welches sich die mit 6 oder 12 multiplizierte Ungenauigkeit konzentriert, ist gewöhnlich nur ein Bruchteil des Molekulargewichtes des Esters.

ε) Bestimmung durch die *m*-Nitrophenylurethane oder Phenylurethane

Diese Derivate werden nach der Reaktion 4,a, S. 61 und 62 hergestellt. Das Äquivalentgewicht eines *m*-Nitrophenylurethans läßt sich titanometrisch (siehe S. 239) feststellen. Das Molekulargewicht der Hydroxylverbindung findet man durch Subtraktion von 164,1 vom Molekulargewicht des *m*-Nitrophenylurethans. Eine Ungenauigkeit in der Bestimmung der Äquivalentgewichtes dem Titantrichlorid gegenüber ($^1/_6$ des Molekulargewichtes) wird daher einen bedeutenden Fehler im berechneten Molekulargewicht der Hydroxylverbindung bedeuten.

Man kann das Äquivalentgewicht eines Urethans durch Stickstoffbestimmung nach KJELDAHL ermitteln. Die meisten Phenylurethane werden aber sehr langsam digeriert, und die Bestimmung wird deshalb mühsam.

BASKAROV und MELNIKOV [98] haben eine Methode zur Bestimmung der Phenylurethane vorgeschlagen: 0,6—0,7 g des Phenylurethans werden in einem 100 ml-Kolben genau abgewogen. Dann werden entweder 10 ml 20%iger Kaliumhydroxidlösung und 25 ml Äthanol oder 70 ml *n*-Salzsäure zugesetzt. Das Phenylurethan wird durch zweistündiges Rückflußkochen zu Anilin, Kohlensäure und Alkohol hydrolysiert. Man kühlt ab, bringt das Hydrolysegemisch quantitativ in einen 500 ml Erlenmeyer-Kolben, verdünnt mit 150 ml Wasser und säuert, falls notwendig, mit Salzsäure an. Nach Zusatz von 20 ml einer 10%igen Kaliumbromidlösung bestimmt man das gebildete Anilin durch Titration mit 0,1 *n*-Natriumnitritlösung, wobei der Endpunkt der Titration durch Tüpfeln auf mit einer Kaliumjodid-Stärkelösung imprägniertem Filtrierpapier bestimmt wird. In einem Blindversuch mit derselben Menge Kaliumhydroxid, Äthanol und Salzsäure wird festgestellt, wieviel Natriumnitrit die Reagenzien verbrauchen. Das Äquivalentgewicht E des Phenylurethans ist dann durch

$$E = \frac{a \cdot 1000}{(b - b_1) \cdot n}$$

bestimmt, wenn a g der Substanz b ml Natriumnitrit der Normalität n verlangen und im Blindversuch b_1 ml Natriumnitrit verbraucht wurden.

Das Äquivalentgewicht der Hydroxylverbindung wird durch Subtraktion von 119,2 vom Molekulargewicht in bezug auf Stickstoff oder Anilin berechnet.

ζ) Bestimmung durch die sauren Phthalsäureester

Bei der Bestimmung des Äquivalentgewichtes der tertiären Alkohole versagen meistens die oben angeführten Methoden, weil die tertiären Alkohole zu langsam reagieren oder zu leicht Wasser abspalten (Ausnahme Methode γ, Alkylthiuroniumpikrate). Unter Derivaten, deren Herstellung einigermaßen einfach ist, sind die sauren Phthalsäureester (Methode 4,m, S. 70) hervorzuheben, weil diese eine bequeme Bestimmung des Äquivalentgewichtes des Alkohols gestatten.

0,20—0,25 g des Esters werden in Wasser oder verdünntem Äthanol gelöst und mit 0,1 *n*-Natriumhydroxid titriert (Indicator Phenolphthalein), oder der Ester wird in einem Überschuß von 0,1 *n*-Natriumhydroxid gelöst und sofort mit 0,1 *n*-Salzsäure zurücktitriert. Bei diesen Titrationen darf man die Kohlensäure nicht durch Auskochen eliminieren, denn dadurch wird auch der Ester teilweise hydrolysiert, wobei ein noch größerer Fehler als der Kohlensäurefehler entsteht.

Das Äquivalentgewicht des Esters ist:

$$E = \frac{a \cdot 1000}{b \cdot n},$$

wenn *a* g des Esters *b* ml Natriumhydroxid der Normalität *n* verlangen. Um das Äquivalentgewicht des Alkohols zu berechnen, subtrahiert man vom Äquivalentgewicht des sauren Phthalsäureesters 148,1, von dem des sauren Tetrachlorphthalsäureesters 285,9. Das heißt, daß in beiden Fällen sich die prozentuelle Unsicherheit in bezug auf das Äquivalentgewicht des Alkohols vergrößert, am meisten, wenn der saure Tetrachlorphthalsäureester titriert wird. Diese Ester sind aber leichter zu reinigen als die sauren Phthalsäureester, so daß die Genauigkeit der Bestimmung des Alkoholäquivalentgewichtes in den beiden Fällen einigermaßen gleich ist.

b) Aromatische Hydroxylverbindungen

α) Bestimmung durch die Aryloxyessigsäuren

Die Aryloxyessigsäuren (Methode 4, q), S. 75) lassen sich wie andere Carboxylsäuren acidimetrisch bestimmen, wobei der Kohlensäurefehler in gewöhnlicher Weise eliminiert werden kann. Die Reaktionsgleichung:

$$ArOCH_2COOH + NaOH \rightarrow ArOCH_2COONa + H_2O$$

zeigt, daß man vom Äquivalentgewicht der Aryloxyessigsäure 58,0 abziehen muß, um zum Äquivalentgewicht des Phenols zu kommen.

β) Acylierung

Die Methoden, die auf Seite 77—80 für die Bestimmung des Äquivalentgewichtes der aliphatischen Hydroxylverbindungen durch Acylierung beschrieben wurden, können auch zur Bestimmung des Äquivalentgewichtes der Phenole dienen.

γ) Bestimmung durch die *p*-Nitrobenzoate, 3,5-Dinitrobenzoate, *m*-Nitrophenylurethane oder Phenylurethane

Die oben beschriebenen Methoden 5, a, δ) und 5, a, ε) können ungeändert zur Bestimmung des Äquivalentgewichtes auch aromatischer Hydroxylverbindungen verwendet werden.

δ) Bromometrische Bestimmung

Wie auf Seite 77 angegeben, lassen sich die Wasserstoffatome, die sich in *ortho*- oder *para*-Stellung zu einer Phenolgruppe befinden, leicht durch Brom substituieren. Da die Unstabilität des Bromwassers seine Verwendung als Stocklösung verhindert, benutzt man statt dessen eine wäßrige Kaliumbromid-Kaliumbromat-Lösung, die pro Mol Bromat mindestens 5 Mol Bromid enthält. Die Lösung ist etwa 1/60 *m* in bezug auf Kaliumbromat, 0,1 *m* in bezug auf Kaliumbromid; nach der Ansäuerung hat man deshalb eine etwa 0,1 *n*-Bromlösung [99]—[101].

Da die Reaktion eine Substitution ist, wird für jedes substituierte Wasserstoffatom ein Molekül Brom verbraucht, und da leicht 3 substituierbare Wasserstoffatome pro Phenolmolekül vorzufinden sind, werden nur 40—50 mg Substanz für eine Bestimmung verwendet. Um Fehler beim Abwiegen so kleiner Substanzmengen zu vermeiden, kann man 0,2 g in einem geeichten 50 ml Meßkölbchen abwiegen. Man löst das Phenol in Wasser unter Zusatz von etwas Natriumhydroxid und füllt mit Wasser bis zur Marke auf. Von dieser Lösung werden mit einer geeichten Pipette 10 ml in einen 500-ml-Erlenmeyer-Kolben hineinpipettiert. Der Kolben wird mit einem doppelt durchbohrten Kautschukstopfen verschlossen, welcher mit einem Scheidetrichter und einem Sicherheitstrichter mit 2 Kugeln ausgestattet ist (siehe Abb. 23). Die Kugeln werden mit einer mit Schwefelsäure angesäuerten Kaliumjodidlösung beschickt.

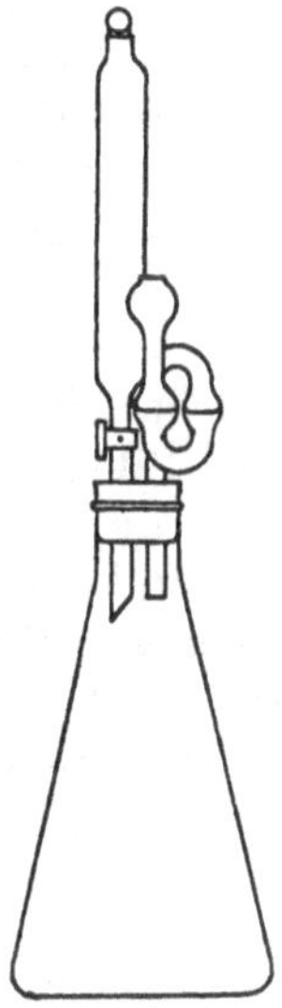
Abb. 23

100 ml Wasser und 25 ml der Bromid-Bromat-Lösung werden zugesetzt, der Kolben wird mit dem Stopfen verschlossen, und dann werden mittels des Scheidetrichters 20 ml verdünnte Schwefeläsure (etwa 4 n) zugesetzt. Der Kolben wird geschüttelt, um den Inhalt zu homogenisieren. Das freigemachte Brom greift das Phenol an; die Bromsubstitutionsprodukte sind gewöhnlich in Wasser und Säure unlöslich und werden deshalb präcipitiert.

Um eine vollständige Bromsubstitution zu erreichen, muß Brom in Überschuß vorhanden sein, und die Lösung sollte deshalb eine gelbbraune Farbe annehmen. Verbleibt die Lösung nach der Ansäuerung farblos, muß man die Bestimmung wiederholen, und diesmal mehr als 25 ml der Bromid-Bromat-Lösung benutzen. Man läßt das gelbbraune Gemisch 15 Minuten stehen und setzt dann durch den Scheidetrichter 20 ml einer 10%igen Kaliumjodidlösung hinzu. Die Bromdämpfe, die sich im Kolben oberhalb der Flüssigkeit befinden, werden von der Kaliumjodidlösung teilweise verdrängt, müssen aber den Kolben durch den Sicherheitstrichter verlassen, wo das Brom mit der sauren Kaliumjodidlösung reagiert und als Jod zurückgehalten wird. Der Kolben wird geschüttelt, um die Absorption der noch verbliebenen Bromdämpfe zu erleichtern, und dann werden beide Trichter mit Wasser gewaschen, wobei das Waschwasser im Kolben aufgesammelt wird. Das freigemachte Jod wird mit 0,1 n-Thiosulfat titriert, Indicator: eine Stärkelösung.

Die größte Genauigkeit wird gewöhnlich erreicht, wenn ein Überschuß der Bromid-Bromatlösung, etwa 5 ml 0,1 n-Natriumthiosulfat entsprechend, zur Verwendung kommt.

Um sicherzustellen, daß die Substitution des Phenols wirklich quantitativ verlaufen ist, kann man die Bestimmung wiederholen, indem man diesmal die Bromierungslösung 30 Minuten stehen läßt und dann erst die Kaliumjodidlösung zusetzt. Wird im letzten Falle mehr Brom verbraucht als im ersten Falle, muß man die Bestimmung mit noch längeren Bromierungszeiten so lange wiederholen, bis zwei Bestimmungen mit verschiedenen Bromierungszeiten identische Resultate geben.

Ist der Bromüberschuß zu groß (mehr als 10 ml 0,1 *n*-Natriumthiosulfat entsprechend), können Produkte vom Typ „Tribromphenolbrom" (2,4,4,6-Tetrabromcyclohexadien-2,5-on-1) gebildet werden. Solche Produkte reagieren mit Jodwasserstoff, wobei Jod ausgeschieden wird. Die Oxydation ist aber nicht momentan, und man kann deshalb eine verzögerte Zurücktitration des Bromüberschusses beobachten. Es wird empfohlen, das Jod erst 5 Minuten nach dem Zusatz des Kaliumjodids zurückzutitrieren und eine eventuelle langsame Nachbläuung der austitrierten Lösung zu vernachlässigen, da diese auf eine langsame Oxydation des Jodwasserstoffes durch das bromierte Phenol zurückzuführen sein kann. Geht die Nachbläuung aber zu schnell und in zu großem Maße vor sich, ist wahrscheinlich Tribromphenolbrom vorhanden, und man titiert nach 10 Minuten das noch zusätzlich freigesetzte Jod zurück.

Nach den Angaben von Smith [102] wird die Bestimmung genauer und geht sie schneller, wenn statt Wasser Eisessig als Lösungsmittel benutzt wird.

1,5 Milliäquivalente Phenol werden in 10 ml Eisessig gelöst, 5 ml konzentrierte Salzsäure werden zugesetzt und dann aus einer Bürette tropfenweise bis zu 10 ml einer in bezug auf Brom 0,1 *n*-Kaliumbromid-Kaliumbromatlösung, bis das Gemisch eine gelbe Farbe annimmt. Dann werden 5 ml 10%iges Kaliumjodid zugesetzt, und man titriert sofort mit 0,1 *n*-Natriumthiosulfat zurück.

Man kann auch in einem Jodzahlkolben 1,5 Milliäquivalente Phenol in 10 ml Eisessig lösen, 30 ml 0,1 *n*-Kaliumbromid-Kaliumbromatlösung dazugeben und dann 5 ml konzentrierte Salzsäure zusetzen. Man läßt den Kolben 3 Minuten mit verschlossenem Stopfen stehen, gibt dann 10 ml 10%iger Kaliumjodidlösung hinzu und titriert mit 0,1 *n*-Natriumthiosulfat zurück.

Das Äquivalentgewicht E, d. h. die Gewichtsmenge der Substanz, welche ein bromsubstituierbares Wasserstoffatom enthält, ist durch den Ausdruck:

$$E = \frac{a \cdot 1000 \cdot 2}{b \cdot n}$$

gegeben, wenn a g der Substanz b ml Bromlösung der Normalität n verbrauchen.

Das Molekulargewicht des Phenols ist dann E, $2\,E$ oder $3\,E$. Wie bekannt, können auch ungesättigte Substanzen Brom verbrauchen, wobei auf jede Doppelbindung 2 Äquivalente Brom entfallen. Auf Seite 289 wird eine Methode beschrieben, nach welcher man beurteilen kann, ob eine Substitution, eine Addition oder alle beide stattgefunden haben. Bei primären aromatischen Aminophenden kann die bromometrische Bestimmung der Phenole nicht angewendet werden (siehe S. 204).

Die bromometrische Methode ist nicht exact, da die Genauigkeit vom Bromüberschuß abhängt. Jedes Phenol scheint seine besondere optimale Brommenge zu fordern, um genaue Werte zu geben [101]. Normalerweise beträgt die Ungenauigkeit aber nur 2—3%. Hat man durch andere Methoden (z. B. durch

Acylierung) das Molekulargewicht bestimmt, erlaubt die bromometrische Methode festzustellen, wie viele bromsubstituierbare Wasserstoffatome vorhanden sind. Diese Tatsache kann für die endgültige Identifizierung der Substanz große Bedeutung haben.

Wenn man die experimentellen Ergebnisse beurteilt, darf man die Möglichkeit einer Verdrängung einer *o*- oder *p*-gestellten Carbonylgruppe durch Brom nicht vergessen (siehe S. 75).

ε) Bestimmung durch die 2,4-Dinitrophenyläther

Die nach Methode 4, s (S. 77) hergestellten 2,4-Dinitrophenyläther lassen sich wie andere Nitroverbindungen titanometrisch bestimmen (siehe S. 253). Da die Äther 2 Nitrogruppen enthalten, ist das gefundene Äquivalentgewicht $^1/_{12}$ des Molekulargewichtes. Die Unsicherheit, die an der titanometrischen Bestimmung haftet, wird also durch 12 multipliziert, und der totale Fehler konzentriert sich im Molekulargewicht des Phenols, welches durch Subtraktion von 166,1 vom gefundenen Molekulargewicht des 2,4-Dinitrophenyläthers bestimmt wird.

c) Heterocyclische Hydroxylverbindungen

α) Bestimmung durch Acylierung

Die unter 5aα) (S. 77—80) beschriebenen Methoden ermöglichen die Bestimmung sehr vieler heterocyclischer Hydroxylverbindungen, ebensogut wie die Alkohole und die Phenole sich dadurch bestimmen lassen.

β) Bestimmung durch die *m*-Nitrophenylurethane

Auch diese Methode (5aε), S. 83) erlaubt, die heterocyclischen wie die aliphatischen und die aromatischen Hydroxylverbindungen zu finden.

γ) Bestimmung des Stickstoffes nach Kjeldahl

Die Kjeldahl-Methode kann zur Bestimmung des Äquivalentgewichtes einer stickstoffhaltigen heterocyclischen Hydroxylverbindung dienen. Viele heterocyclische Verbindungen lassen sich aber sehr schwierig digerieren, so schwierig, daß man oft zur Beurteilung der Effektivität neu vorgeschlagener Digerierungskatalysatoren verschiedene Pyridinderivate als Prüfstein herangezogen hat.

δ) Bromometrische Bestimmung

Da viele heterocyclische Hydroxylverbindungen leicht mit Bromwasser reagieren, kann die im Abschnitt E bδ beschriebene bromometrische Methode zur Bestimmung des Äquivalentgewichtes solcher Verbindungen verwendet werden.

LITERATUR

[1] Blair, A. J., und Pantony, D. A., Analyt. Chim. Acta 13, 1, 1955.
[2] Bamberger, E., und Lodter, W., Ber. 23, 213, 1890.
[3] Meyer, V., Ber. 7, 425, 1874.
[4] Meyer, V., und Locher, J., Ber. 7, 670; 786, 1874.
[5] Müller, E., Methoden der organischen Chemie, Vol. 2, p. 338, Thieme, Stuttgart 1953.
[6] Veibel, S., unveröffentlicht.
[7] Beckmann, E., Ann. 250, 325, 1889.
[8] Rosenthaler, L., Arch. Pharm. 244, 373, 1906; Z. angew. Chem. 20, 412, 1907.
[9] Meyer, V., und Locher, J., Ber. 7, 670, 786, 1874.

[10] MEYER, V., und LOCHER, J., Ber. 7, 1510, 1874.
[11] DENIGÈS, G., C. R. Acad. Sci. 126, 1145; 1277, 1898.
[12] BÖESEKEN, J., und HERMANS, P. H., Rec. Trav. chim. Pays-Bas 40, 525, 1921.
[13] SOLOWAY, S., und WILEN, S. H., Analyt. Chem. 24, 979, 1952.
[14] LIEBERMANN, C., Ber. 7, 248; 806; 1098, 1874.
[15] TURNEY, T. A., J. org. Chem. 22, 1692, 1957.
[16] VON BAEYER, A., Ann. 183, 1, 1876.
[17] GRIESS, P., Ber. 15, 2190, 1882; 17, 339, 1884.
[18] WITT, O. N., und MAYER, F., Ber. 26, 1072, 1893.
[19] WITT, O. N., und JOHNSON, ED. S., Ber. 26, 1908, 1893.
[20] BENEDIKT, R., Ber. 11, 1374, 1878.
[21] HOEKE, F., Rec. Trav. chim. Pays-Bas 54, 505, 1935.
[22] VEIBEL, S., und LILLELUND, H., Dansk Tidsskr. Farm. 14, 241, 1940.
[23] VEIBEL, S., LILLELUND, H., und WANGEL, J., Dansk Tidsskr. Farm. 17, 187, 1943.
[24] REKKER, R. F., FABER, A. C., TOM, D. H. E., VERLEUR, H., und NAUTA, W. T., Rec. Trav. chim. Pays-Bas 70, 113, 1951.
[25] JOHNSON, J. D. A., J. Chem. Soc. 3322, 1955.
[26] SPASSOW, A., Ber. 70, 1926, 1937; 75, 779, 1942.
[27] SCHOTTEN, C., Ber. 17, 2544, 1884.
[28] BAUMANN, E., Ber. 19, 3218, 1886.
[29] HENSTOCK, H., J. chem. Soc. 216, 1933.
[30] WARD, H. P., und JENKINS, E. F., J. org. Chem. 10, 371, 1945.
[31] REICHSTEIN, T., Helv. chim. Acta 9, 799, 1926.
[32] SAUNDERS, B. C., STACEY, G. J., und WILDING, I. G. E., Biochem. J. 36, 368, 1942.
[33] DUNBAR, R. E., und FERRIN, F. J., Chemist-Analyst 44, 77, 1955.
[34] HUTH, S. D., May and Baker Laboratory Bulletin 2, 53, 1957.
[35] UNDERWOOD, H. W. jr., BARIL, O. L., und TOONE G,. C., J. amer. chem. Soc. 52, 4087, 1930.
[36] PHILLIPS, M., und KEENAN, G. L., J. amer. chem. Soc. 53, 1924, 1931.
[37] BRYANT, W. M. D., J. amer. chem. Soc. 54, 3758, 1932.
[38] LIPSCOMB, W. N., und BAKER, R. H., J. amer. chem. Soc. 64, 179, 1942.
[39] MICHEEL, F., und SCHMINKE, W., Angew. Chem. 69, 334, 1957.
[40] SUNDT, E., und WINTER, M., Analyt. Chem. 29, 851, 1957.
[41] VAN DUIN, H., Rec. Trav. chim. Pays-Bas 73, 68, 1954.
[42] BOUVEAULT, L., C. R. Acad. Sci. 138, 984, 1904.
[43] BEHAL, A., Bull. Soc. chim. [4] 11, 91, 1912.
[44] BOUGAULT, J., und LEBOUCQ, J., Bull. Soc. chim. [4] 47, 594, 1930.
[45] MEADOE, J. R., und REID, E. E., J. amer. chem. Soc. 65, 457, 1943.
[46] BÖHME, H., und OPPER, H., Z. anal. Chem. 139, 255, 1953.
[47] JESURUN, J. A., Ber. 26, 2286, 1893.
[48] SCHOTTE, L., und VEIBEL, S., Acta chem. Scand. 7, 1357, 1953.
[49] JUREČEK, M., CHLADEK, O., CHLADKOVÁ, R., SOUČEK, M., und SRPOVÁ, B., Coll. czech. chem. Comm. 22, 1809, 1957.
[50] KHARASCH, N., MCQUARRIE, D. P., und BUESS, C. M., J. amer. chem. Soc. 75, 2658, 1953.
[51] FESSLER, W. A., und SHRINER, R. L., J. amer. chem. Soc. 58, 1384, 1936.
[52] LAWLOR, F. E., J. Ind. Engng. Chem. 39, 1419; 1424, 1947.
[53] TETERIN, V. K., und ZONIS, S. A., J. Gen. Chem. USSR 6, 658, 1936; Chem. Zentralblatt 2347, 1936 II,
[54] DICKINSON, G. M., CROSSON, L. H., und COPENHAVER, J. E., J. amer. chem. Soc. 59, 1094, 1937.
[55] DE GRAEF, H., und PIERRET, J., Bull. Soc. chim. belge 57, 307, 1948.
[56] DUKE, F. R., und WHITMAN, R. C., Analyt. Chem. 20, 490, 1948.
[57] CONSDEN, R., GORDON, A. H., und MARTIN, A. J. P., Biochem. J. 38, 224, 1944.

[58] GORDON, A. H., MARTIN, A. J. P., und SYNGE, R. L. M., Biochem. J. **35**, 91; 1358, 1941.
[59] SCHMIDT, O. TH., und LADEMANN, R., Ann. **571**, 41, 1951.
[60] BATE-SMITH, E. C., und WESTALL, R. G., Biochim. Biophys. Acta **4**, 427, 1950.
[61] DURANT, J. A., Nature (London) **169**, 1062, 1952.
[62] HOUGH, L., Nature (London) **165**, 400, 1950.
[63] WILLIAMS, R. J., und KIRBY, H., Science (New York) **107**, 481, 1948.
[64] CRAMER, F., Papierchromatographie, Verlag Chemie, Weinheim, 4. Auflage 1958.
[65] BLOCK, R. J., LE STRANGE, R., und ZWEIG, C., Paper Chromatography, Academic Press Inc., New York 1952.
[66] 2. Edition, BLOCK, R. J., DURRUM, E. L., und ZWEIG, G., 1958.
[67] BALSTON, J. N., und TALBOT, B. E., (Ed. T. S. G. JONES), A Guide to Filter Paper and Cellulose Powder Chromatography, Reve, Angel and Co., London 1952.
[68] POHLAUDEK-FABINI, R., und BEYRICH, TH., Naturwiss. **44**, 512, 1957.
[69] SPANYER, J. W., und PHILLIPS, J. P., Analyt. Chem. **28**, 253, 1956.
[70] KOELSCH, C. F., J. amer. chem. Soc. **53**, 304, 1931.
[71] NIEDERL, J. B., NIEDERL, V., SHAPIRO, S., und MCGREAL, M. E., J. amer. chem. Soc. **59**, 1113, 1937.
[72] FLETCHER, J. H., und TARBELL, D. S., J, amer. chem. Soc. **65**, 1431, 1943.
[73] HAYES, N. V., und BRANCH, G. E. K., J. amer. chem. Soc. **65**, 1555, 1943.
[74] NEWMAN, M. S., FONES, W., und RENOLL, M., J. amer. chem. Soc. **69**, 718, 1947.
[75] BERHENKE, L. F., BEGIN, L. E., WILLIAMS, B. M., und BEMAN, F. L., J. amer. chem. Soc. **73**, 4458, 1951.
[76] FELTON, L. C., und MCLAUGHLIN, C. B., J. org. chem. **12**, 298, 1947.
[77] HASKELBERG, L., J. org. chem. **12**, 426, 1947.
[78] SYMERHOLM, M. E., und ZIMMERMAN, R. W., Contrib. Boyce Thomson Inst. **14**, 91, 1945; Chem. Abstr. **40**, 1475, 1946.
[79] GRUNDY, J., Analyst **79**, 523, 1954.
[80] BOST, R. W., und NICHOLSON, F., J. amer. chem. Soc. **57**, 2368, 1935.
[81] CHAPMAN, N. B., und PARKER, R. E., J. chem. Soc. 3301, 1951.
[82] WHALLEY, W. B., J. chem. Soc. 2241, 1950.
[83] REINHEIMER, J. D., DOUGLASS, J. P., LEISTER, H., und VOELKEL, M. B., J. org. chem. **22**, 1743, 1957.
[84] HAMMOND, G. S., und PARKS, L. R., J. amer. chem. Soc. **77**, 340, 1955.
[85] SMITH, D. M., und BRYANT, W. M. D., J. amer. chem. Soc. **57**, 61, 1935.
[86] LIEBERMANN, C., und HÖRMANN, O., Ber. **11**, 1618, 1878.
[87] VORLÄNDER, D., und NOLTE, O., Ber. **46**, 3199, 1913.
[88] VERLEY, A., und BÖLSING, F., Ber. **34**, 3354, 1901.
[89] FISCHER, E., und BERGMANN, M., Ber. **51**, 1769, 1918.
[90] DELABY, R., und BREUGNOT, Y., Bull. Sci. Pharmacol. **39**, 354, 1932.
[91] DELABY, R., und SABETAY, S., Bull. Soc. chim. [5] **2**, 1716, 1935.
[92] HAUSCHILD, R., SINGER, K. und PETIT, J., Bull. Soc. chim. 768, **1956.**
[93] PESEZ, M., Bull. Soc. chim. 1237, **1954.**
[94] SPANYER, J. W., und PHILLIPS, J. P., Analyt. Chem. **28**, 253, 1956.
[95] BERGER, J., Acta chem. scand. **6**, 1564, 1952.
[96] MARCUNAS, P. C., und RIDDICK, J. A., Analyt. Chem. **23**, 337, 1951.
[97] WHITMORE, W. F., und LIEBER, E., Ind. Engng. Chem. Anal. **7**, 127, 1935.
[98] BASKAROV, Y. A., und MELNIKOV, N. N., Zh. anal. Khim. **8**, 119, 1953; Übersetzt J. anal. Chem. (U. S. S. R.) **8**, 135, 1953; Chem. Zentralbl. **4450**, 1954.
[99] VEIBEL, S., Ber. **63**, 1582; 2074, 1930.
[100] FRANCIS, A. W., und HILL, A. V., J. amer. chem. Soc. **46**, 2498, 1924.
[101] BUXTON, J., und LUCAS, H. J., J. amer. chem. Soc. **50**, 249, 1928.
[102] SMITH, B., Acta chem. scand. **10**, 1589, 1956; **11**, 839, 1957.

B. DIE CARBONYLGRUPPE

1. UNSPEZIFISCHE REAKTIONEN

a) Reaktion mit 2,4-Dinitrophenylhydrazin

Die Carbonylverbindungen reagieren mit monosubstituierten Hydrazinen, wobei die entsprechenden Hydrazone entstehen. Das 2,4-Dinitrophenylhydrazin hat sich als ein hervorragendes Reagens zur Entdeckung der Carbonylverbindungen bewährt, denn das Reagens ist leicht herzustellen, und die meisten Carbonylverbindungen geben sehr schwer lösliche 2,4-Dinitrophenylhydrazone [1]—[4].

Das Reagens ist eine 0,2%ige Lösung von 2,4-Dinitrophenylhydrazin in 2 *n*-Salzsäure, d. h. eine beinahe gesättigte Lösung des 2,4-Dinitrophenylhydraziniumchlorids. Da das 2,4-Dinitrophenylhydrazin eine sehr schwache Base ist, bedeutet eine Verdünnung der Reagenslösung mit Wasser (Verminderung der Wasserstoffionenkonzentration) eine Hydrolyse des 2,4-Dinitrophenylhydraziniumions, und die freie Base, die in Wasser beinahe unlöslich ist, scheidet sich aus.

Zu 5—10 ml des Reagens gibt man einen Tropfen oder ein Kriställchen der zu untersuchenden Substanz. Es bildet sich ein voluminöser, gelb-, orange- oder rotgefärbter Niederschlag, momentan bei den in Wasser leicht löslichen Carbonylverbindungen, etwas langsamer, wenn die Carbonylverbindung in Wasser schwer löslich oder unlöslich ist oder wenn es sich um polymerisierte Carbonylverbindungen (z. B. Paraformaldehyd, Paraldehyd) handelt. Ein Überschuß der Carbonylverbindung ist zu vermeiden, insbesondere wenn dieselbe in Wasser unlöslich oder schwer löslich ist, denn 2,4-Dinitrophenylhydrazone und 2,4-Dinitrophenylhydrazin lösen sich gewöhnlich leichter in der Carbonylverbindung als in Wasser. Weiter kann ein Überschuß einer schwer löslichen Carbonylverbindung eine Emulsionbildung verursachen, wodurch es schwieriger wird zu erkennen, ob die Reaktion positiv oder negativ ist. Diese Schwierigkeit läßt sich jedoch meistens durch Zusatz von 2—4 ml Äthanol beseitigen: Die schwer lösliche Carbonylverbindung löst sich dabei, während ein schon ausgeschiedenes 2,4-Dinitrophenylhydrazon sich nicht löst.

Sind die Carbonylverbindungen in Wasser so schwer löslich, daß sie als unlöslich zu bezeichnen sind, kann man sie in Äthanol lösen. Man setzt dann 1—2 ml der äthanolischen Lösung zu 5—10 ml des Reagens. Hier ist es notwendig festzustellen, daß ein eventueller Niederschlag weder die Carbonylverbindung ist, noch 2,4-Dinitrophenylhydrazin darstellt.

b) Reaktion mit *p*-Carboxyphenylhydraziniumchlorid

Die *p*-Carboxyphenylhydrazone sind wie die 2,4-Dinitrophenylhydrazone in Wasser sehr schwer löslich, so daß eine 4%ige wäßrige Lösung des *p*-Carboxyphenylhydraziniumchlorids als Reagens für Carbonylverbindungen dienen kann. Da die Reagenslösung nicht sehr stabil ist, sollte man sie immer unmittelbar vor der Verwendung bereiten [5].

Eine wäßrige oder äthanolische Lösung der zu untersuchenden Substanz wird zu 50 ml des Reagens gesetzt. Fällt die Substanz hierbei aus, kann man Äthanol bis zur Lösung zugeben. Oft fängt aber die Auskristallisation des *p*-Carboxyphenylhydrazons sofort an. Wenn keine Ausfällung festzustellen ist, erwärmt man das Gemisch eine halbe Stunde auf dem Dampfbade. Nach Abkühlung wird das *p*-Carboxyphenylhydrazon abfiltriert, mit Wasser gewaschen und aus Äthanol oder verdünntem Äthanol umkristallisiert.

Für rein qualitative Reaktionen kann man sich mit 5 ml des Reagens begnügen.

c) Bildung einiger anderer substituierter Hydrazone

Das klassische Reagens für die Carbonylgruppe ist das Phenylhydrazin, welches oft in 50%iger Essigsäure gelöst zur Verwendung kommt. Man setzt die Carbonylverbindung zu dieser Lösung und erwärmt eine halbe Stunde auf dem Dampfbade. Die Phenylhydrazone scheiden sich oft als nur schwierig kristallisierbare Öle aus, selbst wenn sie in reinem Zustande bei Zimmertemperatur fest sind.

Die *p*-Nitrophenylhydrazone kristallisieren williger als die Phenylhydrazine und sind in Wasser weniger löslich als diese. Als Reagens benutzt man eine 5%ige Lösung von *p*-Nitrophenylhydrazin in 50%iger Essigsäure [6], [7].

Die *p*-Nitrophenylhydrazone werden aus Äthanol, verdünntem Äthanol oder Toluol umkristallisiert.

Die *p*-Nitrophenylhydrazone sind oft in verdünntem Natriumhydroxid mit roter oder blauer Farbe löslich.

d) Farbreaktionen

α) Reaktion mit Fuchsin-schweflicher Säure, SCHIFFS Reagens [8], [9]

Das Reagens wird durch Entfärbung einer Fuchsinlösung mittels schwefliger Säure hergestellt, z. B. indem man 500 ml einer wäßrigen 0,1%igen Fuchsinlösung mit 20 ml einer gesättigten Natriumhydrogensulfitlösung versetzt; nach einer Stunde bei Zimmertemperatur werden noch 10 ml konzentrierter Salzsäure zugesetzt. Dieses Reagens verbleibt farblos, wenn man es in gut verkorkten Flaschen aufbewahrt.

Man setzt zu 5—10 ml des SCHIFFschen Reagens einige Tropfen oder Kriställchen der zu untersuchenden Substanz, verkorkt das Reagenzglas und schüttelt es gut. Ist die Substanz ein Aldehyd, färbt die Lösung sich rotviolett bis purpur, eine Farbe, welche von der ursprünglichen Fuchsinfarbe verschieden ist. Nach WIELAND und SCHEUING [10] sind die Reaktionen:

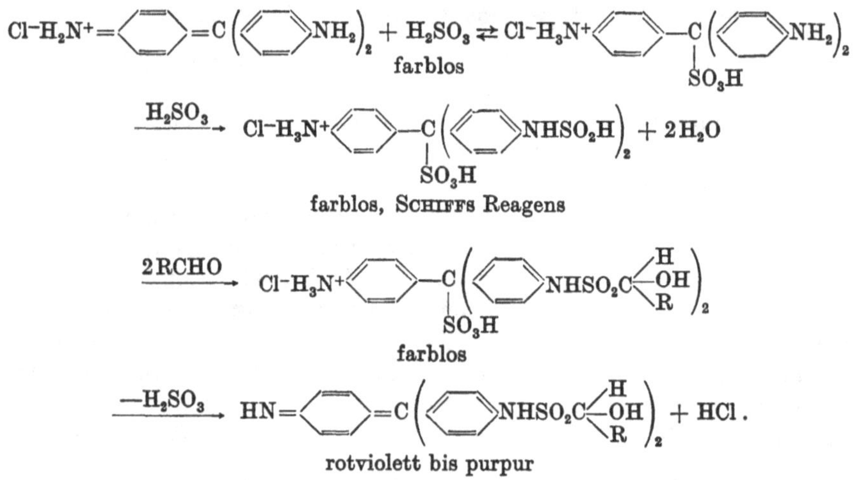

Die Ketone reagieren mit dem SCHIFFschen Reagens nicht. Die Ketone aber, die fähig sind, mit schwefliger Säure zu reagieren (z. B. die Methylketone), werden, indem sie die schweflige Säure binden, Fuchsin freimachen, so daß die rosafarbige Tönung der Fuchsinlösung wiederhergestellt wird.

Man muß jedoch bedenken, daß auch andere Substanzen, die mit der schwefligen Säure reagieren, die Fuchsinfarbe wiederherstellen können.

β) Reaktion mit Nitroprussidnatrium, Dinatrium-pentacyanonitrosoferrat, $Na_2[Fe(CN)_5NO]$

Eine wäßrige Lösung der vorgelegten Substanz wird mit 0,5—1 ml einer frisch hergestellten wäßrigen 0,3—0,5%igen Nitroprussidnatriumlösung und dann mit einigen Tropfen verdünnter Natriumhydroxidlösung versetzt. Die schwach alkalische Lösung nimmt, wenn die Substanz eine Carbonylverbindung gewesen ist, eine rotviolette Farbe an. Die Farbe verblaßt recht schnell und schlägt zuletzt in gelb um.

Die Reaktion ist mit Ketonen ausgeprägter als mit Aldehyden. Auch Ketonsäuren und ihre ketongruppenhaltige Derivate ergeben die Reaktion, wenn auch vielleicht nicht so markant wie die eigentlichen Ketone.

Statt Wasser kann man auch Äthanol oder Diäthyläther als Lösungsmittel benutzen. Man muß aber dann aufpassen, daß das Lösungsmittel keine Spur von Azetaldehyd enthält.

Die Reaktion ist für aliphatische Aldehyde und Ketone zuverlässig, wenn mindestens das eine der mit der Carbonylgruppe verbundenen Atome ein Kohlenstoffatom ist, welches nur mit Kohlenstoff und Wasserstoff verbunden ist.

Die aromatischen Carbonylverbindungen geben die Nitroprussidnatriumreaktion nicht, wenn der aromatische Ring unsubstituiert ist. Ist der aromatische Ring substituiert, kann man bisweilen positive Reaktionen erhalten, die aber nicht so markant sind wie die Reaktionen der aliphatischen Carbonylverbindungen.

γ) Reaktion mit Diazobenzolsulfonsäure

Auf Seite 49 wurde erwähnt, daß Hydroxylverbindungen mit alkalischen Lösungen von Diazobenzolsulfonsäure gelbe bis tiefrote Farbreaktionen hervorrufen. Viele Carbonylverbindungen sind genügend enolisiert, um diese Reaktion zu geben. Die Carbonylverbindungen, die keine Farbreaktion verursachen, kann man durch Zusatz von Magnesiumpulver zur alkalischen Lösung reduzieren, und der dabei gebildete Alkohol gibt dann die Farbreaktion.

Ist die Carbonylverbindung Natriumhydroxid gegenüber instabil, kann die Farbreaktion versagen. Die Aldehyde, die einer CANNIZZARO-Umlagerung unterliegen, werden noch die Farbreaktion geben können, weil durch die Umlagerung ein Alkohol gebildet wird. Carbonylverbindungen, bei welchen eine Haloformreaktion möglich ist, bewirken keine Farbreaktion mit Diazobenzolsulfonsäure.

2. ALDEHYDE

a) Reduktion einer ammoniakalischen Silbernitratlösung (Tollens Reagens)

Die Reagenslösung wird bereitet, indem man eine wäßrige Silbernitratlösung so lange mit Ammoniakwasser versetzt, bis das anfangs ausgeschiedene Silberoxid sich wieder gelöst hat. Dieses Reagens wird von allen Aldehyden reduziert. In einem gereinigten und entfetteten Reagenzglas setzt man zu 5 ml des Reagens einige Tropfen oder Kriställchen des Aldehyds und wärmt das Glas in einem Wasserbade bis zu 60—70°. Es entwickelt sich dann schnell ein Silberspiegel.

TOLLENS Reagens ist empfindlicher als das soeben erwähnte. Man mischt gleiche Volumina einer 10%igen Silbernitratlösung und einer 2 *n*-Natriumhydroxidlösung und löst das ausgefällte Silberoxid, indem man tropfenweise konzentriertes Ammoniakwasser eben bis zur vollständigen Lösung des Silberoxids zusetzt.

Die zu untersuchende Substanz wird 4—5 ml dieses Reagens zugesetzt. Wasserlösliche Aldehyde bilden beim Erwärmen sofort einen Silberspiegel, und selbst bei Zimmertemperatur wird ein Spiegel ziemlich schnell erzeugt. Nimmt man in Wasser unlösliche Aldehyde, so färben sich die Aldehydtropfen oder -kriställchen oberflächlich schwarz (ausgeschiedenes Silber), und trotz der geringen Löslichkeit wird man oft die langsame Ausbildung (½ bis 3 Stunden) eines Spiegels bei Zimmertemperatur beobachten können. Die Entwicklung des Spiegels wird durch Erwärmung beschleunigt; in der Wärme werden aber auch viele Ketone imstande sein, Silberspiegel zu bilden.

Die Reaktion ist nicht spezifisch für Aldehyde. Einige aromatische Amine, einige polyvalente Phenole und einige Diketone sind zur Reduktion des TOLLENschen Reagens fähig. Die reinen einfachen Monoketone reduzieren in der Kälte nicht. Handelsprodukte enthalten aber manchmal Verunreinigungen, die selbst in der Kälte einen Silberspiegel bilden können.

Man darf nie Lösungen aufheben, die Silberdiamminionen enthalten, denn solche Lösungen können Silberfulminat ausscheiden, welches ziemlich heftige Explosionen verursachen kann.

b) Reduktion FEHLINGscher Lösung

Die FEHLINGsche Lösung ist ein Gemisch aus einer Cuprisulfatlösung und einer alkalischen Lösung von Kalium-Natriumtartrat (SEIGNETTE-Salz). Mit diesem

Gemisch erwärmt, geben die aliphatischen Aldehyde einen Niederschlag von Cuprooxid, während die aromatischen Aldehyde nicht imstande sind, das Reagens zu reduzieren.

c) Reaktion mit 5,5-Dimethylcyclohexandion-1,3 (5,5-Dimethyl-dihydroresorcinol, Dimedon, Methon)

Die Aldehyde bilden mit Dimedon schwerlösliche Kondensationsprodukte (siehe S. 108, Reaktion 6,f). Die Ketone dagegen reagieren im allgemeinen nicht mit Dimedon.

d) Reaktion mit 1,2-bis-(para-Methoxybenzylamino)äthan

Dieses Reagens kondensiert sich mit Aldehyden zu substituierten Imidazolidinen (siehe S. 108, Reaktion 6,g), ist aber ohne Wirkung auf Ketone.

e) Reaktion mit 1,2-bis-(Phenylamino)äthan

Auch mit diesem Reagens geben die Aldehyde, aber nicht die Ketone, substituierte Imidazolidine (siehe S. 109, Reaktion 6,h).

f) Reaktion mit 2-Diphenylazetyl-1,3-indandion-1-hydrazon

Dieses Hydrazinderivat kondensiert sich sowohl mit Aldehyden als mit Ketonen. Die Kondensationsprodukte, deren Herstellung unten (S. 100, Reaktion 6,i) beschrieben wird, zeichnen sich durch eine ausgeprägte Fluorescenz im ultravioletten Licht aus und eignen sich deshalb sehr gut zur papierchromatographischen Feststellung kleiner Mengen von Carbonylverbindungen.

3. SUBSTANZEN MIT EINER DER CARBONYLGRUPPE BENACHBARTEN METHYLENGRUPPE

Die Carbonylgruppe wird die Wasserstoffatome an α-Kohlenstoffatomen aktivieren, dank einer Verschiebung von Elektronen, die durch die C=O-Doppelbindung verursacht wird. Die Aldolkondensation ist ein Beispiel der erhöhten Reaktivität der α-gestellten Wasserstoffatome, ebenso die unten genannten Reaktionen, die größere analytische Bedeutung haben als die Aldolkondensation. Wichtig ist aber, daran zu erinnern, daß auch andere elektrophile Gruppen als die Carbonylgruppe, z. B. eine Nitrilgruppe oder eine Nitrogruppe, die α-Wasserstoffatome aktivieren können.

a) Kondensation mit *p*-Nitrosodimethylanilin

Eine äthanolische Lösung von *p*-Nitrosodimethylanilin ist sehr intensiv und rein grün gefärbt. Fügt man einer solchen Lösung eine Substanz $R'-CO-CH_2-R''$ zu, wo R'' eine elektrophile Gruppe repräsentiert, und dann 1—2 ml einer gesättigten Natriumcarbonatlösung oder ein Stückchen wasserfreies Calciumchlorid, wird man beobachten können, daß die Lösung 2—3 Minuten siedend gehalten, ihre Farbe wechselt und daß das Grün in Braun oder Gelbbraun umschlägt.

Es hat sich durch Kondensation ein Azomethin gebildet [11]:

$$(CH_3)_2NC_6H_4NO + R'COCH_2R'' \rightarrow (CH_3)_2NC_6H_4N{=}C\begin{matrix}\diagup R'' \\ \diagdown COR'\end{matrix} + H_2O\,.$$

Die Azomethine werden, wenn man sie mit verdünnten Säuren kocht, zu *p*-Dimethylaminoanilin und einem α-Diketon hydrolysiert:

$$(CH_3)_2NC_6H_4N{=}C\begin{matrix}\diagup R'' \\ \diagdown COR'\end{matrix} + H_2O \rightarrow (CH_3)_2NC_6H_4NH_2 + R'COCOR''\,.$$

b) Reaktion mit Isoamylnitrit

Selbst wenn R'' nicht elektrophil ist, können die Wasserstoffatome der Methylengruppe mit Alkylnitrit reagieren, wodurch zuerst eine Nitrosoverbindung gebildet wird. Diese lagert sich aber schnell in eine *iso*-Nitrosoverbindung, ein Oxim, um [12], [13].

Etwa 1 g der Substanz wird in einem Gemisch von 5 ml Eisessig und 5 ml Isoamylnitrit gelöst. Man kühlt ab, setzt 20 ml einer gesättigten Lösung von Chlorwasserstoff in Eisessig hinzu und schüttelt das Gemisch, bis eine homogene Lösung entstanden ist. Man beläßt das Gemisch über Nacht bei Zimmertemperatur. Es hat dann eine quantitative Umlagerung stattgefunden. Man verdünnt mit Wasser und setzt einen Überschuß von Natriumhydroxid hinzu: das iso-Nitrosoketon löst sich:

$$\begin{array}{l} R'COCH_2 \\ \quad\;\;| \\ \quad\; R'' \end{array} + C_5H_{11}ONO \rightarrow \begin{array}{l} R'COCH{-}NO \\ \quad\;\;| \\ \quad\; R'' \end{array} + C_5H_{11}OH$$

$$\rightarrow \begin{array}{l} R'COC{=}NOH \\ \quad\;\;| \\ \quad\; R'' \end{array} \xrightarrow{NaOH} \begin{array}{l} R'COC{=}NONa\,. \\ \quad\;\;| \\ \quad\; R'' \end{array}$$

Die alkalische Lösung wird mit Diäthyläther extrahiert, um den Isoamylalkohol und einen etwaigen Überschuß an Isoamylnitrit zu entfernen. Dann wird das Oxim durch einen Strom von Kohlendioxid freigemacht. Die Oxime sind gewöhnlich im kalten Wasser schwer löslich, leichter in organischen Lösungsmitteln. Man kann sie durch Umkristallisation aus Wasser oder verdünntem Äthanol reinigen.

Ist die Substanz ein niedriges aliphatisches Keton (selbst Azeton reagiert und bildet Methylglyoxalmonoxim), sollte man einen zu großen Überschuß von Isoamylnitrit vermeiden, denn das Monoxim wird durch salpetrige Säure in das entsprechende α-Diketon umgebildet [14]:

$$\begin{array}{l} R'COC{=}NOH \\ \quad\;\;| \\ \quad\; R'' \end{array} + HONO \rightarrow \begin{array}{l} R'COC{=}O \\ \quad\;\;| \\ \quad\; R'' \end{array} + N_2O + H_2O\,.$$

4. DIKETONE

a) α-Diketone

α) Reaktion mit *o*-Phenylendiamin [15].

Die α-Diketone kondensieren sich mit *o*-Phenylendiamin, wodurch Benzopyrazine, Chinoxaline, entstehen:

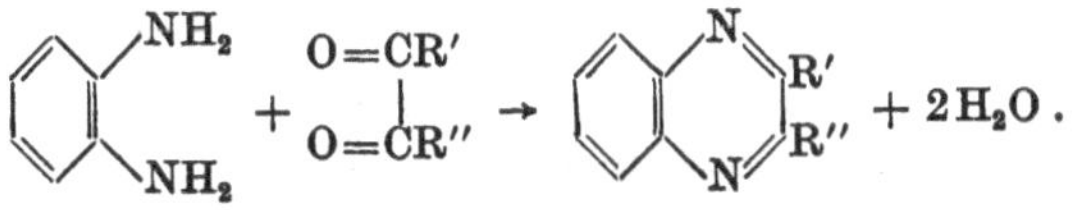

Statt mit *o*-Phenylendiamin kann man mit 3,4-Diaminotoluol (oft leichter zugänglich als *o*-Phenylendiamin) oder 3,4-Diaminonitrobenzen [16] kondensieren. Die nitrosubstituierten Chinoxaline sind in den meisten Lösungsmitteln schwerer löslich als die nitrofreien Chinoxaline. Sind aber die beiden Gruppen R′ und R″ verschieden, ist mit den unsymmetrischen Reagenzien die Position der Methyl- bzw. Nitrogruppe im Chinoxalin unbestimmt; sie ist entweder 6 oder 7, wahrscheinlich aber ein Gemisch aus beiden Möglichkeiten.

Das aromatische Diamin wird in Wasser, Äthanol, Eisessig oder, am bequemsten, in *n*- oder 2 *n*-Salzsäure gelöst. Zu dieser Lösung setzt man die zu untersuchende Substanz hinzu, eventuell in Äthanol gelöst. Ist diese Substanz eine α-Dicarbonylverbindung, wird die Ausscheidung des Chinoxalins gewöhnlich sofort anfangen. Nach 1—2stündigem Stehen wird abfiltriert. Wenn nötig, kann man die Reaktion durch Erwärmung auf dem Wasserbade beschleunigen. Die Chinoxaline werden aus Äthanol oder Eisessig umkristallisiert.

Die alkalischen Suspensionen oder Lösungen der Chinoxaline können gefärbt sein. Die Farbe verschwindet aber, wenn die Lösung sauer wird (vgl. die entsprechende Reaktion mit β-Diketonen, S. 97).

Harjanne [17] hat gezeigt, daß man die Chinoxaline zur papierchromatographischen Trennung der α-Diketone benutzen kann. Er empfiehlt absteigende Technik und als Lösungsmittel ein Gemisch von *n*-Butanol und Ammoniakwasser.

β) Reaktion mit Phenylhydrazin oder substituierten Phenylhydrazinen

Mit Phenylhydrazin geben die α-Diketone gewöhnlich sofort die bis-Phenylhydrazone. Mit substituierten Phenylhydrazinen erfolgt aber die Bildung der bis-Hydrazone bisweilen so langsam, daß die Mono-Hydrazone sich isolieren lassen [18].

Ist im α-Diketon mindestens das eine der an der –CO–CO-Gruppe gebundenen Radikale aliphatisch, kann man die Bildung eines α-bis-Phenylhydrazons durch die Umbildung in einem Osotetrazin verifizieren [19], [20]. Das Kondensationsprodukt mit Phenylhydrazin wird mit Äthanol befeuchtet und mit einer Ferrichloridlösung mäßig erwärmt. Nach Abkühlung wird mit Diäthyläther extrahiert. Ist die ursprüngliche Substanz ein α-Diketon gewesen, nimmt die Ätherschicht eine rote bis rotbraune Farbe an. Das α-bis-Phenylhydrazon wird von den Ferriionen zu Osotetrazin oxydiert, welches sich in Äther löst:

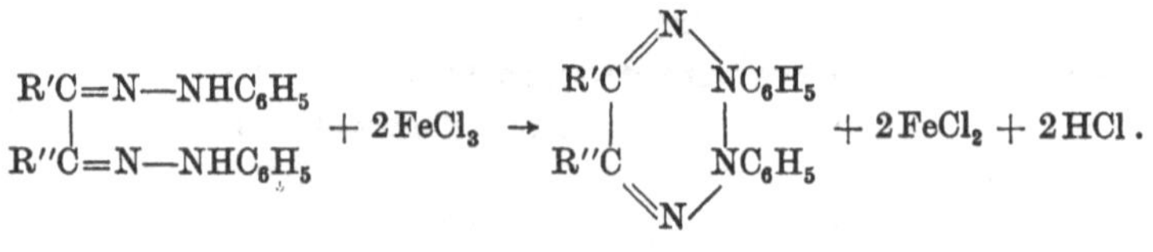

α-bis-Phenylhydrazone rein aromatischer Diketone (wie z. B. Benzil) werden von Ferrichlorid nicht zu Osotetrazinen oxydiert.

γ) Reaktion mit Hydroxylamin

Mit Hydroxylamin können α-Diketone *Monoxime* (*iso*-Nitrosoketone) oder *Dioxime* (Glyoxime) bilden. Zu einer wäßrig-äthanolischen Lösung von Hydroxylammoniumchlorid setzt man die zu untersuchende Substanz und dann einen Überschuß von Natronlauge, Natriumcarbonat oder Bariumcarbonat hinzu. Um die Oxime zu isolieren, neutralisiert man die Lösung, verdünnt mit Wasser und extrahiert mit Äther. Sowohl die Monoxime wie die Dioxime sind farblos. Die Monoxime lösen sich in Natronlauge mit gelber Farbe, die Dioxime dagegen farblos.

Setzt man zu einer Lösung eines Dioxims eine Lösung eines Nickelsalzes, entsteht sofort ein roter Niederschlag (vgl. die Verwendung von Dimethylglyoxim zum Nachweis und zur Bestimmung von Nickel in der anorganischen Analyse.

δ) Reaktion mit konzentrierter Natronlauge

Die aromatischen α-Diketone können mit Natronlauge eine Farbreaktion geben: Eine äthanolische Lösung des α-Diketons wird mit 1—2 ml 10 *n*-Natronlauge gekocht. Ist das α-Diketon aromatisch, nimmt die Lösung nach kurzer Zeit eine rote bis violette Farbe an. Die Farbe kann durch Umschüttelung mit Luft verschwinden; sie kommt aber wieder, wenn man die Erwärmung erneuert. Die aliphatischen α-Diketone geben diese Reaktion nicht.

ε) Reaktion mit Wismutoxid

α-Ketole oder α-Hydroxyaldehyde können nachgewiesen werden, indem man sie mittels Wismutoxids zu α-Diketonen (α-Ketoaldehyde) oxydiert. Das Wismutoxid wird zu Wismut reduziert [21].

Einige Tropfen oder Kriställchen der Substanz werden in Essigsäure gelöst. 0,1—0,2 g Wismutoxid wird hinzugesetzt und das Gemisch auf dem Dampfbade erwärmt. Ein schwarzer Niederschlag von Wismut zeigt, daß die Substanz ein α-Ketol gewesen ist.

Das Filtrat wird dann ein α-Diketon enthalten, welches dadurch nachgewiesen wird, daß man mit einer Lösung von Hydroxylammoniumchlorid versetzt, neutralisiert und schließlich durch Hinzufügen einiger Tropfen Nickelsulfatlösung einen roten Niederschlag von Nickeldialkylglyoxims erhält.

b) β-Diketone

α) Reaktion mit *o*-Phenylendiamin

Wie die α-Diketone kondensieren die β-Diketone sich mit *o*-Phenylendiamin, 3,4-Diaminotoluol oder 3,4-Diaminonitrobenzol. Hierbei werden 7gliedrige heterocyclische Substanzen, *Heptazine* [22]—[25], oder mit einem mehr systematischen Namen *Benzo*[b]1,4-diazepine, gebildet. Die Heptazine geben mit Säuren sehr intensiv gefärbte Salze (Halochromie) [26], [27].

Als Reagens benutzt man eine Lösung des *o*-Diamins in verdünnter Salzsäure. Fügt man zu dieser Lösung ein β-Diketon, entsteht sofort eine sehr intensive violette Farbe. Die Farbe verschwindet, wenn man die Lösung alkalisch macht, erscheint aber bei Ansäuerung wieder. Die Reaktion ist:

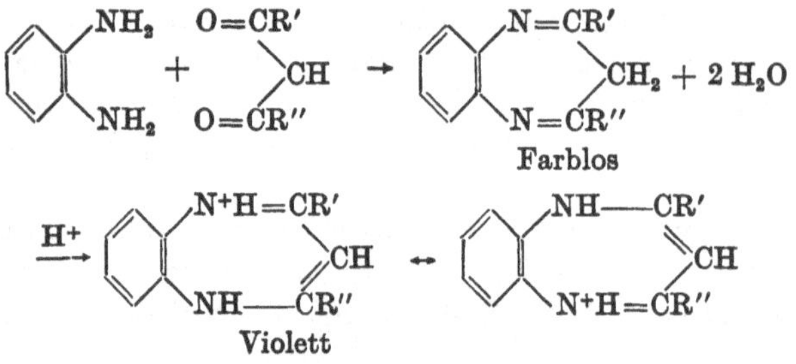

und andere mesomere Strukturen. Die Mesomerie des Heptaziniumions dürfte für die Halochromie verantwortlich sein.

Ist das β-Diketon in Wasser sehr schwer löslich, kann man etwas Äthanol hinzufügen. Die Farbe entwickelt sich dann allmählich.

β) Reaktion mit Kupferazetat

Die β-Diketone enthalten eine Methylengruppe zwischen zwei Carbonylgruppen. Die Wasserstoffatome sind durch beide Carbonylgruppen aktiviert und sind deshalb sehr reaktionstüchtig: Ein Proton wird leicht durch ein Metallion (z. B. ein Cu(II)ion) ersetzt. Die Kupfersalze werden durch Bildung von cyclischen Chelaten stabilisiert, welche in Wasser beinahe unlöslich sind und sich deshalb präcipitieren, wenn man einer wäßrigen Cupriazetatlösung einige Tropfen eines β-Diketons zusetzt:

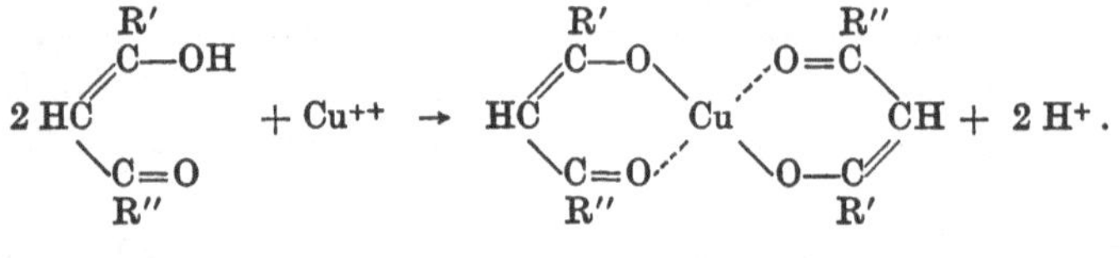

Ist im Diketon das eine der Wasserstoffatome in der Methylengruppe durch eine Alkylgruppe ersetzt, vermögen einfache Cuprisalze nicht, die chelate Verbindung zu bilden. Benutzt man aber statt einer Cupriazetatlösung eine Lösung, die das Cu(II)tetramminion enthält (z. B. eine ammoniakalische Kupfersulfatlösung), fällt die Chelatverbindung beim Zusatz des substituierten β-Diketons aus.

γ) Reaktion mit Titantrichlorid

Setzt man zu einer methanolischen Lösung eines β-Diketons einen Tropfen einer Titantrichloridlösung, bildet sich ein komplexes Ti(III)salz der Enolform des β-Diketons. Dieses Salz löst sich in Methanol mit tiefgrüner Farbe. Bei Zutritt von Luft oxydieren sich die Ti(III)komplexe zu Ti(IV)komplexen, die mit gelber Farbe löslich sind [28]. Die Reaktion wird durch Zusatz von Pyridin zur methanolischen Lösung empfindlicher, aber die Oxydierbarkeit durch Luft wird gleichzeitig wesentlich erhöht.

Andere Substanzen, die wie die β-Diketone eine Gruppierung 1-enol-3-on enthalten (z. B. Salicylaldehyd, Resacetophenon), geben dieselbe Farbreaktion und stören dabei den Nachweis der β-Diketone (vgl. d, β) die Reaktion mit en-diolen).

δ) Reaktion mit Carbonylgruppenreagenzien

Bei der Reaktion der β-Diketone mit (substituiertem) Phenylhydrazin entstehen gewöhnlich heterocyclische Substanzen (Pyrazoline), die in verdünnter Salzsäure löslich sind, so daß kein Niederschlag entsteht. Diese Reaktionsprodukte werden später (S. 111) genauer diskutiert. Benutzt man als Reagens die gelbe Lösung von 2,4-Dinitrophenylhydraziniumchlorid in 2 *n*-Salzsäure, kann man beobachten, daß die gelbe Farbe des Reagens nach Zusatz eines β-Diketons verschwindet. Übersättigt man die farblose Lösung mit Natriumhydroxid, entsteht ein farbloser Niederschlag, während die gelbe Lösung des Reagens sich schwarz färbt, um nach 20—30 Sekunden wieder farblos zu werden [29].

c) γ-Diketone

α) Reaktion mit 2,4-Dinitrophenylhydraziniumchlorid

Mit diesem Reagens reagieren die γ-Diketone gewöhnlich ohne Komplikationen, wodurch bis-2,4-Dinitrophenylhydrazone entstehen, die in verdünnter Salzsäure äußerst schwer löslich sind. Mit anderen substituierten Phenylhydrazinen können sich dagegen durch Ringschluß des zuerst gebildeten Monohydrazon substituierte Pyridazinderivate bilden (siehe S. 112).

β) Umwandlung der γ-Diketone in Pyrrolen

Kocht man eine Lösung eines γ-Diketons in Eisessig nach Zusatz von Ammoniumazetat einige Minuten, entsteht aus der Dienol-form des γ-Diketons zuerst ein Furanderivat und dann ein Pyrrolderivat. Man kann die Entstehung des Pyrrolderivats dadurch nachweisen, daß man verdünnte Schwefelsäure zusetzt und dann mit einem Fichtenspan erwärmt: Der Fichtenspan färbt sich sofort feurig rot.

Kristallinische Pyrrolderivate, die zur Charakterisierung der γ-Diketone dienen können, werden auf Seite 111 beschrieben.

d) Chinone

α) Oxydation von Jodwasserstoffsäure

Setzt man zu einer angesäuerten Lösung von Kaliumjodid ein Chinon, wird momentan Jod freigemacht.

β) Reaktion der *o*-Chinone mit Titantrichlorid

Setzt man zu einer methanolischen Lösung eines *o*-Chinons, die etwas Pyridin enthält, einen Tropfen einer 5%igen Titantrichloridlösung, entsteht ein dunkelbrauner Niederschlag, der sich schnell wieder mit ziegelsteinroter bis dunkelroter Farbe löst, weil durch Reduktion des Chinons ein en-diol entstanden ist, das mit dem Ti(IV)ion ein Komplexion bildet.

Da die Reaktion eine en-diol-Reaktion ist und da die Ti(III)komplexe sehr schnell durch die Luft zu Ti(IV)komplexen oxydiert werden, geben außer den *o*-Chinonen auch *o*-Dihydroxybenzole und aliphatische en-diole, z. B. Ascorbinsäure, diese Reaktion.

γ) Chinhydronbildung

Viele Chinone, insbesondere *p*-Chinone, werden von Stannochlorid oder Schwefeldioxid reduziert, wodurch sich *Chinhydrone*, schwerlösliche kristallinische Substanzen, bilden. Die Chinhydrone bilden schwarzgrüne Kristalle mit grünem Metallglanz. Mit Überschuß des Reduktionsmittels können die entsprechenden Hydrochinone entstehen.

δ) Reaktion mit Hydroxylamin

In alkalischer Lösung werden die Chinone von Hydroxylamin zur Hydrochinonstufe reduziert. In saurer Lösung reagieren aber die Chinone als Ketone und bilden Monoxime oder Dioxime. Die Monoxime sind mit den entsprechenden Nitrosophenolen tautomer und geben mit Phenol und konzentrierter Schwefelsäure die LIEBERMANN-Reaktion (siehe S. 57).

ε) Reaktion mit Phenylhydrazin

Die verschiedenen Chinontypen, Benzo-, Naphtho- und Anthrachinone, verhalten sich dem Phenylhydrazin gegenüber verschieden.

Die Benzochinone oxydieren das Phenylhydrazin zu Benzol und Stickstoff:

$$C_6H_4O_2 + H_2NNHC_6H_5 \rightarrow C_6H_4(OH)_2 + N_2 + C_6H_6 .$$

Mit Überschuß an Chinon kann eine Chinhydronbildung eintreten.

Die Naphthochinone bilden Monophenylhydrazone, die mit Benzol-azo-hydroxynaphthalin tautomer sind:

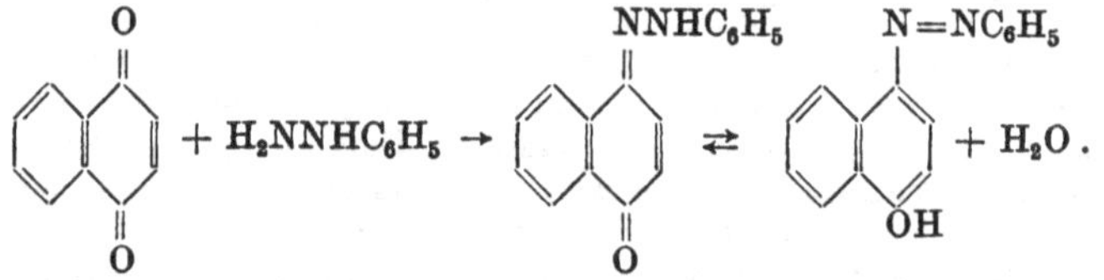

Die Anthrachinone reagieren mit Phenylhydrazin nicht.

Das Phenanthrenchinon verhält sich dem freien Phenylhydrazin gegenüber wie Benzochinon, d. h., daß das Chinon zu Dihydroxyphenanthren reduziert, das Phenylhydrazin zu Benzol und Stickstoff oxydiert wird. Mit Phenylhydraziniumchlorid entsteht dagegen ein Monophenylhydrazon [30, [31].

Mit 2,4-Dinitrophenylhydraziniumchlorid und anderen substituierten Phenylhydraziniumionen kann selbst Benzochinon substituierte Monophenylhydrazone bilden, die mit den entsprechend substituierten Phenyl-azo-hydroxybenzolen tautomer sind.

5. KETOSÄUREN

a) α-Ketosäuren

α) Die α-Ketosäuren sind *stabile Substanzen*, die sich oft ohne Zersetzung destillieren lassen.

Mit *verdünnter Schwefelsäure* oder Salzsäure auf 150° erhitzt, geben die α-Ketonsäuren Kohlendioxid ab:

$$RCOCOOH \rightarrow RCHO + CO_2,$$

vgl. die Spaltung der α-Hydroxysäuren zu Aldehyden oder Ketonen und Ameisensäure, S. 148.

β) Erhitzt man eine α-Ketosäure mit *Essigsäureanhydrid* und wasserfreiem Natriumazetat, wird die α-Ketosäure sich wie ein Aldehyd verhalten: Es entsteht durch eine PERKIN-Reaktion eine ungesättigte Säure:

$$RCOCOOH + (CH_3CO)_2O \rightarrow RCH{=}CHCOOH + CH_3COOH + CO_2.$$

γ) Mit den *Carbonylgruppereagenzien* reagieren die α-Ketosäuren normal und bilden z. B. Semicarbazone, 2,4-Dinitrophenylhydrazone und *p*-Carboxyphenylhydrazone. Diese Kondensationsprodukte sind in Natriumhydroxid löslich, da sie noch die Carboxylgruppe enthalten. Die *p*-Carboxyphenylhydrazone sind zweibasische Säuren.

δ) *o-Phenylendiamin* und 3,4-Diamino-nitrobenzol reagieren mit α-Ketosäuren wie mit α-Diketonen (siehe Reaktion 4a, α) S. 95) und bilden 2-Hydroxy-3-Alkylchinoxaline bzw. 2 Hydroxy-3-alkyl-6(oder 7)-nitrochinoxaline [16], [32], [33]:

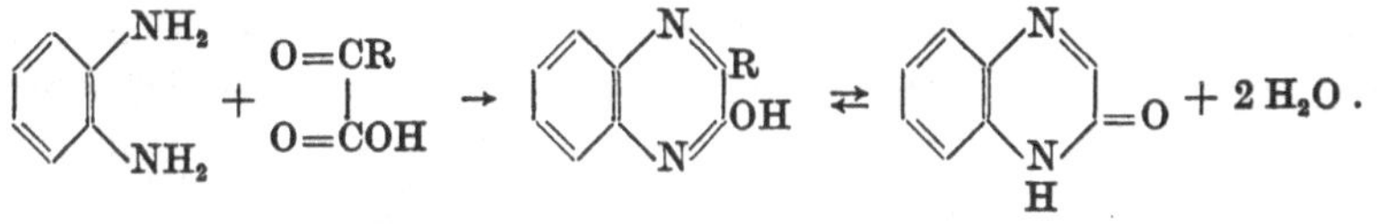

Die substituierten Chinoxaline, die als Derivate der α-Ketosäuren entstehen, sind zum Unterschied von denjenigen, die als Derivate der α-Diketone gebildet werden, dank der 2-Hydroxygruppe in verdünnter Natronlauge löslich.

Die α-Ketosäureester geben dieselben Chinoxaline wie die freien α-Ketosäuren.

b) β-Ketosäuren

α) Die β-Ketosäuren sind *sehr instabile Substanzen,* die sich bei Zimmertemperatur spontan decarboxylieren, wobei Ketone entstehen. Die *β-Ketosäureester* sind dagegen *stabile Substanzen,* die sich im Vacuum und bisweilen auch beim atmosphärischen Druck destillieren lassen. Die Ester lassen sich zu Alkohol und 2 Säuremolekülen oder 1 Ketomolekül und 1 Mol Kohlendioxid hydrolysieren, je nach den experimentellen Bedingungen. Mit konzentrierter Natronlauge entsteht gewöhnlich ein Gemisch von zwei Säuren:

$$RCOCH_2COOR' + 2\,NaOH \rightarrow RCOONa + CH_3COONa + R'OH,$$

während die Hydrolyse sich mit verdünntem Natriumhydroxid zu einer Verseifung begrenzen läßt. Ansäuern der verseiften Lösung führt wie die saure

Hydrolyse des Esters zur freien β-Ketosäure, welche sich spontan in Keton und Kohlendioxid spaltet:

$$RCOCH_2COOR' + H_2O \xrightarrow{H^+} RCOCH_2COOH + R'OH$$
$$RCOCH_3 + CO_2 + R'OH\,.$$

β) Die meisten β-Ketosäureester sind in wäßriger oder äthanolischer Lösung enolisiert und geben deshalb mit *Fe(III)chlorid* eine Farbreaktion, wobei die äthanolischen Lösungen eine stärkere Reaktion verursachen als die wäßrigen (Unterschied gegenüber den Phenolen, siehe S. 57).

γ) Die β-Ketosäureester *reagieren nicht mit Titantrichlorid* (vgl. die β-Diketone, S. 98).

δ) Die Ester der β-Ketosäuren sind in verdünnter Natronlauge löslich.

Setzt man zu einer wäßrigen Lösung von *Cu(II)azetat* ein paar Tropfen eines β-Ketosäureesters, bildet sich ein sehr schwer lösliches komplexes Cu(II)salz:

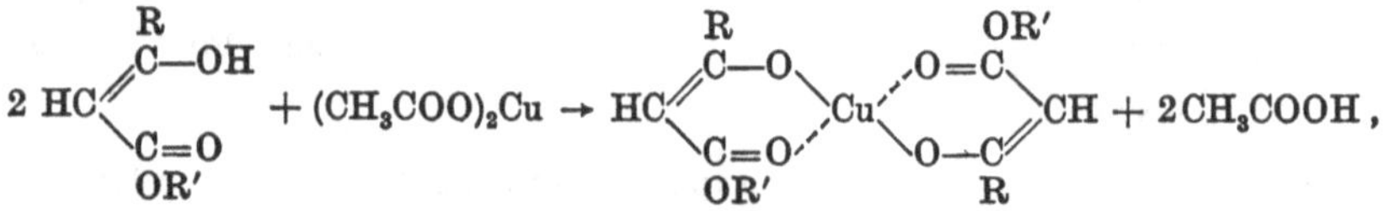

vgl. Reaktion 4d, β), S. 98.

ε) Mit einigen der *Carbonylgruppereagenzien* (wie Semicarbazid oder 2,4-Dinitrophenylhydrazin) reagieren zahlreiche β-Ketonsäureester normal wie die Ketone. Mit Phenylhydrazin oder p-Carboxyphenylhydrazin werden die anfangs gebildeten Phenylhydrazone oder p-Carboxyphenylhydrazone cyclisieren, wobei substituierte Pyrazolone entstehen. Diese Cyclisierung kann spontan einsetzen oder nach Erhitzen auf dem Wasserbad (siehe S. 112).

c) γ-Ketosäuren

α) Die γ-Ketosäuren sind *stabile Substanzen*, die sich ohne Zersetzung destillieren lassen. Unter Rückfluß erwärmt, können *Lactone* einer Enolform der γ-Ketosäure entstehen, und diese Lactone können dann Wasser abgeben:

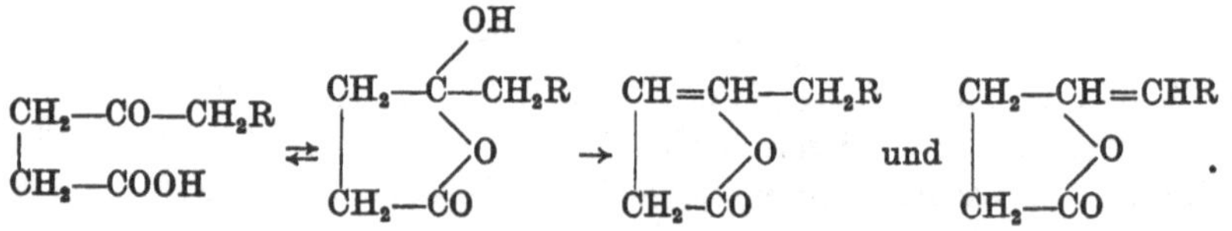

Eine γ-Ketosäure wird von *Essigsäureanhydrid* in ein Azetat des Hydroxylactons umgebildet:

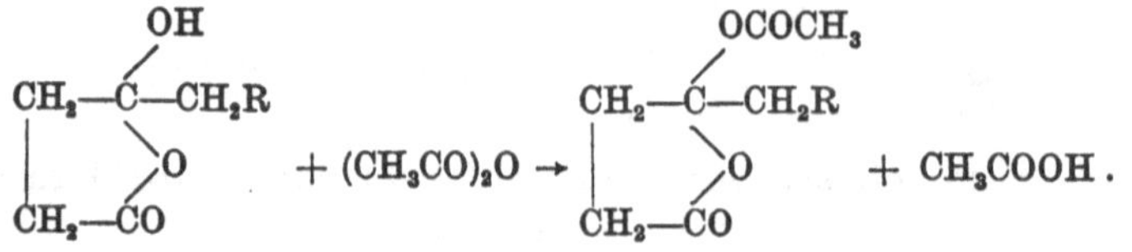

β) Gewöhnlich reagieren die γ-Ketosäuren normal mit *2,4-Dinitrophenylhydrazin.* Die dabei entstehenden 2,4-Dinitrophenylhydrazone sind in Natronlauge löslich.

γ) Die aliphatischen γ-Ketosäuren geben mit *p-Carboxyphenylhydrazin* p-Carboxyphenylhydrazone, die bei Umkristallisation aus Eisessig oder beim Rückflußkochen mit Eisessig sich zu *Tetrahydropyridazinderivaten* cyclisieren können. Mit aromatischen γ-Ketosäuren vom Typ o-Benzoylbenzoesäure werden mit p-Carboxyphenylhydrazin direkt Dihydropyridazinderivate, *Phthalazone,* gebildet, denn der Ringschluß verläuft hier so schnell, daß die intermediären p-Carboxyphenylhydrazone sich nicht isolieren lassen. Die γ-Ketosäureester verhalten sich dem p-Carboxyphenylhydrazin gegenüber ähnlich, so daß z. B. die o-Benzoylbenzoesäure und ihre Ester dasselbe Phthalazon geben werden (siehe S. 113).

δ) Wie die γ-Diketone (Redaktion 4c, β, S. 99) können die γ-Ketosäuren sich zu substituierten Pyrrolen cyclisieren:

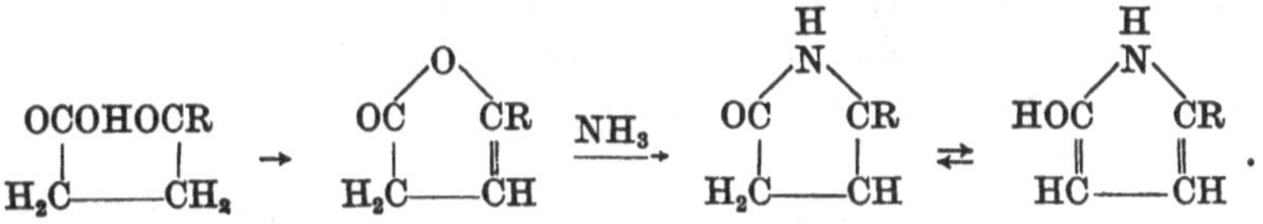

6. DARSTELLUNG VON DERIVATEN, DIE SICH ZUR CHARAKTERISIERUNG DER CARBONYLVERBINDUNGEN EIGNEN

a) 2,4-Dinitrophenylhydrazone

Die 2,4-Dinitrophenylhydraziniumchloridlösung, welche sich für den Nachweis der Carbonylgruppe so wertvoll gezeigt hat, ist infolge der Schwerlöslichkeit des Salzes in verdünnter Salzsäure so verdünnt, daß man, wenn es sich um die Herstellung von Derivaten zur *Charakterisierung* der Carbonylverbindung handelt, vorzieht, andere Salze des 2,4-Dinitrophenylhydraziniumions als das Chlorid zu benutzen und solche Salze aussucht, die das Arbeiten mit konzentrierteren Lösungen erlauben. Die untengenannten Reagenzien und Arbeitsweisen haben sich bewährt.

α) 2,4-Dinitrophenylhydraziniumsulfat [4]

Man löst 1 g 2,4-Dinitrophenylhydrazin in 2 ml konzentrierter Schwefelsäure und verdünnt mit 15 ml Äthanol. Diese Reagenslösung wird mit einer Lösung von 0,1—1 g (aliphatische Verbindungen) oder 1—1,5 g (aromatische Verbindungen) in 10 ml Äthanol vermischt. Die Reagenslösung sollte frisch hergestellt sein. Oft beginnt das 2,4-Dinitrophenylhydrazon sofort zu kristallisieren. Es kann aber notwendig werden, die Lösung mit 2 n-Schwefelsäure zu verdünnen (durch eine Verdünnung mit Wasser könnte die freie Base ausscheiden, wenn sie im Überschuß vorhanden wäre).

β) 2,4-Dinitrophenylhydraziniumphosphat [34].

Eine 0,25 m Lösung von 2,4-Dinitrophenylhydraziniumphosphat wird bereitet, indem man 50 g 2,4-Dinitrophenylhydrazin in 600 ml 85%iger Phosphorsäure löst. Das Gemisch wird auf dem Dampfbade so lange erwärmt, bis eine klare Lösung entstanden ist. Nach dem Abkühlen wird mit Äthanol bis zu 1000 ml verdünnt. Besteht noch eine Trübung, wird durch eine dünne Schicht Kieselgur abgesaugt. Das Reagens ist dann längere Zeit haltbar.

Eine äthanolische Lösung der zu untersuchenden Substanz (Menge wie im Abschnitt α) angegeben) wird mit 25 ml des Reagens gemischt. Ist die Substanz eine Carbonylverbindung, beginnt meistens sofort die Auskristallisation des 2,4-Dinitrophenylhydrazons. Doch verbleiben die 2,4-Dinitrophenylhydrazone der Aminoaldehyde und -ketone in Lösung (die Lösung nimmt in solchen Fällen eine gelbe oder rote Farbe an); verdünnt man aber mit Wasser, werden auch diese Derivate gefällt.

γ) 2,4-Dinitrophenylhydraziniumperchlorat [35].

12 g 2,4-Dinitrophenylhydrazin werden bei Zimmertemperatur in 500 ml 30%iger Perchlorsäure gelöst. Diese Lösung ist sehr stabil. Man kann sie für den qualitativen Nachweis von Carbonylgruppen mit zwei Volumen Wasser verdünnen.

Um ein 2,4-Dinitrophenylhydrazon als Derivat herzustellen, setzt man 50 ml der Reagenslösung 10 ml einer äthanolischen Lösung der Carbonylverbindung zu (Konzentration wie in Abschnitt α).

Die 2,4-Dinitrophenylhydrazone werden, wenn möglich, aus Äthanol umkristallisiert. Oft sind sie aber selbst in siedendem Äthanol so schwer löslich, daß man eine Umkristallisation nicht durchführen kann. Man kann dann andere Lösungsmittel wie Toluol oder Xylol versuchen; auch Äthylazetat oder Dioxan werden als Umkristallisationsmittel empfohlen.

Sind die Derivate (z. B. die bis-2,4-Dinitrophenylhydrazone der α-Diketone) so schwer löslich, daß ihre Umkristallisation aus gewöhnlichen Lösungsmitteln nicht möglich erscheint, kann man Nitrobenzol als Lösungsmittel heranziehen (es ist aber schwierig, nachher die letzten Reste des Lösungsmittels zu entfernen), oder man kann das Derivat in siedendem Pyridin lösen und durch Zusatz von Eisessig wieder ausfällen. Bisweilen entstehen Komplikationen dadurch, daß die 2,4-Dinitrophenylhydrazone mit schwer zu entfernendem Kristallnitrobenzol oder Kristallpyridin kristallisieren [36].

Mit gewissen Typen von Carbonylverbindungen werden die bei einer Primärreaktion gebildeten 2,4-Dinitrophenylhydrazone durch eine sekundäre Reaktion umgebildet, wodurch meistens heterocyclische Verbindungen entstehen. Solche sekundären Reaktionen werden unten bei der Besprechung der *p*-Carboxyphenylhydrazone näher erwähnt. Die Reaktionen der beiden Reagenzien vom Hydrazintyp sind einander sehr ähnlich.

Alle Hydrazone enthalten eine C=N-Doppelbindung. Es besteht somit die Möglichkeit der Existenz zweier geometrisch isomerer Substanzen (mit Ausnahme der Hydrazone der symmetrischen Ketone), und in einigen Fällen hat man die beiden isomeren 2,4-Dinitrophenylhydrazone mit verschiedenen Schmelzpunkten isolieren können. Selbst in den Fällen, wo nur eine Form des 2,4-Dinitrophenylhydrazons bekannt ist, bereitet es Schwierigkeiten, einen wohldefinierten Schmelzpunkt anzugeben, denn diese Derivate existieren oft in dimorphen oder polymorphen Formen. Bei der Bestimmung des Schmelzpunktes unter dem Mikroskop wird man oft die gegenseitige Umbildung der verschiedenen Formen in der Nähe des Schmelzpunktes beobachten können.

Die Trennung eines Gemisches von zwei oder mehreren 2,4-Dinitrophenylhydrazonen ist sehr kompliziert, da die Bildung von Mischkristallen sehr häufig ist. Meistens kann jedoch eine Trennung auf chromatographischem Wege ermöglicht werden [37]—[41].

Schmelzpunkte von 2,4-Dinitrophenylhydrazonen sind in einer Reihe von Abhandlungen zu finden. Ziemlich umfassende Listen bringen die Referenzen [2]—[4] und [37]—[39], [42]—[50].

b) *p*-Carboxyphenylhydrazone

Während die Bildung und Ausfällung der 2,4-Dinitrophenylhydrazone eine sehr bequeme Methode zur Entdeckung der Carbonylverbindungen und durch die Schmelzpunkte oder die R_f-Werte zu deren Charakterisierung darstellen, sind zur Ermittlung des Äquivalentgewichtes der Carbonylverbindung die *p*-Carboxyphenylhydrazone besser geeignet. Die Herstellung dieser Derivate wurde oben (Reaktion 1 b), S. 91) beschrieben. Mit der dort empfohlenen Menge kann man gewöhnlich so viel vom gereinigten Derivat isolieren, daß man titrimetrisch das Äquivalentgewicht bestimmen kann (siehe S. 114).

Die Schmelzpunkte liegen gewöhnlich sehr hoch und sind in der Tat Destruktionspunkte, deren Lage von der Geschwindigkeit der Erwärmung abhängt, vgl. die Semicarbazone, S. 106. Schmelzpunkte einer Reihe von *p*-Carboxyphenylhydrazonen sind von Veibel [51] und von Veibel und Schmidt [52] angegeben.

c) Phenylhydrazone und *p*-Nitrophenylhydrazone

Diese Derivate werden wie oben (1, c), S. 91) angegeben hergestellt. Schmelzpunkte der Derivate der aliphatischen, alicyclischen und aromatischen Carbonylverbindungen sind im Beilstein, Bd. XV, Abschnitt Phenylhydrazin und *p*-Nitrophenylhydrazin, aufzusuchen. Hydrazone der heterocyclischen Carbonylverbindungen sind dagegen zusammen mit der Carbonylverbindung beschrieben.

d) Semicarbazone

Die Semicarbazone sind Kondensationsprodukte der Carbonylverbindungen mit Semicarbazid [53]—[56]:

$$\begin{matrix}R'\\R''\end{matrix}\!\!>\!CO + H_2NNHCONH_2 \rightarrow \begin{matrix}R'\\R''\end{matrix}\!\!>\!C{=}NNHCONH_2 + H_2O\,.$$

Um Semicarbazone herzustellen, mischt man gleiche Volumina 20%iger wässeriger Lösungen von Semicarbazidiumchlorid und Kaliumazetet. Zu 10 ml dieses Gemischs setzt man 0,5—1 g der Carbonylverbindung; wenn nötig kann man die Löslichkeit der Carbonylverbindung durch Zusatz von Äthanol erhöhen. Oft kristallisieren die Semicarbazone spontan; wenn nicht, versucht man durch Reibung der Seiten des Reagenzglases mit einem Spatel die Kristallisation einzuleiten. Tritt immer noch keine Kristallisation ein, erwärmt man das Gemisch 5—10 Minuten unter Rückfluß und kühlt dann, unter Reibung mit einem Spatel, in kaltem Wasser ab. Bisweilen kann eine Verdünnung des Gemisches mit Wasser oder mit Äthanol die Kristallisation induzieren. Die Kristallisation der Semicarbazone kann aber so langsam sein, daß man das Gemisch einige Tage stehen lassen muß, um die vollständige Ausscheidung zu erreichen.

Bouveault und Locquin [56] empfehlen zur Präparation der Semicarbazone eine Lösung des freien Semicarbazids in einem Überschuß von Essigsäure. Die Möglichkeit einer Verunreinigung des Semicarbazons durch Chloride der Alkalimetalle oder des Semicarbazidiumions wird dadurch vermieden.

Eine Unannehmlichkeit dieser Methode ist die Empfindlichkeit des freien Semicarbazids: dieses wird beim Zutritt von Luft durch geringfügige Spuren von Feuchtigkeit dekomponiert. Die Verfasser empfehlen, das Reagens in kleinen zugeschmolzenen Ampullen von je 1,5 g (0,02 Mol) aufzubewahren. Diese Menge genügt meistens zur Präparation des Semicarbazons in genügender Menge zur Sicherung der Identifizierung der Carbonylverbindung.

In allen Fällen wird das Semicarbazon durch Filtration isoliert und durch Umkristallisation aus Wasser oder Äthanol gereinigt. Einige Semicarbazone sind in diesen Lösungsmitteln so schwer löslich, daß man sie nicht umkristallisieren kann. Eine genügende Reinigung wird dann meistens durch 2—3maliges Auskochen des Semicarbazons mit Äthanol erreicht.

Die Semicarbazone enthalten wie die Hydrazone eine C=N-Doppelbindung, und die beiden geometrisch isomeren Formen haben gewöhnlich ungefähr dieselbe Stabilität. Deshalb haben die beiden Isomeren in der Nähe des Schmelzpunktes eine Tendenz zur gegenseitigen Umbildung, wodurch ein Gemisch mit niedrigerem Schmelzpunkt als der der beiden reinen Komponenten entsteht. Der experimentell gefundene Schmelzpunkt hängt deshalb von der Geschwindigkeit der Erwärmung ab, so daß langsame Erwärmung zu einem niedrigeren Schmelzpunkt führt als schnelle Erwärmung. Die Differenz zwischen den im Schmelzpunktröhrchen und auf dem Maquenne-Block bestimmten Schmelzpunkten kann leicht 10° erreichen. Die „momentanen Schmelzpunkte“, die auf dem Maquenne-Block festgestellt werden, sind besser reproduzierbar als die im Kapillarrohr bestimmten und eignen sich deshalb am besten zur Kontrolle der Reinheit des Semicarbazons [57].

Die Schmelzpunkte der Semicarbazone aliphatischer Carbonylverbindungen sind im Beilstein, Bd. III, Abschnitt Semicarbazid, aufgezeichnet. Für alle anderen Carbonylverbindungen sind die Semicarbazone zusammen mit der Carbonylverbindung beschrieben. Eine Liste von Schmelzpunkten der Semicarbazone findet man in Organic Reagents for Organic Analysis, vgl. S. 63.

Mit gewissen Typen von Carbonylverbindungen, z. B. den β-Diketonen [58], wird zuerst ein Semicarbazon gebildet, welches sich aber durch Sekundärreaktionen zu einer heterocyclischen Substanz, einem substituierten Pyrazol, umbildet:

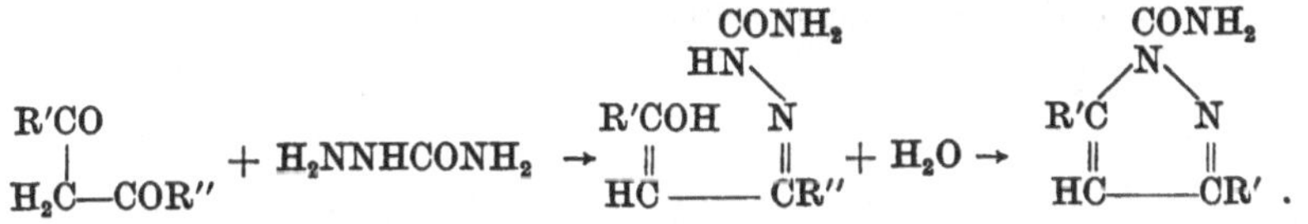

e) Oxime

Bisweilen zieht man vor, Oxime statt anderer Kondensationsprodukte der Carbonylverbindungen zu präparieren. Gewöhnlich bilden sich die Aldoxime leichter als die Ketoxime:

$$\begin{matrix} R' \\ R'' \end{matrix}\!\!>\!C{=}O + H_2NOH \rightarrow \begin{matrix} R' \\ R'' \end{matrix}\!\!>\!C{=}NOH + H_2O\,.$$

Man löst etwa äquivalente Mengen des Hydroxylammoniumchlorids und der Carbonylverbindung in Äthanol oder wäßerigem Äthanol und setzt zu dem Gemisch der beiden Lösungen eine Base im Überschuß, wie Natronlauge, Bariumcarbonat oder Natriumcarbonat. Die Geschwindigkeit der Oximbildung ist gewöhnlich geringer als die Geschwindigkeit der Semicarbazonbildung. Man läßt deshalb das Gemisch über Nacht stehen und isoliert erst dann das Oxim.

Man kann die Geschwindigkeit der Oximbildung durch Erwärmen auf dem Dampfbade beschleunigen, riskiert aber dadurch die Umbildung des Oxims in ein N-substituiertes Amid durch BECKMANNsche Umlagerung:

$$\begin{matrix} R'{-}C{-}R'' \\ \| \\ N{-}OH \end{matrix} \rightarrow \begin{matrix} HO{-}C{-}R'' \\ \| \\ N{-}R' \end{matrix} \rightarrow R''CONHR'\,.$$

Besonders die Ketoxime sind zu dieser Umlagerung fähig.

Ist die Carbonylverbindung ungesättigt, kann die Oximierung von einer Addition von Hydroxylamin an die Doppelbindung begleitet sein.

Um die Oxime zu isolieren, verdünnt man das Reaktionsgemisch mit Wasser. Die in Wasser unlöslichen Oxime werden durch Filtration isoliert. Sind die Oxime in Wasser löslich, extrahiert man die wässerige Lösung mit Äther, trennt die Ätherschicht ab und isoliert das Oxim durch Abdampfung des Äthers.

Die Schmelzpunkte der Oxime findet man im BEILSTEIN dort, wo die Carbonylverbindung abgehandelt ist.

Die α-Diketone geben gewöhnlich ohne Schwierigkeiten Dioxime (disubstituierte Glyoxime). Die β-Diketone reagieren aber mit Hydroxylamin wie mit den Hydrazinderivaten so, daß das zuerst gebildete Monoxim mit der enolisierten zweiten Carbonylgruppe unter Bildung einer heterocyclischen Verbindung, einem Isoxazol, reagiert:

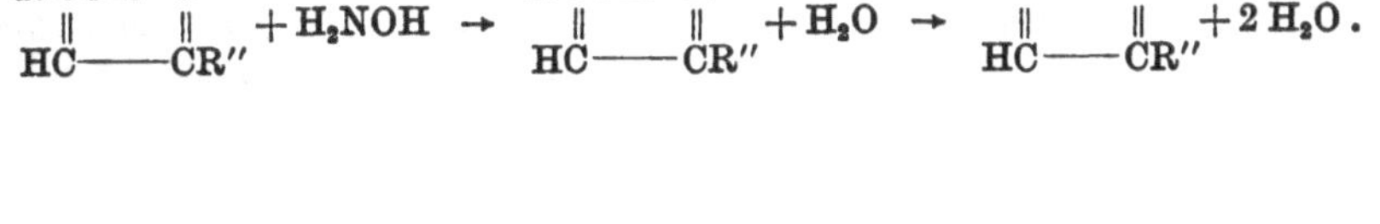

f) Bildung von Kondensationsprodukten mit Dimedon

Wie auf S. 94 angeführt, kondensieren die Aldehyde, gewöhnlich aber nicht die Ketone, sich mit Dimedon (Methon, 5,5-Dimethyldihydroresorcin), wodurch sehr schwer lösliche Verbindungen entstehen [59], [60]:

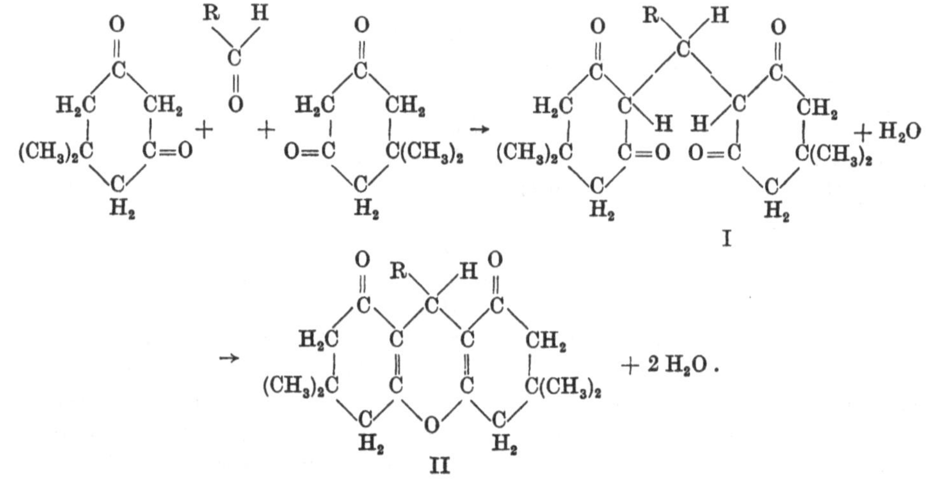

Man setzt einige Tropfen (oder Kriställchen) des Aldehyds zu einer 2%igen Lösung von Dimedon in 50%igem Alkohol. Das Gemisch wird bis zum Sieden erwärmt und dann 2—3 Stunden der Kristallisation überlassen. Verlängertes Kochen ist zu vermeiden, denn dadurch findet leicht durch Enolisierung der Verbindung I Ringschluß zu einem Anhydrid, einem Xanthonderivat II statt. Diese Anhydridbildung scheint bei einigen Aldehyden unvermeidlich zu sein.

Der Niederschlag wird abfiltriert und durch Umkristallisation aus verdünntem Alkohol gereinigt.

Die Dimedonate eignen sich vorzüglich zur Identifizierung des Formaldehyds und des Azetaldehyds (und dadurch auch des Methanols und des Äthanols), denn die Schmelzpunkte der beiden Dimedonate sind 191—191,5° bzw. 141—142°, während die entsprechenden 2,4-Dinitrophenylhydrazone bei 166° bzw. 167,5° schmelzen.

Einige Schmelzpunkte von Dimedonaten sind in den Referenzen [59], [60] und in Organic Reagents for Organic Analysis angegeben.

g) Bildung von Imidazolidinen durch Kondensation mit 1,2-bis(*p*-Methoxybenzyl-amino)äthan, (vgl. S. 94)

Zwei Moleküle Anisaldehyd bilden mit Äthylendiamin eine SCHIFF-Base. Bei deren Reduktion wird das Reagens 1,2-bis (*p*-Methoxybenzylamino)äthan gebildet:

$$2\,CH_3OC_6H_4CHO + H_2NCH_2CH_2NH_2 \rightarrow$$

$$CH_3OC_6H_4CH{=}NCH_2CH_2N{=}HCC_6H_4OCH_3 \xrightarrow{4H} CH_3OC_6H_4CH_2NHCH_2CH_2NHCH_2C_6H_4OCH_3\,.$$

Die Aldehyde, aber nicht die Ketone, reagieren mit den beiden sekundären Aminogruppen des Reagens, da deren Wasserstoffatome ziemlich reaktiv sind. Hierbei wird ein trisubstituiertes Imidazolidin gebildet [61]:

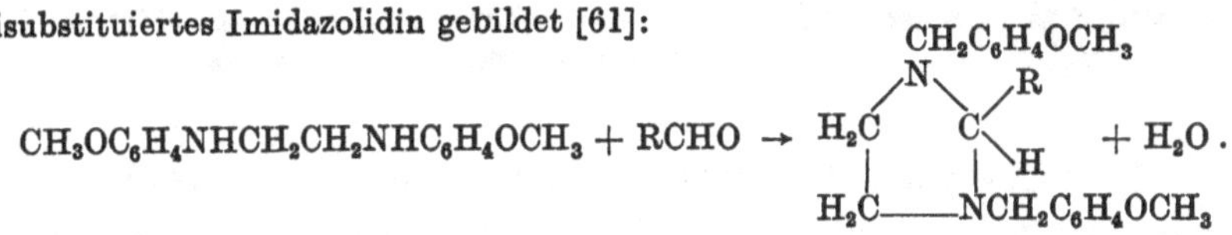

Diese Derivate haben vor den Dimedonaten den Vorteil, daß keine Möglichkeit einer Anhydridbildung vorliegt.

Das Reagens wird als Dihydrochlorid isoliert und aufbewahrt. Vor dem Gebrauch muß man aber die freie Base isolieren. 2,5 g des Dihydrochlorids werden in einem Reagenzglas mit 10 ml einer 10%igen Natriumhydroxidlösung übergossen. Man erwärmt auf dem Dampfbade, wobei sich ein Öl ausscheidet. Die Erwärmung wird noch 15 Minuten fortgesetzt. Das Öl (das freie Amin) erstarrt beim Abkühlen. Die wässerige Schicht wird dekantiert, das Diamin wird zweimal mit je 15 ml Wasser gewaschen, um Reste der Natronlauge zu entfernen; dann wird das Wasser so vollständig wie möglich dekantiert und das Diamin bei Zimmertemperatur in einer geringen Menge absoluten Äthanols gelöst. Zu dieser Lösung fügt man die berechnete Menge des Aldehyds (feste Aldehyde werden zuerst in wenig absolutem Äthanol gelöst). Das Reagenzglas wird mit einem Stopfen verschlossen und 10—15 Minuten geschüttelt, wobei gewöhnlich das Kondensationsprodukt sich niederschlägt. Entsteht kein Niederschlag, kann man das Gemisch 10 Minuten lang bis 65° erhitzen; beim Abkühlen, eventuell in Eiswasser, kristallisiert das Kondensationsprodukt aus. Es wird abfiltriert und durch Umkristallisation aus der minimalen Menge absolutem Äthanol gereinigt.

Azeton ist der einzige der bis jetzt untersuchten Ketone, welcher ein festes, kristallinisches Imidazolidin gibt.

Schmelzpunkte einiger dieser Derivate sind in den Referenzen [61], [62] angegeben. VEIBEL und KROGH ANDERSEN [62] diskutieren außerdem die Möglichkeit der acidimetrischen Bestimmung des Äquivalentgewichtes der Imidazolidine.

Neulich haben CHEN und BILLMAN [63], [64] vorgeschlagen, statt des hier erwähnten Reagens das analog gebaute 1,2-bis(*p*-chlorbenzylamino)äthan zu benutzen.

h) Bildung von Diphenylimidazolidinen bei Kondensation mit 1,2-bis(Phenylamino)äthan, (vgl. S. 94)

Dieses Reagens, welches einfacher ist als das vorstehend als 6, g) erwähnte, wurde von WANZLICH und LÖCHEL [65] empfohlen. Um das Reagens zu präparieren, erwärmt man unter Rückflußkühlung auf dem Dampfbade Äthylenbromid mit einem großen Überschuß von Anilin. Aniliniumbromid und Überschuß von Anilin werden abgetrennt, und dann wird das 1,2-bis(Phenylamino)äthan als bis-Hydrochlorid präzipitiert. Aus diesem wird die Base mit Natriumhydroxid freigemacht, abfiltriert und durch Umkristallisation aus Methanol gereinigt. Dieses Reagens kann man, im Gegensatz zum als 6,g) erwähnten, als freie Base vorrätig halten.

Die Aldehyde kondensieren sich mit dem 1,2-bis(Phenylamino)äthan zu 1,3-Diphenyl-2-Alkyl (oder Aryl)imidazolidinen. Eine Lösung von 0,2—0,3 g des Aldehyds in 5 ml Methanol wird mit einer Lösung von 0,5 g des Reagens in 10 ml Methanol gemischt. Man setzt einen Tropfen 50%iger Essigsäure hinzu, wodurch das Kondensationsprodukt sich gewöhnlich sofort ausscheidet. Bisweilen muß man die Kristallisation durch Reibung der Seiten des Reagenzglases mit einem Glasstab induzieren; in einzelnen Fällen fängt die Kristallisation erst nach 5minutigen Rückflußkochen an. Die Reaktion ist:

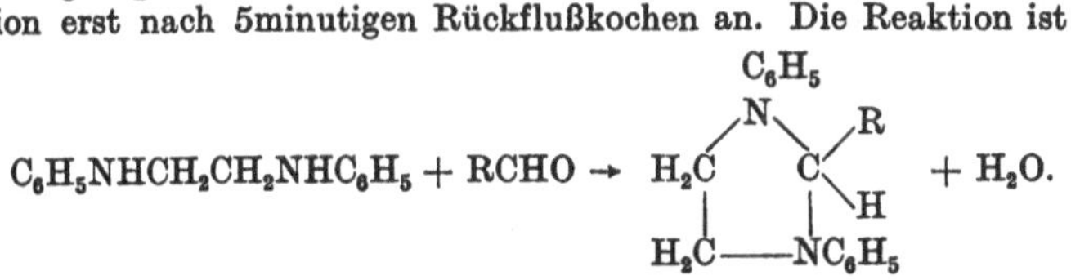

Die substituierten Imidazolidine werden durch Umkristallisation aus Methanol gereinigt. Die Schmelzpunkte einiger dieser Derivate sind in den Referenzen [62], [65], [66] angegeben.

i) 2-Diphenylazetyl-1,3-indandion-1-hydrazone, (vgl. S. 94)

Dieses Hydrazinderivat, welches sich sowohl mit Aldehyden als mit Ketonen kondensiert, ist von Broun und Mosher [67] sowohl zum qualitativen Nachweis (Fluoreszenz der Derivate im Ultraviolett, siehe S. 94) als zur Präparation von Derivaten der Carbonylverbindungen empfohlen worden.

Zuerst wird nach Kilgore, Ford und Wolfe [68] 2-Diphenylazetyl-1,3-indandion aus Phthalsäuredimethylester und Azetyldiphenylmethan hergestellt. Zu 60 g dieser Substanz, in 600 ml Wasser und 150 ml Methanol suspendiert, setzt man unter kräftigem Rühren 20,2 g Hydrazin (95%). Die dadurch entstehende gelbe Lösung wird 2 Stunden unter Rückfluß gekocht; der gelbe Niederschlag wird abfiltriert, mit drei 100 ml-Portionen Wasser und dann zwei 100 ml-Portionen Äther gewaschen und schließlich bei 100° getrocknet. Nach Umkristallisation aus Äthanol-Dimethylformamid findet man Schmp. 305° (destr).

Es ist sehr wichtig, die angegebenen Volumina von Wasser und Methanol innezuhalten. Ohne Methanolzusatz findet keine Kondensation statt; mit mehr als 150 ml Methanol sinkt die Ausbeute, die sonst mit 97,5% angegeben wird, wieder.

Die Kondensationsprodukte mit den Carbonylverbindungen entstehen, indem man 0,005 Mol der Carbonylverbindung und 1,58 g = 0,0045 Mol des Reagens mit 20—30 ml Chloroform aufschlämmt. 2 Tropfen konzentrierter Salzsäure zusetzt und dieses Gemisch 2—10 Minuten (bis eine tiefgefärbte, beinahe klare Lösung entstanden ist) unter Rückfluß kocht. Die Lösung wird heiß filtriert und das Filtrat mit 20 ml Methanol verdünnt, wodurch gewöhnlich die Derivate auskristallisieren. Wenn nicht, wird im Vacuum auf 2 ml eingedampft und mit wasserfreiem Methanol oder Äther gefällt. Der Niederschlag wird abfiltriert und aus Chloroform-Methanol (mit so wenig Chloroform wie möglich) umkristallisiert. Schließlich wird bei 70—100° getrocknet.

Die Reaktionen sind:

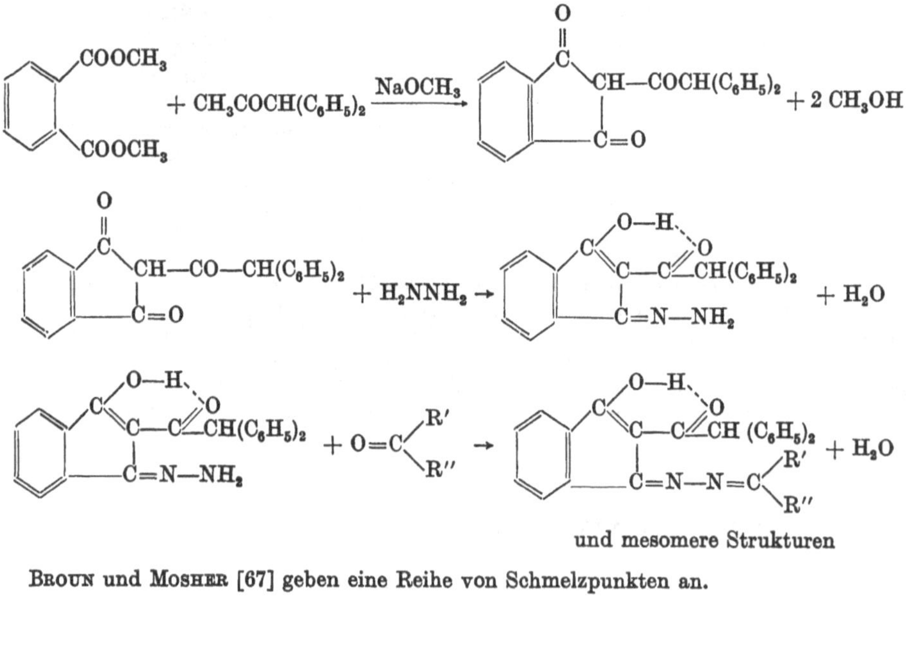

und mesomere Strukturen

Broun und Mosher [67] geben eine Reihe von Schmelzpunkten an.

k) Herstellung von substituierten Pyrrolen zur Charakterisierung der γ-Diketone

Fétizon und Baranger [69] empfehlen zur Charakterisierung der γ-Diketone die Herstellung von substituierten N-p-Nitrophenylpyrrolen:

0,1—0,2 g des Diketons, 0,25 g p-Nitroanilin, 1 ml Äthanol und 1 Tropfen konzentrierter Salzsäure werden 3 Stunden unter Rückfluß gekocht. Nach dem Abkühlen setzt man eine 10%ige Kaliumcarbonatlösung hinzu, wodurch ein Niederschlag von 1-p-Nitrophenyl-3,5-dialkylpyrrol entsteht. Die Derivate können durch Umkristallisation aus passenden Lösungsmitteln oder durch Chromatographie einer Ligroinlösung des Derivats auf einer Aluminiumoxid-Säule und nachherige Elution mit 5% Chloroform enthaltendem Ligroin gereinigt werden.

Die Reaktionen sind:

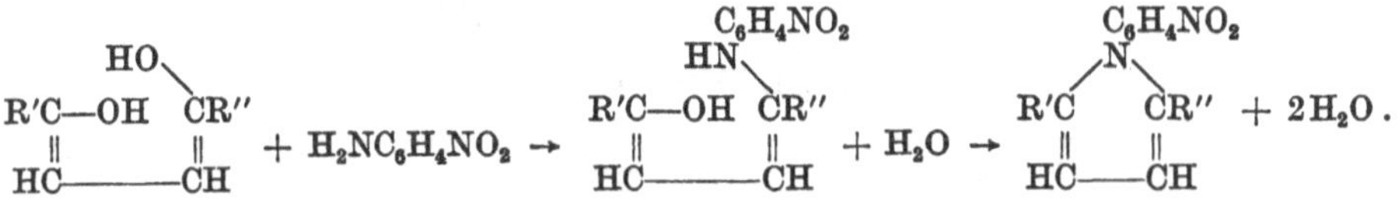

Einige Schmelzpunkte dieser Derivate sind von Fétizon und Mitarbeiter [69], [70] angegeben.

l) Benzylthiuroniumsalze der Natriumhydrogensulfitverbindungen, Benzylthiuronium-α-hydroxyalkansulfonate

Die Natriumsalze der α-Hydroxyalkansulfonsäuren sind oft in Wasser so leicht löslich, daß ihre Isolierung erschwert wird. Außerdem sind die Schmelzpunkte so hochliegend, daß sie ohne Interesse sind. Von Wacek und Kratzl [71] schlagen deshalb vor, statt der Natriumsalze die Benzylthiuroniumsalze der α-Hydroxyalkansulfonsäuren herzustellen, weil sie in Wasser weniger löslich sind und bedeutend niedriger schmelzen.

1 g des Aldehyds wird mit einer konzentrierten Lösung von Natriumhydrogensulfit geschüttelt. Fällt das Natriumsalz der α-Hydroxyalkansulfonsäure dabei aus, wird es abgesaugt und in möglichst wenig Wasser gelöst. Zu dieser Lösung setzt man eine wässerige 10%ige Lösung von Benzylthiuroniumchlorid, mit 1—2 Tropfen verdünnter Salzsäure angesäuert. Die Benzylthiuroniumsalze fallen dabei gewöhnlich aus.

Wenn die Natriumsalze so leicht löslich sind, daß sie nicht gefällt werden, setzt man die Benzylthiuroniumchloridlösung direkt zum Reaktionsgemisch der Carbonylverbindung und Natriumhydrogensulfit, wobei man aufpassen muß, daß die Carbonylverbindung im Überschuß vorliegt, denn Benzylthiuroniumhydrogensulfit ist in Wasser schwer löslich. Die Benzylthiuroniumsalze werden abgesaugt und durch Umkristallisation aus Äthanol gereinigt. Von Wacek und Kratzl (S. 111) geben einige Schmelzpunkte an, die aber so nahe an einander liegen, daß sie nur schlecht die Distinktion der verschiedenen Carbonylverbindungen erlauben. Veibel und Mitarbeiter [72] haben sich der Präparation dieser Salze angenommen und dabei eine etwas günstigere Lage der Schmelzpunkte gefunden.

m) Übersicht über die Kondensationsprodukte verschiedener Typen von Carbonylverbindungen mit p-Carboxyphenylhydrazin [73]

Substanzen mit einer Carbonylgruppe als einziger funktioneller Gruppe reagieren mit p-Carboxyphenylhydraziniumchlorid, wie auf Seite 91 beschrieben.

Mit *aliphatischen α-Diketonen* sind die bis-p-Carboxyphenylhydrazone die normalen Reaktionsprodukte. Die mono-Hydrazone lassen sich oft nicht einmal durch Vermischung der Reagenslösung mit einem großen Überschuß des Diketons ausfällen.

Mit *aromatischen α-Diketonen* sind dagegen die mono-*p*-Carboxyphenylhydrazone die normalen Reaktionsprodukte. Die bis-Hydrazone entstehen nur, wenn man 1—2 Stunden ein Gemisch der α-Dicarbonylverbindung mit einem Überschuß der Reagenslösung unter Rückfluß kochen läßt.

Die *β-Diketone*, aliphatische wie aromatische, geben mit *p*-Carboxyphenylhydrazin substituierte Pyrazole, die gewöhnlich mit 1 Mol Kristallwasser kristallisieren, welches durch Trocknen des Derivates bei 130° oder im Vacuum über Phosphorpentoxid bei Zimmertemperatur entfernt werden kann [74]. Der Schmelzpunkt hängt deshalb davon ab, wie man das Pyrazol isoliert und getrocknet hat.

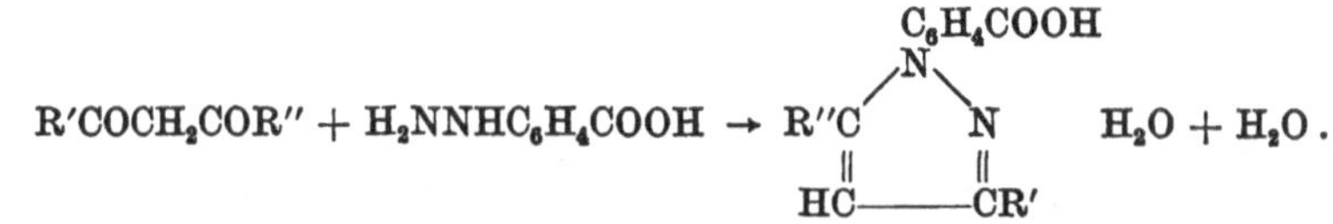

Die Placierung von R′ und R″ (in Stellung 3 oder 5) hängt vom elektrophilen Charakter der beiden Substituenten ab. Je weniger elektrophil R′ ist, desto größer ist die Aussicht, diesen Substituenten in der Stellung 3 zu finden; vgl. die entsprechenden Nitrophenylhydrazinderivate, die von ØSTRUP [75], [76] untersucht wurden.

Mit den *γ-Diketonen* ist die Bildung der bis-*p*-Carboxyphenylhydrazone in der Kälte möglich, wenn man mit einem großen Überschuß des Reagens arbeitet. Bei der Umkristallisation wird aber gewöhnlich Ringschluß zu einem substituierten Dihydropyridazin eintreten, indem 1 Mol *p*-Carboxyphenylhydrazin abgespalten wird:

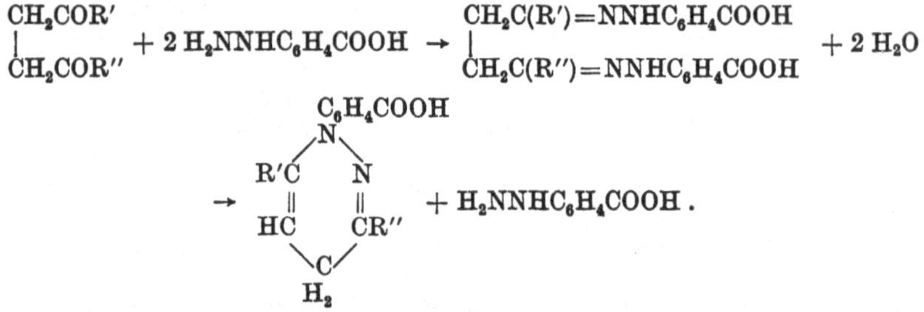

Die Stellung der Substituenten R′ und R″ (3 oder 6) hängt wiederum von ihrem elektrophilen Charakter ab.

Die Reaktion mit *α-Ketonsäuren* ist normal. Die *p*-Carboxyphenylhydrazone fallen ohne Komplikationen aus.

Die Ester der *β-Ketonsäuren* können in der Kälte *p*-Carboxyphenylhydrazone bilden. Sehr oft wird aber schon in der Kälte ein partieller Ringschluß zu substituierten 5-Pyrazolonen eintreten, und gewöhnlich ist der Ringschluß vollständig nach ½—1stündigem Erwärmen auf dem Dampfbade. Der Ringschluß kann auch während der Umkristallisation des primären Reaktionsproduktes aus Äthanol stattfinden und scheint bei der Umkristallisation aus Eisessig unumgänglich zu sein:

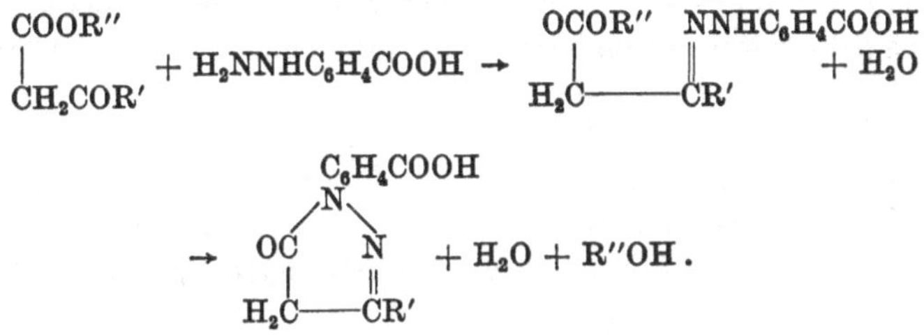

Die primären Kondensationsprodukte der *aliphatischen γ-Ketonsäuren* sind gewöhnlich die *p*-Carboxyphenylhydrazone. Diese werden aber durch Erwärmen bis zu 130° oder bei Umkristallisation aus Eisessig zu Tetrahydropyridazinderivaten cyclisiert:

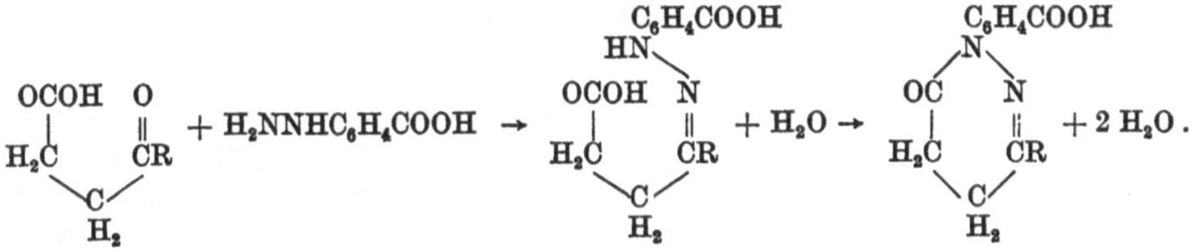

Mit den *aromatischen γ-Ketonsäuren* vom Typ *o*-Benzoylbenzoesäure werden direkt Dihydropyridazinderivate (Phthalazone) gebildet, so daß die zuerst entstehenden *p*-Carboxyphenylhydrazone sich nicht isolieren lassen:

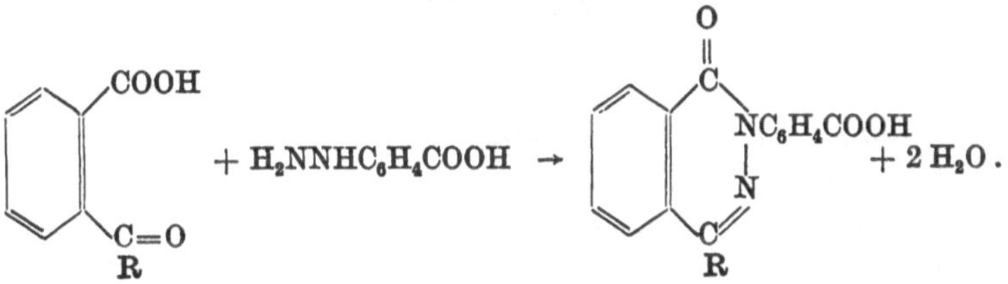

Die *aromatischen α-Hydroxyaldehyde* (und *-ketone*) bilden wie die *aromatischen α-halogensubstituierten Aldehyde* und *-ketone* bei Zimmertemperatur mit *p*-Carboxyphenylhydrazin *p*-Carboxyphenylhydrazone, die aber gewöhnlich freiwillig 1 Mol HX (X = Hydroxyl oder Halogen) eliminieren [77]—[80]:

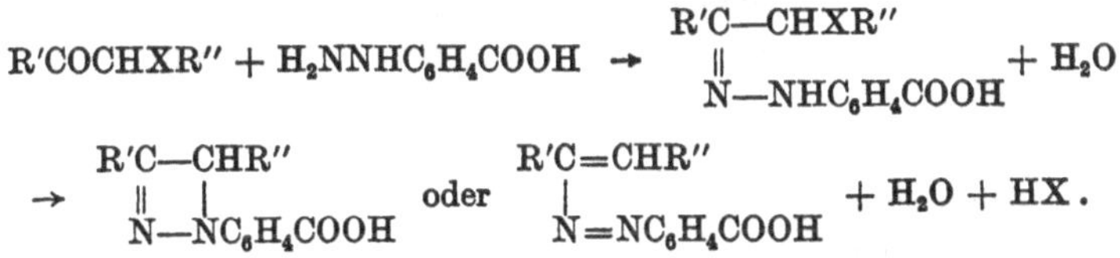

Die entsprechenden *aliphatischen Carbonylverbindungen* reagieren mit *p*-Carboxyphenylhydrazin in komplizierterer Weise, indem das Endprodukt das bis-*p*-

Carboxyphenylhydrazon des entsprechenden α-Diketons ist. Das heißt, daß die ursprüngliche Substanz oxydiert wird (vgl. die Osazonbildung der Kohlenhydrate). Auch mit den aromatischen Verbindungen werden die bis-*p*-Carboxyphenylhydrazone gebildet, wenn man das Reaktionsgemisch auf dem Dampfbade erwärmt.

Mit den *β-Ketolen* werden bei Zimmertemperatur *p*-Carboxyphenylhydrazone gebildet. Erwärmt man das Reaktionsgemisch auf dem Dampfbade oder kristallisiert man die *p*-Carboxyphenylhydrazone aus Eisessig um, wird unter Ringschluß ein Mol Wasser eliminiert, wodurch substituierte Pyrazoline entstehen:

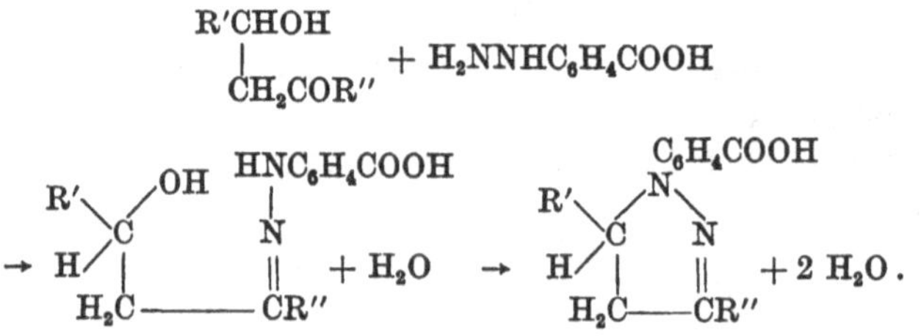

α-β-Ungesättigte Aldehyde und Ketone. Mit den aliphatischen oder aliphatisch-aromatischen Substanzen (z. B. $CH_3CH{=}CHCOCH_3$ oder $C_6H_5CH{=}CHCOCH_3$) findet normalerweise Bildung von *p*-Carboxyphenylhydrazonen statt, während die entsprechenden aromatischen Ketonen (z. B. $C_6H_5CH{=}CHCOC_6H_5$) durch Ringschluß des *p*-Carboxyphenylhydrazons substituierte Pyrazoline bilden:

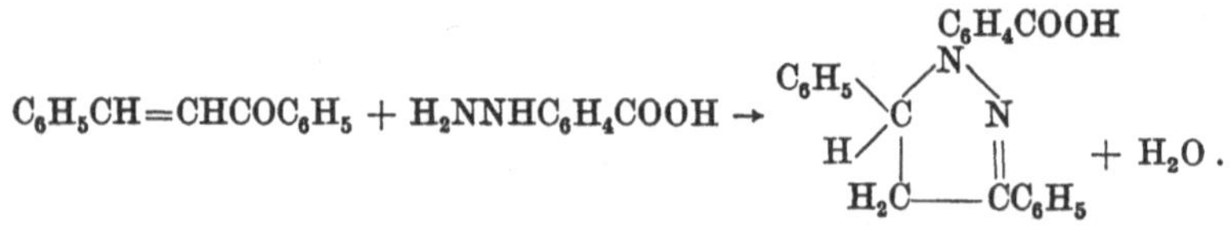

Dieser Ringschluß kann auch in der aliphatischen Reihe stattfinden, wenn man die *p*-Carboxyphenylhydrazone einige Zeit mit Eisessig kocht.

Ob ein Ringschluß stattgefunden hat, kann man dadurch erkennen, daß die Lösung des Pyrazolins stark fluoresziert, die des *p*-Carboxyphenylhydrazons dagegen nicht.

7. METHODEN ZUR ERMITTLUNG DES ÄQUIVALENTGEWICHTES DER CARBONYLVERBINDUNGEN

a) Bestimmung durch die *p*-Carboxyphenylhydrazone

Man kann die *p*-Carboxyphenylhydrazone titrimetrisch mit 0,1 *n*-Natrium- oder Bariumhydroxid bestimmen, da man den basischen Charakter der Hydrazingruppe durch Kondensation mit der Carbonylgruppe eliminiert hat (vgl. die Formoltitrierung der Aminosäuren, S. 216).

0,2—0,3 g des *p*-Carboxyphenylhydrazons werden in 50 ml Äthanol gelöst (wenn notwendig durch Erwärmen auf dem Wasserbade). Nach Abkühlung bis zur Zimmertemperatur setzt man 2—3 Tropfen Phenolphthaleinlösung hinzu und titriert mit 0,1 n-Natron- oder Barytlauge, bis sich die Lösung schwach rosa färbt. Diese Erscheinung verschwindet schon nach 10—20 Sekunden wieder, denn die Farbe klingt in äthanolischer Lösung viel schneller ab als in wäßriger Lösung, weil Kohlensäureanhydrid in Äthanol stärker löslich ist als in Wasser.

In Gegensatz zur gewöhnlichen Acidimetrie werden die genauesten Äquivalentgewichte gefunden, wenn man gegen Ende der Titrierung *nicht* mit Wasser verdünnt.

Das Äquivalentgewicht der Carbonylverbindung ist durch den Ausdruck:

$$E = E_{p\text{-Carb.}} - 134{,}1 = \frac{a \cdot 1000}{b \cdot n} - 134{,}1$$

gegeben, wenn a g p-Carboxyphenylhydrazon b ml Natriumhydroxid der Normalität n verlangen und 134,1 die Differenz der Äquivalentgewichte von

$$\begin{matrix} R' \\ R'' \end{matrix} \!\!> C{=}NNHC_6H_4COOH \quad \text{und} \quad \begin{matrix} R' \\ R'' \end{matrix} \!\!> C = O$$

ist.

Mit aromatischen Carbonylverbindungen, die zugleich phenolische Hydroxylgruppen enthalten, bereitet die Titration bisweilen Schwierigkeiten. Titriert man z. B. das p-Carboxyphenylhydrazon des Salizylaldehyds, findet man ein zu kleines Äquivalentgewicht (d. h. daß b zu groß gefunden wird), wenn man mit Phenolphthalein als Indicator titriert. Tauscht man Phenolphthalein gegen Methylrot aus, ist das Ergebnis der Titration dagegen korrekt. Die phenolische Hydroxylgruppe wird somit bei dem pH des Phenolphthaleins teilweise neutralisiert.

Sind mehrere phenolische Hydroxylgruppen vorhanden, wie z. B. im p-Carboxyphenylhydrazon des Protocatechualdehyds oder des Gallacetophenons, wird die Beobachtung des Umschlages unmöglich gemacht, denn die Lösung nimmt während der Titrierung eine tiefgrüne bis braune Farbe an oder scheidet einen schwarzen Niederschlag aus. Man kann jedoch die Titration potentiometrisch mit einer Glaselektrode und einer Calomelelektrode als Referenceelektrode durchführen, obwohl der Potentialsprung, welcher bei den unkomplizierten p-Carboxyphenylhydrazonen sehr ausgeprägt ist, für Substanzen mit mehreren phenolischen Hydroxylgruppen kleiner wird. Selbst für Gallacetophenon läßt sich aber das Äquivalentgewicht des p-Carboxyphenylhydrazons mit einer Genauigkeit von etwa 1% bestimmen [81].

Wenn man die Lage der Titrationskurve des zu untersuchenden p-Carboxyphenylhydrazons mit der des Benzaldehyd- oder Acetophenon-p-Carboxyphenylhydrazons vergleicht, kann man die Zahl eventuell vorhandener Hydroxyl- oder Aminogruppen im aromatischen Kern abschätzen [82].

Unter Hinweis auf die Übersicht über die Kondensationsprodukte verschiedener Typen von Carbonylverbindungen, die oben (S. 111) gegeben wurde, seien noch einige Bemerkungen bezüglich der Bestimmung des Molekülgewichtes der Carbonylverbindungen gemacht:

α-Diketone. Da die bis-p-Carboxyphenylhydrazone die normalen Reaktionsprodukte sind, ist das gefundene Äquivalentgewicht nur die Hälfte des Molekülgewichtes des α-Diketons.

Die bis-p-Carboxyphenylhydrazone sind gewöhnlich in Äthanol so schwer löslich, daß sie sich nur allmählich durch Einwirkung der Base lösen. Da die Titration deshalb sehr lange Zeit in Anspruch nimmt, muß man diese in einem Strom von kohlendioxidfreiem Stickstoff ausführen, um den Einfluß des atmosphärischen Kohlendioxids zu eliminieren. Der Endpunkt der Titration ist erreicht, wenn die rote Farbe, die durch Zusatz von einem Tropfen 0,1 n-Natronlauge hervorgerufen wird, sich mindestens 5 Minuten erhält [83].

Für die β-Diketone, welche substituierte Pyrazole, die mit 1 Mol Wasser kristallisieren, bilden, ist der oben gegebene Ausdruck zur Berechnung des Äquivalentgewichtes noch gültig. Hat man aber durch Erhitzung des Pyrazols bis zu 130° oder durch seine Aufbewahrung im Vacuum über Phosohorpentoxid bei Zimmertemperatur das Kristallwasser entfernt, findet man das Äquivalentgewicht des β-Diketons bei Subtraktion von 116,1 vom Äquivalentgewicht des substituierten wasserfreien Pyrazolons.

Die γ-Diketone werden gewöhnlich durch die Bildung von Derivaten des Dihydropyridazins charakterisiert. Diese Derivate lassen sich als einbasische Säuren titrieren, und man findet das Äquivalentgewicht des γ-Diketons durch Subtraktion von 116,1 vom Äquivalentgewicht des substituierten Dihydropyridazins.

α-Ketonsäuren. Die p-Carboxyphenylhydrazone lassen sich als zweibasische Säuren titrieren, da sowohl die Carboxylgruppe der α-Ketonsäure als auch die des p-Carboxyphenylhydrazins titrierbar sind. Das Molekülgewicht der α-Ketonsäure ist deshalb $2\,E_{p\text{-Carb.}} - 134{,}1$.

β-Ketonsäureester. Die stabilen Kondensationsprodukte sind gewöhnlich die substituierten Pyrazolone. Diese Pyrazolone lassen sich mit 0,1 n-Natronlauge titrieren, und zwar als zweibasische Säuren, wenn die β-Ketonsäureester nicht ein α,α-disubstituierter Ester war, denn nicht nur die Carboxylgruppe des p-Carboxyphenylhydrazins, sondern auch die durch Enolisierung der Carbonylgruppe in Stellung 5 entstehende Hydroxylgruppe ist genügend sauer, um beim Umschlagspunkt des Phenolphthaleins neutralisiert zu sein.

Da ein Molekül Alkohol beim Ringschluß eliminiert wird, entsteht dasselbe Pyrazolon aus allen Estern einer gegebenen β-Ketonsäure. Das bedeutet, daß man aus dem Äquivalentgewicht des Pyrazolons nur das Molekülgewicht der β-Ketosäure und nicht das des Esters berechnen kann:

$$M_{\text{Ketonsäure}} = 2\,E_{\text{Pyrazolon}} - 116{,}1.$$

Man muß dann den Alkohol durch andere Methoden identifizieren, z. B. wie in Kapitel E angegeben, wo die Ester besprochen werden.

Die Pyrazolone sind nicht nur Säuren, sondern auch Basen. Man kann deshalb auch das Äquivalentgewicht durch Titration mit Perchlorsäure bestimmen, indem man das Pyrazolon in Eisessig löst und mit einer 0,1 n-Lösung von Perchlorsäure in Eisessig titriert, potentiometrisch (Glaselektrode/Calomelelektrode) oder visuell mit Kristallviolett als Indicator. Die Pyrazolone werden als einbasische Basen titriert, und man hat deshalb:

$$M_{\text{Ketonsäure}} = E_{\text{Pyrazolon}} - 116,1.$$

Die Pyrazolone, die in 4-Stellung doppelsubstituiert sind (Derivate der α,α-disubstituierten β-Ketonsäureester), sind so schwache Basen, daß man sie nicht mehr mit Perchlorsäure in Eisessig titrieren kann [84].

γ-Ketonsäuren. Wenn es möglich ist, die *p*-Carboxyphenylhydrazone als solche ohne Ringschluß zu isolieren, lassen sie sich als zweibasische Säuren titrieren; man erhält dann:

$$M_{\text{Ketonsäure}} = 2\,E_{\text{Carboxy.}} - 134,1.$$

Die aromatischen γ-Ketonsäuren vom Typ *o*-Benzoylbenzoesäure, die Phthalazone bilden, und die aliphatischen γ-Ketonsäuren, die durch Ringschluß Tetrahydropyridazinderivate gebildet haben, können auch titrimetrisch bestimmt werden. Diese Pyridazinderivate werden aber als einbasische Säuren titriert, denn die Enolisierung der Carbonylgruppe ist beim Umschlagspunkt des Phenolphthaleins nicht so weit fortgeschritten, daß die Titrationsergebnisse dadurch beeinflußt werden.

Aus den *α-Hydroxyaldehyden oder -ketonen* und den *α-halogensubstituierten Aldehyden oder Ketonen* lassen sich bisweilen Derivate isolieren, wo nur 1 Mol *p*-Carboxyphenylhydrazin reagiert hat (vgl. S. 113). Diese Derivate lassen sich mit 0,1 *n*-Natronlauge als einbasische Säuren titrieren. Für die α-Hydroxyverbindungen berechnet man dann:

$$M_{\text{Carbonyl}} = E_{p\text{-Carboxy.}} - 116,1,$$

für die α-chlorsubstituierten Verbindungen dagegen:

$$M_{\text{Carbonyl}} = E_{p\text{-Carboxy.}} - 97,6$$

(und entsprechend für die übrigen halogensubstituierten Verbindungen).

Aus den aliphatischen Carbonylverbindungen dieses Typs lassen sich nur die bis-*p*-Carboxyphenylhydrazone der entsprechenden α-Dicarbonylverbindungen isolieren. Die Bestimmung des Äquivalentgewichtes dieser Derivate wurde auf Seite 116 erwähnt.

β-Ketole. Sowohl die eigentlichen *p*-Carboxyphenylhydrazone als auch die daraus durch Ringschluß entstehenden Pyrazoline lassen sich als einbasische Säuren titrieren. Man findet dann:

$$M_{\text{Ketol}} = E_{p\text{-Carboxy.}} - 134,1 \quad \text{oder} \quad = E_{\text{Pyrazolin}} - 116,1.$$

Die *α,β-ungesättigten Aldehyde oder Ketone* kondensieren sich mit *p*-Carboxyphenylhydrazin zu *p*-Carboxyphenylhydrazonen oder durch Ringschluß zu Pyrazolinen. Beide Typen von Derivaten lassen sich als einbasische Säuren titrieren, und da der Ringschluß nicht von einer Elimination von Wasser begleitet ist, findet man in beiden Fällen das Äquivalentgewicht der Carbonylverbindung durch Subtraktion von 134,1 vom Äquivalentgewicht des Derivats.

b) Bestimmung durch die 2,4-Dinitrophenylhydrazone

Diese Derivate, die für den qualitativen Nachweis der Carbonylverbindungen sich so überaus nützlich erwiesen haben, hat man zur Bestimmung des Äquivalentgewichtes der Carbonylverbindungen nur in den Fällen benutzen können, wo die Ausfällung des 2,4-Dinitrophenylhydrazons wirklich quantitativ ist, so daß man es nach Abfiltrierung des Niederschlages wägen oder den Überschuß an Reagens titrimetrisch bestimmen kann.

Hat man gefunden, daß a g der Substanz b g 2,4-Dinitrophenylhydrazon liefern, kann man daraus berechnen, daß

$$E_{\text{Carbonyl}} = \frac{180{,}1 \cdot a}{b - a}$$

ist.

Duval und Xuong [85] haben eine thermogravimetrische Methode zur Bestimmung der Aldehyde durch die 2,4-Dinitrophenylhydrazone angegeben.

Barke und Cole [86] haben eine titrimetrische Methode ausgearbeitet, nach welcher man das 2,4-Dinitrophenylhydrazon abfiltriert, das Filtrat stark salzsauer macht (4—6 n-HCl) und den Überschuß von Dinitrophenylhydrazin mit Kaliumjodat umsetzt. Die Zuverlässigkeit dieser Methode hängt aber nicht nur davon ab, wie quantitativ die Ausfällung des 2,4-Dinitrophenylhydrazons ist, sondern auch davon, daß die Stöchiometrie der Reaktion zwischen Dinitrophenylhydrazin und Kaliumjodat sich mit der Säurekonzentration etwas ändert. Die Reaktion verläuft daher nur rein in stark saurer Lösung nach dem Schema:

$$(NO_2)_2C_6H_3NHNH_2 + KJO_3 + 3\,HCl \rightarrow (NO_2)_2C_6H_3N_2Cl + KCl + JCl + 3\,H_2O\,.$$

Yamagishi, Yokoo und Inonue [87] haben eine azotometrische Methode vorgeschlagen, um den Überschuß des Reagens festzustellen: Es wird eine Standardlösung von 2,4-Dinitrophenylhydrazin in Salzsäure bereitet und das Volumen von Stickstoff, welches durch Oxydation von 20 ml des Reagens mit Fehlingscher Lösung freigemacht wird (b ml), festgestellt. a g der Substanz werden zu 20 ml Reagenslösung zugesetzt und das 2,4-Dinitrophenylhydrazon wie gewöhnlich quantitativ ausgefällt und durch Filtration abgetrennt. Filtrat + Waschwasser werden gesammelt und mit Fehlingscher Lösung oxydiert. Dann wird das Stickstoffvolumen (c ml) festgestellt. b und c sind die auf 0° und 760 mm reduzierten Volumina. Das Molekülgewicht der Substanz ist dann:

$$M_{\text{Carbonyl}} = M_{\text{Hydrazon}} - 180{,}1 = \frac{a \cdot 22400}{b - c} - 180{,}1\,.$$

Veibel und Krogh Andersen [88] haben aber gefunden, daß die 2,4-Dinitrophenylhydrazone gewöhnlich nicht genügend unlöslich sind, um zuverlässige Resultate zu geben.

Es wäre naheliegend, eine titanometrische Methode zu benutzen, um das Äquivalentgewicht der 2,4-Dinitrophenylhydrazone zu bestimmen (vgl. S. 253, Bestimmung der Nitroverbindungen).

Untersuchungen im Laboratorium des Verfassers haben aber gezeigt, daß für die Reduktion keine allgemein gültige Stöchiometrie angegeben werden kann: Der Verbrauch an Titantrichlorid schwankt zwischen 12 Äquivalenten (entsprechend der Reduktion der beiden Nitrogruppen) und 14 Äquivalenten (Reduktion der beiden Nitrogruppen und der C = N-Doppelbindung).

SENSABAUGH, CUNDIFF and MARKUNAS [89] haben gefunden, daß die 2,4-Dinitrophenylhydrazone sich in Pyridinlösung mit einer 0,01—0,02 *n*-Benzollösung von *Tetrabutylammoniumhydroxid* potentiometrisch titrieren lassen. Da die basische Lösung sehr kohlendioxidempfindlich ist, muß die Titration in einer Stickstoffatmosphäre stattfinden.

Die Reagenslösung wird zubereitet, indem man 80 g Tetrabutylammoniumjodid in 180 ml absolutem Methanol löst, in einem Eisbade kühlt und mit 40 g feingepulvertem Silberoxid versetzt. Das Gemisch wird eine Stunde geschüttelt, durch ein feinporiges Glasfilter abgesaugt, das Filter mit drei 50 ml-Portionen Benzol gewaschen und Filtrat + Waschflüssigkeit mit Benzol auf 2000 ml gebracht. Zur weiteren Reinigung dient die Passage durch eine Amberlite-IRH-400 (OH^-)-Kolonne, die so präpariert wird: Eine Kolonne, 25 × 400 mm, wird zur Hälfte mit Amberlite IRH-400 gefüllt. Die Kolonne wird mit 2 *n*-Natronlauge gewaschen, bis keine Halogenionen mehr im Durchlauf nachzuweisen sind. Dann wird mit Wasser gewaschen, bis der Durchlauf neutral ist. Das Wasser wird zuerst von 500 ml Methanol und dann von 500 ml einem 10:1 Benzol-Methanol-Gemisch verdrängt und schließlich die Tetrabutylammoniumhydroxidlösung so schnell zugesetzt, daß in der Minute 15—20 ml durchlaufen. Sobald der Durchlauf basisch wird, fängt man an, die Lösung in einem gegen Kohlendioxid und Feuchtigkeit geschützten Kolben aufzusammeln.

Zur Feststellung des Endpunktes der Titration trägt man nach Korrektion für den Blindverbrauch des Lösungsmittels Millivolt gegen Milliliter auf.

c) Bestimmung durch die Semicarbazone

Die Semicarbazone werden beim Rückflußkochen mit verdünnter Schwefelsäure zu Kohlendioxid, Hydrazin, Ammoniak und Carbonylverbindung hydrolysiert. Da das Kohlendioxid während der Reaktion ausgekocht wird, ist die Hydrolyse quantitativ. Die Bestimmung wird dann wie die Ammoniakbestimmung im KJELDAHL-Verfahren durchgeführt. Man muß aber zuerst das Hydrazin entfernen, um zu verhindern, daß dieses, da es mit Wasserdampf etwas flüchtig ist, mit in das Destillat gelangt. Man kann das Hydrazin durch Oxydation mit Jodsäure in saurer Lösung beseitigen, während Ammoniumionen gegen Jodsäure resistent sind.

Es wird die folgende Arbeitsweise empfohlen [90]:

0,1—0,2 g Semicarbazon werden in einem 1000 ml KJELDAHL-Kolben eine halbe Stunde mit 100 ml Wasser und 10 ml konzentrierter Schwefelsäure unter Rückflußkühlung gekocht. Man muß aufpassen, daß das Semicarbazon sich vollkommen löst und nicht an den Wänden des Kolbens klebt. Um schwerlösliche Semicarbazone zu hydrolysieren, ist es vorteilhaft, eine konzentriertere Schwefelsäure zu benutzen, z. B. 30 ml Wasser und 10 ml konzentrierte Schwefelsäure.

Wenn die Hydrolyse beendet ist, fügt man zu der noch heißen Lösung (sofern es sich um die konzentriertere Lösung handelt nach Verdünnung mit 100 ml Wasser) 10 ml einer 4—5%igen Lösung von Kaliumjodat hinzu, wodurch Jod freigemacht wird. Man erwärmt bis zum Sieden und kocht ohne Rückflußkühlung bis alles Jod eliminiert ist. Dann verdünnt man mit 200 ml Wasser, fügt 50 ml 10 n-Natronlauge hinzu und destilliert, wie im KJELDAHL-Verfahren üblich, den Ammoniak ab. Es genügt, 150 ml Destillat in einem abgemessenen Volumen 0,1 n-Salzsäure aufzusammeln. Der Überschuß an Salzsäure wird durch Titration mit 0,1 n-Natronlauge (Indicator Methylrot) bestimmt. Die Reaktionen sind:

$$\begin{matrix}R' \\ R''\end{matrix}\!\!>C{=}NNHCONH_2 + 2\,H_2O \rightarrow \begin{matrix}R' \\ R''\end{matrix}\!\!>C{=}O + H_2NNH_2 + CO_2 + NH_3$$

$$5\,H_2NNH_2 + 4\,HJO_3 \rightarrow 12\,H_2O + 5\,N_2 + 2\,J_2$$

so daß jedes Molekül Semicarbazon ein Molekül Ammoniak liefert. Das Äquivalentgewicht der Carbonylverbindung ist deshalb:

$$E = \frac{a \cdot 1000}{b \cdot n} - 57{,}1\,,$$

wenn a g Semicarbazon eine b ml Salzsäure der Normalität n entsprechende Menge Ammoniak geliefert hat.

d) Bestimmung durch die Natriumhydrogensulfitverbindungen

Das Prinzip dieser Methode ist, daß Natriumhydrogensulfit durch Jod oxydiert wird, während die Salze der α-Hydroxyalkansulfonsäuren, die bei der Addition von Natriumhydrogensulfit an Carbonylverbindungen entstehen, von Jod nicht oxydiert werden. Hierdurch ist die Möglichkeit gegeben, die Aldehyde und solche Ketone, die sich mit Natriumhydrogensulfit vereinigen, d. h. viele Methylketone, jodometrisch zu erfassen.

Um diese Bestimmung durchzuführen, bereitet man eine 0,5%ige wäßrige Lösung der Carbonylverbindung, wobei man bei schwerlöslichen Substanzen Äthanol bis zur vollständigen Lösung zusetzen kann. 25 ml dieser Lösung werden in einem Jodzahlkolben mit 50 ml 0,1 n-Natriumhydrogensulfitlösung (10,4 g $NaHSO_3$ in Wasser gelöst und bis zu 1000 ml aufgefüllt) vermischt. Der Stopfen wird eingesetzt, und nach 15 Minuten titriert man den Überschuß an Natriumhydrogensulfit mit 0,1 n-Jod. Zugleich titriert man als Blindprobe 50 ml der Hydrogensulfitlösung mit Jod. Die Differenz zwischen den beiden Titrationen ist durch die von der Carbonylverbindung gebundene Natriumhydrogensulfitmenge bestimmt. Aus der Reaktionsgleichung:

$$NaHSO_3 + J_2 + H_2O \rightarrow NaHSO_4 + 2\,HJ$$

sieht man, daß das Äquivalentgewicht der Carbonylverbindung E durch den Ausdruck:

$$E = \frac{a \cdot 1000 \cdot 2}{b \cdot n}$$

bestimmt ist, wenn a g Carbonylverbindung eine Natriumhydrogensulfitmenge, die b ml Jodlösung der Normalität n entspricht, fixiert hat.

Eine Bedingung der jodometrischen Bestimmung von Carbonylverbindungen ist, daß das Gleichgewicht:

$$\begin{matrix}R' \\ R''\end{matrix}\!\!>C{=}O + NaHSO_3 \rightleftarrows \begin{matrix}R' \\ R''\end{matrix}\!\!>C<\!\!\begin{matrix}OH \\ SO_3Na\end{matrix}$$

vollständig gegen rechts verschoben ist und daß die Geschwindigkeit der Dissoziation nicht zu groß ist, damit man die Titration durchführen kann, ohne durch die Dissoziation der Additionsverbindung gestört zu werden.

Parkinson und Wagner [91] geben an, daß der Grenzwert der Dissoziationskonstante der Additionsverbindung 10^{-4} beträgt, so daß die Titration möglich wird, wenn $K < 10^{-4}$ ist. Sie haben gefunden, daß die Bestimmung von Formaldehyd, Azetaldehyd, Benzaldehyd und Furfural möglich ist, was mit den von Kerp [92] angegebenen Dissoziationskonstanten übereinstimmt.

Man könnte sich denken, daß die Benzylthiuroniumsalze der α-Hydroxyalkansulfonsäuren, die nach Wacek und Kratzl (Reaktion 6,l), S. 111) hergestellt werden können, dann zur Äquivalentgewichtsbestimmung zu benutzen sind, wenn man sie in Eisessig löst und mit Perchlorsäure titriert (siehe S. 164, Bestimmung der Carboxylsäuren, Berger [93]). Veibel, Krogh Andersen und Juhl Nielsen [94] haben aber gefunden, daß diese Methode nur eine begrenzte Gültigkeit hat, weil die Salze der stabilen Additionsverbindungen ($K < 10^{-4}$) untitrierbar sind; denn die α-Hydroxyalkansulfonsäuren stellen zu starke Säuren dar, als daß die Titration der Säureanionen sich ermöglichen ließe (vgl. Berger [93]). Die übrigen Benzylthiuroniumsalze sind zwar titrierbar; es handelt sich aber tatsächlich um eine Titration des Hydrogensulfitions, das während der Titration von der Perchlorsäure oxydiert wird, sofern die Additionsverbindung nicht sehr labil ist.

Wenn man die Natriumsalze der α-Hydroxyalkansulfonsäuren isoliert hat, kann man das Äquivalentgewicht durch Abrauchen einer abgewogenen Menge des Salzes mit Schwefelsäure bestimmen (vgl. S. 38). Hier sei aber daran erinnert, daß die Natriumsalze oft mit Kristallwasser kristallisieren und daß z. B. die Additionsverbindungen der Pyridinaldehyde nicht als Natriumsalze, sondern als metallfreie Zwitterionen isoliert werden. Die Zwitterionen lassen sich weder durch Titrieren noch durch Abrauchen bestimmen [94].

e) Bestimmung durch Oximierung

Die Oxime werden gewöhnlich durch Reaktion der Carbonylverbindungen mit Hydroxylammoniumchlorid hergestellt, wobei ein Mol Salzsäure freigemacht wird. Für präparative Zwecke ist es bequem, die Salzsäure durch Zusatz eines Überschusses an Natrium- oder Bariumcarbonat zu beseitigen. Will man aber die Reaktion zur Bestimmung des Äquivalentgewichtes benutzen, ist es wichtig, daß die Oximbildung in schwach saurem Milieu beendet wird, denn dann verläuft die Reaktion am vollständigsten zu Ende. Eine Reihe von Methoden zur Bestimmung der während der Reaktion gebildeten Salzsäure wurden von verschiedenen Verfassern vorgeschlagen. Veibel und Krogh Andersen [95] haben eine vergleichende Untersuchung einiger dieser Methoden vorgenommen und gefunden, daß die von Bryant und Smith [96] und von Smith und Mitchell, jr. [97] vorgeschlagenen Methoden die allgemeingültigsten sind.

Selbst nach diesen Methoden wird eine einfache oder doppelte Verzweigung am der Carbonylgruppe benachbarten Kohlenstoffatom in aliphatischen Verbindungen, in den Stellungen 2 und 6 in aromatischen Verbindungen die Genauigkeit der Bestimmung herabsetzen, denn die Vollständigkeit der Reaktion wird durch „sterische Hinderung" herabgesetzt. Diese sterischen Hinderungen können einfach durch die Raumbeanspruchung der Substituenten bedingt sein. Sie können aber auch ihre Ursache in einer Änderung der Polarisierung der C=O-Doppelbindung haben.

Die Reagenzien, die Bryant und Smith empfehlen, sind: I. Eine Lösung von 35 g Hydroxylammoniumchlorid in 160 ml Wasser, mit 96%igem Äthanol auf

1000 ml aufgefüllt (0,5 *n*); II. 20 ml Pyridin und 0,25 ml einer 4%igen Bromphenolblaulösung mit Äthanol bis zu 1000 ml verdünnt; III. 0,5 *n*-Natronlauge in 90%igem Methanol.

Um die Bestimmung des Äquivalentgewichtes durchzuführen, werden 30 ml I und 100 ml II in einem Becherglas von 400 ml gemischt. 5—8 Millimol der Carbonylverbindung werden genau abgewogen und zur Mischung hinzugefügt. Nach 2 Stunden bei Zimmertemperatur wird mit III titriert, potentiometrisch (Glaselektrode/Calomelelektrode) oder visuell, indem man eine Blindprobe der Mischung von I und II titriert und dann die Versuchslösung bis zur gleichen Farbe titriert.

Smith und Mitchell, jr. setzen zur Lösung I von Bryant und Smith 6 ml einer 0,1%igen methanolischen Lösung von Thymolblau (1 g Thymolblau wird mit 4 ml 0,5 *n*-Natriummethylat behandelt und die filtrierte Lösung mit Methanol bis zu 1000 ml aufgefüllt). Die Lösung wird mittels wäßriger 0,5 *n*-Salzsäure auf *pH* 2,5 gebracht (potentiometrische Kontrolle).

15—25 Millimol der Carbonylverbindung werden genau abgewogen und in 100 ml des Reagens gelöst. Nach 15 Minuten titriert man mit der Lösung III von Bryant und Smith bis zum Farbton einer Blindprobe (100 ml I + 50 ml 90%iger Methanol in einem Becherglas von denselben Dimensionen wie im Hauptversuch) oder zum *pH* der Blindprobe (*pH* 2,65).

Das Äquivalentgewicht ist durch den Ausdruck:

$$E = \frac{a \cdot 1000}{b \cdot n}$$

gegeben, wenn *a* g Substanz eine Menge Salzsäure freigemacht hat, die *b* ml Natronlauge der Normalität *n* neutralisieren kann.

f) Bestimmung der Carbonylverbindungen durch Reduktion mit Natriumborhydrid

Lyttle, Jensen und Struck [98] haben vorgeschlagen, die Aldehyde und Ketone durch Reduktion mit Natriumborhydrid zu bestimmen. Diese Methode wurde dann von Jensen [99] eingehend durchgearbeitet. Er hat folgende Arbeitsweise empfohlen:

Reagenzien: 0,5 *n*- (0,0625 *m*) Natriumborhydrid in *n*-Natronlauge; Kaliumjodat 0,25 *n*; Natriumthiosulfat 0,1 *n*. Die Natriumborhydridlösung ist, im Eisschrank aufbewahrt, einigermaßen stabil und verliert in 3—4 Tagen nur einige Prozent.

1—2 Millimol der Carbonylverbindung werden in einem 250 ml Jodzahlkolben in 10 ml Wasser gelöst und mit 10 ml der Natriumborhydridlösung versetzt. Man läßt einige Minuten stehen (für die meisten Aldehyde genügen 2 Minuten; die Ketone brauchen etwas längere Zeit) und setzt dann 20 ml 0,25 *n*-Kaliumjodat, 2 g Kaliumjodid und 10 ml 4 *n*-Schwefelsäure hinzu. Der Glasstopfen wird mit einigen Tropfen einer 10%igen Kaliumjodidlösung befeuchtet. Man läßt den Kolben 10—30 Minuten gegen das Licht geschützt stehen und titriert dann das freigemachte Jod mit 0,1 n-Natriumthiosulfat (Indicator: Stärke). Die Reaktionsgleichungen:

$$4 \; \begin{matrix} R' \\ R'' \end{matrix}\!\!>\!C{=}O + BH_4^- + 2\,H_2O \rightarrow 4 \; \begin{matrix} R' \\ R'' \end{matrix}\!\!>\!CHOH + BO_2^-$$

$$3\,BH_4^- + 4\,JO_3^- + 3\,H^+ \rightarrow 3\,B(OH)_3 + 4\,J^- + 3\,H_2O$$

zeigen, daß ein Molekül Natriumborhydrid 4 Moleküle oder 8 Äquivalente der Carbonylverbindung reduziert. Der Überschuß an Natriumborhydrid wird von der Jodsäure oxydiert. Der Titer der Natriumborhydridlösung ist in einem parallelen Blindversuch zu bestimmen. Aus der Differenz, b ml Natriumthiosulfat der Normalität n zwischen Blindversuch und Hauptversuch errechnet man das Molekülgewicht der Carbonylverbindung (a g):

$$M_{\text{Carbonyl}} = 2\,\ddot{A}_{\text{Carbonyl}} = \frac{a \cdot 1000 \cdot 2}{b \cdot n}$$

Ist die Carbonylverbindung in Wasser schwer löslich, kann man sie in Dioxan lösen (peroxidfreies Dioxan, denn die Peroxide werden von Natriumborhydrid hydriert, was deshalb bedeutende Fehler hervorruft). Da Dioxan sehr schnell von der Luft oxydiert wird (selbst während der Titrierung kann eine Oxydation stattfinden), muß man bei der Einstellung der Natriumborhydridlösung genau dieselben Bedingungen innehalten wie bei der eigentlichen Bestimmung, um so weitgehend wie möglich den Peroxidfehler zu eliminieren.

Die Aldehyde werden, wie gesagt, gewöhnlich in 2 Minuten quantitativ reduziert. Es gibt aber Aldehyde, die längere Zeit brauchen, und für solche wird eine 10minutige Reduktionszeit empfohlen. Für die Ketone, die langsamer reduziert werden als die Aldehyde, hält man eine Reduktionszeit von 10 Minuten für angebracht. Um sicher zu sein, daß man die vollständige Reduktion erreicht hat, kann man zwei Parallelversuche mit 10- und 20- oder 30- und 40minutenlanger Reduktionszeit durchführen. Geben diese beiden Versuche verschiedene Äquivalentgewichte für die Carbonylverbindung, muß man die Bestimmung mit noch längerer Reduktionszeit wiederholen.

Wie bei den übrigen Carbonylbestimmungsmethoden ist die Polarisierung der C=O-Doppelbindung, die durch die α-gestellten Substituenten, speziell die nucleophilen Substituenten, geändert und deshalb die Reduktionsfähigkeit der Carbonylgruppe herabgesetzt wird, für den Verwendungsbereich maßgebend.

Die Genauigkeit der Methode beträgt in günstigen Fällen etwa $\pm\,0{,}5\%$.

g) Bestimmung der β-Diketone durch Einwirkung von Basen

Die β-Diketone reagieren mit den meisten Carbonylgruppereagenzien in komplizierterer Weise als die Monoketone, und deshalb sind die oben erwähnten Bestimmungsmethoden nicht alle für β-Diketone verwendbar.

Einige β-Diketone lassen sich durch alkalische Hydrolyse bestimmen. Mit Base erhitzt, werden die β-Diketone in ein Keton und das Natriumsalz einer Säure gespalten:

$$RCOCH_2COR' + NaOH \rightarrow RCOONa + CH_3COR' \quad \text{oder} \quad RCOCH_3 + R'COONa$$

oder in ein Gemisch von beiden. 1 Mol Diketon verbraucht somit 1 Mol Base. Das Keton (oder mehrere) wird wie gewöhnlich identifiziert.

Auch β-Ketonsäureester reagieren in analoger Weise, nur werden hier 2 äquivalente Basen verbraucht, da die Esterfunktion verseift wird:

$$RCOCH_2COOR' + 2\,NaOH \rightarrow RCOONa + CH_3COONa + R'OH\,.$$

Hier ist jedoch hervorzuheben, daß die Säurespaltung beinahe immer von einer Ketonspaltung begleitet ist, wodurch Komplikationen (Bildung von Kohlensäure statt 2 organische Säuren) entstehen.

Es wurde schon erwähnt (S. 116), daß nur die β-Ketonsäure identifiziert werden kann, wenn man die β-Ketonsäureester durch die *p*-Carboxyphenylhydrazone zu bestimmen versucht, denn während der Derivatbildung wird der Alkohol abgespalten.

Durch die Semicarbazone kann man oft das Äquivalentgewicht des Esters bestimmen. Vergleicht man dieses Ergebnis mit dem durch alkalische Hydrolyse erhaltenen, so zeigt sich, daß der letzte Wert nur wenig größer als die Hälfte des ersten Wertes ist. Durch saure Hydrolyse entsteht ein Keton, dessen Äquivalentgewicht durch das *p*-Carboxyphenylhydrazon festgestellt werden kann:

$$RCOCH_2COOR' + H_2O \rightarrow RCOCH_3 + CO_2 + R'OH\,.$$

Ist das Äquivalentgewicht des Esters, durch das Semicarbazon festgestellt, E, das des Ketons E_1, findet man für E_2, das Äquivalentgewicht des Alkohols R'OH, den Wert $E_2 = E - E_1 - 26$.

h) Chinone

Die bequemste Methode zur Bestimmung des Äquivalentgewichtes eines Chinons ist eine Titration mit Titantrichlorid. Die Chinone werden dabei zu den entsprechenden Dihydroxybenzolen reduziert.

Im Gegensatz zu den Azoverbindungen und den Nitroverbindungen (siehe S. 238) kann man die Chinone in saurer Lösung bei Zimmertemperatur reduzieren. Es erübrigt sich dann, die Lösung durch Natriumcitrat zu puffern, und da die Titantrichloridlösung bei saurer Reaktion nicht so luftempfindlich ist als bei neutraler Reaktion, braucht man auch nicht die Luft durch Kohlendioxid oder Stickstoff zu entfernen.

Die Chinone werden in Wasser oder Äthanol gelöst und mit einem Überschuß an Titantrichlorid versetzt. Der Überschuß wird durch Titration mit einer (0,06 *n*) Lösung von Ammoniumsulfat festgestellt, Indicator Ammoniumthiocyanat. Die Reduktion ist:

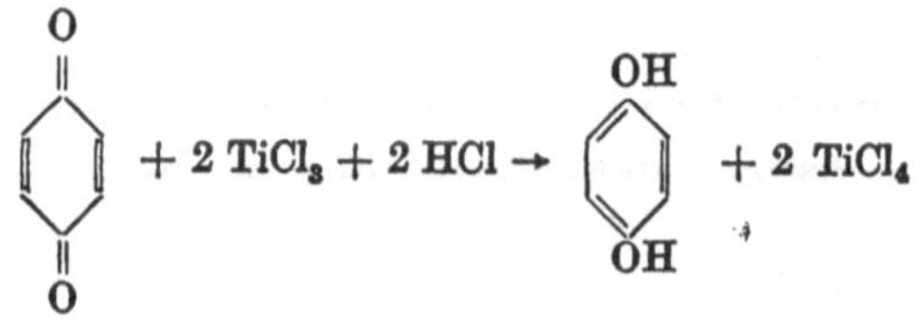

und man findet also:

$$E = \frac{a \cdot 1000 \cdot 2}{b \cdot n},$$

wenn *a* g des Chinons *b* ml Titantrichlorid der Normalität *n* verbraucht hat.

Die Chinone lassen sich auch durch Jodwasserstoff reduzieren. Man löst 0,1 bis 0,2 g des Chinons in Äthanol und setzt die Lösung zu einem Gemisch von 20 ml konzentrierter Salzsäure, 20 ml Äthanol und 20 ml 10%iger Kaliumjodidlösung. Das hierdurch freigemachte Jod wird mit 0,1 *n*-Natriumthiosulfat bestimmt. Die Lösung ist so äthanolreich, daß Stärke keine Indicatorwirkung hat. Der Endpunkt der Titration ist am Verschwinden der gelben Jodfarbe zu erkennen. Die Reaktion ist:

$$C_6H_4O_2 + 2HJ \rightarrow C_6H_4(OH)_2 + J_2,$$

und man sieht, daß der oben gegebene Ausdruck auch hier zur Berechnung des Äquivalentgewichtes dient, wenn *b* und *n* diesmal zur Natriumthiosulfatlösung Beziehung haben.

LITERATUR

[1] Purgotti, A., Gazz. chim. ital. **24** I, 555, 1894.
[2] Brady, O. L., und Elmie, G. V., Analyst **51**, 77, 1926.
[3] Allen, C. F. H., J. amer. chem. Soc. **52**, 2955, 1930.
[4] Brady, O. L., J. chem. Soc. 756, 1931.
[5] Veibel, S., Acta chem. Scand. **1**, 54, 1947.
[6] Bamberger, E., Ber. **32**, 1806, 1899; **34**, 546, 1901.
[7] Hyde, E., Ber. **32**, 1810, 1899.
[8] Schiff, H., C. R. Acad. Sci. **61**, 45, 1865; **64**, 182, 1867.
[9] Schiff, H., Ann. **140**, 92, 1866.
[10] Wieland, H., und Scheuing, G., Ber. **54**, 2527, 1921.
[11] Ehrlich, P., und Sachs, F., Ber. **32**, 2341, 1899.
[12] von Pechmann, H., und Wehsarg, K., Ber. **19**, 2465, 1886.
[13] Skraup, S., und Böhm, K., Ber. **59**, 1007, 1926.
[14] Olivier, S. C. J., Bull. Soc. chim. [4] **51**, 99, 1932.
[15] Hinsberg, O., Ann. **237**, 327, 1887.
[16] Hockenhull, D. J. D., und Floodgate, G. D., Biochem. J. **52**, 38, 1952.
[17] Harjanne, A., Suomen Kemistilehti **28** B, 37, 1955.
[18] Veibel, S., und Vrang, Th., Dansk Tidsskr. Farm. **17**, 112, 1943.
[19] von Pechmann, H., Ber. **21**, 2751, 1888.
[20] Diels, O., und Farkas, M., Ber. **43**, 1962, 1910.
[21] Rigby, W., J. chem. Soc. 793, 1951.
[22] Thiele, J., und Steimmig, G., Ber. **40**, 955, 1907.
[23] Cox, A., Dissertation, Strassbourg 1910.
[24] Steimmig, G., Dissertation, Strassbourg, 1908.
[25] Behrles, E., Dissertation, Freiburg 1919.
[26] Vaisman, S. B., Trans. Inst. Chem. Kharkov Univ. **4**, 157, 1938, **5**, 57, 1940; Chem. Abstr. **34**, 5847, 1940.
[27] Witter, R. F., Snyder, J., und Stoltz, E., J. biol. Chem. **176**, 493, 1948.
[28] Weygand, F., und Czendes, E., Ber. **85**, 45, 1952.
[29] Veibel, S., unveröffentlicht.
[30] Schmidt, J., und Kämpf, A., Ber. **35**, 3117, 1902.

[31] ZINCKE, TH., Ber. **16**, 1563, 1883.
[32] MORRISON, D. C., J. amer. chem. Soc. **76**, 4483, 1954.
[33] GORE, P. H., und HUGHES, G. K., J. amer. chem. Soc. **77**, 5738, 1955.
[34] JOHNSON, G. D., J. amer. chem. Soc. **73**, 5888, 1951.
[35] NEUBERG, C., GRAUER, A., und PISHA, B. V., Anal. chim. Acta **7**, 238, 1952.
[36] VEIBEL, S., Biochem. Z. **232**, 435, 1931.
[37] ALLEN, C. F. H., und RICHMOND, J. H., J. org. Chem. **2**, 222, 1937.
[38] BRANDSTÄTTER, M., Mikrochem. Mikrochim. Acta **32**, 33, 1944.
[39] BRADDOCK, L. I., GARLOW, K. Y., GRIM, L. J., KIRKPATRICK, A. F., PEASE, S. W., POLLARD, A. J., PRICE, E. F., REISSMANN, T. L., ROSE, H. A., und WILLARD, M. L., Analyt. Chem. **25**, 301, 1953.
[40] SUNDT, E., und WINTER, M., Analyt. Chem. **30**, 1620, 1958.
[41] TSUKAMOTO, T., und NISHIOKA, S., Yakugakur Zasshi **78**, 810, 1958. Chem. Abstr. **52**, 16125, 1958.
[42] CAMPBELL, N. R., Analyst **61**, 391, 1936.
[43] STRAIN, H. R., J. amer. chem. Soc. **57**, 758, 1935.
[44] ROBERTS, J. D., und GREEN, C., J. amer. chem. Soc. **68**, 214, 1946.
[45] PEARSON, D. E., und GREER, F., J. amer. chem. Soc. **77**, 1294, 1955.
[46] BRADY, O. L., und JARRETT, S. G., J. chem. Soc. 1021, **1950**.
[47] MALKIN, T., und TRANTER, T. L., J. chem. Soc. 1178, **1951**.
[48] RAMIREZ, F., und KIRBY, A. F., J. amer. chem. Soc. **75**, 6026, 1953.
[49] FORSS, D. A., und HANCOX, N. C., Australian J. Chem. **9**, 420, 1956.
[50] NAZAROV, I. N., KAZITSYNA, L. A., und ZARITSKAYA, J. J., Zhurn. obst. Chem. **27**, 606, 1957. Engl. Übers. **27**, 657, 1958. Chem. Abstr. **51**, 16383, 1957
[51] VEIBEL, S., Acta chem. Scand. **1**, 54, 1947.
[52] VEIBEL, S., und SCHMIDT, H. W., Acta chem. Scand. **2**, 545, 1948.
[53] THIELE, J., und STANGE, O., Ber. **27**, 31, 1894.
[54] BAEYER, A., Ber. **27**, 1918, 1894.
[55] ZELINSKY, N., Ber. **30**, 1541, 1897.
[56] BOUVEAULT, L., und LOCQUIN, R., Bull. Soc. chim. [3] **33**, 162, 1905.
[57] VEIBEL, S., Bull. Soc. chim. [4] **41**, 1410, 1927.
[58] BOUVEAULT, L., Bull. Soc. chim. [3] **19**, 77, 1898.
[59] VORLÄNDER, D., Z. anal. Chem. **77**, 241, 1929.
[60] HORNING, E. C., und HORNING, M. G., J. org. Chem. **11**, 95, 1946.
[61] BILLMAN, J. H., CHEN HO, JU YU, und CASWELL, L. R., J. org. Chem. **17**, 1375, 1952.
[62] VEIBEL, S., und KROGH ANDERSEN, I. G., Anal. chim. Acta **15**, 15, 1956.
[63] BILLMAN, J. R., CHEN HO, JU YU, und CASWELL, L. R., J. org. Chem. **22**, 538, 1957.
[64] CHEN, YU JU, und BILLMAN, J. H., Hua Hsueh Pao **23**, 223, 1957.
[65] WANZLICK, H. W., und LÖCHEL, W., Ber. **86**, 1463, 1953.
[66] FORSS, D. A., und HANCOX, N. C., Australian J. Chem. **9**, 420, 1956.
[67] BROUN, R. A., und MOSHER, W. A., J. amer. chem. Soc. **80**, 3048, 1958.
[68] KILGORE, L. B., FORD, J. H., und WOLFE, W. C., Ind. Engng. Chem. **34**, 494, 1942.
[69] FÉTIZON, M., und BARANGER, P., C. R. Acad. Sci. **236**, 1428, 1953.
[70] FÉTIZON, M., FRITEL, H., LEVISALLER, J., und BARANGER, P., C. R. Acad. Sci. **242**, 2014, 1956.
[71] VON WACEK, A., und KRATZL, K., Ber. **76**, 1209, 1943.
[72] VEIBEL, S., KROGH ANDERSEN, I. G., und JUHL NIELSEN, B., Suomen Kemistilehti B **31**, 10, 1958.
[73] VEIBEL, S., Acta chem. Scand. **1**, 54, 1947.
[74] VEIBEL, S., JUHL NIELSEN, B., und REFN, S., Acta chem. Scand. **12**, 934, 1958.
[75] ØSTRUP, G., Ber. 8. Nord. Kemikerm. Oslo 231, **1954**.
[76] ØSTRUP, G., XIV. Congr. Chim. Pure Appl., Résumés des Communications, Zürich 24, **1955**.

[77] Veibel, S., und Vrang, Th., Dansk Tidsskr. Farm. 17, 112, 1943.
[78] Bodforss, S., Ber. 72, 468, 1939.
[79] van Alphen, J., Rec. Trav. chim. Pays-Bas 64, 109; 305, 1945.
[80] Ramirez, F., und Kirby, A. F., J. amer. chem. Soc. 74, 4331, 1952; 75, 6026, 1953.
[81] Veibel, S., Acta chem. scand. 1, 54, 1947.
[82] Veibel, S., und Schmidt, H. W., Acta chem. scand. 2, 545, 1948.
[83] Veibel, S., und Vrang, Th., Dansk Tidsskr. Farm. 17, 112, 1943.
[84] Veibel, S., Eggersen, K., und Linholt, S. C., Acta chem. scand. 6, 1066, 1952.
[85] Duval, Cl., und Nguyen dat Xuong, Anal. chim. Acta 10, 520, 1954.
[86] Barke, D. J., und Cole, E. R., J. appl. Chem. (London) 5, 477, 1953.
[87] Yamagishi, M., Yokoo, M., und Inonue, S., J. pharm. Soc. Japan 75, 351, 1955; Chem. Abstr. 49, 9447, 1953.
[88] Veibel, S., und Krogh Andersen, I. G., unveröffentlicht.
[89] Sensabauch, A. J., Cundiff, R. H., und Markunas, P. C., Analyt. Chem. 30, 1445, 1958.
[90] Veibel, S., Bull. Soc. chim. [4] 41, 1410, 1927.
[91] Parkinson, A. E., und Wagner, E. C., Ind. Engng. Chem. Anal. 6, 433, 1934.
[92] Kerp, W., Arb. Kais. Reichsges. 21, 180, 1904; 26, 231, 1907; 32, 89, 1909.
[93] Berger, J., Acta chem. scand. 8, 427, 1954.
[94] Veibel, S., Krogh Andersen, I. G., und Juhl Nielsen, B., Suomen Kemistilehti B 31, 10, 1958.
[95] Veibel, S., und Krogh Andersen, I. G., Anal. chim. Acta 14, 320, 1956.
[96] Bryant, W. M. D., und Smith, D. M., J. amer. chem. Soc. 57, 57, 1935.
[97] Smith, D. M., und Mitchell, jr., J., Analyt. Chem. 22, 750, 1950.
[98] Lyttle, D. A., Jensen, E. H., und Struck, W. A., Analyt. Chem. 24, 1843, 1952.
[99] Jensen, E. H., Dissertation, København (Busck) p. 85; 175, 1954.

C. KOHLENHYDRATE

1. NACHWEIS DER KOHLENHYDRATE
2. CHARAKTERISIERUNG DER KOHLENHYDRATE
3. BESTIMMUNG DER KOHLENHYDRATE

1. NACHWEIS DER KOHLENHYDRATE

a) Reaktion mit α-Naphthol und konzentrierter Schwefelsäure

Alle Monosaccharide und einfache Holoside (Oligosaccharide) und gleichfalls einige Polysaccharide geben mit α-Naphthol und konzentrierter Schwefelsäure eine violette Farbreaktion, die sogenannte Molisch-Reaktion [1], [2]. Die bequemste Ausführungsform der Molisch-Reaktion ist folgende: In einem Reagenzglas wird 1 ml einer wäßrigen Lösung oder Suspension der zu untersuchenden Substanz abgemessen. Man fügt 1—2 Tropfen einer äthanolischen α-Naphthollösung hinzu und läßt dann vorsichtig 1 ml konzentrierter Schwefelsäure die Reagenzglaswand hinunterlaufen, so daß die Säure eine Bodenschicht bildet, ohne sich mit der obengenannten Lösung zu mischen. Ist die Substanz ein Kohlenhydrat oder eine kohlenhydrathaltige Verbindung (z. B. ein kohlenhydrathaltiger

Proteinstoff), entwickelt sich an der Grenzfläche der beiden Schichten ein violetter oder purpurfarbener Ring.

Salpetrige Säure stört die Reaktion. Bei Anwesenheit von Spuren dieser Säure fällt jedoch die Reaktion positiv aus. Die Ränder der gefärbten Zone nehmen allerdings eine hellgrüne Farbe an.

b) Reaktion mit Anthron und konzentrierter Schwefelsäure

Dreywood [3] und Black [4] haben gezeigt, daß Kohlenhydrate mit einer Lösung von Anthron in 60%iger Schwefelsäure beim Erhitzen eine grüne Farbe entwickeln, die spektrophotometrisch durch ein Absorptionsmaximum bei 625 mμ charakterisiert ist. Jermyn [5] hat die Reaktionsbedingungen etwas geändert, wodurch die Reaktion auch für den Nachweis von Ketosen Bedeutung erhalten hat.

10 ml einer 0,02%igen Lösung von Anthron in 70%iger Schwefelsäure (Volumenprozent) werden mit 1 ml einer 0,2—0,5%igen Lösung der zu untersuchenden Substanz in 70% Schwefelsäure gemischt und 7,5 Minuten auf einem siedenden Wasserbade erhitzt. Nach Abkühlung wird die Lösung im Spektrophotometer bei 625 mμ gegen eine Blindprobe des Reagensgemisches gemessen. Black [4] gibt an, daß die Anthronlösung mindestens 4 Stunden vor dem Gebrauch zubereitet werden muß und daß sie nur höchstens 24 Stunden haltbar ist.

c) Reduktion komplexer Cu(II)ionen

Alle die Kohlenhydrate, die eine „freie Carbonylfunktion" einschließen, d. h. alle Monosaccharide sowie die einfachen und komplexen Oligo- oder Polysaccharide, die noch eine nicht an der Glycosidbildung teilnehmende Halbacetalgruppe enthalten, reduzieren alkalische Lösungen von komplexen Cu(II)ionen. Die Leichtigkeit, mit der die Cu(II)ionen reduziert werden, hängt von der Natur des Kohlenhydrates ab. Lösungen zur allgemeinen Verwendung sind die folgenden:

α) Fehlingsche Lösung

Zwei Lösungen, I und II, werden bereitet. I: 20 g kristallwasserhaltiges Cu(II)-sulfat (mit 5 Mol Kristallwasser) werden in Wasser gelöst und auf 500 ml aufgefüllt. II: 100 g Seignette-Salz und 75 g Natriumhydroxid werden in Wasser gelöst und auf 500 ml aufgefüllt.

Man mischt gleiche Volumina (z. B. 5 ml) der beiden Lösungen, fügt einige Milligramm der zu untersuchenden Substanz hinzu und erhitzt das Gemisch einige Minuten bis zum Sieden. Liegt ein reduzierender Zucker vor, verblaßt die tiefblaue Farbe des Reagens schnell, und ein roter Niederschlag von Cu(II)oxid entsteht.

Für qualitative Proben kann das Reagens einfach dadurch bereitet werden, daß man 2 ml Cu(II)sulfatlösung, 2 ml Weinsäurelösung und 4—6 ml 2 n-Natronlauge mischt. Für die unten erwähnte quantitative Zuckerbestimmung, die konventionell und nicht ganz stöchiometrisch ist, muß man die obengenannten Lösungen I und II benutzen.

Es ist zu bedenken, daß nicht nur die Kohlenhydrate, sondern z. B. auch aliphatische Aldehyde schnell FEHLINGsche Lösung reduzieren. Ketone reduzieren nicht. Wenn jedoch die Ketosen die FEHLINGsche Lösung eben so schnell reduzieren wie die Aldosen, so liegt es daran, daß das alkalische Reagens eine gegenseitige Umlagerung der Aldosen und Ketosen bewirkt.

Einige Monosaccharide reduzieren die FEHLINGsche Lösung schon in der Kälte, während die Oligo- und Polysaccharide nur in der Wärme reduzieren.

β) BARFOEDs Reagens

Dieses Reagens ist im Gegensatz zur FEHLINGschen Lösung schwach sauer. Es ist eine 1% freie Essigsäure enthaltende 6—7%ige Cu(II)azetatlösung [6]. Monosaccharide reduzieren BARFOEDs Reagens, wenn man 10 Volumen einer wäßrigen Lösung des Monosaccharids mit 1 Volumen des Reagens kocht. Man darf nicht zu lange kochen, denn das schwach saure Reagens kann bei längerem Kochen Di- oder Polysaccharide hydrolysieren und dabei eine verzögerte Reaktion hervorrufen.

γ) SOLDAINIs Reagens

Um SOLDAINIs Reagens zu bereiten, löst man 10 g frisch gefälltes Cu(II)carbonat in 1 Liter einer 30%igen Kaliumhydrogencarbonatlösung. Dieses Reagens wird von denselben Kohlenhydraten reduziert wie FEHLINGsche Lösung; die Reduktion verläuft etwas langsamer. SOLDAINIs Reagens kann, im Gegensatz zu BARFOEDs Reagens, Di und Polysaccharide nicht hydrolysieren (vgl. die Glucosebestimmung mittels Kalium-Cu(II)-carbonat, siehe S. 141.

d) Spezifische Ketosereaktionen

α) SELIVANOFFs Reaktion

Die Substanz wird in Wasser gelöst. Man vermischt mit demselben Volumen konzentrierter Salzsäure und setzt einige Tropfen einer 1%igen Lösung von Resorcin in 20%iger Salzsäure hinzu. Das Gemisch wird bis zum Sieden erhitzt und 15—30 Minuten bei 80—90° gehalten. Ist die Substanz eine Ketose, entsteht neben einer tiefroten Farbe ein dunkler Niederschlag, der sich nach dem Abfiltrieren in Äthanol mit tiefroter Farbe löst. Die Lösung darf nicht kochen, da dann auch die Aldosen eine rote Farbe geben, wenn auch keine so intensive wie die Ketosen und ohne Niederschlagsbildung [7].

Die SELIVANOFFsche Reaktion wird von den Ketohexosen und den Ketohexosen enthaltenden Oligo- und Polysacchariden (Saccharose, Raffinose, Inulin) gegeben. Eine Bedingung der positiven Reaktion ist, daß Hydroxymethylfurfurol bei der Salzsäurebehandlung gebildet wird. Die Ketosen werden dabei viel schneller in Hydromethylfurfurol verwandelt als die Aldosen.

β) Reaktion mit Aminoguanidin

Die Ketohexosen und die Oligo- und Polysaccharide, die Ketosen enthalten, geben mit Aminoguanidin und Schwefelsäure eine rote Farbreaktion. Die Aldohexosen verursachen diese Reaktion nicht, wenn die Kohlenhydratkonzentration genügend niedrig ist [8].

In einem Reagenzglas werden nacheinander, ohne die Flüssigkeiten zu mischen, 0,5 ml konzentrierte Schwefelsäure und 0,2 ml einer Lösung von 2,5 g Aminoguanidiniumsulfat (mit 1 Mol Kristallwasser) in 100 ml Wasser und 0,2 ml einer wäßrigen Lösung der Substanz, maximal 0,5—2 mg der Substanz enthaltend, eingebracht. Beim Schütteln des Glases werden die Flüssigkeiten gemischt. Ist eine Ketose anwesend, entwickelt sich im Laufe einer Minute eine purpurrote Farbe, die einige Minuten lang noch intensiver wird.

Um dieselbe Farbintensität wie mit 0,4 mg Fructose, Sorbose oder Inulin zu erreichen, müssen 0,8 mg Saccharose oder 1,2 mg Raffinose verwendet werden.

Die Aldosen geben in der hier angegebenen Konzentration nur eine schwach gelbe Farbe. Nimmt man aber mehr als 2 mg einer Aldohexose, so ist die Farbe derjenigen bei der Reaktion mit Ketosen sehr ähnlich.

γ) Reaktion mit Anthron

Jermyn [9] fand, daß Aldosen und nur aus solchen bestehende Polysaccharide in der Kälte keine Farbreaktion mit Anthron geben, während Ketosen und Polysaccharide, die Ketosen enthalten, unter diesen Bedingungen reagieren. Auch Pentosen und 6-Desoxyhexosen können, aber weniger ausgeprägt, in der Kälte eine Absorption bei 625 mμ hervorrufen, während 2-Desoxyhexosen eine gelbbraune Farbe mit Absorptionsmaximum bei 470 mμ geben.

e) Nicht reduzierende Kohlenhydrate

Einige nicht reduzierende Substanzen können zum Teil die Eigenschaften der Kohlenhydrate zeigen, z. B. Löslichkeit in Wasser, Unlöslichkeit in Äther, Azetylierung mit Essigsäureanhydrid, Bilding von „Saccharaten" mit Calciumhydroxid. Die Calciumsaccharate sind löslich in Wasser, unlöslich in verdünntem Äthanol; Kohlendioxid fällt Calciumcarbonat aus ihrer wäßrigen Lösung. Die einfachste Weise, den Kohlenhydratcharakter einer solchen Substanz festzustellen, ist, die Substanz einige Minuten mit verdünnter Schwefelsäure zu kochen: Nicht reduzierende Kohlenhydrate werden dadurch zu reduzierenden hydrolysiert.

2. CHARAKTERISIERUNG DER KOHLENHYDRATE

a) Bestimmung der spezifischen Drehung

Die bequemste Methode zur Charakterisierung der löslichen Kohlenhydrate ist die Bestimmung der optischen Drehung einer Lösung von bekannter Konzentration. Die spezifische Drehung einer Substanz ist definitionsgemäß der Winkel, um den die Schwingungsebene eines polarisierten, monochromatischen Lichtstrahles beim Durchgang durch eine Lösung der Substanz (die Schichtdicke beträgt dabei 1 dm bei einer Konzentration von 1 g/ml) gedreht wird. Die spezifische Drehung ist somit der Konzentration der Lösung oder, bei flüssigen Substanzen, der Dichte der Substanz proportional. Üblicherweise wird die Konzentration als g Substanz in 100 ml *Lösung* angegeben.

Die spezifische Drehung variiert mit der Wellenlänge des zu ihrer Bestimmung benutzten Lichtes. Am häufigsten benutzt man die gelbe Natrium-Doppellinie (Linie D, 5890 und 5896 Å) oder die grüne Quecksilberlinie (5461 Å). Die Drehung ist auch temperaturabhängig. Zu ihrer Bestimmung benutzt man ein *Polarimeter*, das das monochromatische Licht beim Durchgang durch ein NICOLsches Prisma, eines *Polarisators*, planpolarisiert. Der polarisierte Lichtstrahl passiert dann ein *Polarimeterrohr*, d. h. ein Rohr von bekannter Länge (in dm angegeben, gewöhnlich 1 oder 2 dm), das an beiden Enden mit planparallelen Glasscheiben verschlossen und vollständig mit der zu untersuchenden Lösung oder Flüssigkeit gefüllt ist. Endlich passiert der Lichtstrahl den *Analysator*, ein zweites NICOLsches Prisma, dem Polarisator coaxial, aber so montiert, daß man ihn um die gemeinsame Achse drehen kann. Dabei kann man die Stellung des Analysators auf einer kreisförmigen Skala durch Noniusablesung mit einer Genauigkeit von 0,01° feststellen. Das Gesichtsfeld des Analysators ist durch ein oder zwei Halbschattenanordnungen zwei- oder dreigeteilt. Der Analysator wird gedreht, bis die Helligkeit der zwei oder drei Teile des Gesichtsfeldes gleich ist. Das Drehungsvermögen einer Lösung ergibt sich, indem man die Stellungen des Analysators abliest, wenn das Polarimeterrohr einmal mit der Lösung, das andere Mal mit reinem Lösungsmittel oder, im allgemeinen mit genügender Genauigkeit, mit Luft gefüllt ist, wobei die letztgenannte Ablesung 0° sein sollte. Die Differenz der beiden Ablesungen bestimmt die Drehung α der Lösung, + wenn in 1 dm Rohr ein Drehungswinkel zwischen 0° und 10° (für Konzentrationen bis zu etwa 6) abgelesen wird, — wenn der Winkel 360—350° ist. Die spezifische Drehung ist dann bei der Temperatur t°

$$[\alpha]_D^{t^\circ} \quad \text{oder} \quad [\alpha]_{5461}^{t^\circ} = \frac{\alpha \cdot 100}{l \cdot c},$$

wobei l die Länge des Polarimeterrohres in dm und c die Konzentration der Lösung bedeutet.

Alle reduzierenden Zuckerarten zeigen das als *Mutarotation* bezeichnete Phänomen; die Zeit des vollständigen Abklingens der Mutarotation variiert von Zuckerart zu Zuckerart zwischen 1—2 und etwa 24 Stunden. Die Geschwindigkeit der Mutarotation wird durch Hinzufügen von Spuren schwacher Basen wie Kaliumcarbonat oder Ammoniak wesentlich erhöht, so daß man in solchen Lösungen schon nach ½—3 Stunden den Endwert der Drehung feststellen kann.

Die spezifischen Drehungen der Kohlenhydrate sind in BEILSTEIN, Bd. XXX, sowie in zahlreichen Lehrbüchern der organischen Chemie angegeben.

b) Reaktion mit Phenylhydrazin

Sowohl die Aldosen als auch die Ketosen reagieren mit Phenylhydrazin. Die Löslichkeit der primär gebildeten Phenylhydrazone in Wasser ist aber oft zu groß, um ihre bequeme Isolierung zu ermöglichen. Mit einem großen Überschuß von Phenylhydrazin behandelt, bilden die reduzierenden Kohlenhydrate schwerlösliche Osazone. Die folgende Arbeitsweise hat sich für die Osazonbildung bewährt:

1 g Phenylhydrazinhydrochlorid wird in 5 ml einer 20%igen wäßrigen Lösung von Natriumazetat durch Erwärmen auf dem Wasserbade gelöst. Zu der eventuell durch Filtrierung geklärten Lösung setzt man eine Lösung von etwa 0,4 g der zu untersuchenden Substanz in 1—2 ml Wasser hinzu und erwärmt das Gemisch eine halbe Stunde auf dem Wasserbade. Einige Osazone scheiden sich schon während des Erwärmens aus, andere erst nach Abkühlung des Reaktionsgemisches.

Statt das Phenylhydrazinhydrochlorid in Natriumazetat zu lösen, kann man eine Lösung von 1 g Phenylhydrazin in 5 ml 3—4 *n*-Essigsäure benutzen.

Die Osazone werden abfiltriert, mit Wasser gewaschen und aus Wasser oder seltener aus Äthanol umkristallisiert.

Da die Osazone am häufigsten einer mikroskopischen Untersuchung unterworfen werden, ist es wichtig, gut ausgebildete Kristalle zu erhalten, was durch langsames Abkühlen der Lösung erreicht wird, z. B. indem man das Reagenzglas mit der Lösung in ein mit heißem Wasser gefülltes Becherglas stellt und mit dem Wasser abkühlen läßt.

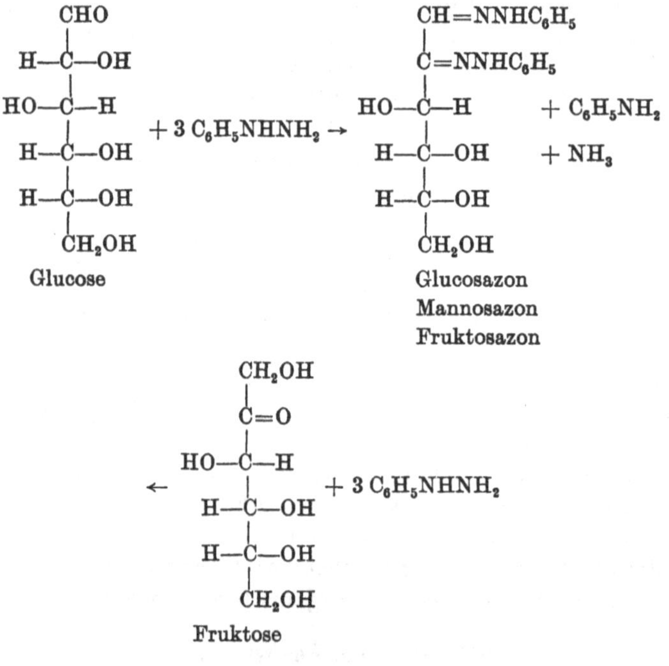

Da Galaktose-*o*-tolylhydrazon in Wasser schwer löslich ist, kann man es zur Charakterisierung der Galaktose benutzen [10]. Ähnlicherweise läßt sich *Mannose* als Mannosephenylhydrazon charakterisieren.

Während der Osazonbildung aus Aldosen verschwindet die Asymmetrie des Kohlenstoffatoms 2. Das bedeutet, daß dasselbe Osazon aus den beiden C^2-epimeren Aldosen und der entsprechenden Ketose entstehen muß.

Da eine Hydrolyse der nicht reduzierenden Disaccharide unter den experimentellen Bedingungen der Osazonbildung nicht ausgeschlossen erscheint, besteht die Möglichkeit, daß ein ausgefälltes Osazon einem durch Hydrolyse eines Disaccharids gebildeten Monosaccharid entstammt; z. B. könnte Glucosazon durch Behandlung von Saccharose mit Phenylhydrazin entstehen.

Die Schmelzpunkte der verschiedenen Osazone sind nicht genügend getrennt, um die zuverlässige Identifizierung der Kohlenhydrattriaden (aus den beiden Aldosen und der Ketose bestehend) sicherzustellen. Man findet z. B. die Schmelzpunkte von Glucosazon 205°, Maltosazon 206°, Lactosazon 200°, wobei die gefundenen Schmelzpunkte mit der Geschwindigkeit der Erwärmung stark variieren. Einige der Kohlenhydrattriaden lassen sich durch die verschiedenen Löslichkeiten der Osazone identifizieren; die zuverlässigste Methode zur Identifizierung der Osazone ist ihre mikroskopische Untersuchung. Eine Reihe von Mikrophotographien verschiedener Hexosazone und Pentosazone wurde von HASSID und MCCREADY [11] veröffentlicht.

c) Bildung von Osotriazolen

Erwärmt man ein Osazon mit Kupfersulfatlösung, die eine katalytische Wirkung ausüben soll, so wird unter Anilinabspaltung ein *Osotriazol* gebildet:

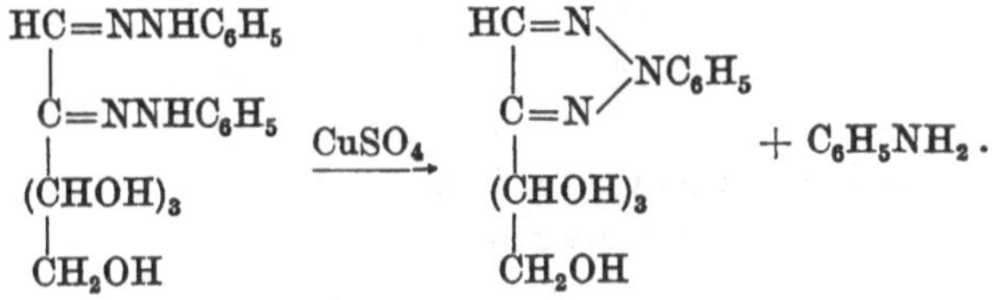

Die Schmelzpunkte und die spezifischen Drehungen der verschiedenen Osotriazole weichen mehr voneinander ab als die entsprechenden Werte der Osazone, so daß die Osotriazole eine zuverlässigere Identifizierung der Kohlenhydrattriaden erlauben als die Osazone [12], [13].

Um die Osotriazole darzustellen, erwärmt man unter Rückfluß 1 Millimol des Osazons mit 22 ml einer 0,05 n-Cu(II)sulfatlösung. Nach 15minutigem Kochen hat sich das Osazon gelöst; die Lösung hat eine dunkelrote Farbe angenommen, die beim weiteren Kochen im Verlaufe von abermals 15 Minuten in einen grünstichig-orangefarbigen Ton umschlägt. Nach dem Abkühlen auf Zimmertemperatur wird der feinkristalline rote Niederschlag abfiltriert, das Filtrat im Vacuum auf 1 ml eingedampft, der Rückstand mit 10 ml absolutem Äthanol verdünnt und 18 Stunden im Eisschrank stehen gelassen. Das Osotriazol kristallisiert in feinen Nadeln, die abfiltriert und eventuell aus Äther umkristallisiert werden. Über die Schmelzpunkte und die spezifische Drehung der Osotriazole, deren Namen z. B. D-Glucose-phenylosotriazol oder systematischer 2-Phenyl-4-(D-*arabino*tetrahydroxybutyl)-triazol-1,2,3 sind, findet man Angaben in den zitierten Abhandlungen von HUDSON und Mitarbeitern [12], [13].

d) Bildung substituierter Benzimidazole

Die Aldosen oxydieren zu Aldonsäuren, die sich mit *o*-Phenylendiamin zu Benzimidazolen kondensieren lassen [14]—[16]:

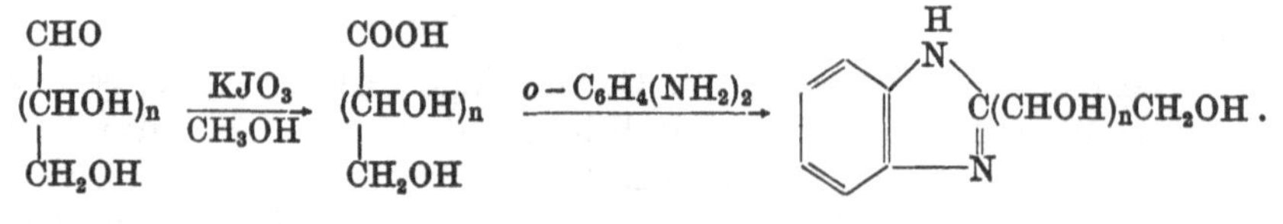

Man sieht, daß zwei epimere Aldosen zwei epimere Benzimidazole, aber nur ein Osazon und ein Osotriazol bilden können.

Reagenzien, mit welchen man die Oxydation zu Aldonsäuren durchführen kann, sind: absolutes, azetonfreies Methanol; eine 4%ige Lösung von Kaliumhydroxid in Methanol und sublimiertes Jod.

In einem mit Rührer, Thermometer und Scheidetrichter versehenen Dreihalskolben (500 ml) werden 5,7 g Jod mit 80 ml Methanol übergossen. Der Kolben wird in einem Wasserbad bei 40° erwärmt, bis sich das Jod gelöst hat. Dann wird das Wasserbad entfernt.

0,01 Mol des Kohlenhydrats — auch reduzierende Disaccharide und Uronsäuren können nach dieser Methode Benzimidazole bilden —, wird in 3 ml Wasser gelöst. Den dabei entstehenden Sirup löst man in 25 ml Methanol und gibt ihn zur methanolischen Jodlösung. Ist eine Filtrierung notwendig, so filtriert man direkt in die Jodlösung hinein. Unter mechanischem Rühren setzt man dann tropfenweise 65 ml der methanolischen Kalilauge im Laufe von 10—15 Minuten hinzu. Nach einer 10minutigen Pause werden weitere 50 ml Kalilauge zugetropft. Die Lösung sollte jetzt eine strohgelbe Farbe haben. Ist sie noch von Jod bräunlich gefärbt, muß man noch einige ml Kalilauge zutropfen. Die strohgelbe Lösung wird noch 10 Minuten gerührt.

Beim Abkühlen auf Zimmertemperatur scheidet sich das Kaliumsalz der Aldonsäure aus, welches abgesaugt und zweimal mit Methanol, einmal mit Äther gewaschen und schließlich an der Luft getrocknet wird.

Scheidet sich nicht genügend Kaliumsalz aus, kann man das in Lösung gebliebene Salz in Bariumsalz umfällen, indem man eine Lösung von 5 g Bariumjodid · 2 H_2O in 25 ml Methanol zum Filtrat zusetzt. Das Bariumsalz wird abzentrifugiert, zweimal im Zentrifugenglas mit Äthanol gewaschen, in Äther aufgeschwemmt und schließlich abgesaugt.

In einem Reagenzglas werden 1 g des Kaliumsalzes oder 1,5 g das Bariumsalzes, 0,6 g *o*-Phenylendiamin, 2 ml Wasser, 0,8 ml konzentrierte Salzsäure, 0,4 ml sirupöse Phosphorsäure ($d = 1,7$) und 1 ml Äthanol gemischt. Die Mischung wird bis zur Bildung einer homogenen Lösung erhitzt Dann wird ein Stückchen Bimsstein hinzugesetzt und das Glas 2 Stunden in einem Ölbade von 135° ± 5° erhitzt.

Der noch warme sirupöse Rückstand wird in 5 ml Wasser gelöst, die Lösung mit Kohle entfärbt und durch Asbest filtriert. Das Filtrat wird mit Wasser auf 15 ml aufgefüllt und Ammoniakwasser bis zur alkalischen Reaktion zugesetzt.

Die Benzimidazolderivate scheiden sich oft beim Zugeben vom Ammoniakwasser aus. Sie werden abgesaugt und auf dem Filter mit Wasser, Azeton und Äther gewaschen.

LINK und Mitarbeiter ([14]—[16]) geben für eine Reihe Benzimidazolderivate den Schmelzpunkt und die spezifische Drehung an.

Einige Ketohexosen werden in der oben beschriebenen Weise zu Pentonsäuren oxydiert. So wird Fruktose D-*arabo*-Benzimidazol bilden. Die Hexuronsäuren und die Zuckersäuren geben wie die Aldonsäuren charakteristische Benzimidazolderivate.

e) Bildung von Thiobenzhydrazonen [17]

Die Kohlenhydrate, sowohl die Aldosen als auch die Ketosen, bilden mit einer salzsauren Lösung von Thiobenzhydrazid Thiobenzhydrazone:

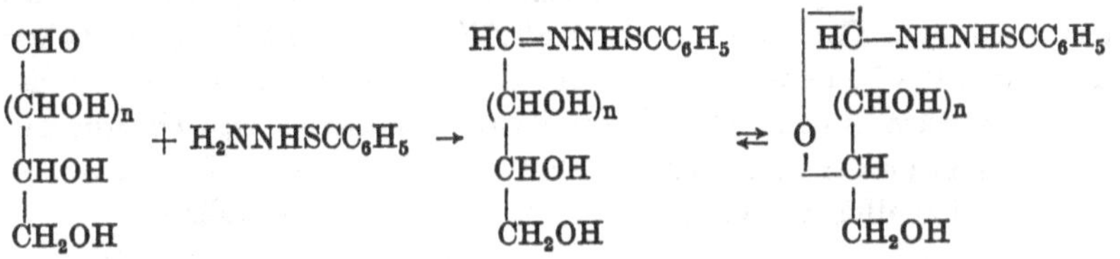

Eine Lösung von 0,02 Mol des Kohlenhydrats in 15 ml Wasser wird mit einer Lösung von 3 g (0,02 Mol) Thiobenzhydrazid in 15 ml 2 *n*-Salzsäure gemischt. Das milchartige Gemisch klärt sich bald und fängt dann an, Kristalle auszuscheiden. Man läßt das Gemisch über Nacht bei Zimmertemperatur stehen und kann dann eine nahezu quantitative Ausbeute des Thiobenzhydrazons absaugen. Die Kristalle werden mit Wasser und verdünntem Äthanol gewaschen und an der Luft getrocknet. So behandelt, sind die Thiobenzhydrazone gewöhnlich schon genügend rein. Man kann sie, jedoch mit großem Verlust, reinigen, indem man sie in Pyridin löst und mit Wasser wieder ausfällt.

Da die Schmelzpunkte gleichzeitig Zersetzungspunkte darstellen, sind die spezifischen Drehungen in Pyridinlösung (HOLMBERG, [17], gibt eine Reihe von $[\alpha]_D$-Werten an) oder die Aufnahme von Röntgendiffraktionsdiagrammen [18] besser zur genauen Identifizierung der einzelnen Kohlenhydrate geeignet.

Da das Reagens Thiobenzhydrazid nicht immer käuflich erreichbar ist, sei hier die Darstellung nach HOLMBERG [19] angegeben:

Zu einer Lösung von 60 g Schwefelkohlenstoff in 100 ml Äther wird tropfenweise eine Lösung von Phenylmagnesiumbromid, aus 13 g Magnesium, 80 g Brombenzol und 250 ml Äther hergestellt, zugesetzt. Man läßt das Gemisch über Nacht stehen und gibt dann 300 g Eis hinzu. Nach dem Schmelzen des Eises wird die Lösung filtriert, und die beiden Schichten werden in einem Scheidetrichter getrennt. Zur wäßrigen Schicht setzt man eine Lösung von 50 g Monochloressigsäure und 76 g Natriumcarbonat · 10 H_2O in 200 ml Wasser. Am nächsten Tage wird mit verdünnter Schwefelsäure (60 g konzentrierte Schwefelsäure in 100 ml Wasser) angesäuert. Es bildet sich eine Emulsion, aus welcher sich rote Kristalle von Thiobenzoylthioglykolsäure ausscheiden (Ausbeute 23 g, Schmp. 122—126°). Aus 200 ml Benzol umkristallisiert (blutrote Lösung in der Wärme) gewinnt man 18 g rote Prismen vom Schmp. 126,5—127,5° (Ausbeute, bezogen auf Brombenzol, 17%).

21 g Thiobenzoylthioglykolsäure werden in 100 ml *n*-Natronlauge gelöst. 12 g 50%iges Hydrazinhydrat werden zugesetzt, und man impft mit einem Thiobenzhydrazidkristall von Schmp. 81—82° an. Das Thiobenzhydrazid ist dimorph; eine metastabile Modifikation mit Schmp. 70,5—71,5° wird bei spontaner Kristallisation gebildet, was sich durch Impfen mit der stabilen Form, noch bevor die spontane Kristallisation eingesetzt hat, vermeiden läßt. Aus dieser Emulsion scheiden sich bald Kristalle aus. Nach 30 Minuten setzt man 5 ml Essigsäure hinzu, wodurch sich weitere Kristalle ausscheiden. Im ganzen können 13,6 g Kristalle vom Schmp. 75—79° gewonnen werden. Nach Umkristallisation aus 150 ml Benzol beträgt die Ausbeute 9,5 g (62%) an blaßgelben Prismen vom Schmp. 81—82°.

Die metastabile Modifikation kristallisiert in federartigen, sahnefarbigen Kristallen.

f) Acylierungsprodukte

α) Azetylderivate

Alle Kohlenhydrate geben, mit Essigsäureanhydrid und einem Katalysator behandelt, kristalline Derivate, in denen alle Hydroxylfunktionen azetyliert sind. Das heißt, daß die Pentosen Tetrazetate, die Hexosen Pentazetate und die Disaccharide Octazetate bilden. Die gewöhnlichen Azetate leiten sich von den cyclischen Halbazetalen der Kohlenhydrate ab. Durch spezielle Methoden lassen sich aber Azetate der offenen Aldehyd- oder Ketonformen darstellen.

Gewöhnlich erhält man die β-Azetate, wenn man das wasserfreie Kohlenhydrat mit 1—2 Gewichtsteilen frisch entwässertem Natriumazetat mischt und dann mit 5 Gewichtsteilen Essigsäureanhydrid übergießt. Die festen Substanzen lösen sich beim Erwärmen auf dem Wasserbade (Rückflußkühlung). Nach 1—2 Stunden ist die Azetylierung beendet; man gießt die Mischung unter kräftigem mechanischen Rühren in 5 Volumen Wasser, wobei das Azetat bald kristallisiert. Das Rühren wird einige Stunden fortgesetzt, um überschüssiges Essigsäureanhydrid zu hydrolysieren. Dann wird das Azetat abgesaugt und aus Äthanol umkristallisiert.

Die α-Azetate entstehen, wenn man statt basischer Katalysatoren, wie Natriumazetat, saure Katalysatoren, wie wasserfreies Zinkchlorid oder Perchlorsäure benutzt.

Mit Pyridin als Katalysator entstehen sowohl α- als auch β-Azetate. Azetyliert man in der Kälte mit Pyridin als Katalysator, bleibt die Konfiguration des Kohlenhydrats erhalten. Das heißt, daß α-D-Glucose Pentazetyl-α-D-glucose und β-D-Glucose Pentazetyl-β-D-glucose bildet.

Die Bedeutung der Azetylderivate als charakteristische Derivate der Kohlenhydrate ist durch die Möglichkeit der Bildung von Azetaten sowohl ihrer Pyranoseformen als auch ihrer Furanoseformen begrenzt.

β) Benzoylderivate

Die Benzoylderivate lassen sich durch Einwirkung von Benzoylchlorid auf die Kohlenhydrate unter Mitwirkung von basischen Katalysatoren (Pyridin, Chinolin) darstellen. Die Benzoylierung verläuft schwieriger als die Azetylierung. Gewöhnlich entstehen Gemische von α- und β-Benzoaten [20], [21].

γ) p-Toluolsulfonsäureester (Tosylester)

Die Behandlung von Kohlenhydraten und Glycosiden mit *p*-Toluolsulfonylchlorid wurde ursprünglich von Freudenberg [22] vorgeschlagen und dann näher von Helfferich und seiner Schule bearbeitet. Die von Compton [23] vorgeschlagene Methode, nach welcher die Tosylierung nur die primäre Alkoholgruppe erfaßt, scheint eine größere analytische Bedeutung zu haben als die Methoden, die zu einer vollständigen Tosylierung führen. Als Beispiel sei hier die Tosylierung von β-Methylglucosid angeführt:

5 g β-Methylglucosid werden in 50 ml wasserfreiem Pyridin gelöst. Die Lösung wird in Eiswasser gekühlt und, unter mechanischem Rühren, im Laufe von 15 Minuten mit einer Lösung von 5,4 g (1,1 Mol) Tosylchlorid in 50 ml wasserfreiem Pyridin versetzt. Man läßt das Gemisch 1 Stunde bei 0° und dann 24 Stunden bei Zimmertemperatur stehen, wonach der Tosylester abfiltriert und aus Äthanol umkristallisiert wird.

g) Äther

Unter den Äthern der Kohlenhydrate sind die *Tritylälher*, d. h. Äther aus Triphenylcarbinol und den Hydroxylfunktionen der Kohlenhydrate, hervorzuheben, denn ihre Darstellung ist einfach und kann auf die primären Hydroxylfunktionen beschränkt werden [24]—[26].

3,6 g Glucose werden in 18 ml wasserfreiem Pyridin gelöst, 5,8 g Triphenylchlormethan (Tritylchlorid) werden zugesetzt und nach vollständiger Auflösung wird die Mischung 1—2 Tage bei Zimmertemperatur stehen gelassen. Bisweilen scheidet sich eine Molekülverbindung aus Triphenylcarbinol und Chlorwasserstoff aus, die man abfiltriert. Das Filtrat wird in Eiswasser gekühlt und tropfenweise mit Wasser bis zur Trübung versetzt. Nach einer halben Stunde im Eisbade wird die trübe Lösung in 175 ml Eiswasser gegossen, wobei sich ein Sirup ausscheidet, der mehrmals mit Wasser gewaschen und schließlich in 20 ml Methanol gelöst wird. Aus der methanolischen Lösung scheidet sich Triphenylcarbinol aus. Man filtriert, und aus dem Filtrat kristallisieren im Eisschrank etwa 3 g 6-Trityl-β-D-glucose aus. Da die Schmelzpunkte der Tritylderivate nicht scharf sind, ist es vorteilhaft, diese Derivate durch die spezifischen Drehungen ihrer Pyridinlösungen zu charakterisieren, Die tritylierten Kohlenhydrate zeigen Mutarotation, die aber in Pyridinlösung schnell abklingt. Die tritylierten Glycoside zeigen selbstverständlich keine Mutarotation.

h) Charakterisierung der Kohlenhydrate durch Verteilungschromatographie

Die verteilungschromatographische Methode, die oben (S. 71) beschrieben wurde, kann auch zur Charakterisierung der Kohlenhydrate und ihrer Derivate dienen. Rao und Beri [27] sowie Rachinskij und Knyazyatova [28] haben Methoden zur Charakterisierung der freien Kohlenhydrate angegeben. Rao und Beri empfehlen, wassergesättigtes Phenol oder Collidin als Lösungsmittel zu benutzen und die Flecken durch Besprühen mit einer Lösung von Phthalsäuremonoanilid zu entwickeln, wogegen Rachinskij und Knyazyatova, die auch wassergesättigtes Phenol als Lösungsmittel benutzen, andere Sprühmittel vorziehen. Für reduzierende Zuckerarten empfehlen sie ein Gemisch 1:1 von 0,1 *n*-Silbernitratlösung und 5 *n*-Ammoniakwasser, für Ketone ein Gemisch 1:1 einer 1%igen äthanolischen Resorcinlösung und 0,2 *n*-Salzsäure und für nicht reduzierende Kohlenhydrate ein Gemisch 1:10 einer 0,15%igen äthanolischen α-Naphthollösung und 0,01 *n*-Schwefelsäure.

Nach Johanson [29] ist folgendes Gemisch ein spezifisches Reagens zur Erkennung der Ketosen: 0,3 g Anthron werden in 10 ml Eisessig gelöst. Zu dieser Lösung setzt man 20 ml Äthanol, 3 ml Phosphorsäure ($d = 1{,}60$) und 1 ml Wasser. Das Reagens sollte frisch hergestellt sein; im Eisschrank läßt es sich einige Wochen aufbewahren. Das Chromatogramm wird mit dem Reagens besprüht und nachher 50 Minuten bei 108° getrocknet. Die Ketohexosen und die Oligo- und Polysaccharide, die Ketosegruppen enthalten, entwickeln dabei hellgelbe Flecken. Eine Ketopentose, die untersucht wurde, gab einen hellpurpurfarbigen Fleck, und zwei Ketoheptosen zeigten orangegelbe Flecken. In ultraviolettem Licht sind die aus Ketosen stammenden Flecken braun, während die aus Aldosen herrührenden Flecken blaue Fluoreszenz erkennen lassen.

R_f-Werte für alle gewöhnlichen Pentosen, Hexosen und Disaccharide sind von Rao und Beri [27] und von Rachinskij und Knyazyatova [28] angegeben.

Um die Fixierung der Flecken durch Besprühung zu vermeiden, schlagen Stoll und Rüegger [30] vor, statt der freien Kohlenhydrate ihre *p*-Nitrophenylhydrazone zu chromatographieren. Man braucht die *p*-Nitrophenylhydrazone nicht zu isolieren, denn die Differenz zwischen dem R_f-Wert des *p*-Nitrophenylhydrazins und den R_f-Werten der *p*-Nitrophenylhydrazone ist so groß, daß die Anwesenheit dieses Stoffes keine Komplikation verursacht. Folgende Arbeitsweise wird empfohlen:

Ein Teil einer 0,25—2%igen methanolischen Lösung des Kohlenhydrats wird mit anderthalb Teilen einer Lösung von *p*-Nitrophenylhydrazin in Eisessig, durch Destillation und Ausfrieren frisch gereinigt, gemischt. Die Konzentration der *p*-Nitrophenylhydrazinlösung wird so gewählt, daß das Reagens mindestens in 100%igem Überschuß vorliegt. Nach 3stündigem Erwärmen auf dem Wasserbad bei 30° C ist die Reaktion beendet. Anschließend wird dann die Reaktionsmischung direkt chromatographiert.

Die Aldosen bilden auf diese Art keine Osazone, während aus Ketosen kleine Mengen davon entstehen. Die Osazone stören den qualitativen Nachweis der verschiedenen Zucker nicht. Die Benutzung des Chromatogramms zur quantitativen Bestimmung (siehe S. 142) ist aber nicht mehr möglich, sobald Osazone gebildet worden sind.

Als Lösungsmittel dienen verschiedene wassergesättigte Alkohole (Benzylalkohol, *n*-Butanol, *iso*-Butanol). Unter den einzelnen Gliedern einer Kohlenhydratgruppe, z. B. den Pentosen und den Hexosen, sind die Differenzen der R_f-Werte nur klein, und bisweilen muß die Chromatographie mit einem anderen Lösungsmittel wiederholt werden, um die vorhandenen Kohlenhydrate mit Sicherheit zu trennen.

Stoll und Rüegger [30] geben für verschiedene Lösungsmittel eine Reihe von R_f-Werten an.

3. BESTIMMUNG DER KOHLENHYDRATE

Zur quantitativen Bestimmung *unbekannter Kohlenhydrate*, sowohl der reduzierenden als auch der nicht reduzierenden, wird gewöhnlich eine Azetylierung vorgezogen, und zwar nach der auf S. 79 beschriebenen Methode (α bb) zur Bestimmung von Hydroxylverbindungen mit Essigsäureanhydrid und Pyridin. Das Molekülgewicht einer Pentose ist dann das Vierfache des gefundenen Äquivalentgewichts, das einer Hexose das Fünffache, das eines Disaccharids das Achtfache und das eines Trisaccharids das Elffache des gefundenen Äquivalentgewichtes. Für ein Polysaccharid mit n-Hexoseeinheiten ist ein Faktor $3n + 2$ einzusetzen. Die Polysaccharide lassen sich nicht alle quantitativ azetylieren, und die Bestimmung von n ist deshalb nicht besonders genau. Um das Molekülgewicht eines Polysaccharids genau zu bestimmen, sind andere Methoden, die außerhalb des Rahmens dieser Anleitung liegen, zu verwenden. Zur endgültigen Identifizierung eines Polysaccharides macht es sich notwendig, die Zahl und Art seiner Hydrolyseprodukte festzustellen. Ferner muß untersucht werden, ob ein α- oder β-Glykosid vorliegt. Die hierfür gebräuchlichen Methoden findet man in Spezialanleitungen.

Die Glycoside enthalten eine Hydroxylgruppe weniger als die entsprechende freie Zuckerart. Bei der Hydrolyse des Glycosids entsteht neben einem Zucker noch eine Hydroxylverbindung.

Die bequemste Methode zur quantitativen Bestimmung eines *bekannten Kohlenhydrats* in einem Gemisch (fest oder flüssig), welches das Kohlenhydrat als einzige optisch-aktive Komponente enthält, ist die Bestimmung der optischen Drehung. Kennt man die Konzentration und das Drehungsvermögen der Lösung und die spezifische Drehung des Kohlenhydrats, kann man leicht die Konzentration des Kohlenhydrats berechnen.

Auch bei *unbekannten Kohlenhydraten* kann eine Bestimmung des optischen Drehungsvermögens dazu dienen, die Substanz zu identifizieren. Man errechnet die spezifische Drehung, wenn die eventuelle Mutarotation beendet ist. Man vergleicht dann die gefundene spezifische Drehung mit den Angaben der Literatur (Beilstein, Bd. XXX, Spezialhandbücher der Kohlenhydratchemie).

Die Bestimmungen reduzierender Zucker beruhen auf dem Reduktionsvermögen dieser Kohlenhydrate gegenüber Metallionen, z. B. Cu(II)ionen in alkalischer Lösung. Einige der dafür gebräuchlichen Methoden sollen hier beschrieben werden.

α) Verfahren nach Bertrand [31]

Die Fehlingsche Lösung wird zu Cu(I)oxid reduziert, das dann Fe(III)ionen zu Fe(II)ionen reduziert. Schließlich werden die Fe(II)ionen mit Kaliumpermanganat titrimetrisch bestimmt.

Die Komponenten der Fehlingschen Lösung werden wie auf Seite 128 angegeben zubereitet. 10—90 mg der zu untersuchenden Substanz werden in einem

150-ml-Erlenmeyer-Kolben genau abgewogen, oder es wird die entsprechende Menge einer Zuckerlösung verwendet. 20 ml Wasser und dann je 20 ml der Lösungen I und II werden zugesetzt und mit einem Bunsenbrenner bis zum Sieden erwärmt und das Gemisch wird genau 3 Minuten lang nach dem Erscheinen der ersten Dampfblase gekocht. Man entfernt darauf den Bunsenbrenner, und läßt das Cu(I)oxid sich absetzen. Ist die obengenannte Flüssigkeit nicht deutlich blau, muß die Bestimmung mit weniger Substanz wiederholt werden.

Wenn sich das Cu(I)oxid abgesetzt hat, wird die noch blaue Flüssigkeit durch eine Glasfilterfritte vorsichtig abdekantiert, damit so wenig wie möglich Cu(I)oxid auf die Fritte kommt. Das im Kolben verbleibende Cu(I)oxid wird mehrmals mit lauwarmem Wasser gewaschen und durch die Fritte abdekantiert, wobei man dafür sorgt, daß das im Kolben verbleibende Cu(I)oxid immer mit Flüssigkeit bedeckt ist, um Oxydation durch den Luftsauerstoff zu vermeiden. Sobald das Waschwasser nicht mehr alkalisch reagiert, wird die Filtrierflasche entleert und sorgfältig gewaschen, um die letzten Spuren von Cu(II)ionen zu entfernen. Das Cu(I)oxid wird in 20 ml Fe(III)sulfatlösung gelöst. Zur Bereitung des Fe(III) sulfatlösung werden 50 g Fe(II)sulfatfreies Fe(III)sulfat in 900 ml verdünnter Schwefelsäure (200 ml Schwefelsäure enthaltend) gelöst und mit Wasser auf 1000 ml gebracht. Löst sich das Cu(I)oxid nicht vollständig, kann man noch einige ml der Fe(III)sulfatlösung hinzufügen. Wenn alles sich gelöst hat, wird die Lösung, die jetzt eine grüne Farbe angenommen hat, durch die Glasfritte gegossen, um auch die kleine Menge von Cu(I)oxid, die auf die Fritte gekommen ist, aufzulösen.

Der Erlenmeyer-Kolben und die Fritte werden mit destilliertem Wasser gewaschen. Man vereinigt Filtrat und Waschwasser und titriert mit 0,1 *n*-Kaliumpermanganatlösung. Der Umschlag von grün nach rosa ist leicht zu beobachten.

2 Milliäquivalente Kaliumpermanganat sind 1 Millimol (143,1 mg) Cu(I)oxid äquivalent. Da die Reduktion der FEHLINGschen Lösung nicht ganz stöchiometrisch verläuft, muß man einen Korrekturfaktor benutzen, um die Milligramm Cu(I)oxid auf dem Zucker umzurechnen. Dieser Faktor ist von Zuckerart zu Zuckerart verschieden. In den gewöhnlichen Chemikerkalender und anderen Tabellenwerken findet man Angaben über die den Cu(I)oxidmengen von 1 bis 200 mg äquivalenten Zuckerarten.

β) Verfahren nach LEHMANN und MAQUENNE

Die Reduktion wird wie nach dem BERTRANDschen Verfahren ausgeführt, aber statt das gebildete Cu(I)oxid zu bestimmen, berechnet man den Überschuß an Cu(II)ionen. Man vermeidet dadurchdas Abfiltrieren des Cu(I)oxids und die Gefahr einer Reoxydation wird beträchtlich verkleinert [32].

Nach dem Kochen mit der FEHLINGschen Lösung wird unter der Wasserleitung gekühlt. Anschließend werden 20 ml Schwefelsäure (500 ml konzentrierte Schwefelsäure mit Wasser auf 1000 ml gebracht) und 10 ml Kaliumjodidlösung (100 g Kaliumjodid in Wasser gelöst und auf 1000 ml gebracht) zugesetzt. Man titriert sofort das ausgeschiedene Jod mit 0,1 *n*-Natriumthiosulfatlösung. Aus der Differenz zwischen dem Natriumthiosulfatverbrauch in einer Blindprobe und dem in einem Versuch, wo eine bekannte Menge der Substanz oder der Lösung von bekannter Konzentration der FEHLINGschen Lösung zugesetzt war, errechnet man, wieviel Milligramm Cu(I)oxid durch die Reduktion gebildet wurde. Man kann dann die obenerwähnten Tabellen zur Bestimmung der Zuckermenge benutzen.

γ) Verfahren nach BLOM und ROSTED

BLOM und ROSTED [33] empfehlen, die Oxydation der Zucker mit Kalium-Cu(II)carbonat statt mit FEHLINGscher Lösung durchzuführen. Es scheint, als ob diese Methode besonders für Reihenbestimmungen einer Zuckerart gegenüber den auf FEHLINGscher Lösung beruhenden Methoden vorteilhafter ist. Für die Ermittlung verschiedener Zuckerarten haben aber die Verfahren nach BERTRAND oder nach LEHMANN und MAQUENNE den Vorteil, daß die Korrekturfaktoren, die die Umrechnung der Cu(I)oxidmenge im reduzierenden Zucker ermöglichen, für eine größere Zahl von Zuckern bekannt sind als die Faktoren, die nach dem BLOM-ROSTED-Verfahren Verwendung finden.

δ) Verfahren nach HAGEDORN und JENSEN

Das Prinzip dieses Verfahrens beruht darauf, daß Fe(III)cyanidionen zu Fe(II)cyanidionen reduziert werden, die als Zink-Fe(II)cyanid ausgefällt werden. Der Überschuß an Fe(III)cyanidionen wird dann jodometrisch bestimmt [34]. Das Verfahren wurde als Mikromethode ausgearbeitet. Die Reagenslösungen sind:

1. 1,65 g Kalium-Fe(III)cyanid p. A. und 10,6 g wasserfreies Natriumcarbonat werden in Wasser gelöst und auf 1000 ml aufgefüllt. Man muß diese Lösung in braunen Flaschen oder in anderen gegen das Licht schützenden Weise aufbewahren.

2. 50 g Zinksulfat p. A., eisenfrei, und 250 g Natriumchlorid werden in Wasser gelöst und auf 1000 ml aufgefüllt. Unmittelbar vor dem Gebrauch wird 1 g Kaliumjodid in 40 ml dieser Lösung gelöst.

3. 30 ml eisenfreier Eisessig werden mit Wasser auf 1000 ml verdünnt.

Um eine Zuckerbestimmung durchzuführen, werden zu einer Zuckerlösung, die höchstens 0,30 mg Zucker enthalten darf, 2 ml der Lösung 1 zugesetzt; das Gemisch wird 15 Minuten in ein siedendes Wasserbad gestellt. Nach Abkühlung setzt man 3 ml der Lösung 2 (der Kaliumjodid enthaltenden Lösung) und 2 ml der Lösung 3 hinzu und titriert das freigemachte Jod mit 0,005 n-Natriumthiosulfatlösung; Indicator: 2 Tropfen einer Stärkelösung. Die genaue Konzentration der Lösung 1 wird durch eine Blindprobe festgestellt.

HANES [35], [36] hat eine Abänderung dieser Methode vorgeschlagen, nach welcher man bis zu 15 mg Glucose bestimmen kann.

Für die Methoden, die mit Fe(III)cyanid oxydieren, müssen wie für die Methoden, die mit Cu(II)ionen oxydieren, Umrechnungsfaktoren für die Berechnung von verbrauchtem Oxydationsmittel als Zucker benutzt werden. Tabellen, die diese Berechnung ermöglichen, findet man bei HAGEDORN und JENSEN [34]. Es wurde gefunden, daß die beste Übereinstimmung erreicht wird, wenn die Ergebnisse sowohl der Blindprobe als auch der eigentlichen Bestimmung als mg Zucker (nach den Tabellen) angegeben werden, statt die Differenz der beiden Natriumthiosulfatvolumina in mg Zucker umzurechnen.

Fishman [37] empfiehlt, das gebildete Fe(II)cyanid mit Ce(IV)sulfat zu titrieren, anstatt den Überschuß an Fe(III)cyanid zu bestimmen.

ε) Verfahren zur Bestimmung von Aldosen nach Willstätter und Schudel

Das Prinzip dieser Methode beruht auf einer Oxydation der Aldosen zu Aldonsäuren mit einer alkalischen Lösung von Kaliumhypojodit. Wenn der Überschuß an Natriumhydroxid in wohldefinierten und ziemlich eng gezogenen Grenzen gehalten wird, werden genau 2 Äquivalente Jod per Molekül Aldose verbraucht [38].

Eine wäßrige Lösung der Aldose wird mit einem Überschuß einer 0,1 *n*-Lösung von Jod in Kaliumjodid versetzt (z. B. 8 Äquivalente Jod per Molekül Aldose). Dann setzt man unter mechanischem Rühren tropfenweise eine 0,1 *n*-Natronlauge hinzu; im ganzen werden bei *b* ml Jodlösung 1,5 *b* ml Natronlauge zugesetzt. Man läßt 15 Minuten stehen und säuert dann mit verdünnter Schwefelsäure an. (2 ml *n*-Schwefelsäure auf 15 ml 0,1 *n*-Natronlauge.) Das freigemachte Jod wird mit 0,1 *n*-Natriumthiosulfat titriert. Aus der Differenz der ursprünglich zugesetzten und der zurücktitrierten Jodmenge, als ml Natriumthiosulfat der Normalität *n* ausgedrückt, berechnet man das Äquivalentgewicht pro Aldehydgruppe oder die in der Lösung vorhandene Zuckermenge.

ζ) Andere Methoden zur Zuckerbestimmung

Außer den hier erwähnten Methoden hat man zahlreiche Methoden vorgeschlagen, bei denen irgendein Metallion reduziert wird und anschließend colorimetrisch entweder der Überschuß des Metallions in der höheren Oxydationsstufe oder die Menge der neugebildeten Metallionen in der niedrigeren Oxydationsstufe bestimmt werden.

η) Methoden, die auf der Ausfällung des Osazons oder des Phenylhydrazons beruhen

Die Osazone einiger Zucker sind in Wasser so schwer löslich, daß man diese Zucker wie folgt bestimmen kann: Eine genau abgewogene Menge des Zuckers wird mit einem Überschuß von Phenylhydrazin oder substituiertem Phenylhydrazin, wie auf S. 131 beschrieben, behandelt. Dann wird das Osazon auf einem tarierten Filter abfiltriert, gut ausgewaschen und schließlich bei 105° bis zur Gewichtskonstanz getrocknet. Aus dem Gewicht des Derivats läßt sich das Äquivalentgewicht des Zuckers berechnen (vgl. S. 118).

Stoll und Rüegger [39] benutzen die *p*-Nitrophenylhydrazone zur Bestimmung der Zuckerarten. Man bestimmt, wie auf S. 138 beschrieben, die R_f-Werte bei der Verteilungschromatographie. Dann schneidet man die Flecke aus dem Chromatogramm heraus, sie werden klein geschnitten und jeder Fleck für sich wird eine Stunde mit einem bekannten Volumen einer Phosphatpufferlösung von *p*H 7.0 (1/15 m) in einem schliffverschlossenen Reagenzglas eluiert. Die Lösung wird abdekantiert und ihre Absorption bestimmt, z. B. mit einem Pulfrich-Photometer durch das Filter S 43 und eine Schichtdicke von 2 cm. Vergleicht man die gefundene Absorption mit einer Reihe von Eichkurven der verschiedenen Zuckerarten, so kann man die in der Lösung vorhandenen Mengen dieser Zuckerarten errechnen. Diese Methode scheint zur Untersuchung und Bestimmung von Gemischen verschiedener Zuckerarten besonders günstig zu sein.

ϑ) Bestimmung von Polyolen, Kohlenhydrate mit einbegriffen, durch Perjodo-argentimetrie

1928 hat Malaprade [40] gezeigt, daß die Polyole von Perjodsäure nach dem Schema:

$$CH_2OH(CHOH)_xCH_2OH + (x+1)\,HJO_4 \rightarrow (x+1)\,HJO_3 + 2\,HCHO + x\,HCOOH + H_2O\,.$$

oxydiert werden.

Man kann also, wenn man die Jodsäure, den Formaldehyd und die Ameisensäure, die während der Reaktion gebildet werden, bestimmt, wertvolle Auskünfte über die Struktur und das Molekulargewicht des Polyols erhalten.

Die Methode wurde von Fleury und Mitarbeiter [41], [42] verbessert, und später hat Pesez [43] eine Perjodo-argentimetrie beschrieben, welche die Identifizierung und die Bestimmung der α-Glycole, der Kohlenhydrate und der α-Dicarbonylverbindungen wesentlich erleichtert.

Die Unlöslichkeit des Silberjodats ausnützend, hat Pesez als Reagens eine schwach salpetersaure Lösung von Kaliumperjodat und Silbernitrat vorgeschlagen. Der Silbernitrattiter (0,025 n) ist ein bißchen höher als der Titer des Kaliumperjodats. Während der Reaktion bildet sich Jodsäure, die in der verdünnten Salpetersäure als unlösliches Silberjodat ausfällt. Nach dem Filtrieren wird der Silbernitratüberschuß mit Ammoniumthiocyanat titriert; als Indicator dient Fe(III)ammoniumsulfat.

Zusammensetzung des Reagens: 4,5 g Kaliumperjodat werden in 500 ml Wasser gelöst. 50 ml Salpetersäure ($d = 1{,}33$) und 250 ml n-Silbernitratlösung werden zugesetzt, dann wird das Gemisch mit Wasser auf 1000 ml aufgefüllt.

a g der zu untersuchenden Substanz, die etwa 0,001 Atom Sauerstoff verbrauchen, werden in 10 ml Wasser gelöst. 50 ml des Reagens werden zugesetzt, das Gemisch gut durchgeschüttelt und dann 10—90 Minuten bei Zimmertemperatur stehen gelassen. Einige Substanzen, wie z. B. Inosit und Benzoin reagieren 24 Stunden. Man filtriert, nimmt 50 ml des Filtrats, fügt 5 ml Indicator hinzu und titriert mit 0,05 n-Ammoniumthiocyanatlösung, Verbrauch b ml der Normalität n. In einem Blindversuch findet man den Verbrauch von 50 ml des Reagens, b' ml. Das Äquivalentgewicht, d. h. die Gewichtsmenge der Substanz, welche 1 Atom Sauerstoff verbraucht, ist dann:

$$E = \frac{a \cdot 2 \cdot 1000}{(b' - 1{,}2\,b) \cdot n}\,.$$

Um die Spaltstücke der Hydroxylverbindung zu identifizieren, fällt man in einem anderen Versuch den Überschuß von sowohl Perjodsäure als auch Silberionen durch Zusatz von Calciumcarbonat aus. Nach dem Filtrieren kann man im Filtrat auf Säuren, Formaldehyd und höhere Aldehyden prüfen. Als Beispiele können die folgenden Schemata dienen:

$$RCHOH(CHOH)_xCHOHR' + (x+1)\,HJO_4 \rightarrow RCHO + R'CHO + x\,HCOOH + (x+1)\,HJO_3 + H_2O$$

$$RCHOHCHOHR' + HJO_4 \rightarrow RCHO + R'CHO + HJO_3 + H_2O$$

$$RCOCHOHR' + HJO_4 \rightarrow RCOOH + R'CHO + HJO_3$$

$$RCOCOR' + HJO_4 + H_2O \rightarrow RCOOH + R'COOH + HJO_3\,.$$

LITERATUR

[1] MOLISCH, H., Monatsh. Chem. **7**, 198, 1886.
[2] NEUBERG, C., Z. physiol. Chem. **31**, 565, 1901.
[3] DREYWOOD, R., Indust. Engng. Chem. Anal. **18**, 499, 1946.
[4] BLACK, H. C., Anal. Chem. **23**, 1792, 1951.
[5] JERMYN, M. A., Nature **177**, 38, 1956.
[6] BARFOED, C. T., Z. anal. Chem. **12**, 27, 1873.
[7] SELIVANOFF, TH., Ber. **20**, 181, 1887.
[8] TAUBER, H., J. biol. Chem. **182**, 605, 1950.
[9] JERMYN, M. A., Nature **177**, 38, 1956.
[10] FOWWEATHER, F. S., Biochem. J. **55**, 718, 1953.
[11] HASSID, W. Z., und McCREADY, R. M., Ind. Engng. Chem. Anal. **14**, 683, 1942.
[12] HANN, R. M., und HUDSON, C. S., J. amer. chem. Soc. **66**, 735, 1944.
[13] HASKINS, W. T., HANN, R. M., und HUDSON, C. S., J. amer. chem. Soc. **67**, 939, 1945; **68**, 1766, 1946; **69**, 1050, 1461, 1947.
[14] MOORE, S., und LINK, K. P., J. biol. Chem. **133**, 293, 1940.
[15] MOORE, S., und LINK, K. P., J. org. Chem. **5**, 637, 1940.
[16] DIMLER, R. J., und LINK, K. P., J. biol. Chem. **150**, 345, 1943.
[17] HOLMBERG, B., Ark. Kemi **4**, 33, 1952; **7**, 501, 1954.
[18] JOHANSSON, A., Ark. Kemi **4**, 17, 1952.
[19] HOLMBERG, B., Ark. Kemi **17 A**, Nr. 23, 1944.
[20] FISCHER, E., und NOTH, H., Ber. **51**, 321, 1918.
[21] LEVENE, P. A., und MEYER, G. M., J. biol. Chem. **76**, 513, 1928.
[22] FREUDENBERG, K., Ber. **55**, 929, 3233, 1922; **58**, 294, 1925; **59**, 714, 1926.
[23] COMPTON, J., J. amer chem. Soc. **60**, 395, 1938.
[24] HELFERICH, B., SPEIDEL, P. E., und TOELDTE, W., Ber. **56**, 766, 1923.
[25] HELFERICH, B., MOOG, L., und JÜNGER, A., Ber. **58**, 872, 1925.
[26] REYNOLDS, D. D., und EVANS, W. L., J. amer chem. Soc. **60**, 2559, 1938.
[27] RAO, P. S., und BERI, R. M., Proc. Indian Acad. Sci. **33 A**, 368; **34 A**, 236, 1951.
[28] RACHINSKIJ, V. V., und KNYAZYATOVA, E. J., Dokl. Akad. Nauk S.S.R. **85**, 1119, 1952; Chem. Abstr. **47**, 448, 1953.
[29] JOHANSON, R., Nature **172**, 956, 1953.
[30] STOLL, A., und RÜEGGER, A., Helv. physiol. Acta **10**, 385, 1952.
[31] BERTRAND, G., Bull. Soc. chim. [3] **35**, 1285, 1906.
[32] MAQUENNE, L., Bull. Soc. chim. [3] **19**, 926, 1898.
[33] BLOM, J., und ROSTED, C. O., Acta chem. Scand. **1**, 32, 1947.
[34] HAGEDORN, H. C., und JENSEN, B. N., Biochem. Z. **135**, 46, 1923.
[35] HANES, CH. S., Biochem. J. **23**, 99, 1929.
[36] v. ISSEKUTZ, B., und v. BOTH, J., Biochem. Z. **183**, 298, 1927.
[37] FISHMAN, W. H., J. biol. Chem. **127**, 367, 1939.
[38] WILLSTÄTTER, R., und SCHUDEL, G., Ber. **51**, 780, 1918.
[39] STOLL, A., und RÜEGGER, A., Helv. physiol. Acta **10**, 385, 1952.
[40] MALAPRADE, L., Bull. Soc. chim. [4] **43**, 683, 1928.
[41] FLEURY, P., COURTOIS, J. E., und BIEDER, A., Bull. Soc. chim. 118, **1952**; 543, **1953**.
[42] FLEURY, P., Bull. Soc. chim. 1126, **1955**.
[43] PESEZ, M., Bull. Soc. chim. 148, **1956**.

D. CARBONSÄUREN

1. CARBONSÄUREN

a) Reaktion mit Lackmus

Es bereitet gewöhnlich keine Schwierigkeiten, die Anwesenheit einer sauren Funktion nachzuweisen. Ist die zu untersuchende Substanz wasserlöslich, wird die Lösung gegenüber Lackmus sauer reagieren, und selbst von Substanzen, die in Wasser fast unlöslich sind, wird oft so viel in Lösung gehen, daß die Farbe des blauen Lackmuspapiers in rot umschlägt. Gegebenenfalls kann man mit Vorteil eine Lösung der Substanz in verdünntem Äthanol zur Untersuchung auf Säureeigenschaften benutzen, oder man kann einen Tropfen einer äthanolischen Lösung der Substanz auf einen Streifen wasserbefeuchteten Lackmuspapiers geben. Enthält die Substanz weder Stickstoff noch Schwefel, zeigt eine saure Reaktion mit ziemlich großer Sicherheit die Anwesenheit einer Carboxylgruppe an. Zu bedenken ist jedoch, daß elektrophil substituierte Phenole, z. B. das Trichlorphenol, genügend sauer sind, um einen Umschlag von blauem Lackmuspapier hervorzurufen.

Unter den stickstoffhaltigen Substanzen, die gegenüber Lackmus sauer reagieren, ohne eine Carboxylgruppe zu enthalten, sind u. a. die Nitrophenole, die Hydroxypyrimidine, die Hydroxypurine und andere stickstoffhaltige heterocyclische Verbindungen zu nennen.

Unter den schwefelhaltigen Substanzen sind die Sulfonsäuren bedeutend stärkere Säuren als die Carbonsäuren. Die Mercaptane und die Thiophenole sind äußerst schwache Säuren, die an sich Lackmus nicht röten. Unter den substituierten Mercaptanen und Thiophenolen können aber viele den Farbumschlag des blauen Lackmuspapiers hervorrufen.

b) Reaktion mit Natriumcarbonat

Das Vermögen, Kohlendioxid aus einer Natriumcarbonatlösung freizumachen, ist ein etwas besseres Kriterium für die Anwesenheit einer Carboxylgruppe als die Fähigkeit, blaues Lackmus zu röten. Unter den oben genannten Substanzen vermögen die Sulfonsäuren, die Carbonsäuren, die Di- und Trinitrophenole und einige Hydroxypyrimidine (z. B. die Barbitursäure) Kohlendioxid aus Natriumcarbonat freizumachen. Die Zahl der Substanzen, welche bei dieser Probe positiv reagieren, ist viel kleiner als diejenige, die Lackmuspapier röten, da Kohlensäure einen kleineren pK_a-Wert (6.48) hat als die nicht elektrophil substituierten Phenole.

c) Bildung unlöslicher Salze

Die Silber-, Blei- und Bariumsalze der Carbonsäuren sind in Wasser und Äthanol schwer löslich und werden deshalb gefällt, wenn zu einer wäßrigen oder äthanolischen Lösung des Natriumsalzes einer Carbonsäure Silbernitrat, Bleinitrat oder Bariumchlorid zugegeben wird. Die anorganischen Salzlösungen fällen gewöhnlich nicht die Lösungen der freien Carbonsäuren, da die organischen Salze in Mineralsäuren löslich sind.

Werden äthanolische Lösungen verwendet, ist zu bedenken, daß viele anorganische Salze, z. B. Bariumchlorid, in Äthanol sehr schwer löslich sind, so daß bei der Zugabe einer Bariumchloridlösung zur äthanolhaltigen Lösung ein Niederschlag von Bariumchlorid entstehen kann. Um festzustellen, ob der Niederschlag ein anorganisches oder ein organisches Salz ist, wird Wasser hinzugefügt; die anorganischen Salze lösen sich leichter in Wasser als die organischen.

2. ANHYDRIDE DER CARBONSÄUREN

a) Verhalten gegen Lackmus und Natriumcarbonat

Die meisten Anhydride der Carbonsäuren werden von Wasser hydrolysiert. Ihre wäßrigen Lösungen verhalten sich deshalb wie Lösungen der Carbonsäuren.

b) Umkristallisation aus Wasser oder Äthanol

Da die Säureanhydride gewöhnlich mit diesen Lösungsmitteln reagieren, wird die nach der Umkristallisation isolierte Substanz einen anderen Schmelzpunkt haben als die ursprüngliche. Eine genauere Untersuchung klärt die Natur des Reaktionsproduktes; es besteht aus: einer Säure (Umkristallisation aus Wasser); einem sauren Ester (bisweilen bei Umkristallisation von Anhydriden zweibasischer Säuren aus Äthanol), oder einem Gemisch von einer Säure und einem Ester (bisweilen bei der Umkristallisation von Anhydriden einbasischer Säuren aus Äthanol).

c) Reaktion mit Resorcin und konzentrierter Schwefelsäure

Erhitzt man in einem Reagenzglas ein Gemisch gleicher Gewichtsteile von Resorcin und einem Anhydrid einer zweibasischen Säure unter Zusatz von 1 bis 2 Tropfen konzentrierter Schwefelsäure, entsteht eine gelbe, rote oder braune Schmelzmasse, die in Wasser etwas löslich ist. In Natronlauge löst sich das Reaktionsprodukt schnell mit stark grünlich-gelber Fluoreszenz, welche der Bildung eines kondensierten Pyronringes vom Phthaleintyp zu verdanken ist.

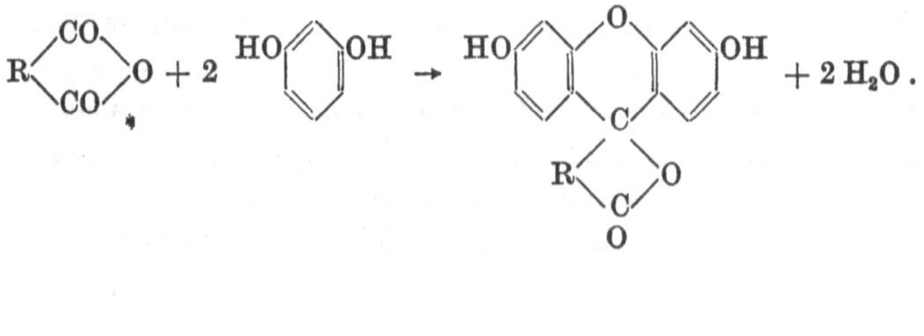

Viele Dicarbonsäuren werden unter diesen Reaktionsbedingungen entwässert und reagieren deshalb analog.

Es hat sich außerdem gezeigt, daß nicht nur Säureanhydride und Dicarbonsäuren bei dieser Behandlung fluoreszierende Reaktionsprodukte geben. Auch einige Polyole können fluoreszierende Substanzen bilden. Die Fluoreszenz dieser Substanzen ist jedoch nicht so kräftig wie im Falle der Säureanhydride und die Reaktion ist von starker Zersetzung begleitet, so daß das Reaktionsgemisch aus Kohlenstoff und einer alkalilöslichen Substanz besteht. Die letztere ist für die Fluoreszenz verantwortlich.

d) Reaktion mit Phenylhydrazin oder einem substituierten Phenylhydrazin

Auf Seite 90—91 wurde erwähnt, daß die Carbonylverbindungen sich mit (substituiertem) Phenylhydrazin kondensieren, wobei schwerlösliche (substituierte) Phenylhydrazone gebildet werden. Auch die Säureanhydride können sich mit (substituiertem) Phenylhydrazin kondensieren, wobei aber nicht Phenylhydrazone, sondern *Phenylhydrazide* nach dem untenstehenden Schema gebildet werden:

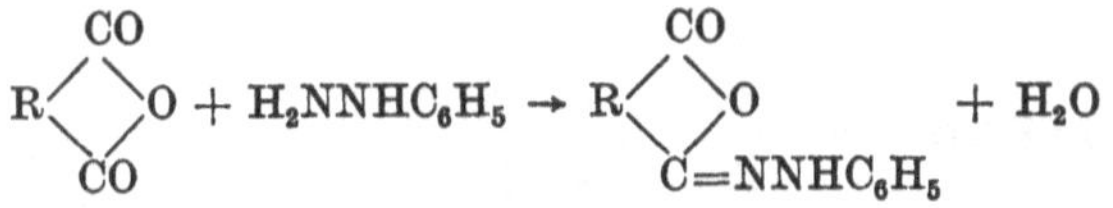

α-Hydrazid

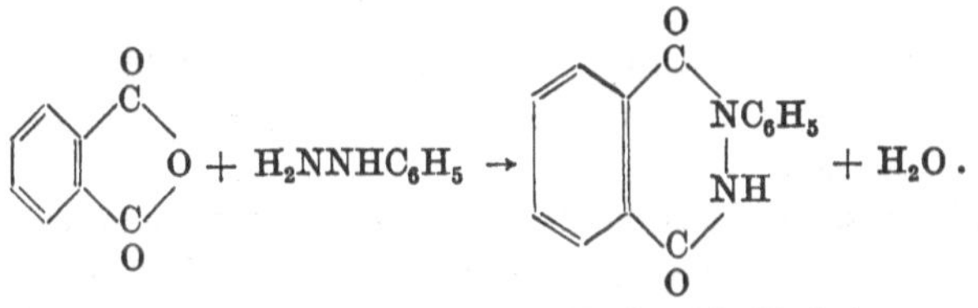

β-Hydrazid, Phthalazon

Während die α-Hydrazide leicht hydrolysiert werden, sind die β-Hydrazide, die man als *Phthalazone* bezeichnet, gegen Hydrolyse beständig.

Die β-Hydrazide, in konzentrierter Schwefelsäure gelöst, geben mit einer Spur von Kaliumdichromat eine intensiv purpurne, lila oder blaue Farbreaktion. Die Farbe verschwindet bei Verdünnung der Lösung mit Wasser.

3. SÄUREHALOGENIDE

werden auf Seite 154 besprochen.

4. HYDROXYCARBONSÄUREN

In den Hydroxycarbonsäuren ist es oft möglich, die beiden funktionellen Gruppen durch voneinander unabhängige Reaktionen nachzuweisen.

Die Hydroxysäuren sind stärkere Säuren als die entsprechenden unsubstituierten Säuren. Sie geben alle die erwähnten Reaktionen der Carbonsäuren.

Die Hydroxylfunktion gibt einige der auf Seite 48—51 besprochenen Reaktionen der Hydroxylgruppe. Die Farbreaktion mit *Fe(III)chlorid* ist gewöhnlich intensiver als die der Hydroxylverbindungen ohne Carboxylfunktion. Die aliphatischen Hydroxysäuren geben eine gelbe Farbe, die aromatischen geben violette, rötliche oder gelbe Farben, wenn beide Funktionen am aromatischen Kern haften; die *m*-Hydroxysäuren geben jedoch, wenn überhaupt, nur eine schwache Farbreaktion. Einige *p*-Hydroxysäuren bilden mit Fe(III)chlorid gelbe oder rote Niederschläge, andere geben überhaupt keine Farbreaktion mit Fe(III)chlorid.

Die Reaktion mit *Diazobenzolsulfonsäure* ist gewöhnlich positiv. Mit den aliphatischen Hydroxysäuren verläuft die Farbreaktion als langsame Zeitreaktion, während die aromatischen Hydroxysäuren praktisch momentan zu Azofarbstoffen kuppeln.

Keine der beiden Typen von Hydroxysäuren bilden mit Schwefelkohlenstoff und Kalilauge *Kaliumxanthogenate*.

a) α-Hydroxysäuren

α) Die α-Hydroxysäuren bilden *Lactide*, schnell in der Wärme, langsam bei Zimmertemperatur. Die Reaktion ist eine gegenseitige Veresterung von zwei Molekülen der Säure:

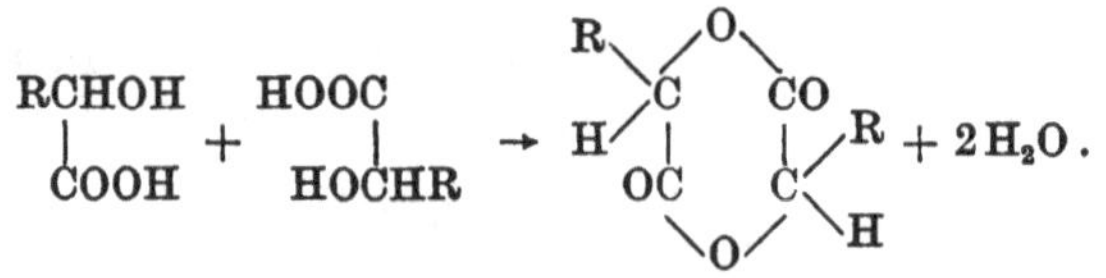

Substitution beider Wasserstoffatome am α-Kohlenstoffatom mit Alkylgruppen verhindert die Lactidbildung. Solche α-Hydroxysäuren sublimieren beim Erhitzen ohne Zersetzung.

β) Die α-Hydroxysäuren werden decarboxyliert, wenn man sie mit *Bleidioxid* erhitzt. Der primäre oder sekundäre Alkohol, welcher dabei entsteht, wird vom Bleidioxid zu einem Aldehyd oder einem Keton mit einem Kohlenstoffatom weniger als die Hydroxysäure oxydiert.

γ) Mit *konzentrierter Salzsäure, Thionylchlorid* oder *verdünnter Schwefelsäure* erhitzt, spalten die α-Hydroxysäuren Ameisensäure ab und bilden Aldehyde oder Ketone.

δ) Die *Natriumsalze* der α-Hydroxysäuren sind gewöhnlich relativ *schwer löslich* in Wasser.

b) β-Hydroxysäuren

α) Die β-Hydroxysäuren *spalten* beim Erwärmen leicht *Wasser ab* und bilden α,β-ungesättigte Säuren. Einige β-Hydroxysäuren sind jedoch ohne Wasserabspaltung destillierbar.

Die β-Hydroxysäuren, die am α-Kohlenstoffatom doppelsubstituiert sind, werden bei der Destillation in einen Aldehyd und eine Säure gespalten:

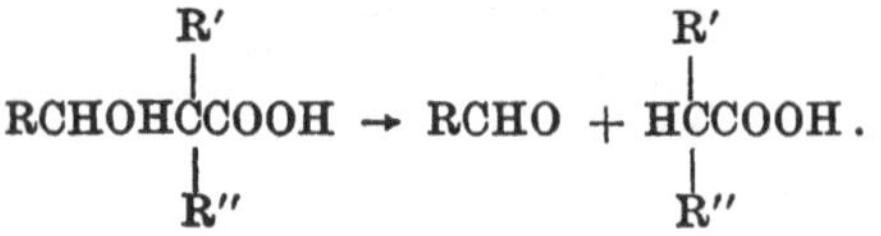

β) Mit *konzentrierter Salzsäure* erwärmt, spalten die β-Hydroxysäuren Wasser ab und geben α,β-ungesättigte Säuren, die aber Chlorwasserstoff addieren können, wobei β-chlorsubstituierte Säuren entstehen.

Die tertiären Säuren werden wie in b) α angegeben gespalten.

γ) Mit 10%iger Natronlauge gekocht, wird Wasser abgespalten. Gewöhnlich entsteht ein Gemisch von α,β- und β,γ-ungesättigten Säuren, wenn die Struktur der Säure beide Abspaltungsmöglichkeiten erlaubt.

c) γ- und δ-Hydroxysäuren

Diese Hydroxysäuren sind instabil und bilden spontan Lactone (siehe später, Abschnitt 5). Die Säuren können als Salze isoliert werden. Speziell die Silbersalze zeichnen sich durch Schwerlöslichkeit aus.

d) Aromatische Hydroxysäuren

α) Die o-Hydroxysäuren sind *mit Wasserdampf flüchtig* durch Bildung von chelaten Strukturen mit Wasserstoffbrückenbindungen:

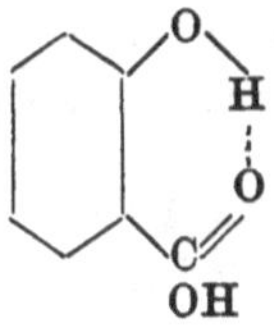

β) Die o-Hydroxysäuren sind in der Kälte in *Chloroform* ziemlich leichtlöslich.

γ) Die o- und p-Hydroxysäuren werden bei Erwärmung ziemlich leicht *decarboxyliert*, wobei Phenole entstehen. Die m-Hydroxysäuren werden nicht so leicht decarboxyliert. Mit konzentrierter Schwefelsäure erwärmt, reagieren zwei Moleküle miteinander, wobei *1,5-Dihydroxyanthrachinone* gebildet werden:

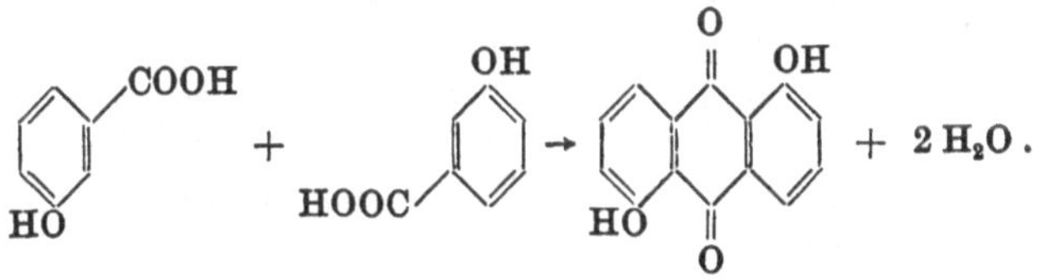

δ) Die p-Hydroxysäuren sind mit Wasserdampf nicht flüchtig (keine Chelatbildung).

ε) Die p-Hydroxysäuren sind in *Chloroform* schwer löslich oder unlöslich

5. LACTONE

Wie schon erwähnt, sind die γ- und δ-Hydroxysäuren instabile Substanzen, die durch intramolekulare Esterbildung Lactone hervorbringen. In wäßriger Lösung stellt sich gewöhnlich ein Gleichgewicht zwischen der Hydroxysäure und dem entsprechenden Lacton ein, so daß die Lösung schwach sauer reagiert. Der Lactonring wird von Basen geöffnet, wobei ein Salz der Hydroxysäure gebildet wird. Das Gleichgewicht stellt sich beim Ansäuern der Lösung wieder ein, so daß sich die Lactone dem Natriumhydroxid gegenüber als Pseudosäuren verhalten.

Die rein aromatischen Hydroxysäuren bilden keine Lactone, obwohl die *m*- und *p*-Hydroxysäuren mit den aliphatischen γ- und δ-Hydroxysäuren zu vergleichen sind. Stehen dagegen ein oder zwei Kohlenstoffatome zwischen dem aromatischen Kern und der Carboxylgruppe, so besteht die Möglichkeit einer Lactonbildung mit einer zur Seitenkette *o*-gestellten Hydroxygruppe. Die so gebildeten Lactone sind stabiler als die aliphatischen Lactone. Sie werden z. B. nicht momentan von Lauge geöffnet:

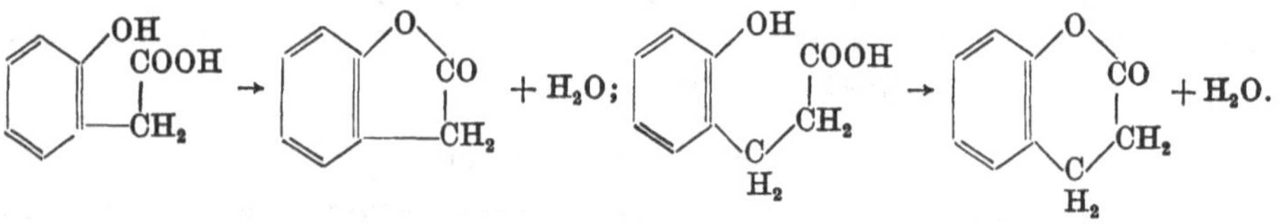

Beim Erwärmen mit Natronlauge gehen diese Lactone, die in Wasser beinahe unlöslich sind, in Lösung, indem der Lactonring geöffnet wird. Beim Ansäuern der Lösung werden die Lactone momentan zurückgebildet.

6. DARSTELLUNG VON DERIVATEN ZUR CHARAKTERISIERUNG DER CARBONSÄUREN

a) Salzbildung

Wie oben angegeben, sind verschiedene Metallsalze der Carbonsäuren so schwer löslich, daß sie leicht gefällt werden. Sie haben aber wenig analytisches Interesse, da sie zu hohe Schmelzpunkte haben. Die Salze der organischen Basen sind andererseits oft so leicht löslich, daß ihre Isolierung und Reinigung nicht einfach ist. Basen, die schwächer als Ammoniak sind ($pK_b > 9$—10), bilden mit den Carbonsäuren keine stabilen Salze.

Unter den organischen Basen sei der *Benzyl-iso-thioharnstoff* besonders hervorgehoben. Diese Base ist stark genug, um stabile Salze der Carbonsäuren zu bilden, und diese Salze, die *Benzylthiuroniumsalze* genannt werden, sind gewöhnlich schwer löslich in Wasser und deshalb leicht zu isolieren.

Das Reagens zur Darstellung der Benzylthiuroniumsalze ist das *Benzylthiuroniumchlorid*, welches hergestellt wird durch Kochen einer wäßrig-äthanolischen Lösung äquimolarer Teile von Benzylchlorid und Thioharnstoff [1], [2]. Die folgende Methode wird zur Herstellung der Benzylthiuroniumsalze von Carbonsäuren empfohlen [3]:

0,01 Grammäquivalent der Säure wird in 8 ml *n*-Natronlauge gelöst. Man setzt 2 Tropfen Methylrot hinzu und dann tropfenweise *n*-Natronlauge bis zum Umschlag des Indicators. Hat die Säure sich nicht vollkommen gelöst, kann man noch einige Tropfen Natronlauge hinzufügen. Die so erhaltene Lösung soll möglichst noch schwach sauer sein und keinesfalls deutlich alkalisch reagieren. Die Lösung wird auf 90° erwärmt und mit einer heißen Lösung von 2 g Benzylthiuroniumchlorid in 5—10 ml Wasser versetzt. Das Gemisch wird sofort in Eiswasser gekühlt, wobei gewöhnlich ein kristalliner Niederschlag des Benzylthiuroniumsalzes entsteht. Bisweilen scheidet sich das Salz als Öl aus. Durch Reibung der Wände des Glases mit einem Spatel kann die Kristallisation eingeleitet werden.

Ist das Salz so löslich, daß es nicht auskristallisiert, kann man es durch Zusatz von Natriumchlorid aussalzen. Man läßt dann die Mischung über Nacht im Eisschrank stehen.

Die normalen Salze einiger zweibasischen Säuren sind in Wasser sehr leicht löslich, viel löslicher als die sauren Salze. Scheidet sich kein Salz aus, kann man durch 1—2 ml *n*-Salzsäure die Ausscheidung des sauren Salzes ermöglichen [2], [4]. Ist die freie Carbonsäure in Wasser selbst schwer löslich, fällt man die freie Säure und nicht das saure Salz (siehe unten, Umkristallisation der Salze).

Es wurde schon gesagt, daß die Lösung möglichst schwach sauer bleiben sollte, da die Benzylthiuroniumsalze von Hydroxylionen zu Benzylmercaptan, Harnstoff und Säureanion hydrolysiert werden. Von diesen Produkten ist das Benzylmercaptan mit einem sehr unangenehmen Geruch behaftet:

$$C_6H_5CH_2SC\begin{smallmatrix} \nearrow N^+H_2 \\ \searrow NH_2 \end{smallmatrix}\ Cl^- + RCOONa \rightarrow C_6H_5CH_2SC\begin{smallmatrix} \nearrow N^+H_2 \\ \searrow NH_2 \end{smallmatrix}\ O^-OCR + NaCl$$

$$C_6H_5CH_2SC\begin{smallmatrix} \nearrow N^+H_2 \\ \searrow NH_2 \end{smallmatrix}\ O^-OCR + O^-H \rightarrow C_6H_5CH_2SH + CO(NH_2)_2 + RCOO^-$$

Um die Schwierigkeiten der *pH*-Einstellung der Lösung zu vermeiden, schlägt Horák [5] vor, statt der Benzylthiuroniumchloridlösung eine Lösung des Benzylthiuroniumhydrogencarbonats zu benutzen. Zu dieser Lösung setzt man eine Lösung der freien Säure, nicht eine Salzlösung.

Die Benzylthiuroniumsalze werden durch Umkristallisation aus Äthanol, verdünntem Äthanol oder Wasser gereinigt. Bei der Umkristallisation sollte man schnell arbeiten, denn in der Wärme verläuft die Hydrolyse der Salze zu Benzylmercaptan und Harnstoff ziemlich rasch, wenn die Lösung nicht sauer ist. Deshalb versetzt man das Umkristallisationsmittel mit 1—2 Tropfen verdünnter Salzsäure. Ist aber die organische Säure im Umkristallisationsmittel schwer löslich, kann man die Säure freimachen und ausfällen.

Die Benzylthiuroniumsalze der aliphatischen Aminosäuren, einiger zweibasischen Säuren und einiger Hydroxysäuren sind in Wasser und Äthanol so löslich, daß es nicht gelingt, diese in der soeben beschriebenen Weise zu isolieren. Bolliger [46] empfiehlt, in solchen Fällen statt des Benzylthiuroniumchlorids das Sulfat zu benutzen. Es wird aus Benzylthiuroniumazetat und Schwefelsäure hergestellt. Äquivalente Mengen von dem Reagens und dem Bariumsalz der Säure werden gemischt. Das Bariumsulfat wird durch Filtrieren oder Zentrifugieren entfernt und das Benzylthiuroniumsalz der organischen Säure durch Eindampfen des Filtrats oder Zentrifugats, eventuell im Vacuum, gewonnen.

Die Benzylthiuroniumsalze der aromatischen Dihydroxysäuren werden wie gewöhnlich dargestellt, wenn die beiden Hydroxylgruppen zur Carbongruppe nicht in *o,o'*- oder *o,p*-Stellung stehen.

Schmelzpunkte einiger Benzythiuroniumsalze findet man in den Literaturhinweisen [1] und [3] sowie [7]—[11].

Auch die sauer reagierenden Phenole, z. B. 2,4-Dinitrophenol und Picrinsäure, sowie die sauren heterocyclischen Verbindungen, z. B. Aminotetrazol, Barbitursäure, geben in der oben angegebenen Weise schwerlösliche Benzylthiuroniumsalze.

Einige Benzylthiuroniumsalze kristallisieren mit Kristallwasser. Weiterhin können, wie gesagt, die zweibasischen Säuren zwei Reihen von Salzen, die sauren und die normalen Salze geben. Deswegen und weil die Schmelzpunkte der einzelnen Benzylthiuroniumsalze zu dicht beieinanderliegen, ist zu ihrer endgültigen Identifizierung eine Bestimmung der Äquivalentgewichte notwendig. Eine sehr bequeme Methode für die Äquivalentgewichtbestimmung wird auf Seite 164 angegeben.

Um die Schmelzpunktspanne der Salze zu vergrößern, haben verschiedene Verfasser andere Alkylthiuroniumsalze vorgeschlagen, jedoch ohne wesentliche Vorteile zu erreichen. Unter den empfohlenen Reagenzien seien genannt: *p*-Chlor- und *p*-Brombenzylthiuroniumchlorid [12], [13], *p*-Nitrobenzylthiuroniumchlorid [10], [14], [15], 2,4-Dinitrobenzylthiuroniumchlorid [15] und α-Naphthylmethylthiuroniumchlorid [16].

Man hat auch versucht, die Benzylthiuroniumsalze durch Röntgendiffraktionsspekten zu charakterisieren [17].

b) Esterbildung

Die Ester zahlreicher Carbonsäuren mit niederen Alkoholen sind bei Zimmertemperatur flüssig und deshalb ohne wesentliches Interesse für die Identifizierung der Säuren. Einige Methylester sind jedoch fest und leicht darzustellen: Man kocht am Rückfluß eine 2—3% Chlorwasserstoff enthaltende methanolische Lösung der Säure, oder man behandelt eine wäßrige Lösung des Natriumsalzes der Säure mit Methylsulfat, wobei die Durchführung der Methylierung die gleiche ist, wie auf Seite 76 bei der Methylierung der Phenole beschrieben wurde.

Die Carbonsäuren werden in bequemer Weise methyliert, wenn man zu einer ätherischen Lösung oder Suspension der Säure eine ätherische 1%ige Lösung von *Diazomethan* tropfen läßt:

$$RCOOH + CH_2{=}N^+{=}N^- \rightarrow RCOOCH_3 + N_2 .$$

Die Methylierung ist beendet, wenn kein Stickstoff mehr entwickelt wird [18].

Nicht methylierte Säure wird durch Schütteln der Ätherlösung mit einer Natriumhydrogencarbonatlösung entfernt. Der Methylester wird dann durch Abdampfen des Äthers gewonnen.

Da Diazomethan äußerst giftig ist, sollten alle Reaktionen, bei denen Diazomethan benutzt wird, nur unter einem gutziehenden Abzug ausgeführt werden. Die Herstellung konzentrierter Lösungen von Diazomethangas in Äther ist zu vermeiden, denn Diazo-

methandämpfe über der Lösung können explodieren und dabei den Äther in Brand setzen.

Unter den Estern, die man zur Charakterisierung der Säuren empfehlen kann, sind die *p-Bromphenacylester*, d. h. die Ester des *p*-Brom-ω-Hydroxyacetophenons, $BrC_6H_4COCH_2OH$, besonders hervorzuheben. Sie entstehen bei der Reaktion von *p*-Bromphenacylbromid, $BrC_6H_4COCH_2Br$, mit dem Natriumsalz der Säure. 0,5 g der Säure werden in Wasser oder *n*-Natronlauge gelöst. Phenolphthalein wird zugesetzt, und mit *n*-Natronlauge oder Salzsäure stellt man auf schwach saure Reaktion ein. Dann werden 10 ml Äthanol und die berechnete Menge *p*-Bromphenacylbromid zugegeben. Kennt man das Äquivalentgewicht der Säure nicht, nimmt man 1—1,5 g *p*-Bromphenacylbromid. Das Gemisch wird eine Stunde unter Rückfluß gekocht. Scheiden sich während des Kochens Kristalle aus, wird Äthanol bis zu ihrer Wiederauflösung zugesetzt.

Beim Abkühlen des Reaktionsgemisches kristallisieren die *p*-Bromphenacylester oft spontan. Wenn nicht, setzt man der heißen Lösung Wasser bis zur Trübung hinzu und reibt während des Abkühlens die Wände des Kolbens, um die Kristallisation einzuleiten. Die Ester werden durch Umkristallisation aus Äthanol oder wäßrigem Äthanol gereinigt.

Von einigen Säuren, z. B. Malonsäure, Weinsäure, einigen anderen mehrbasischen Säuren und einigen Hydroxysäuren hat man die *p*-Bromphenacylester nicht darstellen können.

In Aminosäuren kann sowohl die Carboxylgruppe als auch die Aminogruppe mit *p*-Bromphenacylbromid reagieren.

Schmelzpunkte der *p*-Bromphenacylestern findet man in den Literaturangaben [19]—[24] oder in Organic Reagents for Organic Analysis (siehe S. 63). Im Formelregister des Chemischen Zentralblattes sind die neuesten Angaben aufzusuchen.

Inoue und Mitarbeiter [25] schlagen vor, aus den *p*-Bromphenacylestern die 2,4-Dinitrophenylhydrazone darzustellen, um besonders die ungesättigten Monocarbonsäuren besser zu charakterisieren.

Anstelle von *p*-Bromphenacylbromid können auch Phenacylbromid [26], [27] und *p*-Phenylphenacylbromid [27]—[30] zur Bildung der entsprechenden Ester verwendet werden. Es gibt Fälle, in denen diese Ester besser als die *p*-Bromphenacylester zur Charakterisierung der Säure geeignet sind.

Bisweilen lassen sich die *p*-Nitrobenzylester der zu identifizierenden Säuren bequem darstellen [31]. Man neutralisiert gegen Phenolphthalein eine Lösung von 1 g der Säure mit *n*-Natronlauge und setzt zur neutralisierten Lösung eine der zugesetzten Natronlauge äquivalente Menge von *p*-Nitrobenzylhalogenid, 0,17 g Nitrobenzylchlorid oder 0,22 g Nitrobenzylbromid in 10 ml Äthanol je ml *n*-Natronlauge zu. Das Gemisch wird eine Stunde bei einbasischen oder 2—3 Stunden bei zweibasichen Säuren unter Rückfluß gekocht. Beim Abkühlen kristallisieren die Ester oft spontan. Wenn nicht, wird etwas Äthanol abgedampft und die Kristallisation durch Reiben der Kolbenwände eingeleitet.

Die Ester werden durch Umkristallisation aus Äthanol oder wäßrigem Äthanol gereinigt.

Schmelzpunkte einiger Ester sind in [31] angegeben. Im BEILSTEIN findet man in Band VI unter *p*-Nitrobenzylalkohol Schmelzpunkte von Estern der Säuren, die in früheren Bänden erwähnt werden, während die *p*-Nitrobenzylester der später abgehandelten Säuren mit diesen zusammen aufzusuchen sind.

BOUVEAULT [32] schlägt vor, die Monocarbonsäuren durch ihre Ester mit Tetrachlorhydrochinon zu charakterisieren. Die Säure wird zu diesem Zweck ins Säurechlorid übergeführt (siehe unter c). In einem mit Rückflußkühler versehenen Kolben werden 3 Mol des Säurechlorids mit 1 Mol Tetrachlorhydrochinon gemischt. Dann wird das Gemisch im Ölbad so lange im Sieden gehalten, bis die Chlorwasserstoffentwicklung beendet ist. Das Reaktionsprodukt erstarrt beim Abkühlen. Es wird mit einem Gemisch von Wasser und Äther unter Zusatz von verdünnter Natronlauge behandelt. Die nicht veresterte Säure löst sich in der alkalischen Schicht, während das Diacyltetrachlorhydrochinon in Äther löslich ist. Beim Abdampfen des Äthers verbleibt ein Produkt, das durch Umkristallisation aus siedendem Methanol gereinigt werden kann.

Einige Schmelzpunkte sind in [32] angegeben.

LOCQUIN [33] hat einen indirekten Weg zur Charakterisierung der Monocarbonsäuren vorgeschlagen, indem man zuerst die Ester der Säuren mit *Acetol* darstellt und dann die Carbonylfunktion dieser Ester zur Bildung von Semicarbazonen benutzt. Ein Mol der Säure wird in wasserfreiem Äther gelöst und mit der theoretischen Menge von Natriumdraht ins Natriumsalz übergeführt. Dann wird ein Mol Monochlorazeton zugesetzt und der Äther auf dem Wasserbade abgezogen. Der Rückstand wird 4 Stunden im Ölbad auf 120—130° erwärmt (Rückflußkühlung, Abzug), wodurch der Acetolester gebildet wird:

$$RCOONa + ClCH_2COCH_3 \rightarrow RCOOCH_2COCH_3 + NaCl\,.$$

Man kühlt ab und behandelt den Rückstand mit Wasser und Äther. Die Ätherschicht wird mit Natriumcarbonatlösung und mit Wasser gewaschen, der Äther abgedampft und im Vacuum fraktioniert destilliert.

Die Semicarbazone dieser Ester entstehen sehr leicht, wenn man den Ester mit einer essigsauren Lösung von Semicarbazid (siehe S. 106) behandelt.

LOCQUIN [33] gibt einige Schmelzpunkte solcher Semicarbazone an.

c) Säurechloride

Die Säurechloride sind an sich nicht zur Charakterisierung der Säuren geeignet, denn die meisten Säurechloride sind bei Zimmertemperatur Flüssigkeiten, die außerdem so schnell mit der Luftfeuchtigkeit reagieren, daß ihre Reindarstellung und Aufbewahrung in kleinen Mengen schwierig ist. Die Säurechloride sind aber als Zwischenprodukte bei der Darstellung von Amiden, Aniliden oder *p*-Toluidinen von größter Bedeutung. Deshalb seien hier einige Darstellungsmethoden erwähnt.

Zur Darstellung der organischen Säurechloride kann man sowohl Phosphorylchlorid als Phosphorpentachlorid verwenden. Gewöhnlich wird aber das Thionylchlorid vorgezogen, weil es bequemer ist als die beiden Phosphorchloride. Erstens entstehen bei der Reaktion mit organischen Säuren außer dem Säurechlorid nur Gase, und zweitens ist ein Überschuß von Thionylchlorid leicht zu entfernen, entweder durch Abdampfen (Siedepunkt 78°) oder durch Zusatz von Ameisensäure, mit der nur Kohlenmonoxid, Chlorwasserstoff und Schwefeldioxid entstehen. Außerdem stört eine kleine Verunreinigung an Thionylchlorid die Darstellung des Amids oder Anilids nicht (siehe S. 156):

$$RCOOH + SOCl_2 \rightarrow RCOCl + HCl + SO_2\,.$$

1—2 g der Säure werden in einem mit Rückflußkühler versehenen Kolben mit 8—10 g Thionylchlorid übergossen. Der Kolben wird auf dem Dampfbade bis zur vollständigen Lösung der Säure und dann noch eine Viertelstunde erwärmt. Der Rückflußkühler wird entfernt und der Überschuß des Thionylchlorids möglichst vollständig abdestilliert. Es ist zu bedenken, daß Azetylchlorid und Propionsäurechlorid niedriger als 100° sieden und deshalb auf dem Wasserbade mit überdestillieren können. Liegen diese Säuren vor, so ist es vorteilhafter, den Überschuß des Thionylchlorids durch Zusatz von Ameisensäure zu beseitigen oder ganz zu vernachlässigen. Das rohe Säurechlorid wird ohne weitere Reinigung zur Darstellung der Amide, der Anilide oder der *p*-Toluidine verwendet (siehe S. 156).

Feste Säurechloride können durch Umkristallisation aus einem nicht hydroxylhaltigen Lösungsmittel (Benzol, Ligroin) gereinigt werden.

Die ungesättigten Säuren können, wenn sie wie soeben beschrieben behandelt werden, Chlorwasserstoff an die Doppelbindung addieren, besonders wenn die Säure eine α,β-ungesättigte Säure ist. Hierdurch wird das Säurechlorid der β-chlorsubstituierten Säure gebildet. Man kann die Addition des Chlorwasserstoffs vermeiden, wenn man eine Benzollösung der Säure mit Thionylchlorid behandelt, denn Chlorwasserstoff ist in der Hitze in Benzol beinahe unlöslich.

Die Hydroxysäuren reagieren oft noch komplizierterweise mit Phosphorchloriden und mit Thionylchlorid (siehe S. 148). Weiter werden zweibasische Säuren mit 2 oder 3 Kohlenstoffatomen zwischen den Carboxylgruppen durch Einwirkung anorganischer Säurechloride, wie Azetylchlorid oder Essigsäureanhydrid, in Säureanhydride, statt in Säurechloride, verwandelt. Aus zweibasischen Säuren mit 4 oder 5 Kohlenstoffatomen zwischen den Carboxylgruppen entstehen oft durch die Einwirkung von Thionylchlorid cyclische Ketone, indem ein Kohlenstoffatom als Kohlenstoffdioxid abgespalten wird:

$$\begin{matrix} CH_2COOH \\ | \\ CH_2COOH \end{matrix} + SOCl_2 \rightarrow \begin{matrix} CH_2CO \\ | \\ CH_2CO \end{matrix}\!\!>\!O + SO_2 + 2\,HCl$$

$$\begin{matrix} CH_2CH_2COOH \\ | \\ CH_2CH_2COOH \end{matrix} + SOCl_2 \rightarrow \begin{matrix} CH_2CH_2 \\ | \\ CH_2CH_2 \end{matrix}\!\!>\!CO + CO_2 + SO_2 + 2\,HCl.$$

Di- und Trichloressigsäure lassen sich nicht mit Thionylchlorid zu Säurechloriden umsetzen. In Aminosäuren wird die Aminogruppe schneller angegriffen als die Carboxylgruppe. Die Säurechloride der Aminosäuren lassen sich nicht ohne vorherige Blockierung der Aminogruppe darstellen.

d) Amide

Die Amide entstehen, wenn das rohe Säurechlorid, dessen Darstellung vorstehend beschrieben wurde, tropfenweise zu eisgekühltem konzentrierten Ammoniakwasser gegeben wird. Die Reaktion ist gewöhnlich sehr lebhaft. Tritt keine lebhafte Reaktion ein, kann man das Gemisch einige Minuten auf dem Dampfbade erwärmen. Das organische Säurechlorid wird in Amid und ein Überschuß von Thionylchlorid in Ammoniumchlorid und Ammoniumsulfit übergeführt; beide sind in Wasser leicht, in Äthanol schwer lösliche Substanzen, die die Isolierung des Amids nicht stören.

Die Amide der niedrigeren Monocarbonsäuren, einschließlich der Buttersäure, sind in Wasser ziemlich löslich und scheiden sich daraus nicht aus. Um diese Amide zu isolieren, wird das Reaktionsgemisch auf dem Dampfbade zur Trockenheit eingedampft und der Rückstand mit siedendem Äthanol ausgezogen: Die Amide kristallisieren dann bei der Abkühlung der äthanolischen Lösung aus. Die Amide der Monocarbonsäuren von Valeriansäure aufwärts und der zweibasischen Carbonsäuren sind gewöhnlich in Wasser so schwer löslich, daß sie aus der wäßrigen Lösung beim Abkühlen kristallisieren. Gegebenenfalls kann man die Kristallisation durch Reiben der Seiten des Becherglases einleiten.

Amide können auch aus den *Estern* durch Ammonolyse entstehen. Man löst den Ester in Äthanol oder Äther und sättigt die Lösung mit Ammoniakgas, oder man schüttelt die Lösung mit konzentriertem Ammoniakwasser. Das Amid scheidet sich dabei aus, bisweilen sofort, sonst im Laufe von einigen Minuten.

Diese Methode ist oft die bequemste, um Amide der Hydroxysäuren herzustellen, da man aus Hydroxysäuren nicht die Säurechloride darstellen kann, ohne die Hydroxylgruppe zu schützen. Hat man die Hydroxylgruppe azetyliert und dann das Säurechlorid dargestellt, wird mit Ammoniak das Amid der azetylierten Säure gebildet. Die Reaktion kann aber auch so verlaufen, daß ein Gemisch von Azetamid und dem Amid der Hydroxysäure entsteht. Der Weg über die Ester ist deshalb eindeutiger.

Die *Lactone*, die intramolekulare Ester sind, können bei der Reaktion mit Ammoniak Amide der entsprechenden Hydroxysäure geben. Diese Amide können aber dann in einer sekundären Reaktion Wasser abspalten und *Lactame* bilden. Die Lactambildung ist jedoch im allgemeinen auf Hydroxyamide mit einer tertiären Hydroxylgruppe begrenzt [34]:

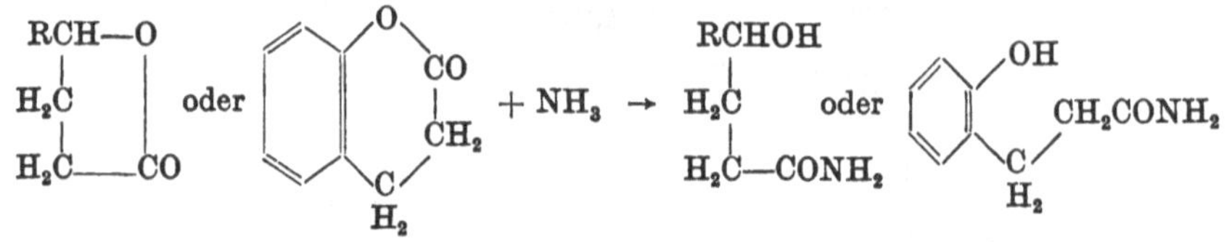

Keine sekundäre Reaktion. Einzelne Lactone dieses Typs reagieren überhaupt nicht mit Ammoniak.

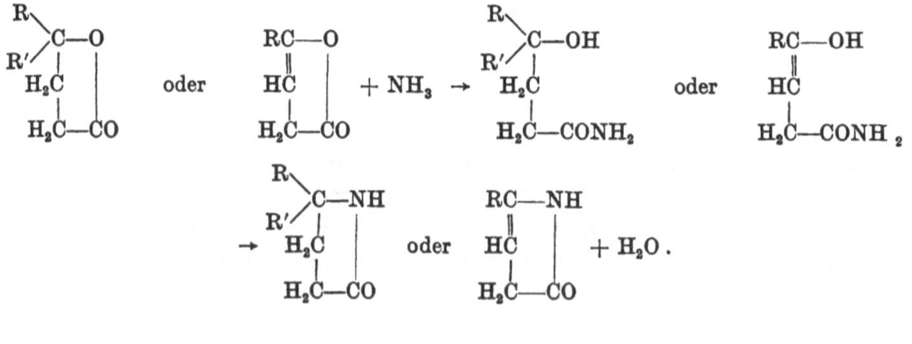

Die Amide sind im BEILSTEIN bei den entsprechenden Säuren miterwähnt. Man findet auch in den Anleitungen zur qualitativen organischen Analyse Schmelzpunkte der Amide.

e) Anilide und *p*-Toluidine

Wenn die Amide in Wasser zu leicht löslich sind, wird ihre Isolierung Schwierigkeiten bereiten. In solchen Fällen zieht man oft vor, statt der Amide die *Anilide* oder die *p-Toluidide*, die in Wasser weniger löslich sind und deshalb leichter isoliert werden, darzustellen.

Das rohe Säurechlorid wird in wasser- und äthanolfreiem Äther gelöst und mit einer ätherischen Lösung von Anilin oder *p*-Toluidin gemischt. Die Reaktion, die an sich ziemlich schnell verläuft, kann durch 10—15minutiges Erwärmen unter Rückfluß beschleunigt werden. Die ätherische Lösung wird mit verdünnter Salzsäure gewaschen, um Überschuß von Amin zu entfernen, und das Anilid (*p*-Toluidid) wird dann durch Abdampfen des Äthers isoliert und durch Umkristallisation aus Wasser oder Äthanol gereinigt.

Die Schmelzpunkte der Anilide und *p*-Toluidide der aliphatischen und aromatischen Säuren findet man in BEILSTEIN, Bd. XII, unter Anilin und *p*-Toluidin. Die entsprechenden Derivate der heterocyclischen Carbonsäuren und der aromatischen Carbonsäuren, die in späteren Bänden von BEILSTEIN erwähnt werden, sind mit diesen Säuren zusammen erwähnt. Organic Reagents for Organic Analysis (siehe S. 63) bringen Tabellen mit Schmelzpunkten zahlreicher Anilide und *p*-Toluidide.

f) Hydrazide und Acyl-Aryl-Thiosemicarbazide

BUU-HOÏ und Mitarbeiter [35] empfehlen, aus den Estern der Carbonsäuren die Hydrazide darzustellen. Diese können durch Reaktion mit Phenylsenföl 1-Acyl-4-Phenylthisemicarbazid bilden.

Der Ester wird mit 50% Überschuß von 95%igem Hydrazinhydrat in absolutem Äthanol gelöst und 24 Stunden unter Rückfluß gekocht. Beim Abkühlen kristallisiert das Hydrazid aus. Es wird aus Äthanol umkristallisiert.

Werden äquivalente Mengen vom Hydrazid und Phenylsenföl gemischt und einige Minuten auf 75—80° erwärmt, entsteht ein Acylphenylthiosemicarbazid, welches aus Methanol oder Äthanol umkristallisiert wird:

$$RCOOR' + H_2NNH_2 \rightarrow RCONHNH_2 + R'OH$$

$$RCONHNH_2 + C_6H_5N{=}C{=}S \rightarrow C_6H_5NH{-}CS{-}NHNHOCR\,.$$

Schmelzpunkte einiger dieser Derivate sind in [35] angegeben.

g) Derivate der Säureanhydride

α) N-Phenylimide

Die Anhydride der Dicarbonsäuren lassen sich sehr bequem als N-Phenylimide charakterisieren [36]. Das Säureanhydrid wird einige Zeit mit einem Überschuß von Anilin erwärmt. Nach Abkühlung wird überschüssiges Anilin durch Auswaschen mit verdünnter Salzsäure entfernt. Das feste N-Phenylimid wird abfiltriert und aus Äthanol umkristallisiert.

Einige Schmelzpunkte findet man in BEILSTEIN, Bd. XXI.

β) Saure Ester der zweibasischen Säuren

Man kann die sauren Methylester der zweibasischen Säuren darstellen, indem man das Säureanhydrid in Methanol löst und diese Lösung tropfenweise mit einem Äquivalent Natriummethylat oder besser Kaliummethylat, in Methanol gelöst, versetzt. Die Hinzufügung dauert 10—15 Minuten, am besten unter mechanischem Rühren. Das Kalium- oder Natriumsalz des sauren Esters wird mit 5—10 Vol. Azeton gefällt. Nach Umkristallisation aus Methanol löst man das Salz in Wasser, fügt die berechnete Menge verdünnte Salzsäure hinzu und isoliert den sauren Ester durch Filtration oder Extraktion mit Äther. Die sauren Methylester werden durch Umkristallisation aus verdünntem Methanol oder aus Ligroin gereinigt [37]—[39].

Die sauren Methylester sind im Beilstein mit den entsprechenden Säuren erwähnt.

γ) Saure Amide oder Anilide der zweibasischen Säuren

Die Anhydride der zweibasischen Säuren werden durch Behandlung mit Ammoniak oder Anilin in saure Amide oder Anilide umgebildet. Das Anhydrid wird in Benzol oder einem anderen nicht mit dem Anhydrid reagierenden Lösungsmittel gelöst. Dann wird ein Ammoniakstrom durch die Lösung geleitet oder Anilin zugesetzt. Man läßt das Gemisch 30—60 Minuten stehen und entfernt den Überschuß an Ammoniak oder Anilin durch Ausschütteln mit verdünnter Salzsäure. Das saure Amid oder Anilid wird durch Abdampfen des Lösungsmittels isoliert. Es wird durch Umkristallisation aus Wasser oder Äthanol gereinigt.

Die sauren Amide und Anilide sind im Beilstein mit den normalen Amiden und Aniliden zusammen (siehe S. 157) aufgeführt.

h) Derivate der Hydroxysäuren

Wie gesagt, kann die Darstellung von Derivaten der Hydroxysäuren infolge der Reaktionsfähigkeit der Hydroxylgruppe Schwierigkeiten bereiten. Man muß die Hydroxylgruppe durch Azetylierung blockieren und dann Derivate der azetylierten Säure darstellen. Die Azetylierung wird nach den üblichen Methoden vorgenommen (siehe S. 63). Wenn die azetylierte Säure fest ist, hat man in dieser Verbindung ein geeignetes Derivat der Hydroxysäure, wenn nicht, kann man das rohe Azetylierungsprodukt zur Darstellung des Benzylthiuroniumsalzes oder des *p*-Bromphenacylesters der azetylierten Säure benutzen.

Zur Bildung von Derivaten der aromatischen Hydroxysäuren mit einer oder mehreren phenolischen Hydroxylgruppen kann man die auf Seite 75 beschriebenen Methoden zur Bildung von Derivaten der Phenole benutzen. Es ist sehr wichtig, sich zu erinnern, daß Substituenten in *o*- oder *p*-Stellung zur Phenolgruppe, z. B. Carboxylgruppen, von Brom ausgetrieben werden, wenn man versucht, die bromsubstituierten Hydroxysäuren darzustellen.

i) Charakterisierung der Carbonsäuren durch Verteilungschromatographie

Wiederholt sind papierchromatographische Methoden zur Charakterisierung der Carbonsäuren vorgeschlagen worden. Als Lösungsmittel schlagen Stark, Goodban und Owens

[40] ein Gemisch vor von 2 Volumenteilen Chloroform und 1 Teil 96%igem Äthanol mit Zusatz von 90%iger Ameisensäure (1% vom Gesamtvolumen) oder ein Gemisch gleicher Volumina *n*-Butanol und Benzylalkohol, auch hier mit Zusatz von 1% 90%iger Ameisensäure. Nach der Entwicklung des Chromatogramms wird es in einem Luftstrom getrocknet, und die Flecken werden durch Besprühen mit einer schwach alkalischen Lösung von 400 mg Bromkresolgrün oder Bromphenolblau in 1000 ml 96%igem Äthanol entwickelt. DENISON, jr. und PHARES [41] empfehlen als Lösungsmittel eine Mischung von Äther, Eisessig und Wasser im Verhältnis 13:3:1. Mit diesem Lösungsmittel kann man das Chromatogramm im Laufe von 1—$1^1/_2$ Stunden entwickeln. Auch hier wird in einem Luftstrom getrocknet, wenn notwendig mit Hilfe einer Infrarotlampe. Die Flecken werden hier ebenfalls durch Besprühen mit Bromkresolgrün fixiert.

KALBE [42] gibt eine eingehende Übersicht über verschiedene Systeme von Lösungsmitteln, die zur Chromatographie der Carbonsäuren benutzt werden können.

RAVEUX und BOVÉ [43] haben eine Trennung verschiedener Carbonsäuren durch Säulenchromatographie (Silicagel-säulen) durchgeführt.

In den zitierten Arbeiten findet man Tabellen der R_f-Werte verschiedener Carbonsäuren.

7. BESTIMMUNG DER CARBONSÄUREN

a) Titration der Säure

Die normale Methode zur Bestimmung des Äquivalentgewichtes einer Carbonsäure ist die Titration mit 0,1 *n*-Natronlauge.

Ist die Säure wasserlöslich, löst man 0,15 g oder für Halbmikrobestimmungen $^1/_{10}$—$^1/_5$ dieser Säuremenge in 15—25 ml Wasser, setzt Phenolphthalein hinzu und titriert, wie üblich, mit 0,1 *n*-Natronlauge. Kohlendioxid wird am Ende der Titration ausgekocht, oder die ganze Titration wird in einem Strom von kohlendioxidfreiem Stickstoff durchgeführt. Im letzten Falle sollte man die Lösung vor und während der Titration mäßig erwärmen. Beim Auskochen des Kohlendioxids ist zu beachten, daß einige Säuren beim Siedepunkt des Wassers oder noch früher decarboxyliert werden (z. B. die β-Ketonsäuren). Kann man eine reichliche Kohlendioxidentwicklung feststellen, empfiehlt es sich, die Titration bei Zimmertemperatur durchzuführen und den Kohlensäurefehler durch Hinzugabe von neutralisierter Bariumchloridlösung zu korrigieren. Der Titer der Natronlauge muß dann in einem Blindversuch mit Bariumchlorid ermittelt werden.

Ist die Säure in Wasser schwer löslich, kann man die Bestimmung des Äquivalentgewichtes so durchführen, daß eine abgewogene Menge der Säure in einem Überschuß von 0,1 *n*-Natronlauge gelöst und mit 0,1 *n*-Salzsäure zurücktitriert wird, wobei die Möglichkeit der Decarboxylierung der Säure besonders beachtet werden muß.

Ist die Säure in Wasser sehr schwer löslich bzw. unlöslich, wird sie sich während der Titration ausscheiden, so daß die rosa Farbe des Indicators erst dann verschwindet, wenn eine der benutzten Lauge äquivalente Menge Salzsäure zugesetzt ist. In solchen Fällen kann man versuchen, die Säure in Äthanol zu lösen und diese Lösung zu titrieren. In der Nähe des Umschlagspunktes verdünnt man dann die Lösung mit 1—2 Volumen Wasser, um die Titration in einem wäßrigen

Milieu zu beenden, denn Phenolphthalein schlägt in Äthanol bei einem anderen *pH* als in Wasser um.

Das Äquivalentgewicht der Säure, *E*, d. h. die Gewichtsmenge der Säure, welche eine Carboxylgruppe enthält, ist:

$$E = \frac{a \cdot 1000}{b \cdot n}$$

wenn *a* g der Säure *b* ml Natronlauge der Normalität *n* verbrauchen.

Eine *potentiometrische Titration* mit Röhrenpotentiometer, Glaselektrode und, als Bezugselektrode, einer Calomelelektrode kann bisweilen Auskünfte anläßlich der Stärke der Säure geben und außerdem zeigen, ob es sich um eine einbasische oder eine zwei- oder mehrbasische Säure handelt.

Einige Säuren sind so schwach, daß eine direkte Titration in wäßriger Lösung nicht mehr möglich ist, da die Natriumsalze so alkalisch reagieren, daß die Umschlagspunkte der meisten Indicatoren bei zu niedrigen *pH*-Werten liegen. Einige dieser Säuren vermögen jedoch Jod freizumachen, wenn man die Säure zu einer Kaliumjodid-Kaliumjodatlösung oder zu einer Kaliumjodid nebst Kaliumbromid-Kaliumbromat enthaltenden Lösung setzt, gemäß der Gleichung:

$$6\,RCOOH + KJO_3 + 5\,KJ \rightarrow 6\,RCOOK + 3\,J_2 + 3\,H_2O\,.$$

1 g Kaliumjodid wird in 25 ml einer Lösung, welche aus 0,016 m Kaliumbromat und etwa 0,1 m Kaliumbromid besteht, gelöst. Man setzt 0,15 g der Säure hinzu; wenn die Säure in Wasser schwer löslich ist, löst man 0,15 g in Äthanol und fügt die äthanolische Lösung der Bromid-Bromat-Lösung zu. Man läßt das Gemisch $^1/_2$—1 Stunde stehen und titriert dann das freigemachte Jod mit 0,1 *n*-Natriumthiosulfatlösung. Das Äquivalentgewicht wird wie vorstehend berechnet, nur bedeutet *b* diesmal den Verbrauch von Natriumthiosulfat in ml.

Selbst sehr schwache Säuren lassen sich in dieser Weise bestimmen. Die Phenole sind jedoch zu schwache Säuren, um Jod aus diesem Reagens freizumachen. Außerdem besteht die Möglichkeit, daß das freigemachte Jod substituierend wirkt.

Deal und Wyld [44] empfehlen für die Bestimmung ganz schwacher Säuren eine potentiometrische Titration in einem nicht wäßrigen Lösungsmittel, wie z. B. Äthylendiamin mit einer methanolischen Lösung von Natriummethylat (Glaselektrode/Kalomelelektrode).

Harlow, Noble und Wyld [45] sowie Harlow und Wyld [46] haben gefunden, daß für die Titration schwacher Säuren in nichtwäßrigen Lösungsmitteln Tetrabutylammoniumhydroxid besser geeignet ist als Natriummethylat. Es wird in der von Cundiff und Marcunas [47] angegebenen Weise oder wie auf Seite 119 beschrieben zubereitet. Die Lösung wird gegen Benzoesäure in Pyridin eingestellt, visuell mit Thymolblau (0,3 g in 100 ml wasserfreiem Isopropylalkohol) oder Azoviolett (eine gesättigte Benzollösung von *p*-Nitrobenzol-azo-resorcin) als Indicator oder potentiometrisch (Glaselektrode/Kalomelelektrode). Die Titration sollte in einer Stickstoffatmosphäre durchgeführt werden.

Bei der visuellen Titration unbekannter Säuren sollte man für die schwachen einbasischen Säuren Thymolblau als Indicator wählen und bis zu blau titrieren. Für schwache zweibasische Säuren und für extrem schwache Säuren, die Phenole miteinbegriffen, benutzt man am besten Azoviolett als Indicator; titriert bis zu violett, in einzelnen Fällen bis zu blau. Vor der Auflösung der Säure ist das Lösungsmittel genau zu neutralisieren. Man kann auch in einem Blindversuch den Verbrauch des Lösungsmittels an der Titrierlösung feststellen.

Die *aliphatischen Hydroxysäuren* werden gewöhnlich ohne Schwierigkeiten titriert; als Indicator wird Phenolphthalein verwendet.

Dieser Indicator eignet sich aber nicht immer für die Bestimmung *aromatischer Hydroxysäuren*, denn die Neutralisation der Phenolfunktion kann schon vor dem Umschlagspunkt des Phenolphthaleins einsetzen, da das Puffergebiet vieler Phenole bei *pH* 8—10 liegt. Ist der Phenolphthaleinumschlag nicht scharf, kann man die Bestimmung mit Methylrot als Indicator wiederholen. Findet man bei diesen beiden Titrationen einen merklichen Unterschied, im Laugenverbrauch, ist es wahrscheinlich, daß die Differenz durch die Anwesenheit einer sehr schwach sauren Gruppe bedingt ist. Als Beispiel sei erwähnt, daß sich die Salicylsäure scharf mit Phenolphthalein als Indicator titrieren läßt, da die Phenolgruppe in eine Wasserstoffbrückenbindung eingebaut ist (vgl. S. 149); die *p*-Hydroxybenzoesäure, bei der intramolekulare Wasserstoffbrückenbindung unmöglich ist, läßt sich dagegen nicht mit Phenolphthalein als Indicator titrieren; hier kann man mit Methylrot eine genaue Bestimmung durchführen.

Der Endpunkt der Titration solcher sauren Substanzen wird im allgemeinen leichter potentiometrisch als visuell festgestellt. Der Potentialsprung ist größer für Säuren ohne Phenolgruppen als für solche mit Phenolgruppen. Sind aber nicht mehr als eine oder zwei Phenolgruppen vorhanden, ist der Potentialsprung meistens genügend ausgeprägt, um den Endpunkt mit hinreichender Genauigkeit zu bestimmen.

Die mit der Anwesenheit der Phenolgruppen verbundenen Schwierigkeiten bei der Wahl des Indicators kann man durch Azetylierung der Phenolgruppen vermeiden. Man titriert die azetylierte Säure und findet ihr Äquivalentgewicht. Das Äquivalentgewicht der Säure ist dann $E_{\text{Säure}} = E_{\text{Azetylderivat}} - n \cdot 42.0$, wenn n Phenolgruppen vorhanden sind. Eine Fehlerquelle liegt darin, daß viele azetylierte Phenolcarbonsäuren so leicht verseift werden, daß während der Titration eine Verseifung eintritt.

Um *aliphatische Lactone* zu bestimmen, genügt es oft, diese in einem Überschuß von 0,1 *n*-Natronlauge zu lösen und den Überschuß nach vollständiger Lösung mit 0,1 *n*-Salzsäure zurückzutitrieren. In diesem Fall kann man Kohlendioxid nicht auskochen, denn die Lactone werden teilweise zurückgebildet, wenn die schwach saure Lösung bis zum Sieden erwärmt wird.

Wenn man das Äquivalentgewicht durch Titration bestimmt, muß man bei der Berechnung bedenken, daß man das *Lacton* gewogen hat, obwohl das Natriumsalz der Hydroxysäure während der Titration gebildet wird. Man hat also das Äquivalentgewicht des *Lactons* bestimmt. Das Äquivalentgewicht der entsprechenden Hydroxysäure ist $E_{\text{Säure}} = E_{\text{Lacton}} + 18{,}0$.

Die *aromatischen Lactone* lassen sich in 0,1 *n*-Natronlauge unter Bildung des Natriumsalzes der Hydroxysäure lösen. Versucht man, den Überschuß der Base zurückzutitrieren, so findet man, daß der Lactonring sich während der Titration wieder schließt, so daß die gesamte Basenmenge zurücktitriert werden kann. Um solche Lactone titrimetrisch zu erfassen, muß zuerst die Hydroxylgruppe durch Azetylierung oder besser durch Methylierung blockiert werden. Die azetylierte oder methylierte Säure wird durch Umkristallisation gereinigt und das Äquivalentgewicht titrimetrisch festgestellt. Um das Äquivalentgewicht des Lactons zu finden muß man ($R + 17$) abziehen. R ist das Gewicht von CH_3CO oder von CH_3.

Glenn und Peake [48] haben eine prinzipiell andere Methode vorgeschlagen. Nach dieser Methode, die ursprünglich für die Bestimmung von Phenolestern ausgearbeitet wurde, die aber auch die Feststellung der inneren Phenolester, der Lactone der aromatischen δ-Hydroxysäuren, erlaubt, löst man das Lacton in Äthylendiamin, wodurch eine Ammonolyse stattfindet, so daß die Carboxylgruppe durch Amidbildung blockiert, eine Phenolgruppe dagegen freigelegt wird:

$$RCOOC_6H_5 + H_2NCH_2CH_2NH_2 \rightarrow C_6H_5OH + RCONHCH_2CH_2NH_2$$

Die Phenolgruppe läßt sich, in Äthylendiamin gelöst, mit 0,1 *n*-Kaliummethylatlösung titrieren, potentiometrisch (Glaselektrode/Platinelektrode) oder visuell mit *o*-Nitroanilin oder Azoviolett als Indicator.

Die Kaliummethylatlösung wird bereitet, indem man 4 g Kalium in 20 ml Methanol + 50 ml Benzol löst. Die trübe Lösung wird durch Zusatz von Methanol geklärt. Dann wird Benzol bis zur Trübung, Methanol bis zur Klärung usw. abwechselnd zugegeben, bis ein Gesamtvolumen von 1000 ml erreicht wird.

Für die potentiometrische Bestimmung löst man das Lacton in Äthylendiamin und titriert wie gewöhnlich, indem man eine Platinelektrode als Bezugselektrode benutzt.

Bei den visuellen Titrationen werden 2 Tropfen der Indicatorlösung (1,5 g *o*-Nitroanilin in 100 ml Benzol oder eine gesättigte Lösung von Azoviolett in Benzol) zu 20 ml Äthylendiamin zugesetzt. Man titriert mit Kaliummethylat zu orange oder blau, löst das Lacton und titriert wieder bis zur selben Farbe.

Die aromatischen Aminosäuren mit der Aminogruppe als Substituent im aromatischen Kern lassen sich wie andere Carbonsäuren mit Phenolphthalein als Indicator titrieren. Ist die Aminogruppe aber aliphatisch gebunden, gelingt die übliche Titration nicht mehr, denn das Zwitterion hat seinen Pufferbereich im Umschlagsgebiet der üblichen Indicatoren. Man muß die Titration entweder in wäßriger Lösung in Anwesenheit von Formaldehyd oder in nichtwäßriger Lösung durchführen, siehe S. 216—18.

b) Bestimmung durch die Salze der Säuren

Läßt sich das Äquivalentgewicht der Säure nicht titrimetrisch feststellen, kann man ihre Bestimmung mittels eines Salzes der Säure durchführen. Unter den Salzen, die sich zu solchen Bestimmungen eignen, sind die *Silbersalze* hervorzuheben, denn ihre Darstellung und Reinigung ist infolge ihrer Unlöslichkeit in Wasser sehr einfach. Außerdem sind die isolierten Silbersalze fast immer die

Neutralsalze, und die meisten kristallisieren ohne Kristallwasser. Diese Bemerkungen sind jedoch nicht allgemeingültig.

Für die Darstellung der Silbersalze wird folgende Arbeitsweise empfohlen: Zu 0,5 g der in 10—20 ml Wasser gelösten Säure werden 5 ml verdünntes Ammoniakwasser zugesetzt. Die Lösung wird gekocht, bis der Geruch von Ammoniak verschwunden ist. Dann wird ein Überschuß von Silbernitratlösung hinzugefügt. Das Silbersalz der Säure wird gefällt, abfiltriert, auf dem Filter mit kaltem Wasser gewaschen, bis der Durchlauf nitratfrei ist, und der Niederschlag dann an der Luft getrocknet.

Etwa 0,5 g werden in einem Porzellantiegel abgewogen und bis zur Gewichtskonstanz bei 105° getrocknet. Man bestimmt dann das genaue Gewicht des trockenen Salzes zu *a* g. Der Tiegel wird über einem Bunsenbrenner mäßig erhitzt bis zur vollständigen Verkohlung des Salzes. Dann wird stärker erhitzt, schließlich bis zur Dunkelrotglut, um das vollständige Veraschen der organischen Substanz zu erreichen. Ein Rest von Silber, *b* g, bleibt im Tiegel zurück. Das Äquivalentgewicht *E* der Säure ist dann:

$$E = 107{,}8 \cdot \frac{a-b}{b} + 1{,}0 .$$

Man muß bedenken, daß einige Silbersalze beim Erwärmen eine ziemlich starke Zersetzung erleiden. Deshalb sollte man immer kleine Mengen des Silbersalzes erwärmen, um zu sehen, ob sich die beschriebene Bestimmung ohne Explosion oder Verpuffung durchführen läßt.

Ist die organische Säure *schwefelhaltig*, muß man das Silbersalz lange Zeit bis zur Hellrotglut erhitzen, um die vollständige Veraschung zu erreichen.

Silbersalze der *halogenhaltigen Säuren* werden bei der Veraschung in ein Gemisch von Silber und Silberhalogenid verwandelt. Man kann deshalb erst nach der Reduktion des Silberhalogenids zu Silber die Bestimmung durchführen. Um das Silberhalogenid zu reduzieren, kann man entweder den Tiegel in einem Wasserstoffstrom erhitzen, oder man kann das Gemisch von Silber und Silberhalogenid mit konzentrierter Natronlauge und Formalinlösung behandeln. Hierdurch wird das Silberhalogenid schnell, binnen weniger Minuten, in Silberschwamm umgebildet. Das Silberchlorid wird bei Zimmertemperatur reduziert, das Silberbromid bei mäßiger Erwärmung. Man muß das Silberjodid einige Minuten mit dem Gemisch kochen und mehrmals Formalin zusetzen.

Auch die *Alkalimetallsalze* und die *Bariumsalze* können zur Bestimmung des Äquivalentgewichtes der Säure dienen. Diese Salze enthalten oft Kristallwasser. Außerdem sind die sauren Salze der mehrbasischen Säuren oft schwerer löslich als die normalen Salze und deshalb leichter zu isolieren.

Der Kristallwassergehalt läßt sich meistens durch Gewichtsverlust beim Trokcnen der Substanz bei 100—105° feststellen. Nicht alle kristallwasserhaltigen Salze lassen sich aber in dieser Weise quantitativ entwässern. Wenn möglich, ist ein wasserfreies Salz für die Äquivalentgewichtsbestimmung vorzuziehen.

Die sauren Salze sind in Basen leichter löslich als in Wasser. Oft wird man ihre wäßrige Lösung mit 0,1 *n*-Natronlauge titrieren und dadurch das Äquivalentgewicht der Säure bestimmen können.

Die Bestimmung des Äquivalentgewichtes mit den Natrium-, Kalium- oder Bariumsalzen wird, wie auf Seite 38 beschrieben, durchgeführt. Wenn aus *a* g Salz *b* g Metallsulfat entstehen, ist das Äquivalentgewicht *E*, die Gewichtsmenge des Salzes, welche ein Gramm*äquivalent* Metall enthält, durch:

$$E_{\text{Salz}} = \frac{a \cdot 142{,}1}{2 \cdot b}\,(\mathrm{Na_2SO_4}), \quad \frac{a \cdot 174{,}3}{2 \cdot b}\,(\mathrm{K_2SO_4}) \quad \text{oder} \quad \frac{a \cdot 233{,}4}{2 \cdot b}\,(\mathrm{BaSO_4})$$

gegeben, und das Äquivalentgewicht der Säure ist dann:

$$E_{\text{Säure}} = E_{\text{Salz}} - 22{,}0\,(\mathrm{Na_2SO_4}), \quad E_{\text{Salz}} - 38{,}1\,(\mathrm{K_2SO_4}) \quad \text{oder} \quad E_{\text{Salz}} - 67{,}7\,(\mathrm{BaSO_4}).$$

Das Äquivalentgewicht der Säure kann durch das Alkalimetallsalz oder das Calciumsalz in einer noch einfacheren Weise bestimmt werden. Eine abgewogene Menge des Salzes wird in einem Porzellan- oder Platintiegel über einem Bunsenbrenner oder einem Meker-Brenner bis zur Gewichtskonstanz erwärmt. Die Salze werden dadurch in die Carbonate übergeführt, die Calciumsalze in Calciumoxid, wenn die Veraschungstemperatur zu hoch ist. Nach vollständiger Veraschung wird das Carbonat in einem Überschuß von 0,1 *n*-Salzsäure gelöst, das Kohlendioxid durch Kochen entfernt und der Säureüberschuß mit 0,1 *n*-Natronlauge zurücktitriert.

Verbrauchen *a* g des Salzes *b* ml Säure der Normalität *n*, so ist das Äquivalentgewicht der Säure:

$$E_{\text{Säure}} = \frac{a \cdot 1000}{b \cdot n} - 22{,}0\,(\text{Natriumsalz}), - 38{,}1\,(\text{Kaliumsalz})\ \text{oder} - 19{,}0\,(\text{Calciumsalz}).$$

Mit den *Benzylthiuroniumsalzen* läßt sich das Äquivalentgewicht der Säure in verschiedener Weise bestimmen.

Die bequemste Methode ist eine Titration des Anions der Säure mit Perchlorsäure in Eisessig. 0,25 g des Benzylthiuroniumsalzes werden in 20—25 ml Eisessig gelöst und mit 0,1 *n*-Perchlorsäure in Eisessig, wie S. 81 für die Titration der Alkylxanthogenate beschrieben, titriert [49].

Wenn *a* g des Salzes *b* ml Perchlorsäure der Normalität *n* verbrauchen, ist das Äquivalentgewicht der Säure:

$$E = \frac{a \cdot 1000}{b \cdot n} - 166{,}2,$$

wo 166,2 das Molekülgewicht des Benzylisothioharnstoffes ist.

Es ist zu beachten, daß man die Perchlorsäure bei derselben Temperatur einstellen muß, bei der die Titration der Salze ausgeführt wird, da der Titer der Perchlorsäure-Eisessiglösung ungefähr um 0,5%/Grad variiert [50].

Steht Perchlorsäure-Eisessig nicht zur Verfügung, oder ist die Titration des Benzylthiuroniumsalzes durch die Eigenschaften der Säure unmöglich gemacht [51], kann man eine Kjeldahl-Bestimmung des Stickstoffgehaltes des

Salzes ausführen. Die Zersetzung dieser Salze ist schnell zu Ende. Wenn die Säure stickstoffrei ist, erübrigt sich die Anwendung von Hg(II)sulfat oder -oxid als Katalysator. Dadurch wird auch der spätere Zusatz von Natriumsulfid und Cu(II)sulfat zum Destillationsgemisch überflüssig, so daß das ganze Verfahren vereinfacht wird.

Findet man, auf Stickstoff bezogen, das Äquivalentgewicht E_{Salz}, so ist das Äquivalentgewicht einer stickstoffreien Säure $E_{\text{Säure}} = 2\,E_{\text{Salz}} - 166{,}2$, einer Säure mit m Stickstoffatomen $E_{\text{Säure}} = (m + 2)\,E_{\text{Salz}} - 166{,}2$.

SETTON [52] schlägt vor, die Benzylthiuroniumsalze mit Kalilauge und KaliumHg(II)jodid zu spalten. Um das Reagens zu bereiten, werden 2,1661 g bei 120° getrocknetes Hg(II)oxid und 9,9612 g Kaliumjodid in 50 ml Wasser gelöst und mit Wasser auf 200 ml aufgefüllt.

$$HgO + 6\,KJ + H_2O \rightarrow 2\,KOH + K_2HgJ_4 + 2\,KJ\,.$$

Man sieht, daß die Lösung 0,5 n an KaliumHg(II)jodid und n an Kalilauge ist. Der genaue Titer kann auch durch Titration mit 0,1 n-Schwefelsäure (potentiometrisch oder mit Bromthymolblau als Indicator) oder mit 0,1 n-Silbernitrat bestimmt werden.

0,05—0,1 g des Benzylthiuroniumsalzes werden in 5 ml 96% Äthanol — das Äthanol sollte gegen Bromthymolblau neutralisiert werden — durch mäßige Erwärmung gelöst. Der lauwarmen Lösung werden unter Schütteln 10 ml des Reagens zugesetzt. Das Gemisch wird eine Minute fast bis zum Sieden erwärmt und dann auf Zimmertemperatur abgekühlt. 10,00 ml 0,1 n-Schwefelsäure werden zugesetzt, wonach man mit 0,05 n-Kalilauge titriert, potentiometrisch oder mit Bromthymolblau als Indicator. Die Reaktionsgleichung lautet:

$$2\,C_6H_5CH_2SC(NH_2)_2^+\,\text{Anion}^- + 2\,KOH \rightarrow 2\,K\text{-Anion} + 2\,C_6H_5CH_2SH + 2\,H_2NCN + 2\,H_2O$$
$$2\,C_6H_5CH_2SH + K_2HgJ_4 + 2\,KOH \rightarrow (C_6H_5CH_2S)_2Hg + 4\,KJ + 2\,H_2O$$

$$2\,C_6H_5CH_2SC(NH_2)_2^+\text{Anion}^- + 4\,KOH + K_2HgJ_4$$
$$\rightarrow 2\,K\text{-Anion} + (C_6H_5CH_2S)_2Hg + 4\,KJ + 2\,H_2NCN + 4\,H_2O$$

Sie zeigt, daß 1 Molekül Benzylthiuroniumsalz 2 Äquivalente Kalilauge verbraucht und daß für jedes verbrauchte Molekül KaliumHg(II)jodid 2 Jodionen entstehen. Da 1 Mol KaliumHg(II)jodid 2 Mol Benzylthiuroniumsalz entsprechen, kann man, wenn a g Salz b_1 ml Kalilauge der Normalität n_1 verbraucht haben, wobei Jodionen b_2 ml Silbernitrat der Normalität n_2 äquivalent gebildet wurden, das Äquivalentgewicht E_{Salz} durch die Ausdrücke:

$$E_{\text{Salz}} = \frac{a \cdot 1000 \cdot 2}{b_1 \cdot n_1} = \frac{a \cdot 1000}{b_2 \cdot n_2}$$

berechnen.

Die Benzylthiuroniumsalze vieler Säuren kristallisieren mit Kristallwasser. Man muß bei der Berechnung des Äquivalentgewichtes auf dieses Verhältnis Rücksicht nehmen, ebenso wie auf die früher erwähnte Tatsache, daß aus einigen zweibasischen Säuren nicht die normalen, sondern die sauren Salze isoliert werden.

c) Bestimmung durch die *p*-Bromphenacylester

Hat man zur Charakterisierung einer Säure ihren *p*-Bromphenacylester dargestellt, kann man dieses Derivat ebenfalls zur Ermittlung des Äquivalentgewichtes der Säure benutzen, indem man Brom nach STEPANOV-BACON (siehe S. 27) bestimmt. Aus dem so errechneten Äquivalentgewicht des Esters E_{Ester} berechnet man $E_{\text{Säure}} = E_{\text{Ester}} - 197{,}1$, was bedeutet, daß ein Fehler von 1% in der Bestimmung von E_{Ester} einen Fehler bis zu 5% bei $E_{\text{Säure}}$ bedingen kann (Minimumwert von RCOOH ist 46).

d) Bestimmung durch das Amid oder Anilid der Säure

Sind diese Derivate leicht darzustellen, kann man eine Stickstoffbestimmung nach KJELDAHL durchführen, oder man kann das gegebenenfalls vorliegende Amid durch einstündiges Rückflußkochen mit 6 *n*-Salzsäure hydrolisieren, dann mit 10 *n*-Natronlauge übersättigen und das Ammoniak in der KJELDAHL-Apparatur abdestillieren und in 0,1 *n*-Salzsäure absorbieren, siehe S. 25.

Verlangen *a* g Amid oder Anilid *b* ml Salzsäure der Normalität *n*, so ist das Äquivalentgewicht:

$$E_{\text{Amid}} \quad \text{oder} \quad E_{\text{Anilid}} = \frac{a \cdot 1000}{b \cdot n},$$

und man berechnet dann:

$$E_{\text{Säure}} = E_{\text{Amid}} + 1{,}0 = E_{\text{Anilid}} - 76{,}1\,.$$

e) Bromometrische Bestimmung der aromatischen Hydroxysäuren

Die auf Seite 84 beschriebene Methode zur bromometrischen Bestimmung von Phenolen ist auch zur Bestimmung des Äquivalentgewichtes der aromatischen Hydroxysäuren anwendbar. Zu bedenken ist nun, daß die Carboxylgruppe leicht durch Brom abgespalten wird, wenn diese zur Hydroxylgruppe *o*- oder *p*-ständig ist.

f) Bestimmung der Säureanhydride

Die alkalimetrischen Methoden, die zur Bestimmung der Carboxylgruppe angegeben werden, sind prinzipiell auch zur Bestimmung der Säureanhydride brauchbar. Man muß beachten, daß man das Säureanhydrid, und nicht die Säure abgewogen hat, so daß $E_{\text{Säure}} = 0{,}5\,(2\,E_{\text{Anhydrid}} + 18{,}0)$ ist.

Läßt sich das Anhydrid aus irgendeinem Grunde nicht titrieren, kann man es in das Imid oder das Phenylimid umwandeln und dann eine Stickstoffbestimmung nach KJELDAHL durchführen.

NICOLAS und BUREL [53] schlagen vor, die Säureanhydride in Azeton zu lösen und mit einer Lösung von Natriumhydroxid in Methanol zu titrieren (Indicator Phenolphthalein). Die Reaktion ist folgende:

$$\begin{matrix} RCO \\ R'CO \end{matrix}\!\!>\!O + NaOCH_3 \rightarrow RCOONa + R'COOCH_3\,,$$

Man sieht, daß ein Molekül Säureanhydrid ein Molekül Natriummethylat fordert.

Bisweilen scheidet sich das Natriumsalz der Säure während der Titration aus. Um Trübungen, welche das Beobachten des Umschlagspunktes stören, zu vermeiden, setzt man gegen Ende der Titration Wasser zu.

Johnson und Funk [54] empfehlen, Morpholin statt Natriummethylat zu benutzen, und schlagen die folgende Arbeitsweise vor:

In zwei 150 ml Erlenmeyerkolben mißt man 50,00 ml einer 0,5 *n* methanolischen Morpholinlösung ab. Zur einen Lösung gibt man 15—20 Milligrammäquivalente des Säureanhydrids und läßt 5—30 Minuten stehen. Dann werden beide Kolben mit 0,5 *n* methanolischer Salzsäure titriert; Indicator: 2 Tropfen einer Lösung von 1 g *p*-Dimethylamino-azo-benzol und 0,1 g Methylenblau in 125 ml Methanol bis zum Umschlag von grün nach gelb. Die Reaktionen sind:

Aus der Differenz beider Titrationen errechnet man das Äquivalentgewicht. Wenn die *a* g des Anhydrides entsprechende Differenz *b* ml Salzsäure der Normalität *n* ist, findet man:

$$M_{\text{Anhydrid}} = \frac{a \cdot 1000}{b \cdot n} \quad \text{und} \quad E_{\text{Säure}} = 0{,}5\,(M_{\text{Anhydrid}} + 18{,}0)\,.$$

Diese Methode kann für Anhydride von Säuren mit einem pK_a-Wert kleiner als etwa 2 (z. B. Maleinsäureanhydrid, Citrakonsäureanhydrid) versagen.

LITERATUR

[1] Veibel, S., und Lillelund, H., Bull. Soc. chim. [5] **5**, 1153, 1938.
[2] Chambers, E., und Watt, G. W., J. org. Chem. **6**, 376, 1941.
[3] Friediger, A., und Pedersen, C., Acta chem. Scand. **9**, 1425, 1955.
[4] Veibel, S., und Ottung, K., Bull. Soc. chim. [5] **6**, 1434, 1939.
[5] Horák, V., Coll. czech. chem. Comm. **19**, 1342, 1954.
[6] Bolliger, H. R., Helv. chim. Acta **34**, 916, 1951.
[7] Veibel, S., und Ottung, K., Bull. Soc. chim. [5] **6**, 1434, 1939.
[8] Donleavy, J. J., J. amer. chem. Soc. **58**, 1004, 1936.
[9] Walker, J., J. chem. Soc. 1999, **1949**.
[10] Berger, J., Acta chem. Scand. **8**, 427, 1954.
[11] Jocelyn, P. C., und Polgar, N., J. chem. Soc. 132, **1953**.
[12] Dewey, B. T., und Sperry, R. B., J. amer. chem. Soc. **61**, 3251 1939.
[13] Dewey, B. T., und Shasky, H. G., J. amer. chem. Soc. **63**, 3526, 1941.
[14] Rupe, H., und Zweidler, R., Helv. chim. Acta **23**, 1025, 1940.
[15] Momose, T., und Tanaka, H., Pharm. Bull. Japan **2**, 152, 1954.
[16] Bonner, W. A., J. amer. chem. Soc. **70**, 3508, 1948.
[17] Morita, H., und Miles, N. M., Anal. Chem. **28**, 1081, 1956.
[18] Herzig, J., und Wenzel, F., Monatsh. Chem. **22**, 229, 1901.
[19] Judefind, W. L., und Reid, E. E., J. amer. chem. Soc. **42**, 1043, 1920.
[20] Powell, S. G., J. amer. chem. Soc. **53**, 1172, 1931.
[21] Lund, H., und Langvad, T., J. amer. chem. Soc. **54**, 4107, 1932.
[22] Kelly, T. L., und Kleff, P. A., J. amer. chem. Soc. **54**, 4444, 1932.
[23] Hurd, C. D., und Christ, R. E., J. amer. chem. Soc. **57**, 2007, 1935.
[24] Price, D., und Griffith, R., J. amer. chem. Soc. **63**, 1767, 1941.
[25] Inoue, Y., Hirayama, O., und Noda, M., Bull. Agr. Chem. Soc. Japan **20**, 194, 1956; Chem. Abstr. **51**, 7297, 1957.
[26] Rather, J. B., und Reid, E. E., J. amer. chem. Soc. **41**, 75, 1919.

[27] HANN, R. M., REID, E. E., und JAMIESON, G. S., J. amer. chem. Soc. 52, 818, 1930.
[28] DRAKE, N. L., und BRONITSKY, J., J. amer. chem. Soc. 52, 3715, 1930.
[29] DRAKE, N. L., und SWEENEY, J. P., J. amer. chem. Soc. 54, 2059, 1932.
[30] KELLY, T. L., und MORISANI, E. A., J. amer. chem. Soc. 58, 1502, 1936.
[31] KELLY, T. L., und SEGURA, M., J. amer. chem. Soc. 56, 2497, 1934.
[32] BOUVEAULT, L., C. R. Acad. Sci. 129, 53, 1899.
[33] LOCQUIN, R., C. R. Acad. Sci. 138, 1274, 1904.
[34] MEYER, H., Monatsh. Chem. 30, 717, 1899.
[35] BUU-HOÏ, N. P., XUONG, N. D., und LESCOT, E., Bull. Soc. chim. 441, 1957.
[36] LAURENT, A., und GERHARDT, CH., Ann. Chim. Phys. [3] 24, 188, 1848.
[37] CAZENEUVE, P., Bull. Soc. chim. [3] 9, 90, 1893.
[38] WALKER, J., J. chem. Soc. 61, 1088, 1892.
[39] VEIBEL, S., und PEDERSEN, C., Acta chem. Scand. 9, 1674, 1955.
[40] STARK, J. B., GOODBAN, A. E., und OWENS, H. S., Anal. Chem. 23, 413, 1951.
[41] DENISON, F. W., jr., und PHARES, E. F., Anal. Chem. 24, 1628, 1952.
[42] KALBE, H., Z. physiol. Chem. 297, 19, 1954.
[43] RAVEUX, R., und BOVÉ, J., Bull. Soc. chim. 369; 376, 1957.
[44] DEAL, V. Z., und WYLD, G. E. A., Anal. Chem. 27, 47, 1955.
[45] HARLOW, G. A., NOBLE, C. M., und WYLD, G. E. A., Anal. Chem. 28, 787, 1956.
[46] HARLOW, G. A., und WYLD, G. E. A., Anal. Chem. 30, 73, 1958.
[47] CUNDIFF, R. H., und MARKUNAS, P. C., Anal. Chem. 28, 792, 1956.
[48] GLENN, R. A., und PEAKE, J. T., Anal. Chem. 27, 205, 1955.
[49] BERGER, J., Acta chem. Scand. 8, 427, 1954.
[50] BERGER, J., Dansk Tidsskr. Farm. 27, 53, 1953.
[51] FRIEDIGER, A., und PEDERSEN, C., Acta chem. Scand. 9, 1425, 1955.
[52] SETTON, R., Bull. Soc. chim. 861, 1958.
[53] NICOLAS, L., und BUREL, R., Chim. anal. 33, 341, 1951.
[54] JOHNSON, J. B., und FUNK, G. L., Anal. Chem. 27, 1464, 1955.

E. ESTER

1. ALLGEMEINE BEMERKUNGEN

Die Ester der niederen aliphatischen Alkohole sind bei Zimmertemperatur meist flüssig. Einige sind jedoch fest, die Methylester häufiger als die Äthylester. Die Phenylester sind dagegen bei Zimmertemperatur meist fest.

Viele Ester haben einen charakteristischen Geruch, den „Estergeruch"; es gibt aber auch Ester, die so gut wie geruchlos sind, und es kommen Substanzen vor, die fast wie Ester riechen, aber keine Ester sind. Der Geruch ist also ein wenig zuverlässiges Kriterium, wenn man eine unbekannte Substanz als einen Ester nachweisen will. Trotzdem ist der Geruch für die ersten orientierenden Versuche, eine unbekannte Substanz zu identifizieren, ein sehr wichtiges Kennzeichen.

Die Ester sind in Wasser unlöslich, wenn nicht die Säure oder der Alkohol eine hydrophile Gruppe enthalten. Die Anwesenheit hydrophiler Gruppen kann aber die Wasserlöslichkeit wesentlich erhöhen. Als Beispiel sei erwähnt, daß die partiellen Ester der Polyole gewöhnlich wasserlöslich sind. Die verschiedenen „Cellosolve“ sind eben solche partiellen Ester des Äthylenglycols.

Die Ester werden von Natronlauge verseift. Kocht man den unlöslichen Ester am Rückfluß mit *n*-Natronlauge, ist zu beobachten, daß die unlösliche Phase nach und nach verschwindet, jedoch nur, wenn der im Ester gebundene Alkohol wasserlöslich ist. Bei Estern unlöslicher Alkohole wird stets eine unlösliche Phase bestehen bleiben, und man kann durch bloßes Beobachten nicht feststellen, ob die Substanz verseifbar ist oder nicht.

Eine wäßrige Suspension eines Esters ist gewöhnlich Lackmus gegenüber neutral, falls der Ester rein und die Suspension frisch hergestellt ist. Nach einiger Zeit, von wenigen Minuten bis zu mehreren Stunden variierend, wird Lackmus gerötet, da bei einer partiellen Hydrolyse des Esters Säure frei wird. Meistens genügen wenige Tropfen *n*-Natronlauge, um die freigemachte Säure zu neutralisieren. Einige Methylester werden jedoch so schnell hydrolysiert, daß man sie wie Säuren titrieren kann.

Die Hydrolyse ist gewöhnlich genügend schnell, um eine positive Hydroxylgruppenreaktion mit der Diazobenzolsulfonsäureprobe (siehe S. 49) zu erzeugen. Die Hydrolyse schreitet während der Heizung mit dem alkalischen Reagens fort.

α) Die Hydroxamsäureprobe

Bei der Behandlung eines Esters mit Hydroxylamin wird eine Hydroxamsäure gebildet. Diese Säure gibt mit Fe(III)chlorid eine tiefrote bis rotviolette Farbreaktion:

$$R \cdot COOR' + H_2NOH \rightarrow R \cdot CO \cdot NHOH + R'OH$$

$$3\,R \cdot CO \cdot NHOH + FeCl_3 \rightarrow \left[RC \begin{smallmatrix} \nearrow O \rightarrow \\ \searrow NHO \end{smallmatrix} \right]_3 Fe + 3\,HCl\,.$$

Buckles und Thelen [1] haben die Bedingungen dieser Reaktion sorgfältig studiert. Sie empfehlen die folgende Arbeitsweise:

$\alpha\alpha$) Ein Tropfen oder ein Kriställchen der Substanz wird in 1 ml 96%igem Äthanol gelöst. Nach Zusatz von 1 ml *n*-Salzsäure und 1 Tropfen einer 10%igen Fe(III)chloridlösung notiert man die Farbe des Gemisches (gewöhnlich gelb).

$\beta\beta$) Man löst einen Tropfen oder ein Kriställchen der Substanz in 1 ml einer 0,5 *n*-Lösung von Hydroxylammoniumchlorid in 96%igem Äthanol. 0,2 ml 6 *n*-Natriumhydroxidlösung werden zugesetzt, und man erwärmt bis zum Sieden. Man kühlt etwas ab und setzt 2 ml *n*-Salzsäure und, wenn die Lösung trübe ist, noch 2 ml Äthanol hinzu. Zur klaren Lösung setzt man 1 Tropfen einer 10%igen Fe(III)chloridlösung und notiert die Farbe. Verschwindet die Farbe wieder, wird tropfenweise Fe(III)chlorid zugesetzt, bis die Farbe erhalten bleibt. Die Farben der Lösungen $\alpha\alpha$) und $\beta\beta$) werden verglichen: Die Reaktion ist positiv, wenn die Farbe von $\beta\beta$), $\alpha\alpha$) gegenüber rot oder rotviolett ist.

$\gamma\gamma$) Wenn $\beta\beta$) positiv ist, wiederholt man die Probe, ohne jedoch die 6 n-Natronlauge hinzuzusetzen. Es braucht dann nur 1 ml n-Salzsäure zugegeben zu werden. Man notiert die Farbe, die gewöhnlich gelb ist.

Die Reaktion ist von bedingter Gültigkeit, denn Säurehalogenide, Säureanhydride und einige andere Substanzen, außer den Estern, geben eine positive Reaktion. Unter diesen Substanzen erzielen unter den Bedingungen III nur die Säurehalogenide, die Säureanhydride, einzelne Säuren und, als einziger Ester, Phenylazetat eine violette Reaktion. Einige Alkylhalogenide (besonders solche, die eine Trihalogenmethylgruppe enthalten) und einzelne Säuren verursachen eine positive Reaktion II. Weiter können einige Amide, Imide, Nitrile und aliphatische Nitroverbindungen unter den Bedingungen II eine rotviolette Farbe geben. Eine positive Hydroxamsäureprobe zeigt also nur die Anwesenheit eines Esters an, wenn die Substanz stickstoffrei ist. Auch einige Aldehyde können eine schwache Reaktion erzeugen.

Einige Ester, vorzugsweise Carbonate, Carbaminate, Sulfonsäureester und Ester der anorganischen Säuren zeigen unter den Bedingungen II nur eine gelbe Farbe.

β) Charakterisierung der Ester der Aldehydhydrate

Substanzen vom Typ $\begin{matrix} R'COO \\ R'COO \end{matrix}\!\!>CHR$ werden von konzentrierter Schwefelsäure in Aldehyd und Säureanhydrid gespalten. Man setzt zu 0,5 ml der zu untersuchenden Substanz 2—3 Tropfen konzentrierter Schwefelsäure und 2—3 Tropfen Wasser hinzu. Dabei wird der Aldehyd freigemacht.

Liegt ein Ester des Formaldehydhydrats vor, erkennt man sofort den Geruch von Formaldehyd. Der Formaldehyd wird leicht durch Bildung des Dimedonats charakterisiert. Andere Aldehyde werden wie auf Seite 103—114 beschrieben charakterisiert.

2. IDENTIFIZIERUNG DER SÄURE

a) Ester der anorganischen Säuren

Die Säure wird nach Verseifung des Esters durch die gewöhnlichen Methoden der anorganischen Analyse identifiziert.

b) Ester der Halogenwasserstoffe

Diese Substanzen werden nicht als Ester, sondern als halogensubstituierte Kohlenwasserstoffe behandelt, siehe S. 265.

c) Ester der organischen Säuren

α) Identifizierung als Amid oder Anilid

Wie auf Seite 156 angegeben, kann man Amide oder Anilide durch Behandlung eines Esters mit Ammoniak oder Anilin präparieren. Das Derivat wird isoliert, umkristallisiert und durch den Schmelzpunkt und, wenn notwendig, durch die Bestimmung des Äquivalentgewichtes identifiziert.

β) Identifizierung als Benzylamid

Die Benzylamide entstehen leicht durch die Behandlung der Ester mit Benzylamin. Da die Benzylamide in Wasser sehr schwer löslich sind, ist ihre Isolierung einfacher als die der Amide. DERMER und KING [2] schlagen deshalb vor, den Säureteil des Esters durch die Benzylamide zu identifizieren.

1 g des Esters, 3 ml Benzylamin und 0,1 g Ammoniumchlorid werden gemischt und unter Rückflußkühlung eine Stunde erhitzt. Nach dem Abkühlen wird der Benzylaminüberschuß durch Waschen des Reaktionsgemisches mit Wasser entfernt. Scheidet sich keine feste Substanz aus, kann Zusatz von Salzsäure bis zur sauren Reaktion bisweilen das Benzylamid präzipitieren. Hat ein wesentlicher Teil des Esters nicht reagiert, kann der Ester die Kristallisation des Amids verhindern. Man entfernt dann den Ester durch Destillation der öligen Schicht mit Wasserdampf. Beim Abkühlen kristallisiert das Benzylamid aus. Es wird abfiltriert, getrocknet, mit Ligroin gewaschen, um Verunreinigungen zu entfernen, und schließlich aus wäßrigem Azeton oder Äthanol umkristallisiert.

Einige Ester reagieren nicht mit Benzylamin.

γ) Identifizierung als N-(β-Morpholinoäthyl)amid

Das N-(β-Aminoäthyl)morpholin reagiert mit den Estern nach dem Schema:

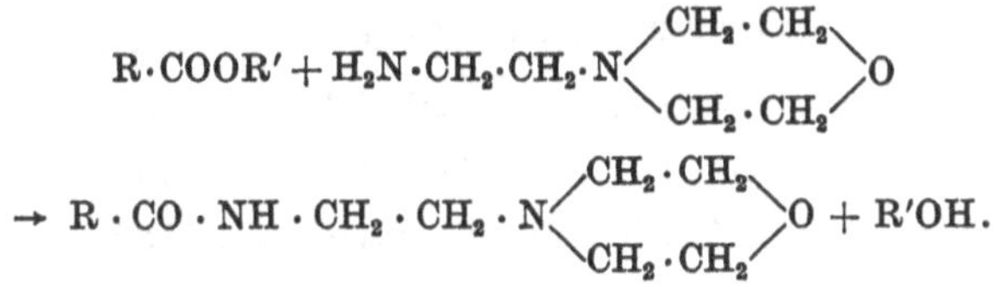

Die N-(β-Morpholinoäthyl)amide sind bei Zimmertemperatur gewöhnlich feste Körper, die flüssigen bilden mit Methyljodid feste quaternäre Ammoniumsalze. (Enthält der Ester Hydroxyl- oder Aminogruppen, können diese Gruppen gleichzeitig methyliert werden.) BOST und MULLEN, jr. [3] geben für Ester der monovalenten aliphatischen Säuren, der aromatischen Säuren und der dibasischen Säuren folgende drei Arbeitsweisen an:

aa) *Ester der aliphatischen Monocarboxylsäuren*

0,02 Mol des Reagens und 0,02 Mol des Esters werden gemischt. Das Gemisch wird 3 Stunden unter Rückfluß gekocht. Die N-(β-Morpholinoäthyl)amide scheiden sich beim Abkühlen des Reaktionsgemisches in Eiswasser aus. Tritt keine spontane Kristallisation ein, kann man diese durch Zusatz von 5 ml Ligroin zum kalten Reaktionsgemisch einleiten. Üblicherweise kristallisieren die Amide der Säuren mit mehr als 11 Kohlenstoffatomen schnell, und diese Amide kann man aus Äthanol umkristallisieren, während für Amide der Säuren mit weniger als 11 Kohlenstoffatomen Ligroin das beste Umkristallisationsmittel ist.

Bei der Darstellung der Amide der niedrigsiedenden Ester (Ester der Ameisensäure, Essigsäure und Propionsäure) setzt man dem Reaktionsgemisch 5 ml Äthylenglykol zu. Nach beendeter Reaktion destilliert man das Äthylenglykol im Vacuum ab.

bb) *Ester der aromatischen Säuren*

Das Reaktionsgemisch wird 2 Stunden unter Rückfluß gekocht. Die substituierten Amide kristallisieren beim Abkühlen. Die vollständige Ausscheidung des Derivates wird durch Zusatz von 5 ml Äther begünstigt. Die Derivate werden aus Äthanol umkristallisiert.

Bei Estern der nitrosubstituierten Säuren sollte man zuerst das Reaktionsgemisch einige Zeit mäßig erwärmen und erst dann unter Rückfluß sieden lassen.

cc) *Ester der divalenten Säuren*

Hier mischt man 0,04 Mol des Reagens mit 0,02 Mol des Esters. Das Gemisch wird eine Stunde unter Rückfluß gekocht. Die substituierten Amide scheiden sich beim Abkühlen kristallinisch aus und werden aus Äthanol umkristallisiert.

dd) *Darstellung von Methojodiden der ölartigen substituierten Amide*

0,01 Mol des substituierten Amids wird in möglichst wenig absolutem Methanol gelöst. 1 ml Methyljodid wird zugesetzt, das Gemisch 2 Stunden unter Rückfluß gekocht und dann in Eiswasser gekühlt unter tropfenweisem Zusatz von Äther. Das Methojodid kristallisiert aus und wird nach dem Abfiltrieren aus absolutem Methanol umkristallisiert:

$$R\cdot CO\cdot NH\cdot CH_2\cdot CH_2\cdot N\left\langle\begin{matrix}CH_2\cdot CH_2\\ CH_2\cdot CH_2\end{matrix}\right\rangle O + CH_3J \rightarrow R\cdot CO\cdot CH_2\cdot CH_2\cdot \underset{\displaystyle CH_3}{N^+}\left\langle\begin{matrix}CH_2\cdot CH_2\\ CH_2\cdot CH_2\end{matrix}\right\rangle O\ J^-.$$

Schmelzpunkte einiger N-(β-Morpholinoäthyl)amide und ihrer Methojodide sind von Bost und Mullen, jr. [3] angegeben.

δ) Identifizierung als Anilid oder p-Toluidid

Gelingt es nicht, durch die beschriebenen Methoden Amide oder substituierte Amide darzustellen, ist es oft möglich, die Anilide oder p-Toluidide unter Zuhilfenahme von Anilinmagnesiumbromid oder p-Toluidinmagnesiumbromid zu präparieren. Die magnesiumorganischen Verbindungen werden aus dem aromatischen Amin und Äthylmagnesiumbromid dargestellt [4], [5]

$$C_2H_5\cdot MgBr + C_6H_5\cdot NH_2 \rightarrow C_6H_5\cdot NH\cdot MgBr + C_2H_6$$

$$2\,C_6H_5\cdot NH\cdot MgBr + R\cdot COOR' \rightarrow R\cdot C(OMgBr)\cdot(NH\cdot C_6H_5)_2 + R'OMgBr$$

$$R\cdot C(OMgBr)\cdot(NH\cdot C_6H_5)_2 + 2\,H_2O \rightarrow R\cdot CO\cdot NH\cdot C_6H_5 + MgOHBr + C_6H_5\cdot NH_2\,.$$

Eine Lösung von Äthylmagnesiumbromid wird aus 2,5 g Äthylbromid, 15 ml wasserfreiem Äther und 0,5 g Magnesium bereitet. Wenn die Reaktion zu Ende ist, werden tropfenweise 2 g Anilin oder eine ätherische Lösung von 2,1 g p-Toluidin zugesetzt, wobei Äthan entwickelt wird. Dann werden 0,02 Mol des Esters zugegeben, und man erwärmt 10 Minuten unter Rückflußkühlung. Nach Abkühlung fügt man verdünnte Salzsäure hinzu, um Anilin (p-Toluidin) zu lösen und das Alkoholat zu dekomponieren. Das Anilid verbleibt in der Ätherschicht und wird beim Abdampfen des Äthers erhalten. Es wird durch Umkristallisation aus verdünntem Äthanol gereinigt.

Schmelzpunkte der Anilide und Toluidide findet man im Beilstein, Bd. XII, für die Säuren, die früher im Beilstein beschrieben wurden. Die später erwähnten Derivate von Säuren sind unter den entsprechenden Säuren aufzusuchen.

Organic Reagents for Organic Analysis (siehe S. 63) bringt eine Schmelzpunktliste verschiedener Anilide und p-Toluidide.

ε) Identifizierung als Benzylthiuroniumsalze

Das Äquivalentgewicht eines Esters wird gewöhnlich durch seine Verseifung und Rücktitrierung des Basenüberschusses mit Salzsäure bestimmt. Die neutralisierte Lösung wird auf die Hälfte eingedampft; es werden 1—2 Tropfen verdünnter Salzsäure und dann die berechnete Menge einer 10%igen Benzylthiuroniumchloridlösung zugesetzt. Man isoliert das Benzylthiuroniumsalz wie auf S. 151 beschrieben.

Das Reaktionsgemisch enthält ziemlich viel Natriumchlorid, das die Ausscheidung des Benzylthiuroniumsalzes begünstigt.

Schmelzpunkte der Benzylthiuroniumsalze findet man in den auf S. 152 zitierten Arbeiten.

ζ) Identifizierung als Bromphenacylester

Die neutralisierte Verseifungslösung kann auch zur Darstellung des Bromphenacylesters der Säure dienen. Man setzt 1—2 Tropfen verdünnter Salzsäure und die berechnete Menge *p*-Bromphenacylbromid, in 10 ml Äthanol gelöst, hinzu und folgt dann den auf S. 153 gegebenen Angaben.

Bei der Darstellung des *p*-Bromphenacylesters darf man die Verseifungslösung nicht konzentrieren. Die Lösung enthält, wie erwähnt, Natriumchlorid, das sich mit *p*-Bromphenacylbromid zu in wäßrigem Äthanol nahezu unlöslichen *p*-Bromphenacylchlorid (Schmp. 117°) umsetzt, und je konzentrierter die Natriumchloridlösung ist, desto unlöslicher ist das *p*-Bromphenacylchlorid. Isoliert man aus dem Reaktionsgemisch eine Substanz mit Schmp. 117° oder etwas niedriger, sollte man einen Mischschmelzpunkt der isolierten Substanz und einer authentischen Probe von *p*-Bromphenacylchlorid bestimmen, und nur wenn dabei eine Schmelzpunkterniedrigung festzustellen ist, darf man die isolierte Substanz als einen organischen *p*-Bromphenacylester betrachten.

Schmelzpunkte der *p*-Bromphenacylester findet man in den auf Seite 153 referierten Arbeiten.

η) Isolierung der Säure

Ziemlich oft gelingt es ohne Schwierigkeit, aus der verseiften Probe nach Ansäuern die Säure zu isolieren. Die in Wasser unlöslichen Säuren scheiden sich aus; sie werden abfiltriert und durch Umkristallisation aus einem geeigneten Lösungsmittel gereinigt. Viele in Wasser löslichen Säuren sind in Äther bedeutend löslicher als in Wasser. Solche Säuren werden durch Ansäuerung der Lösung mit verdünnter Schwefelsäure, Extraktion der sauren Lösung mit Äther, Abtrennung der Ätherphase und Abdampfung des Äthers isoliert und durch Umkristallisation gereinigt.

Hydroxysäuren sind gewöhnlich in Wasser löslicher als in Äther. Die Isolierung kann deshalb Schwierigkeiten bereiten. Oft lohnt es sich in solchen Fällen, die Säure als schwerlösliches Blei-, Silber- oder Bariumsalz zu fällen und dann aus dem Salz mit Salzsäure oder Schwefelsäure freizumachen.

Mittels Ionenaustauscher kann man aus Lösungen der Natriumsalze Lösungen der freien Säuren herstellen und dann die Säuren durch Eindampfen isolieren.

3. IDENTIFIZIERUNG DES ALKOHOLS

α) Identifizierung als 3,5-Dinitrobenzoesäureester [6]

Es werden 2 Tropfen konzentrierter Schwefelsäure in 2 ml Ester gelöst und 1,5 g 3,5-Dinitrobenzoesäure zugesetzt. Das Gemisch wird 30 Minuten unter Rückfluß gekocht, wenn der Siedepunkt des Esters unter 150° liegt, und 30 Minuten in einem Ölbade von 150° erhitzt, wenn der Siedepunkt des Esters höher als 150° ist. Löst sich die 3,5-Dinitrobenzoesäure innerhalb 30 Minuten nicht, kann man das Erwärmen weitere 30 Minuten fortsetzen.

Nach Abkühlung verdünnt man das Reaktionsgemisch mit 25 ml Äther. Die Ätherlösung wird mit 25 ml einer 5%igen Natriumcarbonatlösung (VORSICHT! Stürmische Gasentwicklung von Kohlendioxid!) und dann mit Wasser gewaschen. Nach Abdampfen des Äthers wird der Rückstand in 5 ml heißem Äthanol gelöst, heiß filtriert und dann tropfenweise mit Wasser bis zur Trübung versetzt. Die Kristallisation des Äthers wird durch Reibung der Wände des Glases eingeleitet. Man läßt dann einige Stunden im Eisschrank stehen.

Schmelzpunkte der 3,5-Dinitrobenzoate findet man in den auf Seite 67 zitierten Arbeiten.

β) Isolierung des Alkohols

Gewöhnlich läßt sich der Alkohol ziemlich leicht aus der Verseifungslösung abtrennen. Die meisten Alkohole sind mit Wasserdampf flüchtig; man erhält deshalb eine wäßrige Lösung davon, wenn man das Verdampfungsgemisch destilliert und etwa die Hälfte des ursprünglichen Volumens aufsammelt.

Um Verunreinigung des Alkohols mit dem der Indicatorlösung entstammenden Äthanol zu vermeiden, sollte man die Neutralisation der wäßrigen Lösung durch Tüpfeln kontrollieren oder die Lösung erst nach der Destillation neutralisieren.

Die meisten Alkohole (außer Methanol) lassen sich aus ihren wäßrigen Lösungen durch Zusatz von großen Mengen Kaliumcarbonat aussalzen. Die in dieser Weise isolierten Alkohole sind jedoch nicht wasserfrei genug, um die Reaktion mit *m*-Nitrobenzazid oder Phenylisocyanat (S. 61 und 62) zu erlauben. Die *p*-Nitrobenzoesäureester (S. 65) oder die Kaliumalkylxanthogenate (S. 50) lassen sich bisweilen darstellen. Oftmals ist aber die bequemste Methode zur Identifizierung des Alkohols seine Oxydation zum Aldehyd oder Keton, wie auf S. 53 angegeben. Die Carbonylverbindung wird dann als 2,4-Dinitrophenylhydrazon oder *p*-Carboxyphenylhydrazon isoliert und identifiziert. Da Formaldehyd durch die Beckmannsche Lösung sehr leicht zu Ameisensäure oxydiert wird, läßt Methanol sich schwierig in dieser Weise identifizieren. Die tertiären Alkohole werden von der Beckmannschen Lösung durchgreifend oxydiert, und lassen sich deshalb in der genannten Weise nicht bestimmen.

Unter den Estern sind die Methyl- und Äthylester besonders häufig repräsentiert, und die Dimedonate (S. 108) eignen sich deshalb oftmals besser als die 2,4-Dinitrophenylhydrazone zur Identifizierung des Alkohols, denn die Schmelzpunkte der 2,4-Dinitrophenylhydrazone von Formaldehyd und Acetaldehyd liegen nahe beieinander, während die Schmelzpunkte der beiden Dimedonate sehr verschieden sind.

Die Anwesenheit von Methanol im Destillat der Verseifungsflüssigkeit läßt sich durch die *Formaldehydprobe* nachweisen: Eine Spirale aus Kupferdraht wird in einer oxydierenden Gasflamme geglüht und noch heiß mit einigen Milliliter des Destillats in ein Reagenzglas geführt, bis die Spirale sich 2—3 mm über die Flüssigkeitsoberfläche befindet. Die Methanoldämpfe im Gasraum des Glases werden vom Cu(II)oxid zu Formaldehyd oxydiert, welcher schnell am Geruch erkennbar ist.

Die Anwesenheit von Äthanol im Destillat läßt sich durch die *Jodoformprobe* bestimmen: Zu 2—4 ml des Destillats setzt man 1—2 ml einer Lösung von Jod in Kaliumjodid und dann tropfenweise verdünnte Natriumhydroxidlösung bis zum Verschwinden der braunen Jodfarbe. Enthält das Destillat Äthanol, entsteht eine schwach gelbe Lösung, aus welcher sich gelbe Jodoformkristalle ausscheiden. Unter dem Mikroskop betrachtet, bilden die Kristalle hexagonale Tafeln. Die Anwesenheit von Jodoform ist außerdem leicht durch den Geruch zu erkennen.

Die Identifizierung der Alkohole, die nicht mit Wasserdampf flüchtig sind (z. B. der Polyole), bereitet Schwierigkeiten. Bisweilen kann man sie aus der Verseifungslösung durch Extraktion mit einem mit Wasser nicht mischbaren Lösungsmittel isolieren. Die Polyole sind aber für gewöhnlich in Wasser leichter löslich als in solchen Lösungsmitteln. Durch Oxydation entsteht bisweilen eine Carbonylverbindung, die leichter isoliert wird als das Polyol. Die bequemste Methode zur Identifizierung von Polyolen in Estern ist jedoch die Umesterung des Polyols mit 3,5-Dinitrobenzoesäure, wie auf Seite 173 beschrieben.

Ist der zu untersuchende Ester ein Phenolester, wird seine verseifte und genau neutralisierte Lösung einige charakteristische Phenolreaktionen geben können (Farbreaktion mit Fe(III)chlorid, Bromierungsprodukte mit Bromwasser usw.). Neutralisiert man die schwach saure Lösung mit Natriumhydrogencarbonat, kann man das Phenol mit Äther extrahieren und nach Abdampfung des Esters isolieren und identifizieren.

4. BESTIMMUNG DER ESTER

α) Verseifung

Das Äquivalentgewicht eines Esters wird gewöhnlich durch eine quantitative Verseifung bestimmt. 1—2 g des Esters werden mit 10—25 ml *n*-Natriumhydroxid unter Rückfluß gekocht, bis eine homogene Lösung entstanden ist. Man kühlt ab und titriert den Überschuß an Natriumhydroxid mit *n*-Salzsäure zurück; Indicator: Phenolphthalein.

Es ist wichtig, Kohlensäure aus der schwach sauren Lösung auszukochen, denn es können bedeutende Mengen von Kohlensäure während der Verseifung von der alkalischen Lösung absorbiert worden sein.

Die zur Verseifung notwendige Zeit hängt von der Natur und der Struktur sowohl der Säure als auch des Alkohols ab. Wie auf Seite 169 erwähnt, ist es nicht immer möglich, durch Beobachtung festzustellen, wann die Verseifung zu Ende ist. Nur wenn der Ester in Wasser unlöslich, der Alkohol dagegen löslich ist, wird man beobachten können, daß die in Wasser unlöslichen Tröpfchen nach und nach verschwinden.

Für die in Wasser löslichen Ester ist die Verseifung meistens nach einer halben Stunde quantitativ.

Ist der Alkohol in Wasser unlöslich, muß man zwei Versuche mit verschieden langer Verseifungsdauer (z. B. einer Stunde und zwei Stunden) vergleichen, um herauszufinden, ob die Verseifung quantitativ ist. Findet man nach zwei Stunden ein kleineres Äquivalentgewicht als nach einer Stunde, muß man noch eine, diesmal dreistündige Verseifung durchführen. Erst wenn zwei Versuche mit verschieden langer Verseifungszeit identische Äquivalentgewichte gegeben haben, kann man sicher sein, daß die Verseifung quantitativ verlaufen ist.

Einige Ester werden nicht von wäßrigem, sondern nur von methanolischem oder äthanolischem Natrium- oder Kaliumhydroxid verseift. In solchen Fällen ist es am einfachsten, eine abgewogene Menge des Esters in Äthanol zu lösen, die wäßrige Natriumhydroxidlösung zuzusetzen und die Verseifung wie üblich durchzuführen. Nach Ablauf der gewünschten Zeit verdünnt man mit Wasser und titriert den Natronlaugenüberschuß zurück. Oft ist es aber notwendig, die Verseifung mit einer nahezu wasserfreien Lösung von *n*-Kalium- oder Natriummethylat oder -äthylat durchzuführen. Diese Lösungen werden durch Auflösung der berechneten Menge des festen Hydroxids oder des Metalls in Methanol oder Äthanol bereitet. Der Titer einer solchen Lösung wird in einer Blindprobe festgestellt. Die Zugabe von Wasser vor dem Zurücktitrieren ist bei den rein alkoholischen Lösungen noch notwendiger als bei den Lösungen, die etwas Wasser enthalten.

Zu bedenken ist, daß man nach der Verseifung von Estern instabiler Säuren, wie Kohlensäure, Carbamidsäure oder β-Ketonsäuren, nicht die Kohlensäure aus der Lösung entfernen kann, ohne die Bestimmung zu gefährden. Beobachtet man während der Titration eine reichliche Entwicklung von Kohlendioxid, wenn die schwach saure Lösung erwärmt wird, sollte man vorsichtshalber die Verseifungslösung vor der Zurücktitrierung des Natriumhydroxidüberschusses mit einer neutralisierten Bariumchloridlösung versetzen, so wie man es bei der Bestimmung von Natriumhydroxid neben Natriumcarbonat macht.

Das Äquivalentgewicht E des Esters R · COOR′ ist:

$$E = \frac{a \cdot 1000}{b \cdot n},$$

wenn a g des Esters b ml Natriumhydroxid der Normalität n verbraucht haben.

Man findet dann $R + R' = E - 44$ und kann häufig die totale Zahl der Kohlenwasserstoffatome im Ester, m, durch den Ausdruck:

$$m = 1 + \frac{E - 44}{14}$$

berechnen, wo 14 das Molekülgewicht von $—CH_2—$ ist. Diese Berechnung ist jedoch nur dann berechtigt, wenn der Ester keine Substituenten und keine andere funktionelle Gruppe als die Carboxylgruppe enthält. Ist außerdem z. B. eine Hydroxylgruppe oder eine Carbonylgruppe vorhanden, muß man den Wert von m um 1 je Hydroxyl- oder Carbonylgruppe verkleinern.

β) Bestimmung durch Derivate

Eine Bestimmung des Äquivalentgewichtes der Säure durch die oben genannten Derivate (Amid, Anilid, Benzylthiuroniumsalz oder *p*-Bromphenacylester, S. 170 bis 173) ist nach den S. 162—166 angegebenen Methoden möglich. Kennt man das Äquivalentgewicht sowohl des Esters als auch der Säure, ist es leicht, das Äquivalentgewicht des Alkohols zu berechnen.

Hat man Derivate zur Charakterisierung des Alkohols dargestellt, kann man versuchen, dadurch das Äquivalentgewicht des Alkohols zu bestimmen. Am bequemsten läßt sich diese Bestimmung mit den Kaliumalkylxanthogenaten durchführen, die man einfach in Eisessig löst und mit Perchlorsäure titriert (siehe S. 81). Die *p*-Nitrobenzoate können titanometrisch oder durch Verseifung bestimmt werden.

Um zwischen isomeren Alkoholen zu entscheiden, müssen Schmelzpunkte von Derivaten des Alkohols herangezogen werden. Oft wird es auch nötig sein festzustellen, ob der Alkohol primär, sekundär oder tertiär ist.

LITERATUR

[1] Buckles, R. E., und Thelen, C. J., Anal. Chem. **22**, 676, 1950.
[2] Dermer, O. C., und King, J., J. org. Chem. **8**, 168, 1943.
[3] Bost, R. W., und Mullen, L. V., jr., J. amer. chem. Soc. **73**, 1967, 1951.
[4] Koelsch, C. F., und Tenenbaum, D., J. amer. chem. Soc. **55**, 3049, 1933.
[5] Hardy, D. V. N., J. chem. Soc. 398, **1936**.
[6] Renfrow, W. B., und Chaney, A., J. amer. chem. Soc. **68**, 150, 1946.

F. ALKOXYLVERBINDUGEN

1. PHENOLÄTHER (ANISOLE)
2. ACYCLISCHE ÄTHER
3. CYCLISCHE ÄTHER (ALKYLENOXIDE, EPOXIDE)
4. ACETALE
5. BESTIMMUNG DER ALKOXYLVERBINDUNGEN

1. PHENOLÄTHER (ANISOLE)

Die Reaktionsfähigkeit der Anisole ist ziemlich begrenzt, und deshalb sind nur wenige qualitative Reaktionen dieser Substanzen zu verzeichnen. Der Meinung des Verfassers nach sind unter den disponiblen Reaktionen die nachstehend angegebenen die zuverlässigsten, obwohl sie nicht als absolut spezifisch für Anisole gelten.

a) Reaktion mit wasserfreiem Aluminiumchlorid [1] — [3]

Mit wasserfreiem Aluminiumchlorid erwärmt, werden die Phenoläther in Aluminiumphenolat und Alkylchlorid gespalten:

$$C_6H_5OR + AlCl_3 \rightarrow C_6H_5OAlCl_2 + RCl\,.$$

In einem Reagenzglas mischt man 1 Teil Phenoläther mit 0,5—1,5 Gewichtsteilen wasserfreiem Aluminiumchlorid. Das Gemisch wird über einem Bunsenbrenner bis zum Anfang einer Reaktion erhitzt. Die Reaktion setzt sich dann ohne weitere Wärmezufuhr oft ziemlich heftig fort. Hat ein Vorversuch gezeigt, daß die Reaktion zu heftig verläuft, kann man den Phenoläther vor der Erwärmung mit Aluminiumchlorid mit Benzol oder Toluol verdünnen, wodurch die Reaktion moderiert wird. Nach beendeter Reaktion kühlt man ab, setzt Wasser und Salzsäure hinzu, um überschüssiges Aluminiumchlorid zu lösen und das Phenol freizumachen. Das Phenol wird durch Extraktion mit Äther isoliert und durch die üblichen Reaktionen charakterisiert.

Die Anwesenheit anderer Substituenten als die der Alkoxylgruppe kann die Reaktion stören, entweder weil die Substituenten die Reaktionsfähigkeit des Anisols herabsetzen oder weil sie die Isolierung des Phenols komplizieren. Die Aminophenole z. B. lassen sich nur aus neutralen Lösungen mit Äther extrahieren, weil diese Phenole amphotere Substanzen sind, die in Wasser sowohl bei saurer als bei alkalischer Reaktion löslicher als in Äther sind.

b) Reaktion mit Jodwasserstoffsäure

Die Anisole werden auch durch Behandlung mit konzentrierter Jodwasserstoffsäure ($d = 1{,}70$) gespalten (in Phenol und Alkyljodid), und das Alkyljodid wird leicht aus dem Reaktionsgemisch durch Destillation isoliert. Eine Apparatur, die zur quantitativen Bestimmung der Anisole mittels Jodwasserstoffsäure (Zeisels Methode) Verwendung findet, wird auf Seite 184 beschrieben. Für den qualitativen Nachweis genügt es, die Alkyljodiddämpfe in einer 0,5 *m*-Lösung von Thioharnstoff in Azeton oder in verdünntem Äthanol zu absorbieren. Es bildet sich ein Alkylthiuroniumjodid, und wenn man die Lösung mit einer 1%igen wäßrigen Pikrinsäurelösung mischt, wird Alkylthiuroniumpikrat gefällt:

$$RJ + SC(NH_2)_2 \rightarrow \left[C\begin{matrix} \diagup N^+H_2 \\ -SR \\ \diagdown NH_2 \end{matrix} \right] J^- \xrightarrow[\text{säure}]{\text{Pikrin-}} \left[C\begin{matrix} \diagup N^+H_2 \\ -SR \\ \diagdown NH_2 \end{matrix} \right] O^-C_6H_2(NO_2)_3 .$$

Das Alkylthiuroniumpikrat wird aus wäßrigem Äthanol umkristallisiert. Schmelzpunkte einiger Alkylthiuroniumpikrate sind in den Literaturhinweisen [48]—[49] S. 88 angegeben.

Statt der Thioharnstofflösung für die Absorption der Alkyljodiddämpfe kann man eine ätherische Lösung von Dimethylanilin benutzen. Es entsteht dann ein Niederschlag von Dimethylalkylaniliniumjodid:

$$RJ + C_6H_5N(CH_3)_2 \rightarrow [C_6H_5N^+(CH_3)_2R]\ J^- .$$

Schmelzpunkte solcher Salze sind im Beilstein, Bd. XII, angegeben.

Es sei daran erinnert, daß nicht nur Phenoläther, sondern auch aliphatische Äther und Ester, mit Jodwasserstoffsäure behandelt, Alkyljodide bilden, so daß die Bildung von Alkylthiuroniumpikrat nicht unbedingt das Vorliegen eines Phenoläthers bedeutet. Die Reaktion ist nur beweiskräftig, wenn Äther, Ester und aliphatische Alkohole ausgeschlossen werden können.

c) Reaktion mit Chlorsulfonsäure

Die Anisole geben, mit Chlorsulfonsäure behandelt, Alkoxyarylsulfonylchloride, die durch Einwirkung von Ammoniak in Alkoxyarylsulfonylamide umgebildet werden [4]:

$$ROC_6H_5 + 2\,HOSO_2Cl \rightarrow ROC_6H_4SO_2Cl + H_2SO_4 + HCl$$

$$ROC_6H_4SO_2Cl + 2NH_3 \rightarrow ROC_6H_4SO_2NH_2 + NH_4Cl$$

$$ROC_6H_4SO_2NH_2 + NaOH \rightarrow ROC_6H_4SO_2NHNa + H_2O\,.$$

1 g des Anisols wird in 5 ml Chloroform gelöst. Die Lösung wird in Eiswasser gekühlt und tropfenweise mit 5 g Chlorsulfonsäure versetzt. Man läßt 15 Minuten im Eisbade und dann 30 Minuten bei Zimmertemperatur stehen und gießt dann das Gemisch auf 25 g zerstoßenes Eis. Nachdem die Chloroformschicht im Scheidetrichter abgetrennt ist, wird sie unter kräftigem Schütteln zu 10 ml konzentriertem Ammoniakwasser zugesetzt. Nach mehrminutigem Stehen bei Zimmertemperatur wird die Chloroformschicht abgetrennt und auf dem Dampfbade eingeengt. Man kühlt ab und behandelt den Rückstand mit 5 ml 5%iger Natronlauge. Wenn nicht alles in Lösung geht, wird filtriert und das Filtrat mit verdünnter Salzsäure angesäuert. Beim Abkühlen im Eisbade kristallisiert das Alkoxyarylsulfonamid, welches abfiltriert und aus Äthanol oder verdünntem Äthanol umkristallisiert wird.

Ein in Natriumhydroxid unlöslicher Niederschlag besteht meistens aus dem bis-(Alkoxyphenyl)-sulfon, $ROC_6H_4SO_2C_6H_4OR$, welches durch eine Nebenreaktion gebildet werden kann.

Die Reaktion verläuft ohne Komplikationen mit den aromatischen Methyläthern, ist aber für die höheren Alkoxyverbindungen in der hier beschriebenen Form nicht allgemeingültig.

Aromatische Kohlenwasserstoffe, unsubstituierte sowohl als auch die halogen- oder nitrosubstituierten, können in der beschriebenen Weise ähnliche (substituierte) Arylsulfonamide geben (siehe S. 268 und S. 296).

Huntress und Carten [4] geben Schmelzpunkte einiger Alkoxybenzolsulfonamide an.

Bisweilen entstehen bei dieser Reaktion Substanzen, die etwa 100° höher schmelzen als erwartet. Es hat sich herausgestellt, daß diese hochschmelzenden Substanzen Alkoxybenzen-bis-sulfonamide sind, die ihr Entstehen einer Chlorsulfonierung sowohl in *o*- als auch in *p*-Stellung zur Alkoxylgruppe zu verdanken haben [5].

d) Charakterisierung der Anisole durch Bromierung

Die Phenoläther sind bei weitem nicht so reaktionsfähig wie die Phenole. Eine Bromierung der Anisole ist jedoch in vielen Fällen möglich. Da die Anisole in Wasser unlöslich sind, löst man sie in Chloroform, Tetrachlorkohlenstoff oder Eisessig und setzt eine Lösung von Brom in demselben Lösungsmittel hinzu. Um die Bromsubstitutionsprodukte zu isolieren, wird das organische Lösungsmittel abgedampft, oder man verdünnt die Lösung mit Wasser. Die Rohprodukte werden durch Umkristallisation aus Äthanol oder verdünntem Äthanol gereinigt.

Im BEILSTEIN findet man die Schmelzpunkte der Bromanisole dort, wo das entsprechende Phenol erwähnt wird (Untergruppe Bromphenol).

e) Charakterisierung der Anisole als Pikrate

Viele Anisole bilden mit Pikrinsäure Molekülverbindungen, die aus 1 Molekül Anisol und 1 oder 2 Molekülen Pikrinsäure bestehen. Diese Molekülverbindungen werden am besten in folgender Weise hergestellt [6]:

Ist das Anisolpikrat stabil und sind die molekularen Löslichkeiten der beiden Komponenten ungefähr dieselben, löst man 1,15 g (5 millimol) Pikrinsäure und 0,75 g (5 millimol einer Substanz mit geschätztem Molekülgewicht etwa 150) der zu untersuchenden Substanz in der minimalen Menge des siedenden Lösungsmittels (z. B. Chloroform, Äther, Benzol) und läßt das Gemisch abkühlen, wobei die Molekülverbindung auskristallisiert.

Sind die Löslichkeiten der beiden Komponenten wesentlich verschieden, nimmt man von der leichter löslichen Komponente einen dem Unterschied (in Gramm) in der Löslichkeiten der beiden Komponenten entsprechenden Überschuß und verfährt sonst wie oben.

Ist das Pikrat nicht ganz stabil oder sind die Löslichkeiten der beiden Komponenten in jedem reinen Lösungsmittel sehr verschieden, kann man ein Gemisch von zwei Lösungsmitteln benutzen. Diese Lösungsmittel sind so zu wählen, daß die Löslichkeiten der beiden Komponenten im gemischten Lösungsmittel beinahe gleich sind (die Löslichkeiten dürfen jedoch nicht zu groß sein). KROGH ANDERSEN [6] hat eine bequeme Arbeitsweise angegeben.

Die Pikrate werden abfiltriert und zwischen Filtrierpapier bei Zimmertemperatur getrocknet. Man darf die Pikrate nicht waschen, denn die beiden Komponenten haben gewöhnlich nicht dieselbe Löslichkeit in den zu diesem Zwecke benutzten Flüssigkeiten.

Schmelzpunkte einiger Anisolpikrate sind von KROGH ANDERSEN [6] und von BARIL und MEGRDICHIAN [7] angegeben; siehe auch Organic Reagents for Organic Analysis (s. S. 63).

f) Spezialreaktionen für Methylendioxybenzole, $CH_2\langle{O \atop O}\rangle C_6H_4$

α) Reaktion mit Jodwasserstoffsäure [8]

Die Substanzen, die eine Methylendioxygruppe, $\begin{matrix}-O\\-O\end{matrix}\rangle CH_2$, enthalten, z. B. Safrol oder Piperonal, geben bei der Reaktion mit Jodwasserstoffsäure Formaldehyd und makromolekulare Kondensationsprodukte, aber *nicht* Alkyljodid (vgl. Anisole, S. 198).

β) Reaktion mit Gallussäure [9], [10]

Wird eine Lösung eines Methylendioxybenzols in konzentrierter Schwefelsäure mit einer 5%igen äthanolischen Gallussäurelösung gemischt, entsteht eine intensive smaragdgrüne Farbe.

γ) **Reaktion mit Chromotropsäure [11]**

Eine Lösung von 4—5 mg der zu untersuchenden Substanz in 4—5 ml 90%iger Schwefelsäure wird in 2 Reagenzgläschen verteilt. Zu einem der Gläschen setzt man 4—5 mg Chromotropsäure (1,8-Dihydroxynaphthalendisulfonsäure-3,6). Die beiden Lösungen werden 20 Minuten in ein 70—80° warmes Bad gestellt. Nach Abkühlung werden 10 ml Wasser zugesetzt. Sind die Lösungen nicht klar, filtriert man sie und vergleicht dann die beiden Farben. Enthält die zu untersuchende Substanz eine Methylendioxygruppe, wird das die Chromotropsäure enthaltende Gläschen, mit dem anderen verglichen, eine purpurne bis purpurbläuliche Farbe angenommen haben.

2. ACYCLISCHE ÄTHER

Die aliphatischen Äther sind in vielen Beziehungen ebenso wenig reaktionsfähig wie die Anisole oder auch noch weniger: man kann z. B. aus den aliphatischen Äthern keine Sulfonamide herstellen.

a) Bildung von Oxoniumverbindungen

Die meisten aliphatischen Äther sind in konzentrierter Salzsäure löslich, indem sie mit Chlorwasserstoff in einer exothermen Reaktion Oxoniumverbindungen bilden. Weder Kohlenwasserstoffe noch Anisole oder andere reaktionsträge Verbindungen bilden mit Chlorwasserstoff Oxoniumverbindungen.

Die Oxoniumverbindungen sind so instabil, daß man sie nicht isolieren kann. Schon eine Verdünnung mit Wasser führt zur Dissoziation der Verbindung, wobei der Äther unverändert ausgeschieden wird.

b) Reaktion mit konzentrierter Jodwasserstoffsäure

Mit Jodwasserstoffsäure ($d = 1{,}70$) behandelt, werden die Äther in ein Molekül Alkohol und ein Molekül Alkyljodid gespalten. Bei Weiterreaktion kann auch der Alkohol in Alkyljodid umgebildet werden. Wird das Alkyljodid nicht allmählich abdestilliert, d. h. wenn sein Siedepunkt zu hoch ist, wird es von der Jodwasserstoffsäure zu Alkan reduziert.

c) Reaktion mit konzentrierter Schwefelsäure

Einige Äther lösen sich in konzentrierter Schwefelsäure unter Bildung von Oxoniumverbindungen. Diese Äther werden bei der Verdünnung mit Wasser wieder unverändert ausgeschieden.

Andere Äther reagieren mit konzentrierter Schwefelsäure, wobei ein Alkohol und ein saurer Schwefelsäureester oder zwei (gleiche oder verschiedene) Moleküle des sauren Schwefelsäureesters entstehen. Bei Verdünnung mit Wasser wird der Äther nicht unverändert zurückgewonnen. Die sauren Schwefelsäureester sind gewöhnlich in Wasser löslich.

d) Reaktion mit 3,5-Dinitrobenzoylchlorid

Erhitzt man einen symmetrischen Äther mit 3,5-Dinitrobenzoylchlorid, wird der entsprechende 3,5-Dinitrobenzoesäureester gebildet. Auch die unsymmetrischen Äther reagieren mit diesem Reagens. Hier entstehen aber zwei verschiedene 3,5-Dinitrobenzoesäureester.

Das 3,5-Dinitrobenzoylchlorid wird, wie auf Seite 66 beschrieben, unmittelbar vor dem Gebrauch präpariert. In einem mit Rückflußkühler versehenen Reagenzglas erwärmt man eine Stunde ein Gemisch von 1 ml des Äthers, 0,15 g wasserfreiem Zinkchlorid und 0,5 g 3,5-Dinitrobenzoylchlorid. Nach Abkühlung werden 10 ml 2 *n*-Natriumcarbonat zugesetzt. Auf dem Dampfbad erwärmt man das Gemisch bis 90°. Beim Abkühlen scheidet sich jetzt der 3,5-Dinitrobenzoesäureester aus. Man filtriert, wäscht mit 5 ml der Natriumcarbonatlösung und dann mit 10 ml Wasser. Der Rückstand wird in 10 ml heißem Tetrachlorkohlenstoff gelöst. Man filtriert heiß und kühlt das Filtrat in Eiswasser. Findet keine Kristallisation statt, entfernt man das Lösungsmittel auf dem Dampfbade und trocknet den Rückstand auf einem Tonteller.

Schmelzpunkte einiger 3,5-Dinitrobenzoesäureester findet man in den Literaturhinweisen [31]—[38] S. 88.

3. CYCLISCHE ÄTHER (ALKYLENOXIDE, EPOXIDE)

a) Reaktion mit einer Natriumchloridlösung

Während die acyclischen Äther nicht mit Wasser oder verdünnten Säuren reagieren, werden viele cyclische Äther, besonders die 1,2-Epoxide, so leicht Chlorwasserstoff addieren, daß eine Natriumchloridlösung, in welcher ein 1,2-Alkylenoxid gelöst wird, eine alkalische Reaktion annimmt. Enthält die Lösung Phenolphthalein, wird sie rot gefärbt:

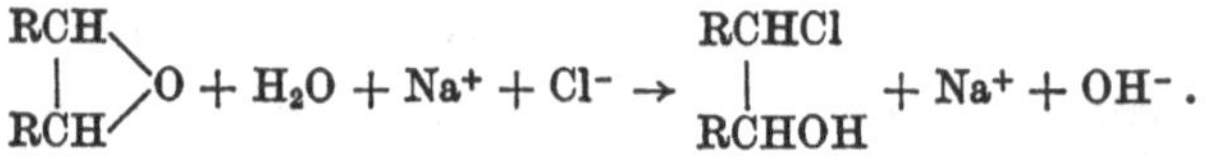

Benutzt man statt einer Natriumchloridlösung eine Magnesium- oder Fe(III)-chloridlösung, wird man einen Niederschlag von Magnesium- oder Fe(III)hydroxid beobachten können.

Die Reaktionsgeschwindigkeit ist bei Zimmertemperatur nicht besonders groß. Eine Temperatursteigerung von etwa 10° wird wie üblich die Reaktionsgeschwindigkeit verdoppeln.

b) Reaktion mit Salzsäure

Die Alkylenoxide, in welchen die Ringspannung nicht so groß ist wie in den 1,2-Epoxiden, werden nicht die vorgenannte Reaktion geben. Behandelt man jedoch mit mehr oder weniger konzentrierter Salzsäure, so wird meistens eine Ringöffnung nach dem Schema:

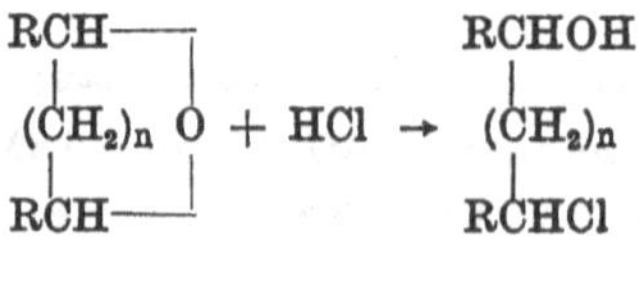

hervorgerufen, wobei die Hydroxylgruppe gewöhnlich am wasserstoffärmsten Kohlenstoffatom Platz findet.

Mit $n = 2$ oder 3 ist das Ringsystem sehr stabil, so daß man solche Epoxide (z. B. Tetrahydrofuran) stundenlang mit konstant siedender Salzsäure oder Bromwasserstoffsäure unter Rückfluß kochen muß, um eine Ringöffnung hervorzurufen. In solchen Fällen wird dann meistens auch die Hydroxylgruppe durch Halogen ersetzt, so daß ein dihalogensubstituiertes Alkan gebildet wird.

c) Reaktion mit Alkylmagnesiumhalogenid oder Natriumhydrogensulfit

Einige Alkylenoxide werden von den genannten Reagenzien in Aldehyde oder Ketone umgelagert, die dann mit den Reagenzien weiterreagieren:

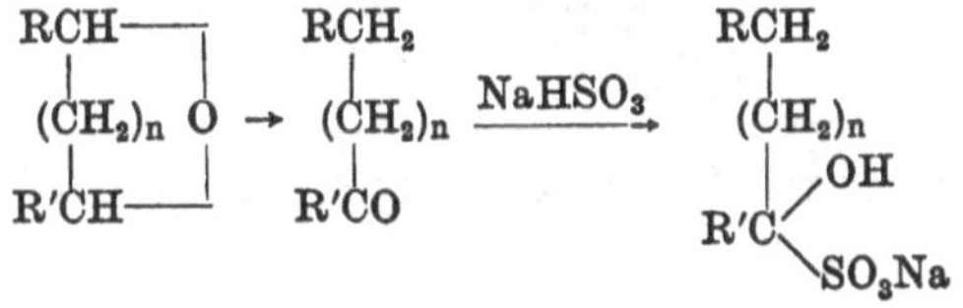

4. ACETALE

Die Acetale sind gewöhnlich in Wasser unlöslich. Sie sind gegen alkalische Hydrolyse resistenzfähig, werden aber sehr leicht von Säuren hydrolysiert. Deshalb geben die Acetale mit 2,4-Dinitrophenylhydrazin oder *p*-Carboxyphenylhydrazin, die alle beide in saurer Lösung benutzt werden, die substituierten Phenylhydrazone des entsprechenden Aldehyds.

Um den Alkoholteil des Acetals zu identifizieren, kann man die hydrolysierte Lösung nach Neutralisation der Säure mit *p*-Nitrobenzoylchlorid behandeln (siehe S. 65), eventuell nach Konzentrierung des Alkohols durch Zusatz von Kaliumcarbonat (siehe S. 174).

Grummitt und Stearns, jr. [12] empfehlen, den Alkohol in folgender Weise als 3,5-Dinitrobenzoat zu identifizieren:

In einem 25-ml-Kolben mischt man 2—3 ml des Acetals und 1 g 3,5-Dinitrobenzoylchlorid und erwärmt mit Rückflußkühlung auf dem Dampfbade eine Stunde, wenn das Acetal unter 60° siedet, 30 Minuten, wenn der Siedepunkt zwischen 60° und 100° liegt, und 5—10 Minuten in einem Ölbade für über 100° siedende Acetale. Fängt das Gemisch an, dunkel zu werden, sollte man die Erwärmung unterbrechen und den Ester isolieren, denn seiner Ausbeute ist dann genügend groß. Nach Abkühlung wird der Ester abfiltriert, mit Wasser gewaschen, luftgetrocknet und aus Äthanol (96%) umkristallisiert.

Schmelzpunkte einiger 3,5-Dinitrobenzoate findet man in den auf S. 88 unter [31]—[38] referierten Abhandlungen.

Einige Acetale, z. B. die Acetale des Formaldehyds, die *Formale*, sind auch Säuren gegenüber sehr resistent. Sie werden jedoch durch Einwirkung von wasserfreiem Aluminiumchlorid gespalten (vgl. die Anisole, S. 177), wobei der Formaldehyd in Methylenchlorid umgebildet wird, welches während der Reaktion entweicht [13]:

$$3\,CH_2(OR)_2 + 2\,AlCl_3 \rightarrow 3\,CH_2Cl_2 + 2\,(RO)_3Al\,.$$

Nach beendeter Reaktion wird verdünnte Salzsäure zugesetzt, um den Alkohol freizumachen. Der Alkohol wird dann wie vorstehend angegeben identifiziert.

Um zwischen Äther und Acetal zu unterscheiden, haben TSEOU und CHOW [14] eine Farbreaktion vorgeschlagen:

1 Volumenteil der zu untersuchenden Substanz wird mit 2—4 Volumenteile einer 10%igen äthanolischen Resorcinlösung gemischt; dann werden 1—2 Tropfen konzentrierter Schwefelsäure zugesetzt. Ist die Substanz ein Acetal, entsteht ein roter Niederschlag der Zusammensetzung:

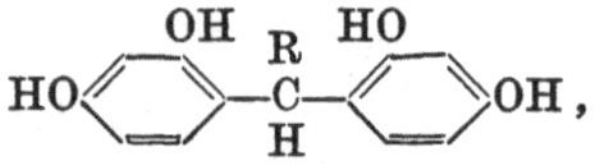

während die Äther nicht mit Resorcin reagieren und deshalb keinen Niederschlag geben.

5. BESTIMMUNG DER ALKOXYLVERBINDUNGEN

a) Bestimmung der Methoxylgruppe nach ZEISEL

Auf Seite 178 wurde angegeben, daß die Phenoläther von Jodwasserstoffsäure in Phenol und Alkyljodid gespalten werden. ZEISEL [15] hat diese Reaktion zu einer Methode zur Bestimmung der Methoxy- und Äthoxysubstituierten Benzolderivate ausgebildet. Die ursprüngliche Methode ist später von verschiedenen Autoren verbessert worden, z. B. von ZEISEL und FANTO [16] und von STRITAR [17]. Abb. 24 zeigt die Apparatur zur Durchführung der ganz bequemen STRITARschen Modifikation der Bestimmung. Es gibt aber auch viele andere Apparatkonstruktionen, die zuverlässige Resultate geben, darunter auch ganz moderne Mikromethoden zur Methoxylbestimmung nach ZEISEL.

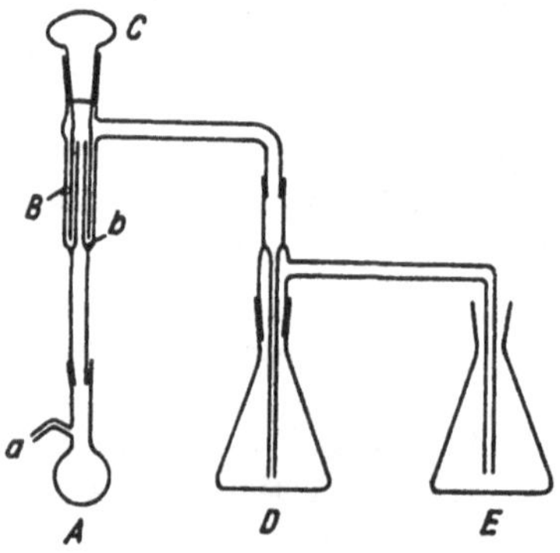

Abb. 24

Die STRITARsche Arbeitsweise ist folgende: 0,15—0,20 g der zu untersuchenden Substanz werden im Kolben *A* abgewogen. Die Waschflasche *b* des Rohres *B* enthält 0,5 g roten Phosphor und 5 ml Wasser. *C* ist ein eingeschliffener Stopfen. *B* gestattet, daß der Kolben *A* mit dem Erlenmeyerkolben *D* schliffverbunden wird, und von *D* können sämtliche Dämpfe weiter zum Erlenmeyerkolben *E* geleitet werden. *D* und *E* werden mit je 25 ml einer 0,1 *n*-äthanolischen Silbernitratlösung beschickt (17 g Silbernitrat werden in 20 ml Wasser gelöst und unter kräftigem Schütteln zu 900 ml 96% Äthanol in einem 1000 ml Meßkolben gesetzt. Das Schütteln soll die Kristallisation des Silbernitrats beim Eingießen der konzentrierten wäßrigen Lösung ins Äthanol verhindern. Schließlich wird mit 96% Äthanol bis zur Marke nachgefüllt). Die Silbernitratlösung wird auf Ammoniumthiocyanat eingestellt, indem man 10 ml mit Wasser auf etwa 50 ml verdünnt und nach Zusatz von 5 ml Ferriammoniumsulfatlösung als Indicator mit 0,1 *n*-Ammoniumthiocyanatlösung titriert.

Die Substanz im Kolben *A* wird mit 10 ml Jodwasserstoffsäure ($d = 1{,}70$ bis 1,72) übergossen. Hat man nur Jodwasserstoffsäure von $d = 1{,}90$ zur Verfügung, werden davon 7,5 ml mit 2,5 ml Wasser verdünnt. Ruft ein Blindversuch einen Niederschlag im Kolben *D* hervor, muß man die Jodwasserstoffsäure durch Destillation über rotem Phosphor reinigen, wobei die ersten 25% des Destillats als Vorlauf betrachtet und die folgenden 50% für sich aufgesammelt und zur Methoxylbestimmung verwendet werden.

Hat man die Jodwasserstoffsäure zugesetzt, wird die Apparatur zusammengesetzt, so daß die Kolben *A* und *D* durch das Rohr *B* schliffverbunden werden. Durch das Rohr *a* wird ein Strom von Kohlendioxid durch den Apparat geleitet. Die Geschwindigkeit des Kohlendioxidstromes sollte 1—2 Blasen pro Sekunde (bei Zimmertemperatur in dem Kolben *D* oder *E* beobachtet) nicht überschreiten. Dann wird der Kolben *A* bis zum mäßigen Sieden mittels eines Mikrobrenners (oder, wenn ein solcher nicht zur Verfügung steht, eines Bunsenbrenners, von welchem man das Rohr entfernt hat) erhitzt. Das Sieden wird so geregelt, daß die Temperatur des Wassers in der Waschflasche etwa 80° nicht überschreitet. In der Waschflasche wird freigemachtes Jod vom Phosphor zurückgehalten und Jodwasserstoffsäure vom Wasser, so daß nur das Alkyljodid vom Kohlendioxidstrom in den Kolben *D* und schließlich auch *E* weitergebracht wird. Sobald Alkyljodide in den Kolben *D* und *E* gelangen, trüben sich die Lösungen (es bildet sich ein farbloser Niederschlag einer Doppelverbindung aus Silberjodid und Silbernitrat). Die Trübung hört auf, wenn der Kohlendioxidstrom kein Alkyljodid mehr mitführt. Die Doppelverbindung scheidet sich quantitativ aus. Die Erwärmung und Kohlendioxiddurchleitung wird noch eine halbe Stunde fortgesetzt (die ganze Bestimmung nimmt gewöhnlich 2—3 Stunden in Anspruch). Die Kolben *D* und *E* werden gegen ein Reagenzglas mit 10 ml der Silbernitratlösung umgetauscht. Ist in diesem Glas nach einer Viertelstunde kein Niederschlag entstanden, hört man mit dem Erwärmen und Durchleiten von Kohlendioxid auf.

Die Silbernitratlösung des Kolbens *E* wird quantitativ in *D* übergeführt, und *E* sowie der Teil des Rohres *B*, welcher von der Silbernitratlösung berührt wurde, wird mehrmals mit Wasser gespült, wobei alles Waschwasser mit der Lösung in *D* vereinigt wird. Die Lösung wird mit Wasser auf etwa 150 ml gebracht. Das weiße Doppelsalz wird vom Wasser in Silberjodid und Silbernitrat gespalten. Die Lösung wird mit verdünnter Salpetersäure angesäuert und der Überschuß von Silbernitrat mit 0,1 *n*-Ammoniumthiocyanat zurücktitriert; Indicator: Fe(III)-ammoniumsulfat.

Ist die Alkoxyverbindung in Jodwasserstoffsäure $d = 1{,}70$ zu schwer löslich, kann man eine Jodwasserstoffsäure $d = 1{,}90$ benutzen, oder man kann der Jodwasserstoffsäure 10 Volumenprozent Essigsäureanhydrid beifügen.

Das Äquivalentgewicht des Anisols ist:

$$E = \frac{a \cdot 1000}{b \cdot n},$$

wenn *a* g Anisol *b* ml Silbernitrat der Normalität *n* verbrauchen.

Statt den Überschuß an Silbernitrat zu titrieren, kann man das Gewicht des ausgefällten Silberjodids feststellen. Die äthanolische Lösung wird in der genannten Weise verdünnt und angesäuert; das Silberjodid wird auf einem bei 105° getrockneten und dann tarierten Glasfiltertiegel gesammelt, mit Wasser bis zur negativen Silberionenreaktion gewaschen und bei 105° bis zum konstanten Gewicht getrocknet. Das Äquivalentgewicht *E* ist dann:

$$E = \frac{a \cdot 234{,}8}{b},$$

wenn *a* g Anisol *b* g Silberjodid geliefert haben.

Aus dem Äquivalentgewicht *E* wird das Gewicht E_{Rest} des Kerns, welches mit $-OCH_3$ oder $-OC_2H_5$ substituiert ist, als

$$E_{\text{Rest}} = E - 31{,}0 \quad \text{oder} \quad E_{\text{Rest}} = E - 45{,}1$$

berechnet. Findet man E_{Rest} kleiner als 77, kann man daraus schließen, daß die Verbindung mehr als eine Alkoxylgruppe enthält. Aus E_{Rest}-Werten größer als 77 kann man oft wertvolle Auskünfte über die möglichen anderen Substituenten erhalten.

Sind homologe Alkoxylgruppen höher als die Äthoxylgruppe anwesend, entstehen Komplikationen, denn die höheren Alkyljodide haben Siedepunkte höher als 80°, aber doch wieder nicht so hohe, daß ihr Dampfdruck bei 80° zu vernachlässigen ist. In solchen Fällen wird die Trübung der Silbernitratlösung in der Flasche *D* sich stundenlang erhalten, und die Bestimmung wird nie quantitativ, da das Alkyljodid von der Jodwasserstoffsäure teilweise zu Alkan reduziert werden kann.

Versucht man in stickstoffhaltigen Substanzen, besonders in Aminen, eine Alkoxylbestimmung nach Zeisel durchzuführen, wird man oft ungenaue Resultate erhalten. Einerseits kann das gebildete Alkyljodid mit der Amingruppe eine Alkylaminogruppe bilden, die unter den experimentellen Bedingungen vielleicht nicht quantitativ gespalten wird, so daß man ein zu hohes Äquivalentgewicht findet. Andererseits können Substanzen, die eine Alkylaminogruppe enthalten, Alkyljodid ganz oder teilweise abspalten, wodurch sich zu kleine Werte des Äquivalentgewichtes ergeben.

Es ist aber gelungen, Methoden zu finden, die die Bestimmung von Methoxyl neben Methylamino erlauben. Die Beschreibung solcher Methoden ist in Spezialanleitungen nachzulesen.

Die Jodwasserstoffsäure kann eine partielle Reduktion schwefelhaltiger Substanzen unter Bildung von Schwefelwasserstoff herbeiführen. Der Schwefelwasserstoff gelangt mit dem Kohlendioxid in die Silbernitratlösung, wo dann Silbersulfid gefällt wird. In solchen Fällen muß man eine Waschflasche zur Entfernung des Schwefelwasserstoffs zwischen *B* und *D* einschalten, oder man kann *D* als Waschflasche benutzen, indem man ihn mit 25 ml einer 5%igen wäßrigen Cadmiumsulfatlösung beschickt und dann in *E* 50 ml der äthanolischen Silbernitratlösung abmißt [18], [19]. Der Schwefelwasserstoff wird dann in *D* zurückgehalten. Die Bestimmung wird sonst genau wie beschrieben durchgeführt, verlangt aber etwas mehr Zeit als gewöhnlich, denn die Waschflasche *D*, die bei Zimmertemperatur gehalten wird, verlangsamt die Verdampfung des Alkyljodids.

b) Bestimmung durch die Sulfonamide

Die Sulfonamide, die nach den Angaben auf Seite 179 dargestellt werden können, erlauben die Bestimmung des Äquivalentgewichtes der Anisole durch eine Stickstoffbestimmung nach KJELDAHL. Ist die zu untersuchende Substanz stickstofffrei, berechnet man das Äquivalentgewicht, d. h. die Gewichtsmenge des Derivats, welche eine $-SO_2NH_2$-Gruppe enthält, als:

$$E_{\text{Sulfonamid}} = \frac{a \cdot 1000}{b \cdot n}\,; \qquad E_{\text{Anisol}} = E_{\text{Sulfonamid}} - 79{,}1\,,$$

wenn die von *a* g des Sulfonamids gebildete Ammoniakmenge *b* ml Salzsäure der Normalität *n* verbraucht.

c) Bestimmung durch die Anisolpikrate

Wie auf Seite 180 erwähnt, lassen sich bisweilen die Anisole als Molekülverbindungen mit Pikrinsäure charakterisieren. Diese Molekülverbindungen gestatten auch eine alkalimetrische Bestimmung des Äquivalentgewichtes, d. h. die Gewichtsmenge der Molekülverbindung, welche ein Mol Pikrinsäure enthält. Die Molekülverbindung wird durch Kochen mit Natriumhydroxid vollständig dissoziiert, und nachher kann man den Basenüberschuß durch Titration mit 0,1 *n*-Salzsäure bestimmen. Folgende Arbeitsweise wird empfohlen [20]:

In einem 100-ml-Erlenmeyerkolben werden 0,25 g des Anisolpikrats mit 20 ml 0,1 *n*-Natriumhydroxid übergegossen. Man läßt das Gemisch 1—2 Minuten kochen und titriert nach Abkühlung den Basenüberschuß mit 0,1 *n*-Salzsäure zurück; Indicator: Bromthymolblau.

Enthält das Anisol saure oder basische Substituenten, können diese Substituenten die Bestimmung komplizieren. Mit dem angegebenen Indicator Bromthymolblau müssen die sauren Anisole ein pK_a größer als 8,3, die basischen Anisole ein pK_b größer als 10,5 haben, um nicht zu stören.

E_{Pikrat} wird wie üblich berechnet. Man findet dann:

$$E_{\text{Anisol}} = E_{\text{Pikrat}} - 229{,}1\,.$$

d) Bestimmung der Äther

Die Äther bilden durch Einwirkung von Jodwasserstoffsäure Alkyljodide. Die ZEISELsche Methode erlaubt jedoch, wie gesagt, nur die Bestimmung der beiden ersten Alkyljodide. Um das Äquivalentgewicht der höheren Äther zu bestimmen, muß man die einzelne Alkyljodide, die bei der Jodwasserstoffsäurebehandlung entstehen, isolieren und identifizieren. Methoden hierfür werden auf Seite 265 angegeben.

Ähnlich ist es mit den cyclischen Äthern bestellt. Solche Äther werden durch mehrstündiges Rückflußkochen mit konzentrierter Bromwasserstoffsäure gespalten und zu Dibromalkan umgebildet.

e) Bestimmung der Epoxide

Um die 1,2-Epoxide zu bestimmen, hat man vorgeschlagen, sie in einer gesättigten Calcium- oder Magnesiumchloridlösung, die zugleich 0,1 *n* in bezug auf Salzsäure ist, zu lösen. In solchen Lösungen werden die Epoxide schnell in Chlorhydrine umgewandelt. Man läßt 15—30 Minuten bei Zimmertemperatur stehen und titriert dann den Säureüberschuß mit 0,1 *n*-Natriumhydroxid zurück.

Swan [21] hat eine andere Methode empfohlen, die auf der Reaktion zwischen 1,2-Epoxiden und Natriumsulfit beruht:

$$\begin{matrix} RCH \\ | \\ R'CH \end{matrix}\!\!>\!O + Na_2SO_3 + H_2O \rightarrow \begin{matrix} RCHSO_3Na \\ | \\ R'CHOH \end{matrix} + NaOH\,.$$

In einem Jodzahlkolben werden 50 ml einer gesättigten Natriumsulfitlösung abgemessen. Die Reaktion der Lösung wird auf *pH* 9,45—9,50 (visuelle Titrierung, Indicator: 6—8 Tropfen einer Lösung von 0,1 g Alizaringelb-R und 0,05 g Xylen-Cyanol-F.F — siehe S. 302 — in 100 ml Wasser) oder auf *pH* 9,60 (potentiometrisch) eingestellt. 0,01—0,02 Mol des Epoxids werden zugesetzt (ist die Substanz flüchtig, sollte man sie in einer Glasampulle abwiegen). Man läßt das Gemisch 30—180 Minuten stehen und titriert dann das freigewordene Natriumhydroxid mit 0,2 *n*-Salzsäure bis zum Umschlag grün → olivfarbig oder, genauer, potentiometrisch bis zu *pH* 9,60.

Die Aldehyde lassen sich gleichfalls in dieser Weise titrieren. Um 1,2-Epoxide neben Aldehyden zu bestimmen, kann man zuerst durch diese Reaktion die Summe von Aldehyd und Epoxid feststellen und dann nach einer der für Aldehyde angegebenen Methoden den Aldehydgehalt besonders bestimmen.

f) Bestimmung der Acetale

Der *Aldehydteil* des Acetals kann durch Bildung und Titrierung von dessen *p*-Carboxyphenylhydrazon bestimmt werden, wie auf den Seiten 183 und 114 angegeben.

Um den *Alkoholteil* zu bestimmen, destilliert man das Acetal mit verdünnter Schwefelsäure. Das Acetal wird hierdurch gespalten. Gewöhnlich wird aber das Destillat sowohl den Alkohol als auch den Aldehyd enthalten. Man kann deshalb den Alkohol nicht durch Oxydation zu Aldehyd oder Keton identifizieren. Besser ist es zu versuchen, den Alkohol mittels Kalimcarbonat auszusalzen und dann das *p*-Nitrobenzoat (S. 65) oder das Kaliumsalz der Alkylxanthogensäure (S. 50) zu präparieren. Diese Derivate erlauben dann die Bestimmung des Äquivalentgewichtes des Alkohols (siehe S. 82 und 81).

LITERATUR

[1] Brass, K., Willig, E., und Hanssen, R., Ber. **63**, 2613, 1930.
[2] Pfeiffer, P., und Haack, E., Ann. **460**, 163, 1928.
[3] Pfeiffer, P., J. prakt. Chem. [2] **129**, 42, 1931.
[4] Huntress, E. H., und Carten, F. H., J. amer. chem. Soc. **62**, 603, 1940.
[5] Veibel, S., unpubliziert.
[6] Krogh Andersen, E., Acta chem. Scand. **8**, 157, 1954.
[7] Baril, O. L., und Megrdichian, G. A., J. amer. chem. Soc. **58**, 1415, 1936.
[8] Späth, E., und Quietensky, H., Ber. **60**, 1883, 1927.
[9] Pictet, A., und Kramers, G. H., Ber. **43**, 1334, 1910.
[10] Labat, A., Bull. Soc. chim. [4] **5**, 745, 1909.
[11] Rosenlund Hansen, O., Acta chem. Scand. **7**, 1125, 1953.
[12] Grummitt, O., und Stearns, J. A., jr., J. amer. chem. Soc. **77**, 3136, 1955.
[13] Veibel, S., Lundquist, F., Andersen, F., und Frederiksen, E., Bull. Soc. chim. [5] **6**, 990, 1939.
[14] Tseou, H. F., und Chow, T. S., J. Chinese Chem. Soc. **5**, 179, 1937; Chem. Abstr. **31**, 8442, 1937.
[15] Zeisel, S., Monatsh. Chem. **6**, 689, 1885; **7**, 406, 1886.
[16] Zeisel, S., und Fanto, R., Z. anal. Chem. **42**, 549, 1903.
[17] Stritar, M. J., Z. anal. Chem. **42**, 579, 1903.
[18] Kirpal, A., und Bühn, Th., Monatsh. Chem. **36**, 853, 1915.
[19] Edlbacher, S., Z. physiol. Chem. **101**, 283, 1918; **107**, 58, 1919.
[20] Krogh Andersen, E., Acta chem. Scand. **8**, 157, 1954.
[21] Swan, J. D., Anal. Chem. **26**, 878, 1954.

G. AMINE

1. TRENNUNG PRIMÄRER, SEKUNDÄRER UND TERTIÄRER AMINE UND QUATERNÄRER AMMONIUMVERBINDUNGEN

Ist eine stickstoffhaltige Substanz in verdünnter Salzsäure viel löslicher als in Wasser, oder enthält die wäßrige Lösung Halogenionen oder Anionen anderer Säuren, ist es sehr wahrscheinlich, daß die Substanz ein Amin oder ein Aminsalz ist. Man versucht dann, die endgültige Identifizierung dadurch einzuleiten, daß man die Substanz in eine der Gruppen 2, 3, 4 oder 5 einordnet. Hierfür eignen sich die folgenden Reaktionen:

a) Reaktion mit salpetriger Säure

α) Primäre aliphatische Amine

Diese Amine werden von salpetriger Säure unter Stickstoffentwicklung in den entsprechenden Alkohol umgebildet:

$$RNH_2 + H_2N^+O_2 \rightarrow ROH + N_2 + H_3O^+ .$$

Die Substanz wird in verdünnter Salzsäure gelöst und mit einer wäßrigen Lösung von Natriumnitrit versetzt. Ist die Substanz ein primäres aliphatisches Amin, wird man eine Gasentwicklung beobachten können. Man bedenke aber, daß die salpetrige Säure spontan in ein Gemisch von NO und NO_2, die beide Gase sind, zerfällt. Eine Gasentwicklung wird also jedenfalls stattfinden, und es kann schwierig sein, die Anwesenheit von Stickstoff im Gemisch qualitativ nachzuweisen. Diese Reaktion hat deshalb als qualitative Reaktion für primäre aliphatische Amine keine große Bedeutung.

β) Primäre aromatische Amine

Die primären aromatischen Amine werden von salpetriger Säure diazotiert:

$$ArNH_2 + H_2N^+O_2 \rightarrow ArNH{-}NO + H_3O^+ \rightarrow ArN{=}NOH + H_3O^+ \rightarrow ArN^+{\equiv}N + 2\,H_2O .$$

$$ArN^+{\equiv}N + \beta\text{-}C_{10}H_7OH \rightarrow ArN{=}NC_{10}H_7OH + H^+ .$$

Die Substanz wird wie in Abschnitt a behandelt. Die saure diazotierte Lösung wird zu einer alkalischen Lösung von β-Naphthol zugesetzt. Ist die Substanz ein primäres aromatisches Amin, wird momentan ein Azofarbstoff gebildet. Der Farbstoff kann im alkalischen Milieu löslich oder unlöslich sein. Die in Alkali löslichen Farbstoffe werden durch Ansäuerung der Lösung gefällt.

Die Reaktion wird nur als positiv betrachtet, wenn ein veritabler Azofarbstoff gebildet wird. Selbst in Abwesenheit primärer aromatischer Amine kann man einen gelben oder grünlich-gelben Niederschlag hervorrufen durch Zugabe einer genügenden Menge der sauren, salpetrige Säure enthaltenden Lösung zur alkalischen β-Naphthollösung, wobei α-Nitroso-β-Naphthol gebildet wird.

Die primären aromatischen Hydrazine zeigen gewöhnlich eine positive Reaktion für primäre aromatische Amine.

γ) Sekundäre Amine

Sowohl aliphatische als auch aromatische sekundäre Amine geben mit salpetriger Säure N-Nitrosamine:

$$\begin{matrix}R\\R'\end{matrix}\!\!>\!NH + H_2N^+O_2 \rightarrow \begin{matrix}R\\R'\end{matrix}\!\!>\!N{-}NO + H_3O^+ .$$

Die Nitrosamine werden aus der sauren Lösung mit Äther extrahiert. Der Äther wird abdestilliert und der Rückstand mit 1—2 Tropfen „flüssigem Phenol" (d. h. Phenol mit 10% Wasser) und einigen Tropfen konzentrierter Schwefelsäure gemischt. Eine positive LIEBERMANN-Reaktion (siehe S. 57) sollte die Anwesenheit eines Nitrosamins bedeuten.

Es ist aber für die Zuverlässigkeit dieser Reaktion von ausschlaggebender Bedeutung, daß die salpetrige Säure vor dem Zusatz von Phenol wirklich quantitativ entfernt worden ist, denn selbst Spuren von salpetriger Säure reichen aus, um mit dem Phenol Nitrosophenol zu bilden und dadurch eine positive LIEBERMANN-Reaktion zu geben.

Die rein aromatischen oder gemischt aliphatisch-aromatischen N-Nitrosamine werden sehr schnell von äthanolischem Chlorwasserstoff gespalten. Man kann ihre Anwesenheit dadurch nachweisen, daß man eine äthanolische Lösung der als Nitrosamin betrachteten Substanz mit einer 1%igen Lösung von α-Naphthylamin in 0,1 *n*-äthanolischer Salzsäure versetzt [1]. Das Nitrosamin wird in sekundäres Amin und salpetrige Säure gespalten. Die salpetrige Säure wird das α-Naphthylamin diazotieren, und das Naphthalindiazoniumion wird mit undiazotiertem α-Naphthylamin zu einem Azofarbstoff, 4-Aminonaphthalin-1,1'-azo-napthalin kuppeln:

$$RR'N{-}NO \xrightarrow{C_2H_5OH_2^+} RR'NH + C_2H_5O^+HNO \xrightarrow{\alpha{-}C_{10}H_7NH_2} C_{10}H_7N^+{\equiv}N$$

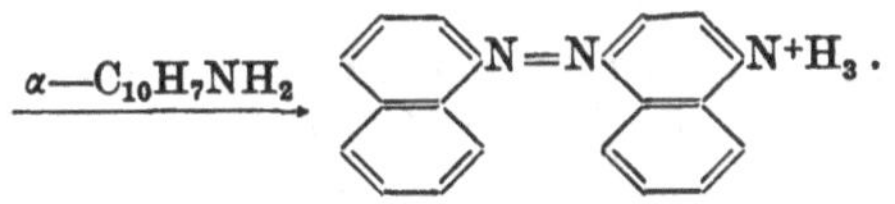

10 g α-Naphthylamin werden in 96%igen Äthanol gelöst und mit 8 ml konzentrierter Salzsäure versetzt. Dann wird die Lösung mit 96%igem Äthanol auf 1000 ml gebracht. 5 ml dieses Reagens werden mit einer äthanolischen Lösung des Nitrosamins gemischt: Die langsame Entwicklung einer Purpurfarbe, die bei der Hydrolyse des Nitrosamins entsteht, wird als eine positive Reaktion betrachtet. Die rein aliphatischen Nitrosamine verursachen diese Reaktion nicht, oder sie geben höchstens eine gelbgefärbte Lösung.

Die vollständige Entfernung jeder Spur von salpetriger Säure vor dem Zusatz des Nitrosamins zum Reagens ist hier ebenso notwendig wie bei der LIEBERMANN-Reaktion, denn die Farbreaktion wird von der durch Hydrolyse gebildeten salpetrigen Säure oder von dem durch Alkoholyse gebildeten Äthylnitrit hervorgerufen. Man darf deshalb den Schluß ziehen, daß eine spontan entstehende Purpurfarbe beim Vermischen der Nitrosaminlösung mit dem Reagens einer nicht vollständigen Entfernung der salpetrigen Säure zu verdanken ist.

δ) Tertiäre Amine

aa) *Rein aliphatische* oder *rein aromatische* tertiäre Amine reagieren mit salpetriger Säure nicht.

bb) Die *gemischt aliphatisch-aromatischen* tertiären Amine vom Typ Dimethylanilin geben mit salpetriger Säure *p*-Nitrosodialkylanilin. Übersättigt man die Lösung mit Natriumhydroxid nach dem Zusatz von Natriumnitrit, fällt die grüne *p*-Nitrosoverbindung aus. Diese Verbindung ist in Äther mit grüner Farbe löslich.

ε) Die quaternären Ammoniumsalze

reagieren nicht mit salpetriger Säure.

b) Reaktion mit *p*-Toluolsulfonylchlorid (Hinsbergs Reaktion [2], [3])

Die primären und sekundären Amine geben mit *p*-Toluolsulfonylchlorid N-substituierte Sulfonamide. *p*-Toluolsulfonylchlorid wird dem Benzolsulfonylchlorid vorgezogen, weil es im Handel leichter zugänglich ist.

α) Primäre Amine

Die primären Amine, sowohl die aliphatischen als auch die aromatischen, reagieren nach dem Schema:

$$CH_3C_6H_4SO_2Cl + H_2NR \xrightarrow{2\,NaOH} CH_3C_6H_4SO_2N^-RNa^+ + Na^+ + Cl^- + H_2O\,.$$

Da das Wasserstoffatom der Amidgruppe „sauer" ist (d. h. leicht als Proton abgespalten wird), sind diese substituierten Sulfonamide in Natronlauge löslich.

β) Sekundäre Amine

Die sekundären Amine geben wie die primären substituierte Sulfonamide. Diese substituierten Sulfonamide sind aber in Natriumhydroxid unlöslich, weil sie kein „saures" Wasserstoffatom enthalten:

$$CH_3C_6H_4SO_2Cl + HNR_2 \xrightarrow{NaOH} CH_3C_6H_4SO_2NR_2 + NaCl + H_2O\,.$$

γ) Tertiäre Amine und quaternäre Ammoniumverbindungen

Diese Verbindungen, die am Aminstickstoffatom kein Wasserstoffatom besitzen, reagieren nicht mit *p*-Toluolsulfonylchlorid.

Die Interpretation des Ergebnisses der Hinsberg-Probe kann bisweilen komplizierter sein als hier angegeben. Liegt z. B. eine N-monoalkylierte Aminosäure vor, wo die Aminogruppe also sekundär ist, sollte das bei der Reaktion entstehende Kondensationsprodukt in Natriumhydroxid unlöslich sein. Es enthält aber auch eine Carboxylgruppe, wodurch es alkalilöslich wird. Stellt man nur eine Hinsberg-Probe an, wird die Verbindung deshalb als ein primäres Amin rubriziert. Man sollte sich deshalb nie auf nur eine Reaktion verlassen.

Eine bequeme Ausführungsweise der Hinsberg-Probe ist die folgende: In ein Reagenzglas bringt man zuerst etwa 1 g *p*-Toluolsulfonylchlorid und dann etwa 0,3 g des Amins (oder eines Salzes davon) und 5 ml einer 2 *n*-Natriumhydroxidlösung. Das Gemisch wird 1—2 Minuten gut durchgeschüttelt und zuerst mäßig, dann bis zum Sieden erhitzt, um den Überschuß an *p*-Toluolsulfonylchlorid ganz zu hydrolysieren. Dann wird bis auf Zimmertemperatur gekühlt. Ein Niederschlag oder die Abscheidung einer wasserunlöslichen Phase bedeutet, daß die Substanz ein sekundäres oder tertiäres Amin sein kann, während eine homogene alkalische Lösung, die beim Ansäuern einen unlöslichen Niederschlag gibt, das Vorliegen eines primären Amins bedeutet.

Die Sulfonamide, die den sekundären Aminen entstammen, sind sowohl in Basen als in Säuren unlöslich, während die tertiären Amine, die nicht mit *p*-Toluolsulfonylchlorid reagieren, aber in Natronlauge unlöslich sein können, sich in Salzsäure lösen. Einzelne tertiäre Amine (die niedrigeren aliphatischen Amine, einige heterocyclischen Substanzen) sind auch in Basen löslich. Die meisten sind aber in Basen unlöslich und in Säuren löslich.

Die quaternären Ammoniumsalze reagieren nicht mit *p*-Toluolsulfonylchlorid. Die meisten sind sowohl in Säuren als in Basen löslich.

Die HINSBERG-Probe hat gewöhnlich für primäre und sekundäre Amine Gültigkeit (eine mögliche Komplikation wurde oben erwähnt). Da einige tertiäre Amine in Wasser löslich sind, während andere (besonders die aromatischen) sich in Wasser sehr schwer lösen, eignet sich die HINSBERG-Probe zum Nachweis dieser Amingruppe nicht.

Eine andere Arbeitsweise wurde von RITTER [4] angegeben:

Ein Überschuß des Amins wird in einem Reagenzglas in 3 ml Äthanol gelöst. 3 Tropfen Benzolsulfonylchlorid (oder ebenso viel *p*-Toluolsulfonylchlorid) werden zugesetzt; dann wird das Gemisch bis zum Sieden erhitzt. Nach Abkühlung unter fließendem Wasser wird ein Überschuß an konzentrierter Salzsäure zugefügt, wodurch das Sulfonamid sich fest oder ölig ausscheidet. Es wird abfiltriert und mit heißem Wasser gewaschen, um den Überschuß an substituiertem Ammoniumsalz zu entfernen. Das Filter wird durchlöchert und der Niederschlag mit 5 ml Wasser in ein reines Reagenzglas gebracht. Man setzt 4 Pastillen festes Natriumhydroxid hinzu und erwärmt das Gemisch mäßig. War das Amin primär, löst sich der Niederschlag, war es aber sekundär, verbleibt der Niederschlag ungelöst. Mit tertiären Aminen und quaternären Ammoniumverbindungen entsteht beim Zusatz von konzentrierter Salzsäure kein Niederschlag.

δ) Quaternäre Ammoniumsalze

Schüttelt man die quaternären Ammoniumsalze (gewöhnlich der Halogenwasserstoffsäuren) mit einer wäßrigen Suspension von Silberoxid, wird ein Silbersalz gefällt, und beim Filtrieren erhält man einen stark alkalisch reagierenden Durchlauf, welcher nicht ammoniakalisch oder aminartig riecht. Die Salze der primären, sekundären und tertiären Amine geben mit einer wäßrigen Suspension von Silberoxid schwach alkalisch reagierende Filtrate, die ausgeprägt aminartig riechen, wenn es sich um aliphatische Amine handelt.

Viele quaternäre Ammoniumsalze geben mit einer gesättigten wäßrigen Pikrinsäurelösung einen Niederschlag von quaternärem Ammoniumpikrat, da diese Pikrate gewöhnlich in Wasser schwer löslich sind. Es sei aber daran erinnert, daß auch viele nicht quaternäre Ammoniumpikrate in Wasser schwer löslich sind.

c) Farbreaktionen

Man hat mehrmals vorgeschlagen, Farbreaktionen zur Unterscheidung der verschiedenen Amintypen zu benutzen. Im Laboratorium des Verfassers wurde aber festgestellt, daß solche Farbreaktionen nicht besonders zuverlässig sind; sie erlauben aber trotzdem eine erste Orientierung bei dem Bestreben, eine unbekannte Substanz zu klassifizieren. Deshalb seien hier zwei solcher Farbreaktionen erwähnt.

α) Reaktion mit Chloranil (Tetrachlor-*p*-chinon) [5]

Zu 2—3 ml einer Lösung von Chloranil in Epichlorhydrin setzt man einige Kriställchen eines Aminsalzes. Bei schwachem Erwärmen der Lösung entwickelt sich eine Farbe, rot bei primären, purpur bei sekundären und smaragdgrün bei tertiären Aminen.

Wir haben in unserem Laboratorium gefunden, daß diese Angaben nur für aliphatische Amine gültig sind. Enthält das Amin eine Phenylgruppe, entwickeln sich die folgenden Farben: bei primären Aminen purpur, bei sekundären grün und bei tertiären blau. Diphenylamin gibt eine blaugrüne Farbe, Chinolin eine grüne Farbe.

β) Reaktion mit Chinhydron [6]

Eine 0,3%ige Lösung eines Amins in 50%igem Äthanol gibt mit einer 2,5%igen methanolischen Lösung von Chinhydron eine Farbreaktion. 1 ml der Aminlösung wird mit 2 ml der Chinhydronlösung versetzt. Nach 1—2 Minuten verdünnt man das Gemisch mit 2—3 ml 50%igem wäßrigen Äthanol. Folgende Farben sind zu beobachten: bei primären Aminen purpur, bei sekundären rot, bei tertiären orangegelb und bei quaternären Ammoniumsalzen grünlichgelb.

2. PRIMÄRE AMINE

a) Carbylaminreaktion (Bildung eines Isocyanids)

Alle primären Amine, aliphatische wie aromatische, geben, mit Chloroform und Natriumhydroxid behandelt, ein Isocyanid, ein Carbylamin:

$$RNH_2 + CHCl_3 + 3\,NaOH \rightarrow RN{=}C + 3\,NaCl + 3\,H_2O\,.$$

Etwa 50 mg des Amins oder des Aminsalzes werden in Äthanol gelöst. Nachdem 1—2 ml verdünntes Natriumhydroxid und einige Tropfen Chloroform zugesetzt wurden, erwärmt man das Gemisch bis zum Sieden. An einem intensiven, sehr unangenehmen Geruch erkennt man, daß sich ein Isocyanid gebildet hat und daß die Substanz also eine primäre Aminogruppe enthält. *Diese Reaktion sollte niemals außerhalb des Abzuges durchgeführt werden.*

Sehr hochsiedende Amine können Isocyanide geben, die ebenfalls hochsiedend sind. Der Dampfdruck ist dann bei Zimmertemperatur so niedrig, daß der Geruch kaum wahrgenommen werden kann.

Die Isocyanide werden durch konzentrierte Salzsäure schnell hydrolysiert. Man kann also den lästigen Geruch des Isocyanids „töten", wenn man das Reaktionsgemisch in konzentrierte Salzsäure gießt. Erst dann sollte man das Reagenzglas im Ausguß entleeren und gut mit Wasser nachspülen (Abzug!).

b) Bildung von Senfölen (Senfölreaktion)

Mit Schwefelkohlenstoff geben die primären Amine ein Salz einer Dithiocarbamidsäure:

$$CS_2 + 2\,NHR_2 \rightarrow RNHC{\overset{\displaystyle /\!\!/ S}{\underset{\displaystyle \diagdown SNH_3R}{}}}\,.$$

Dieses Salz wird von Hg(II)chlorid (oder Salzen anderer Metalle, die unlösliche Sulfide bilden) unter Bildung eines Isothiocyanats, eines Senföls, gespalten:

$$RNHC{\overset{\displaystyle /\!\!/ S}{\underset{\displaystyle \diagdown SNH_3R}{}}} + HgCl_2 \rightarrow RN{=}C{=}S + HgS + HCl + RNH_3Cl\,.$$

0,5 g des Amins werden in 5 ml Äthanol gelöst. Dann wird 1 g Schwefelkohlenstoff zugesetzt und die Lösung 1—2 Minuten im Sieden gehalten (Vorsicht! Schwefelkohlenstoff ist sehr feuergefährlich). Nun werden 2 ml einer wäßrigen Hg(II)chloridlösung dazugegeben, worauf beinahe momentan ein Niederschlag von Hg(II)sulfid entsteht. Gleichzeitig entwickelt sich ein scharfer und dumpfer Geruch eines Senföls.

Auch bei dieser Reaktion kann es bei hochsiedenden Aminen schwierig sein, den Geruch zu erkennen. Erwärmt man aber das Reaktionsgemisch, kann man selbst bei solchen Substanzen den charakteristischen Senfölgeruch bemerken.

Ein Überschuß von Hg(II)chlorid ist zu vermeiden, denn dadurch können die Senföle entschwefelt werden. Diese Gefahr ist vermeidbar, wenn man zur Abspaltung von Schwefelwasserstoff Fe(III)chlorid statt Hg(II)chlorid benutzt. Die Senföle reagieren mit Fe(III)ionen nicht.

Das Gemisch von Amin und Schwefelkohlenstoff darf nicht zu lange sieden, besonders nicht bei den aromatischen Aminen, denn während eines verlängerten Siedens kann das Amoniumdithiocarbaminat Schwefelwasserstoff abspalten, wodurch ein Dialkyl(aryl)thioharnstoff gebildet wird:

$$RNHCSSNH_3R \rightarrow CS(NHR)_2 + H_2S\,.$$

c) Geruch der aliphatischen primären Amine

Die aliphatischen primären Amine haben einen charakteristischen Geruch, den „Amingeruch“, jedenfalls wenn sie nicht mehr als 10—13 Kohlenstoffatome enthalten. Der Geruch der Aminsalze ist nicht so ausgeprägt. Erhitzt man aber wäßrige Aminsalzlösungen mit Natronlauge, erkennt man sofort den Amingeruch.

d) Diazotierung und Kupplung aromatischer primärer Amine

Diese Reaktion wurde schon auf Seite 190 erwähnt. Es muß aber hinzugefügt werden, daß Amine, die in *ortho*- und *para*-Stellung zur Aminfunktion elektrophil substituiert sind (z. B. 2,4-Dinitroanilin, 2,6-Dibrom-*p*-toluidin), sich nicht nach der Standardmethode diazotieren lassen. Hier muß man die Konzentration der Nitrosoniumionen erhöhen, was z. B. bei Verwendung von „Nitrosylschwefelsäure“ erreicht werden kann. Einige Kristalle von Natriumnitrit werden in 1—2 ml konzentrierter Schwefelsäure gelöst und mit dem Amin versetzt. Man schüttelt das Reagenzglas 1—2 Minuten und gießt das Reaktionsgemisch in 15—20 ml Wasser; die wäßrige Lösung enthält dann das diazotierte Amin. Setzt man einige Milliliter der Lösung zu einer alkalischen β-Naphthollösung, wird die Kuppelung wie normal eintreten. Selbst Amine mit mehreren elektrophilen Substituenten können in dieser Weise Azofarbstoffe bilden.

Auch die acylierten primären aromatischen Amine (z. B. Acetanilid) geben, wenn sie in dieser Weise behandelt werden, eine positive Reaktion für primäres aromatisches Amin.

Enthält die Substanz mehr als eine Aminogruppe im Benzolkern, können sekundäre Reaktionen Komplikationen herbeiführen:

α) *o*-Diamine

aa) *Reaktion mit salpetriger Säure*

Sobald die erste Aminogruppe mit der salpetrigen Säure reagiert hat, wird das Diazoniumion mit der zweiten Aminogruppe reagieren, wodurch ein Benzotriazol, ein Azoimid, gebildet wird:

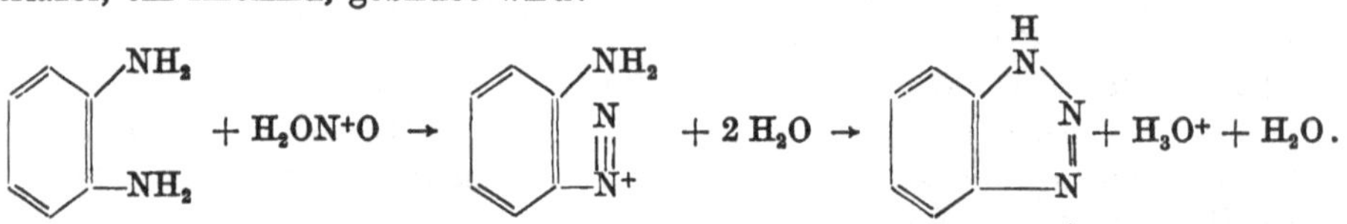

Die Lösung wird dunkelrot bis rotbraun gefärbt. Es entsteht aber kein Azofarbstoff, wenn man diese dunkelgefärbte Lösung zu einer alkalischen Lösung von β-Naphthol hinzufügt.

bb) *Reaktion mit α-Diketonen*

Auf Seite 95 wurde erwähnt, daß *o*-Diamine sich mit α-Diketonen kondensieren, wobei Chinoxaline gebildet werden. Um diese Reaktion zur Entdeckung und Charakterisierung der *o*-Diamine auszunutzen, wird empfohlen, als α-Diketon Phenanthrenchinon zu wählen.

Einige Tropfen einer heißen Lösung von Phenanthrenchinon in Eisessig werden zu einer konzentrierten äthanolischen Lösung der zu untersuchenden Substanz gesetzt. Man erwärmt die Mischung dann einige Minuten unter Rückflußkühlung. Schon während des Erhitzens oder beim Abkühlen erkennt man durch das Entstehen eines voluminösen Niederschlags von gelben Nadeln die Anwesenheit eines *o*-Diamins:

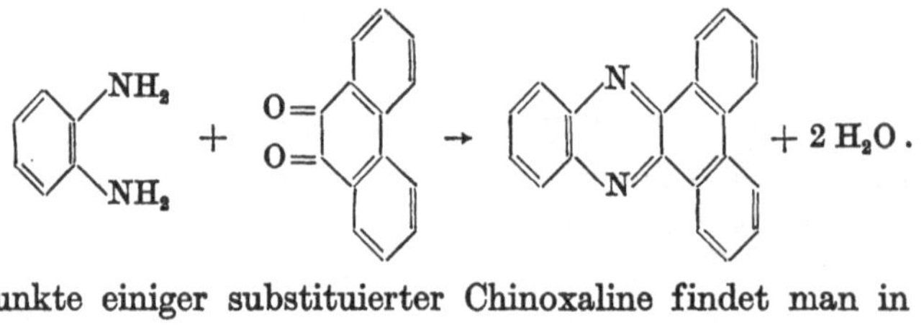

Schmelzpunkte einiger substituierter Chinoxaline findet man in BEILSTEIN, Bd. XXIII.

cc) *Reaktion mit β-Diketonen*

Die Farbreaktion, die auf Seite 97 als Kennzeichen der β-Diketone erwähnt wurde, erlaubt auch die Erkennung der *o*-Diamine. Man setzt 1—2 Tropfen Azetylazeton (oder eines anderen β-Diketons) zu einer Lösung der zu untersuchenden Substanz in verdünnter Salzsäure. Ist die Substanz ein *o*-Diamin, entsteht momentan eine intensiv violett gefärbte Lösung, dank der Bildung eines Heptazins, welches sich als Heptaziniumion in der Säure löst.

β) *m*-Diamine

aa) *Reaktion mit salpetriger Säure*

Diazotiert man nach der Standardmethode ein *m*-Diamin, entsteht sofort ein Azofarbstoff, denn die zuerst gebildeten Diazoniumionen werden mit noch nicht diazotiertem Amin kuppeln. Theoretisch kann man beide Aminogruppen diazotieren, wenn man eine geringe Menge des Amins mit einem großen Überschuß an salpetriger Säure versetzt. Eine solche Lösung wird dann mit β-Naphthol zu einem bis-Azofarbstoff kuppeln können.

bb) *Die Chrysoidin-Regel*

Eine saure 10%ige Lösung eines *m*-Diamins gibt mit einer 1%igen Lösung von Benzoldiazoniumchlorid eine intensive rote Farbe, dank der Bildung eines säurelöslichen Azofarbstoffes bei Kuppelung der Diazokomponente mit dem *m*-Diamin. Unter den Diaminen können nur die *m*-Diamine als Azokomponenten dienen.

γ) *p*-Diamine

aa) *Reaktion mit salpetriger Säure*

Die *p*-Diamine reagieren normal als primäre aromatische Amine mit salpetriger Säure, wobei die eine oder beide Aminogruppen diazotiert werden können. Die diazotierte Lösung kuppelt normal mit β-Naphthol.

bb) *Oxydation der p-Diamine*

Chromsäure oxydiert die *p*-Diamine zu *Chinonen*, mit Wasserdampf flüchtiger Substanzen, die durch den steckenden Geruch leicht erkennbar sind. Die Chinone scheiden sich oft kristallinisch im Kühler aus, wenn man das Reaktionsgemisch einer Wasserdampfdestillation unterwirft.

Es sei aber daran erinnert, daß auch die Monamine von Chromsäure zu Chinonen oxydiert werden können.

3. SEKUNDÄRE AMINE

Die zuverlässigsten Reaktionen zur Erkennung der sekundären Amine, die Reaktion mit salpetriger Säure und die Reaktion mit *p*-Toluolsulfonylchlorid, wurden schon erwähnt, 1. a) auf Seite 190 und 1. b) auf Seite 192.

Hinzuzufügen ist, daß die sekundären Amine wie die primären mit Schwefelkohlenstoff substituierte Dithiocarbamidsäuren bilden können:

$$CS_2 + 2\,R_2NH \rightarrow R_2NC\begin{matrix}\nearrow S \\ \searrow SNH_2R_2\end{matrix}.$$

Man sieht aber, daß die disubstituierten Dithiocarbamidsäuren unfähig sind, Schwefelwasserstoff abzuspalten, wenn man sie mit Metallsalzen behandelt. Es wird also kein Senföl gebildet.

Hg(II)sulfid kann gefällt werden, wenn man die äthanolische Reaktionslösung mit Hg(II)chloridlösung versetzt. Ein Schwefelatom ist gegen ein Sauerstoffatom umgetauscht worden. Man nimmt aber keinen Senfölgeruch wahr.

4. TERTIÄRE AMINE

Auch für diese Klasse von Aminen wurden die wichtigsten Reaktionen im Abschnitt 1 (S. 191—192) erwähnt.

Die aliphatischen tertiären Amine und die Derivate von Pyridin, Chinolin und anderen stickstoffhaltigen heterocyclischen Verbindungen reagieren nicht mit salpetriger Säure. Einige rein aromatische tertiäre Amine mit freien *p*-Stellungen können *p*-Nitrosoderivate bilden, eine Reaktion, die bei den gemischt aliphatisch-aromatischen tertiären Aminen vom Typ Dimethylanilin generell ist.

a) Reaktion mit Kalium-Fe(II)-cyanid im sauren Medium

Setzt man zu einer 0,5 *n*-wäßrigen Lösung von Kalium-Fe(II)cyanid eine Lösung eines tertiären Amins oder eines Aminsalzes und dann verdünnte Salzsäure hinzu, entsteht ein Niederschlag der Zusammensetzung $(R_3N)_2H_4Fe(CN)_6$. Alle Typen von tertiären Aminen, Pyridin und Chinolin miteinbegriffen, bilden solche schwerlöslichen sauren Ammonium-Fe(II)cyanide. Auch einige sekundäre Amine geben diese Reaktion.

b) Reaktion mit Methyljodid

Alle Typen von tertiären Aminen können sich mit Methyljodid zu quaternären Ammoniumjodiden vereinigen. Die quaternären Salze kristallisieren für gewöhnlich leicht.

5. QUATERNÄRE AMMONIUMSALZE

Die zuverlässigste Reaktion zum Nachweis eines quaternären Ammoniumsalzes ist, wie auf Seite 193 erwähnt, die Reaktion mit einer wäßrigen Suspension von Silberoxid. Da die Substanzen, die eine quaternäre Gruppe enthalten, beinahe immer Salze sind, und da die meisten Silbersalze in Wasser unlöslich sind, entsteht beim Vermischen einer Silberoxid-Suspension und einer Ammoniumsalzlösung der Niederschlag eines Silbersalzes und eine stark alkalische Lösung (Ausnahme: Zwitterionen, z. B. vom Betaintyp).

Das Auftreten eines Niederschlags, der bei Zugabe einer wäßrigen Lösung der zu untersuchenden Substanz zu einer Lösung von Pikrinsäure, Phosphorwolframsäure, Fe(II)cyanwasserstoff oder, am besten, Hexachloroplatin(IV)-säure entsteht, macht die Anwesenheit eines quaternären Ammoniumsalzes wahrscheinlich:

$$2\,R_4N^+ + H_2PtCl_6 \rightarrow 2\,H^+ + (R_4N)_2PtCl_6\,.$$

Können primäre, sekundäre und tertiäre Amine ausgeschlossen werden, ist die Anwesenheit eines quaternären Ammoniumsalzes sichergestellt.

Wenn die einfacheren Ammoniumsalze nicht ausgeschlossen werden können, wird der Niederschlag abfiltriert, mit Wasser gut gewaschen, in Wasser aufgeschlemmt und mit einer Suspension von Silberoxid behandelt. Reagiert das Filtrat nach dieser Behandlung stark alkalisch, liegt ein quaternäres Ammoniumsalz vor. Reagiert das Filtrat neutral oder schwach alkalisch, ist die Anwesenheit eines einfacheren Ammoniumsalzes wahrscheinlich.

6. DARSTELLUNG VON DERIVATEN ZUR CHARAKTERISIERUNG DER AMINE

a) Aminsalze

Amine aller Kategorien können mit anorganischen oder organischen Säuren Salze bilden. Einige dieser Salze können zur Charakterisierung der Amine dienen.

α) Substituierte Ammoniumchloride

Die Salze der Amine mit Chlorwasserstoff werden am bequemsten dargestellt, wenn man zu einer ätherischen Lösung des Amins einen Strom von trockenem Chlorwasserstoff leitet. Das substituierte Ammoniumchlorid scheidet sich aus. Es wird abfiltriert, auf dem Filter mit Äther gewaschen und an der Luft oder im Vacuum getrocknet.

Viele substituierte Ammoniumsalze, besonders der aliphatischen Amine, sind hygroskopisch. Weiter schmelzen diese Salze gewöhnlich so hoch, daß die Schmelzpunkte in der Tat Destruktionspunkte sind. Trotzdem kann man im BEILSTEIN unter den einzelnen Aminen oft Schmelzpunkte der entsprechenden Ammoniumchloride angegeben finden.

β) Substituierte Ammoniumpikrate

Die substituierten Ammoniumpikrate sind gewöhnlich in Wasser und in Äthanol schwer löslich. Sie werden gefällt, wenn man eine äthanolische Aminlösung mit einer äthanolischen Pikrinsäurelösung mischt. Sollte keine spontane Kristallisation eintreten, läßt man das Gemisch einige Zeit bei Zimmertemperatur oder im Eisschrank stehen und reibt von Zeit zu Zeit die Wände des Kolbens, um die Kristallisation einzuleiten. Bisweilen muß man aber die Lösung konzentrieren, um die Ausfällung des Pikrates zu erreichen. Die Salze werden durch Umkristallisation aus Äthanol oder wäßrigem Äthanol gereinigt.

Schmelzpunkte der Pikrate aliphatischer Amine sind im BEILSTEIN, Bd. VI, unter Pikrinsäure nachzusuchen. Die Pikrate der alicyclischen, aromatischen und heterocyclischen Amine sind dagegen dort mitangeführt, wo das Amin erwähnt wird.

γ) Ammoniumsalze der 2,4- oder 3,5-Dinitrobenzoesäure

BUEHLER und Mitarbeiter [7], [8] empfehlen, diese Salze zur Charakterisierung der Amine zu benutzen. Sie werden dargestellt, indem man auf einem Uhrglas konzentrierte äthanolische Lösungen der beiden Komponente mischt. Die Kristallisation fängt gewöhnlich in wenigen Minuten an. Die Salze werden durch Umkristallisation aus Äthanol oder bisweilen aus Benzol gereinigt.

Schmelzpunkte einer Reihe von Salzen sind in [7] und [8] angegeben.

Zu bemerken ist, daß nicht nur die Amine, sondern auch einige *Amide* Salze mit den Dinitrobenzoesäuren bilden.

δ) Methojodide oder *p*-Toluolsulfonate der tertiären Amine

aa) *Methojodide*

Diese Salze werden präpariert, indem man 0,5 g des Amins mit 0,5 ml Methyljodid mischt. Die Reaktion wird bei Zimmertemperatur eingeleitet. Man erwärmt nach 5 Minuten noch 5 Minuten auf dem Dampfbade mit Rückflußkühlung. Nach Abkühlung wird der flüssige Anteil des Gemisches abfiltriert. Der Rückstand wird aus Äthanol oder Äthylazetat umkristallisiert.

bb) *p-Toluolsulfonate*

MARVEL, SCOTT und AMSTUTZ [9] empfehlen *p*-Toluolsulfonsäuremethylester als Reagens zur Charakterisierung der tertiären Amine. Dieses Reagens scheint zur Charakterisierung der stickstoffhaltigen heterocyclischen Verbindungen wie Pyridin, Chinolin usw. besonders geeignet zu sein, während die Derivate der aliphatischen und aromatischen Amine schlecht kristallisieren.

Die Salze entstehen, wenn man ein Gemisch von Amin (1 g), *p*-Toluolsulfonsäuremethylester (2—3 g) und Benzol (10 ml) 30 Minuten unter Rückfluß erwärmt. Das Salz wird nach dem Abkühlen abfiltriert, mit kochendem Benzol gewaschen und aus Äthanol oder Äthylazetat umkristallisiert. Einige Schmelzpunkte sind in [9] angegeben.

δ) β-Resorcylate

Wilson, Anderson und Donohoe [10] schlagen die β-Resorcinate, besonders der tertiären Amine und der stickstoffhaltigen heterocyclischen Systeme, als Derivate dieser Substanzen vor. Sie werden gefällt, wenn man das Amin (oder eine ätherische Lösung davon) zu einer 10%igen ätherischen Lösung von β-Resorcylsäure zusetzt. Die Salze werden aus Äthylazetat umkristallisiert.

Auch die primären und sekundären Amine geben mit β-Resorcylsäure schwerlösliche Salze, die aber für diese beiden Amintypen keinen Vorzug gegenüber den vorerwähnten Derivaten besitzen.

Einige Schmelzpunkte von β-Resorcylaten sind in [10] angegeben.

b) Acylderivate

Während man Salze aller Amintypen präparieren kann, ist die Darstellung von Acylderivaten auf die primären und sekundären Amine beschränkt.

α) Azetylderivate

Die Azetylderivate werden vielfach zur Charakterisierung aromatischer Amine benutzt, sind aber zur Charakterisierung aliphatischer Amine weniger geeignet, da viele alkylsubstituierte Azetamide zum Unterschied vom Azetamid und anderen unsubstituierten Acylamiden bei Zimmertemperatur flüssig sind.

Um azetylierte Amine zu präparieren, mischt man das Amin (1 g) mit Essigsäureanhydrid (2—3 ml). Gewöhnlich setzt eine exotherme Reaktion ein, wenn nicht, erwärmt man einige Minuten unter Rückflußkühlung. Das heiße Gemisch wird in 10—15 ml Wasser gegossen, um den Überschuß von Essigsäureanhydrid zu hydrolysieren. Gewöhnlich kristallisiert das Azetylderivat beim Abkühlen der wäßrigen Lösung, besonders wenn man die Kristallisation durch Reibung der Wände des Glases einleitet. Bisweilen sind die Azetylderivate in verdünnter Essigsäure viel löslicher als in Wasser. Die Kristallisation der Derivate wird dann durch Neutralisation der Essigsäure mit Natronlauge begünstigt. Gegebenenfalls wird die neutralisierte Lösung mit Äther extrahiert und das Azetylderivat dann durch Konzentrieren der Ätherlösung gewonnen. Die Azetylderivate werden durch Umkristallisation aus Äthanol oder wäßrigem Äthanol gereinigt.

Einige Amine, besonders sekundäre Amine, lassen sich in der beschriebenen Weise nicht azetylieren. Eine effektivere Arbeitsweise ist die folgende: 0,5 g wasserfreies Zinkchlorid wird mit der erwähnten Reaktionsmischung versetzt und dann unter Rückfluß 5—10 Minuten erwärmt. In dieser Weise kann man selbst sehr schwache Basen (z. B. die Nitrodiphenylamine) azetylieren [11]. Die Azetylderivate werden wie üblich isoliert.

Schmelzpunkte der Azetylderivate sind im BEILSTEIN unter den einzelnen Aminen mitaufgeführt.

β) Benzoylderivate

Die Amine werden wie die Phenole nach der Methode von SCHOTTEN und BAUMANN (S. 64) benzoyliert. Überschuß von Benzoylchlorid wird durch Natriumhydroxid beseitigt; das Benzoylderivat wird abfiltriert, mit Wasser auf dem Filter gewaschen und aus Äthanol umkristallisiert.

Schmelzpunkte der Benzoylderivate aliphatischer Amine sind im BEILSTEIN unter Benzamid aufzusuchen, die der aromatischen und heterocyclischen Amine dagegen unter den einzelnen Aminen.

γ) Toluol-*p*-Sulfonamide

Diese Derivate werden wie auf Seite 192 angegeben präpariert. Schmelzpunkte der N-Alkylamide der Toluol-*p*-sulfonsäure sind im BEILSTEIN unter Toluol-*p*-sulfonamid zu finden, die des aromatisch oder heterocyclisch substituierten Toluol-*p*-sulfonamids dagegen mit den einzelnen Aminen zusammen.

δ) Halbamide oder Imide der 3-Nitrophthalsäure

ALEXANDER und MCELVAIN [12] empfehlen, 3-Nitrophthalsäureanhydrid zur Charakterisierung der Amine zu verwenden, denn dieses Reagens ermöglicht, zwischen primären, sekundären und tertiären Aminen zu unterscheiden. Weiter sind kristallinische Derivate der primären und sekundären Amine leicht zu isolieren.

Ein Gemisch von Amin (1 g), 3-Nitrophthalsäureanhydrid (2—3 g) und Tetrachlormethan (10 ml) wird 15 Minuten unter Rückfluß erwärmt, wobei es nicht notwendig ist, daß alles in Lösung geht. Nach dem Abkühlen werden 10 ml 2 *n*-Natronlauge zugesetzt und durch mäßige Erwärmung alle festen Substanzen gelöst. Die organische Schicht wird abgetrennt, die wäßrige Schicht mit Äther (5—10 ml) extrahiert und die Ätherschicht mit der Tetrachlormethanschicht vereinigt. Die Lösungsmittel werden abgedampft: War der Amin tertiär, wird ein öliger Rückstand zurückbleiben.

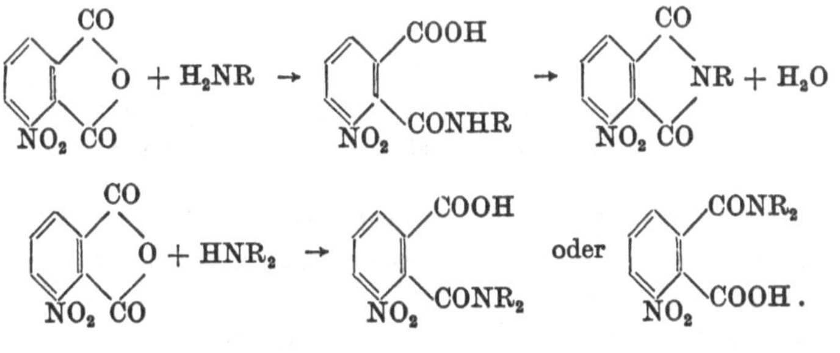

Die alkalische Schicht wird vorsichtig mit 10%iger Salzsäure neutralisiert. Während der Neutralisation reibt man die Wände des Glases, denn die Nitrophthalamidsäuren bilden leicht übersättigte Lösungen. Der Niederschlag (welcher amorph und pechartig sein kann) wird abfiltriert, mit Wasser gewaschen und in einen kleinen Erlenmeyer-Kolben übergeführt. Der Kolben wird in einem Ölbade 30 Minuten bis zu 145° erhitzt. Nach 5 Minuten werden 0,1—0,2 g 3-Nitrophthalsäureanhydrid zugesetzt und mit einem Spatel mit dem

Niederschlag gut vermischt. In dieser Weise werden die N-substituierten 3-Nitrophthalamidsäuren, die aus primären Aminen gebildet werden, in N-substituierte 3-Nitrophthalimide umgebildet; die Derivate der sekundären Amine bleiben dagegen unverändert.

Nach 30 Minuten wird das heiße Reaktionsgemisch in einen Mörser gegossen, nach dem Abkühlen im Mörser zerstoßen und dann mit 20 ml einer gesättigten Natriumhydrogencarbonatlösung verrührt, wobei die N-substituierten 3-Nitrophthalamidsäuren und ein eventueller Überschuß an 3-Nitrophthalsäure in Lösung gehen. Die im Erlenmeyer-Kolben verbliebenen Reste werden in 2—3 ml Azeton gelöst und zur Natriumhydrogencarbonatlösung hinzugefügt. War das Amin sekundär, entsteht eine klare Lösung, aus welcher die N-substituierte 3-Nitrophthalamidsäure bei der Ansäuerung ausgefällt wird. War das Amin dagegen primär, verbleibt das N-substituierte 3-Nitrophthalimid unlöslich in der Natriumhydrogencarbonatlösung.

Die N-substituierten 3-Nitrophthalamidsäuren werden aus wäßrigem Äthanol umkristallisiert, die N-substituierten 3-Nitrophthalimide aus einem Gemisch von Äthanol und Azeton.

Einige Schmelzpunkte sind in [12] angegeben.

c) 2,4-Dinitroaniline

Die primären und sekundären Amine können mit 2,4-Dinitrochlorbenzol oder 2,4-Dinitrofluorbenzol reagieren, wobei N-substituierte 2,4-Dinitroaniline entstehen:

$$(NO_2)_2C_6H_3Cl + 2\,HN\begin{matrix}R'\\R''\end{matrix} \rightarrow (NO_2)_2C_6H_3N\begin{matrix}R'\\R''\end{matrix} + \begin{matrix}R'\\R''\end{matrix}NH_2Cl\,.$$

0,01 Mol des Amins wird in 10 ml Äthanol gelöst. 2 g 2,4-Dinitrochlorbenzol und 1 g wasserfreies Natriumazetat werden hinzugesetzt. Dann wird das Gemisch 5 Minuten unter Rückfluß erhitzt. Gewöhnlich kristallisieren die substituierten 2,4-Dinitroaniline beim Abkühlen, wenn nicht, wird das Lösungsmittel abgedampft und der Rückstand aus Äthanol umkristallisiert.

Nimmt man statt des Amins ein Aminsalz, werden statt 1 g Natriumazetat 2 g davon hinzugefügt [13].

Man kann statt 2,4-Dinitrochlorbenzol *Pikrylchlorid* benutzen, wobei N-substituierte 2,4,6-Trinitroaniline entstehen [14], [15].

Schmelzpunkte dieser Derivate findet man im Beilstein, Bd. XII, N-alkylsubstituierte Di- und Trinitroaniline. Auch in Organic Reagents for Organic Analysis (siehe S. 63) findet man Schmelzpunkte der substituierten Nitroaniline.

d) Bromderivate der aromatischen Amine

Durch Behandlung der wäßrigen Lösung eines aromatischen Amins mit Bromwasser oder einer Lösung des Amins in einem organischen Lösungsmittel mit einer Lösung von Brom in demselben Lösungsmittel werden alle Wasserstoffatome in *ortho-* oder *para*-Stellung zur Aminogruppe durch Brom substituiert. Die Bromierung verläuft ebenso schnell wie die Bromierung der Phenole (siehe S. 75), und die bromsubstituierten Amine kristallisieren leicht. Die Schmelzpunkte dieser Derivate sind im Beilstein unter den betreffenden Aminen aufzusuchen.

e) Umbildung der Amine in Harnstoff- oder Thioharnstoffderivate

α) Harnstoffderivate

Die primären und sekundären Amine, mit (substituiertem) Phenylisocyanat oder (substituiertem) Benzazid behandelt, geben N-Phenyl-N′-alkyl(aryl)harnstoff bzw. N-Phenyl-N′-dialkyl(diaryl)harnstoff:

$$XC_6H_4NCO + HN\begin{matrix} R' \\ R'' \end{matrix} \rightarrow O{=}C\begin{matrix} NR'R'' \\ NHC_6H_4X \end{matrix}$$

$$XC_6H_4CON_3 + HN\begin{matrix} R' \\ R'' \end{matrix} \rightarrow O{=}C\begin{matrix} NR'R'' \\ NHC_6H_4X \end{matrix} + N_2,$$

(wobei X = H, NO_2 oder Halogen, R′ Alkyl oder Aryl und R″ Wasserstoff, Alkyl oder Aryl ist).

Die Arbeitsweise ist der auf Seite 61—63 für die Darstellung der (substituierten) Phenylurethane beschriebenen analog. Hier wie dort ist es notwendig, daß die Substanzen vollkommen wasserfrei sind, um eine Verunreinigung der Derivate mit (substituiertem) Diphenylharnstoff zu vermeiden.

Die Schmelzpunkte der mit Phenylisocyanat dargestellten Derivate sind im Beilstein, Bd. XII, Abschnitt Anilin, zu finden, die Schmelzpunkte der mit substituierten Benzazide dargestellten in den Literaturangaben [16]—[18].

β) Thioharnstoffderivate

Die primären und sekundären Amine werden von (substituiertem) Phenylisothiocyanat in N-Phenyl-N′-alkyl(aryl)thioharnstoff bzw. N-Phenyl-N′-dialkyl-(diaryl)thioharnstoff umgebildet. Die Reaktion ist der für Phenylisocyanat beschriebenen Reaktion analog. Da die Senföle schwieriger als Phenylisocyanat mit Wasser reagieren, ist die Gefahr einer Kontaminierung der Derivate mit Diphenylthioharnstoff nicht so groß wie die der Diphenylharnstoffbildung aus Phenylisocyanat.

Gleiche Gewichtsteile des Amins und des Phenylisothiocyanats werden in einem Reagenzglas abgemessen und durch 2minutenlanges Schütteln gut durchgemischt. Fängt keine spontane Reaktion an, erwärmt man das Gemisch 3 Minuten. Nach Abkühlung löst man das Reaktionsprodukt in einer minimalen Menge heißen 50%igen Äthanols. Der Thioharnstoff kristallisiert beim Abkühlen. Er wird abfiltriert, mit eiskaltem 50%igen Äthanol gewaschen und aus demselben Lösungsmittel umkristallisiert.

Phenylisothiocyanat reagiert weder mit aromatischen *meta*- oder *para*-mononitrierten noch mit *ortho*-dinitrierten Aminen [19]. Die aus vielen aliphatischen Aminen entstehenden Thioharnstoffderivate sind schwierig zu isolieren, denn sie haben ziemlich niedrige Schmelzpunkte [20]. Man hat versucht, durch Anwendung von Isothiocyanaten mit höheren Molekülgewichten als Phenylisothiocyanat (z. B. α- und β-Naphthylisothiocyanat [21], [22]) höher schmelzende Derivate zu erhalten.

Schmelzpunkte der substituierten Thioharnstoffe findet man im Beilstein, Bd. XII. Eine umfangreiche Liste haben Buu-Hoï und Mitarbeiter [23] veröffentlicht. Schmelzpunkte der mit Hilfe von α- und β-Naphthylisothiocyanat präparierten Derivate sind in [21] und [22] nachzulesen.

f) Umbildung in Phenole

Die primären aromatischen Amine lassen sich durch Diazotierung und nachfolgende Erhitzung des Reaktionsgemisches bis zur Beendigung der Stickstoffentwicklung in Phenole umbilden. Bisweilen kristallisiert das gebildete Phenol beim Abkühlen der Lösung. Gewöhnlich muß man aber das Phenol mit Äther extrahieren, oder man destilliert das Reaktionsgemisch mit Wasserdampf und extrahiert das Destillat mit Äther.

Die Phenole sind, wie auf Seite 61—77 angegeben, zu charakterisieren.

7. BESTIMMUNG DER AMINE

a) Titration der Amine

α) Titration mit Perchlorsäure [24], [25]

0,1—0,2 g des Amins werden in 20 ml Eisessig gelöst. Man titriert diese Lösung mit einer 0,1 *n*-Lösung von Perchlorsäure in Eisessig, potentiometrisch oder visuell mit Kristallviolett als Indicator. Das Äquivalentgewicht E ist:

$$E = \frac{a \cdot 1000}{b \cdot n},$$

wenn a g der Substanz b ml Perchlorsäure der Normalität n verbrauchen.

Diese Methode erlaubt die Bestimmung der Amine mit pK_b-Werten bis zu etwa 14. Im Bereich pK_b 10—14 kann man aus der Titrationskurve den pK_b-Wert abschätzen, indem die Halbneutralisationspotentiale in diesem Bezirk linear mit pK_b variieren [26].

Auch andere Kombinationen von Lösungsmittel und Titrand als Eisessig-Perchlorsäure sind möglich. van der Heijde [27] hat eine Übersicht über solche Kombinationen gegeben.

Eine Arbeitsweise, die die Mikrobestimmung der Amine (mit etwa 20 Milligramm) erlaubt, haben Keen und Fritz [28] vorgeschlagen.

β) Titration mit Salzsäure

Amine mit pK_b-Werten im Bezirk 9—11 wie Pyridin und Anilin lassen sich in wäßriger Lösung mit 0,1 *n*-Salzsäure titrieren, Indicator: Methylorange. E wird wie oben berechnet.

γ) Bromometrische Bestimmung aromatischer primärer Amine

Auf Seite 202 wurde erwähnt, daß die primären aromatischen Amine sich leicht bromieren lassen. Diese Reaktion kann man nach einer der bromometrischen Phenolbestimmung (S. 84) analogen Methode zur Bestimmung der Amine ausnutzen. Der einzige Unterschied ist, daß man die Amine in verdünnter Säure löst, während die Phenole in Lauge gelöst wurden. Man muß also die Bromid-

Bromatlösung zur sauren Lösung des Amins hinzusetzen; der Reaktionskolben muß deshalb sofort nach dem Zusatz der Bromierungslösung mit dem auf Seite 85 beschriebenen Stopfen verschlossen werden, um Bromverluste durch Verdampfung zu vermeiden.

Das Äquivalentgewicht E, d. h. die Substanzmenge, welche ein substituierbares Wasserstoffatom enthält, ist:

$$E = \frac{a \cdot 1000 \cdot 2}{b \cdot n},$$

wenn a g Substanz b ml Kaliumbromid-Kaliumbromatlösung der Normalität n verbrauchen. Das Molekülgewicht ist dann E, $2\,E$ oder $3\,E$.

b) Titration der Aminsalze

α) Volhard-Bestimmung des Halogens in substituierten Ammoniumhalogeniden

Hat man ein Amin als substituiertes Ammoniumhalogenid isoliert, ist es leicht, das Äquivalentgewicht in folgender Weise zu bestimmen: Eine abgewogene Menge des Salzes wird in Wasser gelöst: Salpetersäure und ein Überschuß von 0,1 n-Silbernitrat werden zugesetzt; Silberchlorid (wenn ein substituiertes Ammoniumchlorid vorliegt) wird abfiltriert (vgl. jedoch S. 28) und der Silbernitratüberschuß durch Titration mit 0,1 n-Ammoniumthiocyanat festgestellt (Indicator: Fe(III)-ammoniumsulfat). Haben a g des Salzes b ml Silbernitrat der Normalität n verbraucht, findet man:

$$E_{\text{Salz}} = \frac{a \cdot 1000}{b \cdot n}\,; \quad E_{\text{Amin}} = E_{\text{Salz}} - 36{,}5 \text{ (Chlorid)}, -81{,}0 \text{ (Bromid)}, -128{,}0 \text{ (Jodid)}.$$

Die Chloride der aromatischen sekundären Amine sind oft ziemlich instabil und schwierig zu erhalten. Ihre Isolierung gelingt aber meist in folgender Weise:

Eine ätherische Lösung des Amins wird mit rauchender Salzsäure (12—13 n) geschüttelt. Das Diarylammoniumchlorid ist in Äther unlöslich und scheidet sich in der Grenzschicht zwischen Ätherphase und Wasserphase aus. Das Salz wird abfiltriert, mit einer Äther-Äthanolmischung gewaschen und an der Luft getrocknet. Viele Salze dieses Typs verlieren Chlorwasserstoff, wenn man sie bei erhöhter Temperatur trocknet, einige schon bei Zimmertemperatur.

Deshalb werden die Nitrosamine (S. 190) den substituierten Ammoniumsalzen zur Bestimmung der sekundären aromatischen Amine vorgezogen.

β) Acidimetrie der Aminsalze in wäßriger Lösung

Die meisten aromatischen Amine sind so schwache Basen, daß ihre Salze in wäßriger Lösung stark hydrolysiert sind. Die Hydrolyse ist beim Umschlagspunkt des Phenolphthaleins so gut wie vollständig (pK_a-Werte einer Reihe von Aminen sind von Allen, Cymerman-Craig und Diamantis [29] bestimmt). Solche Salze lassen sich deshalb mit 0,1 n-Natronlauge titrieren, Indicator: Phenolphthalein.

Ist der Umschlag unscharf, d. h., ist die Hydrolyse des Salzes beim Umschlagspunkt des Phenolphthaleins nicht vollständig, kann man versuchen, das Salz in 50—70%igem wäßrigen Äthanol zu lösen. Es hat sich gezeigt, daß viele Aminsalze, die in wäßriger Lösung einen unscharfen Umschlag zeigen, sich in dieser Lösung scharf titrieren lassen.

Das Äquivalentgewicht wird wie vorstehend berechnet, nur bedeutet b hier ml Natronlauge der Normalität n.

γ) Titration von Aminpikraten in nichtwäßriger Lösung

Clark und Wang [30] empfehlen, die Amine als Pikrate zu isolieren und dann das Äquivalentgewicht des Pikrats durch Titration mit Perchlorsäure in Eisessig zu bestimmen. Man löst 1—4 Millimol des Pikrats in 50 ml Eisessig und titriert mit einer 0,1 n-Lösung von Perchlorsäure in Eisessig. Als Indicator dienen 6 Tropfen einer 0,2%igen Lösung von Methylviolett in Chlorbenzol. Man titriert, bis die Purpurfarbe des Indicators eben verschwindet. Statt visueller Titration kann man auch eine potentiometrische durchführen.

E_{Pikrat} wird wie üblich berechnet, und man findet dann: $E_{\text{Amin}} = E_{\text{Pikrat}} - 229{,}1$, wobei 229,1 das Molekülgewicht der Pikrinsäure ist.

c) Bestimmung des Stickstoffs nach Kjeldahl

Die Amine lassen sich gewöhnlich ohne Komplikationen nach Kjeldahl digerieren. Die grüne Farbe, die die Beendigung der Mineralisation anzeigt, wird ziemlich schnell erreicht. Die grüne Farbe bedeutet aber nicht eindeutig, daß das Stickstoff vollständig in Ammoniak übergeführt worden ist. Um sicher zu sein, daß dieses Ziel erreicht wird, läßt man das Digestionsgemisch noch 1—2 Stunden leise sieden. Nach dem Abkühlen fährt man wie auf Seite 24 angegeben fort.

Ist die Substanz ein niedrigeres aliphatisches Amin, kann man die Kjeldahl-Digestion unterlassen. Es genügt, in einem Kjeldahl-Destillationskolben (S. 25, Abb. 17) eine abgewogene Menge des Aminsalzes in 200—300 ml Wasser zu lösen, 10 ml 10 n-Natronlauge zuzusetzen und das Amin abzudestillieren, genau wie man mit dem Ammoniak bei der gewöhnlichen Kjeldahl-Bestimmung verfährt, jedoch ohne Hinzufügung von Natriumsulfid und Cu(II)sulfat.

Das Amin wird in einem Überschuß von 0,1 n-Salzsäure aufgesammelt. Der Überschuß wird nachher mit 0,1 n-Natronlauge zurücktitriert; Indicator: Methylrot. E wird wie üblich berechnet. b bedeutet das Volumen (in ml) der verbrauchten Salzsäure der Normalität n.

Zu bemerken ist, daß Substanzen, die außer der Aminogruppe auch Nitrogruppen oder andere Gruppen, die Stickstoff in einer höheren Oxydationsstufe als die Aminstufe enthalten, vor der Kjeldahl-Digestion reduziert werden müssen, um genaue Stickstoffbestimmungen zu geben (siehe S. 22).

Hydrazinderivate lassen sich gewöhnlich nicht nach dem Kjeldahl-Verfahren bestimmen.

Derivate von *Pyridin* und anderen heterocyclischen Verbindungen lassen sich nur in Anwesenheit der effektivsten Katalysatoren (Hg(II)sulfat, Cu(II)oxid) und auch dann nur langsam digerieren.

d) Bestimmung durch Aminderivate

α) Dinitrobenzoate

Hat man zur Charakterisierung des Amins ein 2,4- (oder 3,5-)Dinitrobenzoat dargestellt (siehe S. 199), kann man das Äquivalentgewicht dieses Derivats titanometrisch feststellen (s. S. 253).

Die Genauigkeit der Methode ist nicht groß, denn 1 Mol des Salzes fordert 12 Äquivalente Titantrichlorid, und das Molekülgewicht der Dinitrobenzoesäure ist groß im Vergleich zum Molekülgewicht der meisten Amine.

Das Äquivalentgewicht des Amins, d. h. die Gewichtsmenge des Amins, welche sich mit einem Mol der Säure vereinigt, ist:

$$E_{\text{Amin}} = \frac{a \cdot 1000 \cdot 12}{b \cdot n} - 212{,}1$$

(212,1 ist das Molekülgewicht der Dinitrobenzoesäure), wenn a g des Salzes b ml Titantrichlorid der Normalität n verbrauchen.

β) Saure Fe(II)cyanide

Wie auf Seite 198 angegeben, kann man die tertiären Amine als saure Fe(II)-cyanide isolieren. Diese Salze erlauben dann, das Äquivalentgewicht des Amins zu bestimmen. Um Fe(II)cyanide in zur quantitativen Bestimmung genügender Reinheit zu erhalten, kann man folgende Arbeitsweise benutzen:

Zu einer verdünnten Lösung des Amins in Salzsäure setzt man tropfenweise eine ungefähr äquivalente Menge einer wäßrigen Lösung von Kalium-Fe(II)-cyanid hinzu. Der Niederschlag wird abfiltriert und mit Wasser bis zur Kalium- und Chloridfreiheit gewaschen. Dann wäscht man noch dreimal mit Äthanol und trocknet schließlich an der Luft. Man kann das Salz aus einem großen Volumen Äthanol umkristallisieren, aber nicht aus Wasser, welches eine partielle Umbildung in Berlinerblau hervorruft. Ein zu energisches Auswaschen des Niederschlages mit Wasser kann dieselbe Zersetzung hervorrufen.

Um die Bestimmung durchzuführen, werden 0,3—0,5 g des Salzes in einem Platintiegel abgewogen und über einem Bunsenbrenner bis zur vollständigen Veraschung, d. h. bis zum konstanten Gewicht des Tiegels, geglüht. Das Salz, $(R_3N)_2H_4Fe(CN)_6$, wird dadurch in Fe_2O_3 umgebildet, und das Molekülgewicht des Salzes ist deshalb:

$$M_{\text{Salz}} = \frac{a \cdot 159{,}7}{2\,b},$$

wenn a g Salz b g Fe(III)oxid gegeben haben. Das Äquivalentgewicht des Amins ist dann

$$M_{\text{Amin}} = \frac{M_{\text{Salz}} - 216{,}0}{2},$$

wobei 216,0 das Molekülgewicht des Fe(II)cyanwasserstoffs ist.

γ) Substituierte Harnstoffe oder Thioharnstoffe

Hat man diese Derivate zur Charakterisierung eines Amins präpariert (siehe S. 203), kann man das Äquivalentgewicht des Derivats nach Kjeldahl bestimmen. Hat man so ein Äquivalentgewicht E_N gegenüber dem Stickstoff gefunden, wird das Äquivalentgewicht des Amins $E_{\text{Amin}} = 2\,E_N - 119{,}1$ (substituiertes Phenylharnstoff) oder $E_{\text{Amin}} = 2\,E_N - 135{,}2$ (substituiertes Phenylthioharnstoff), wenn das Amin keine andere stickstoffhaltige Gruppe als die Aminogruppe enthält und man zur Bereitung des Derivats unsubstituiertes Phenylisocyanat oder Phenylsenföl benutzt hat.

δ) Nitrosamine

Die meisten sekundären Amine bilden mit salpetriger Säure leicht Nitrosamine. Das Äquivalentgewicht dieser Derivate läßt sich titanometrisch bestimmen (siehe S. 259). E_{Amin} wird dann:

$$E_{\text{Amin}} = \frac{a \cdot 1000 \cdot 4}{b \cdot n} - 29{,}0\,,$$

wenn a g Nitrosamin b ml Titantrichlorid der Normalität n verbrauchen. 29,0 ist die Differenz der Äquivalentgewichte der Nitrosogruppe und des Wasserstoffatoms.

Einige tertiäre Amine geben mit salpetriger Säure C-Nitrosoderivate. Diese Derivate sind zur titanometrischen Bestimmung des Äquivalentgewichtes genau wie die soeben erwähnten N-Nitrosoderivate verwendbar.

e) Bestimmung von aliphatischen primären Aminogruppen nach VAN SLYKE

Diese Methode ist nur für die primären aliphatischen Amine, die Aminosäuren mit unsubstituierter Aminogruppe und die Peptide mit freier Aminogruppe anwendbar.

Prinzip der Bestimmung ist die allgemeine Reaktion zwischen einer primären aliphatischen Aminogruppe und salpetriger Säure:

$$RNH_2 + ONOH_2^+ \rightarrow ROH + N_2 + H_3O^+.$$

Das Volumen des freigewordenen Stickstoffs wird gemessen. Auf 0° und 760 mm Quecksilberdruck reduziert, kann man aus diesem Volumen das Äquivalentgewicht pro Aminogruppe oder den Prozentgehalt der Verbindung an NH_2 berechnen.

Diese Methode hat eine Unannehmlichkeit: Das Reagens ist salpetrige Säure, eine sehr instabile Substanz, die sich selbst in verdünnter wäßriger Lösung in Stickoxide und Wasser zersetzt, so daß das Stickstoff durch Stickoxide kontaminiert ist. Man muß also die Stickoxide entfernen, ehe man das Stickstoffvolumen messen kann. Diese Entfernung der Stickoxide wird durch Waschen des Gasgemisches mit einer alkalischen Lösung von Kaliumpermanganat erreicht. Um eine nicht zu stürmische Entwicklung von Stickoxiden zu erreichen, kommt die salpetrige Säure als eine durch Essigsäure angesäuerte Lösung von Natriumnitrit zur Verwendung. Diese Lösung zersetzt sich einigermaßen langsam.

Zur Durchführung der Bestimmung sind Spezialapparaturen ausgebildet worden. Das Prinzip der VAN SLYKE-Apparatur ist in Abb. 25 wiedergegeben. Moderne Apparate zu Makro- oder Mikrobestimmungen von Aminstickstoff nach VAN SLYKE sind in den Katalogen der Handelsfirmen, die Apparate für das Laboratorium liefern, beschrieben.

Das Amin wird in frisch gekochtem und deshalb luftfreiem Wasser gelöst. Aus der Bürette *B* wird für eine Bestimmung eine Menge der Aminlösung, welche 10—20 mg Stickstoff enthält, abgemessen (siehe S. 217).

D ist das Reaktionsgefäß, *E* ein Eudiometerrohr und *F* eine HEMPEL-Pipette, die zum Waschen des Gasgemisches mit Kaliumpermanganat dient. *E* enthält eine 1%ige Schwefelsäurelösung und *F* eine gesättigte Lösung von Kaliumpermanganat in 2,5%igem Kaliumhydroxid. Mittels eines Niveaubehälters wird *E* bis zum Hahn *c* und *F* einschließlich des Kapillarrohres bis zum Hahn *e* gefüllt.

7 ml Eisessig und 28 ml einer Lösung von 30 g Natriumnitrit in 100 ml Wasser werden durch den Scheidetrichter *A* in das Reaktionsgefäß *D* eingeführt. Eine Entwicklung von

Stickoxiden setzt ein; die Stickoxide können durch den Dreiwegehahn *c* entweichen. Durch *A* wird Wasser nachgefüllt, bis *D* voll ist. Dann wird *c* geschlossen, *a* geöffnet, und durch Schütteln von *D* werden 10—15 ml Stickoxide entwickelt, die ein entsprechendes Volumen

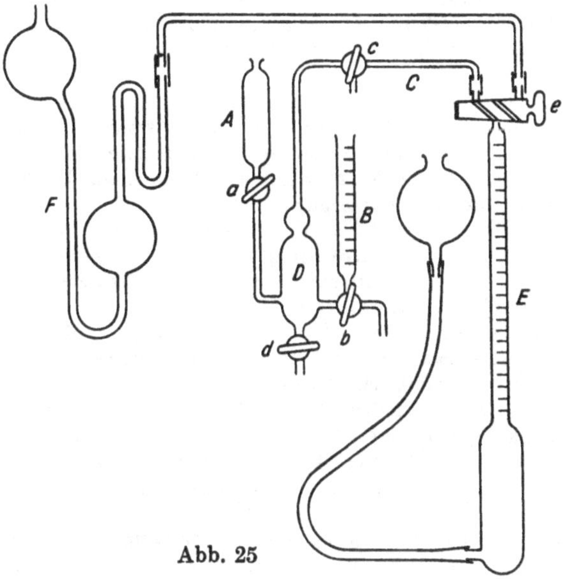

Abb. 25

des Reaktionsgemisches von *D* in *A* hinüberpreßt. Wenn *c* wieder geöffnet wird, entweichen die Stickoxide, und wenn man diese Operation wiederholt, kann man die letzten Spuren von Luft aus dem Reaktionsgemisch entfernen. Dann werden etwa 20 ml NO in *D* entwickelt, der Hahn *a* wird geschlossen, und die Dreiwegehähne *c* und *e* werden so gestellt, daß *D* und *E* verbunden werden.

Durch den Hahn *b* wird dann eine abgemessene Menge der Aminlösung in *D* eingelassen. Man schließt *b* und schüttelt *D* kräftig, um die Aminlösung mit dem Reaktionsgemisch zu mischen. Am besten wird *D* mechanisch geschüttelt; die meisten käuflichen Apparate sind mit einem kleinen Elektromotor versehen. Stickstoff und Stickoxide werden entwickelt. Bei mechanischem Schütteln ist aller Stickstoff nach 4—5 Minuten entwickelt, man setzt aber sicherheitshalber die Schüttelung 10 Minuten fort. Der Hahn *a* wird geöffnet, so daß man *D* mit dem in *A* verdrängten Wasser füllen kann. Das gesamte Gasvolumen befindet sich jetzt in *E*.

Der Dreiwegehahn *e* wird dann umgestellt, so daß das Gasvolumen mittels des Niveaubehälters in die Hempel-Pipette *F* hinübergedrückt werden kann. Durch Schüttelung von *F* wird das NO von der alkalischen Kaliumpermanganatlösung oxydiert und absorbiert. Das Volumen des nicht absorbierten Gases (Stickstoff) wird in *E* gemessen, und man wiederholt die Operation bis zum konstanten Volumen.

Um das Stickstoffvolumen auf 0° und 760 mm zu reduzieren, muß man die Temperatur in *E* und den Partialdruck des Wasserdampfes bei dieser Temperatur sowie den aktuellen Barometerstand kennen.

f) Bestimmung von primären aromatischen Aminen durch Diazotierung

In der Azofarbstoffindustrie ist die Bestimmung des Gehalts einer Lösung an einem primären aromatischen Amin oder der Reinheit eines solchen Amins sehr wichtig. Für solche Bestimmungen wird die folgende Arbeitsweise empfohlen:

0,7—0,8 g Amin werden in 3 ml Salzsäure gelöst und mit Eiswasser bis zu 100 ml verdünnt. Diese Lösung wird dann mit einer 0,7%igen Natriumnitritlösung diazotiert. Der Endpunkt der Diazotierung wird durch Tüpfeln auf Kaliumjodid-Stärkepapier festgestellt. Die diazotierte Lösung wird zu einem bekannten Volumen einer Lösung des Natriumsalzes der R-Säure (10 g β-Naphthol-3,5-disulfonsäure werden in Wasser gelöst, mit Natriumcarbonatlösung neutralisiert und mit Wasser auf 1000 ml gebracht) gesetzt, wodurch ein Azofarbstoff gebildet wird.

Der Azofarbstoff wird mit Natriumchlorid ausgesalzen, eine Probe der Lösung wird filtriert, und man untersucht, ob die Diazolösung oder die Lösung des R-Salzes im Überschuß ist. Durch Wiederholung bestimmt man das zur quantitativen Bildung von Azofarbstoff notwendige Volumen der Lösung des R-Salzes und kann dann das Molekülgewicht des Amins oder die Normalität der Aminlösung berechnen.

Nach einer anderen Methode setzt man die Diazolösung zu einem bekannten Volumen einer 1%igen Lösung des Natriumsalzes der SCHÄFFER-Säure (β-Naphthol-6-sulfonsäure). Durch Tüpfeln des Reaktionsgemisches auf Filtrierpapier sieht man leicht, wenn die äquivalente Menge der Diazolösung erreicht wird.

Endlich kann man die Diazotierung des Amins so ausführen, daß man eine bekannte Menge des Amins in verdünnter Salzsäure löst und diese Lösung mit einer 0,1 *n*-Natriumnitritlösung titriert. Der Endpunkt läßt sich ziemlich genau durch Tüpfeln auf Jodkalium-Stärkepapier feststellen. Neulich haben BUTT und STAGG [31] eine potentiometrische Ausführung dieser Bestimmung empfohlen: Das Amin wird in *n*-Salzsäure gelöst. Man titriert mit 0,1 *n*-Natriumnitrit und mißt das Potential einer Platinelektrode gegenüber einer gesättigten Calomelektrode, wobei man einen Potentialsprung von etwa 100 mV feststellen kann.

Man bedenke, daß bei allen Diazotierungen die Temperatur zwischen 0° und 5° gehalten werden sollte und daß man etwa 2,5 Mol Salzsäure per Mol Amin braucht.

Die Komplikationen, die die Diamine verursachen können, wurden schon auf S. 196—197 diskutiert.

LITERATUR

[1] PARKER, C. A., J. chem. Soc. 772, **1946**.
[2] HINSBERG, O., Ber. **23**, 2962, 1890.
[3] BELL, F., J. chem. Soc. 2787, **1929**.
[4] RITTER, F. O., J. chem. Educ. **29**, 506, 1952.
[5] SIVADJIAN, J., Bull. Soc. chim. [5] **2**, 623, 1935.
[6] KRÖLLER, E., Süddeutsch. Apoth. Ztg. **90**, 724, 1950.
[7] BUEHLER, C. A., CURRIER, E. J., und LAWRENCE, R., Ind. Engng. Chem. **5**, 277, 1933.
[8] BUEHLER, C. A., und CALFEE, J. D., Ind. Engng. Chem. Anal **6**, 351, 1934.
[9] MARVEL, C. S., SCOTT, E. W., und AMSTUTZ, K. L., J. amer. chem. Soc. **51**, 3638, 1929.
[10] WILSON, K. W., ANDERSON, F. E., und DONOHOE, R. W., Anal. Chem. **23**, 1032, 1951.
[11] KEHRMANN, F., und BAUMGARTNER, E., Helv. chim. Acta **9**, 673, 1926.
[12] ALEXANDER, J. W., und MCELVAIN, S. M., J. amer. chem. Soc. **60**, 2285, 1938.
[13] VAN DER KAM, E. J., Rec. Trav. chim. Pays-Bas **45**, 722; 734, 1926.
[14] VAN ROMBURGH, P., Rec. Trav. chim. Pays-Bas **2**, 103, 1883; **4**, 189, 1885.
[15] MULDER, A., Rec. Trav. chim. Pays-Bas **25**, 108, 1906.
[16] SAH, P. P. T., Rec. Trav. chim. Pays-Bas **59**, 231, 1940.
[17] SAH, P. P. T., CHIAO, C. J., CHANG, M. F., WANG, C. C., und WANG, C. H., J. Chinese Chem. Soc. **13**, 22 1946; Chem. Abstr. **42**, 148, 1948.
[18] KARRMAN, K. J., Svensk Kem. Tidskr. **60**, 61, 1948; Chem. Abstr. **42**, 5804, 1948.
[19] GOEHRING, M. F., und POTTEBAUM, M. E., Amer. J. Pharm. **106**, 344, 1934.
[20] OTTERBACHER, T., und WHITMORE, F. C., J. amer. chem. Soc. **51**, 1909, 1929.
[21] SUTER, C. M., und MOFFETT, E. W., J. amer. chem. Soc. **55**, 2497, 1933.
[22] BROWN, E. L., und CAMPBELL, N., J. chem. Soc. 1699, **1937**.

[23] BUU-HOI, NG. CH., XUONG, NG. D., und NAM, NG. H., J. chem. Soc. 1573, **1955**.
[24] BLUMRICH, K., und BANDEL, G., Angew. Chem. **54**, 374, 1941.
[25] MARKUNAS, P. C., und RIDDICK, J. A., Anal. Chem. **23**, 337, 1951.
[26] VEIBEL, S., EGGERSEN, K., und LINHOLT, S. C., Acta chem. Scand. **6**, 1066, 1952.
[27] VAN DER HEIJDE, H. B., Analyt. chim. Acta **17**, 512, 1957.
[28] KEEN, R. T., und FRITZ, J. S., Anal. Chem. **24**, 564, 1952.
[29] ALLEN, K. A., CYMERMAN-CRAIG, J., und DIAMANTIS, A. A., J. chem. Soc. 234, **1954**.
[30] CLARK, J. R., und WANG, S. M., Anal. Chem. **26**, 1230, 1954.
[31] BUTT, L. T., und STAGG, H. E., Analyt. Chim. Acta **19**, 208, 1958.

H. AMINOSÄUREN

a) Erkennung des Säurecharakters wäßriger Lösungen der Aminosäuren

Wäßrige Lösungen von Aminosäuren, die gleich viele Amino- und Carboxylgruppen enthalten, reagieren praktisch genommen neutral, so daß wenige Tropfen Natronlauge genügen, den Umschlag von Phenolphthalein hervorzurufen. Ist die Aminofunktion der Säure primär, verschwindet die rote Farbe des Phenolphthaleins beim Zusatz einer neutralen Formalinlösung, und man muß dann die der Aminosäure äquivalente Menge Natronlauge zusetzen, um wieder den Umschlag hervorzurufen. Formaldehyd reagiert mit der Aminogruppe nach:

$$HOOC \cdot R \cdot NH_2 + HCHO \rightarrow HOOC \cdot R \cdot NHCH_2OH \quad \text{oder} \quad HOOC \cdot R \cdot N(CH_2OH)_2 ,$$

und $—NHCH_2OH$ oder $—N(CH_2OH)_2$ sind im Gegensatz zu $—NH_2$ so schwach basische Gruppen, daß sie sich mit der Säurefunktion —COOH nicht neutralisieren.

Monoalkylammoniumsalze der organischen oder anorganischen Säuren reagieren mit Formalin in ähnlicher Weise:

$$RNH_3Cl + HCHO \rightarrow RNHCH_2OH \quad \text{oder} \quad RN(CH_2OH)_2 + HCl .$$

Diese Reaktion ist die Grundlage der Formoltitration der Aminosäuren (siehe S. 216).

Wenn in einer aromatischen Aminosäure die Aminogruppe sich im aromatischen Kern befindet, ist der Basencharakter derart abgeschwächt, daß die Carboxylgruppe die Reaktion der Substanz bestimmt. Eine wäßrige Lösung einer solchen Säure wird deshalb deutlich sauer reagieren.

Die Aminogruppe solcher Säuren wird wie üblich durch Diazotierung und Kuppelung mit β-Naphthol nachgewiesen.

Beide Typen von Aminosäuren geben sowohl mit Natronlauge als auch mit Salzsäure Salze, die in Wasser leicht löslich sind. Die aliphatischen Aminosäuren sind selbst in schwachen Säuren wie Essigsäure löslich, während die aromatischen Aminosäuren so schwache Basen sind, daß mit schwachen Säuren keine Salzbildung stattfindet.

Die Aminosäuren sind dank ihrer Zwitterionenstruktur in Äthanol gewöhnlich schwer löslich und in Äther unlöslich.

b) Reaktion mit Fe(III)chlorid

Die wäßrige Lösung einer Aminosäure gibt mit einigen Tropfen einer verdünnten Fe(III)chloridlösung eine rotgelbe, rötliche oder rote Farbe. Die Farbreaktion ist mit einigen Aminosäuren so schwach, daß man mit einer Blindprobe vergleichen muß. Zur Blindprobe nimmt man reines Wasser statt der Aminosäurelösung.

c) Reaktion mit Cu(II)azetat

Viele Aminosäuren werden als Cu(II)salze gefällt, wenn ihre wäßrigen Lösungen einer gesättigten Lösung von Cu(II)azetat zugesetzt werden.

d) Reaktion mit Kalium-Co(III)carbonat [1]

Eine Lösung von Kalium-Co(III)carbonat wird in folgender Weise dargestellt: 7 g Kaliumhydrogencarbonat werden in 50 ml Wasser gelöst und mit 10 ml 3%igem Wasserstoffsuperoxid und dann langsam und ohne zu schütteln mit einer konzentrierten Lösung von 2,4 g wasserfreiem Co(II)chlorid versetzt. Eine lebhafte Entwicklung von Kohlendioxid setzt ein, und ein eventueller Überschuß von Wasserstoffsuperoxid wird zersetzt. Es bildet sich eine tiefgrüne Lösung von Kalium-Co(III)-carbonat.

Setzt man zu 2—4 ml dieser Lösung einige Kriställchen einer Aminosäure, schlägt die Farbe nach kurzem Sieden der Lösung (einige Sekunden) in blau um; es wird wahrscheinlich ein Aquokomplex gebildet und Kohlendioxid freigemacht. Bei längerem Sieden, etwa eine halbe Minute lang, nimmt die Lösung eine charakteristische violette Farbe an, und im Gegensatz zu anderen Co(III)-komplexen ändert sich die Farbe nicht, wenn man die violette Lösung zu konzentrierter Schwefelsäure zugibt.

Die Reaktionen, die sich abspielen, sind:

$$10\,KHCO_3 + H_2O_2 + 2\,CoCl_2 \rightarrow 2\,K_3Co(CO_3)_3 + 4\,KCl + 4\,CO_2 + 6\,H_2O$$

$$K_3Co(CO_3)_3 + 3\,H_2N \cdot R \cdot COOH \rightarrow Co(H_2N \cdot R \cdot COO)_3 + 3\,KHCO_3\,.$$

e) Salze der Aminosäuren

α) Benzylthiuroniumsalze

Die aromatischen Aminosäuren bilden Benzylthiuroniumsalze nach dem Standardverfahren (siehe S. 150). Dagegen gelingt die Darstellung der Benzylthiuroniumsalze der aliphatischen Aminosäuren meistens nicht, wahrscheinlich weil diese Salze in Wasser und in Äthanol zu leicht löslich sind.

β) β-naphthalinsulfonsaure Salze [2]

Setzt man zu einer heißen, konzentrierten Lösung von β-Naphthalinsulfonsäure oder ihrem Ammoniumsalz die Lösung einer Aminosäure, scheidet sich beim Abkühlen das β-Naphthalinsulfonat der Aminosäure aus. Diese Salze werden durch Umkristallisation aus Wasser gereinigt. Einige Schmelzpunkte sind in [2] angegeben.

f) Acylierung der Aminosäuren

α) 3,5-Dinitrobenzamide [3]—[6]

Man löst die Aminosäure in einem Überschuß von Natronlauge und schüttelt die Lösung 2 Minuten mit der berechneten Menge von 3,5-Dinitrobenzoylchlorid. Beim Ansäuern des Gemisches scheidet sich die an der Aminogruppe 3,5-dinitrobenzoylierte Säure aus, oft mit 3,5-Dinitrobenzoesäure verunreinigt. Das Derivat wird durch Umkristallisation aus Wasser, Äthanol oder 10%iger Essigsäure gereinigt.

Einige Schmelzpunkte sind in den genannten Abhandlungen angegeben.

β) *p*-Toluolsulfonamide [7]

Die Aminosäuren geben in einer normalen Hinsberg-Reaktion mit *p*-Toluolsulfonylchlorid *p*-Toluolsulfonamide, die in Natronlauge löslich, in Säuren unlöslich sind; man vgl. auch S. 192, wo das anormale Verhalten der *p*-Toluolsulfonamide der N-monoalkylierten Aminosäuren erwähnt und erklärt wurde. Folgende Arbeitsweise wird empfohlen:

1—2 g der Aminosäure werden in 20 ml *n*-Natronlauge gelöst. Diese Lösung wird 2 Stunden mit einer Lösung von 2 g *p*-Toluolsulfonylchlorid in 20 ml Äther mechanisch geschüttelt. Die Ätherschicht wird abgetrennt und die wäßrige Schicht mit verdünnter Salzsäure angesäuert, bis die Lösung gegenüber Congorot sauer reagiert. Gewöhnlich scheidet sich das *p*-Toluolsulfonamid kristallin aus. Es wird abfiltriert und durch Umkristallisation aus 4—5 ml 60%igem Äthanol gereinigt. Scheidet sich das Sulfonamid ölig aus, läßt man es die Nacht über im Eisschrank stehen.

Bisweilen kristallisiert das Natriumsalz des Sulfonamids aus der alkalischen Lösung aus. In einem solchen Falle säuert man mit Salzsäure an, bevor die Ätherschicht abgetrennt wird. Das freie Sulfonamid löst sich dann in der Ätherschicht und wird durch Abdampfen des Äthers gewonnen. Es wird wie vorstehend angegeben gereinigt. Einige Schmelzpunkte sind in [7] angegeben.

γ) Chloracetamide

Ronvin [8] empfiehlt, die Aminosäuren als Chloracetamide zu charakterisieren. 1—5 g der Aminosäure werden in 50—100 ml Essigester aufgeschwemmt. 1—2 Äquivalente Chloracetylchlorid werden zugesetzt und das Gemisch 1—4 Stunden unter Rückflußkühlung erwärmt, wobei es gegen die Einwirkung der Luftfeuchtigkeit zu schützen ist. Bisweilen ist 12—14stündige Erwärmung notwendig; andererseits ist ein zu langes Erwärmen zu vermeiden, denn dadurch kann sich das gewünschte Derivat wieder zersetzen. Nicht chloracetylierte Säure wird abfiltriert. Aus dem Filtrat werden das Lösungsmittel und der Überschuß an Chloracetylchlorid mit einem Luftstrom entfernt. Es verbleibt ein fester Rückstand oder ein leicht kristallisierendes Öl. Die festen Derivate werden mit Chloroform gewaschen und aus Äther oder Essigester umkristallisiert. Die öligen Produkte werden einige Tage im Eisschrank belassen, nachdem man Petroläther zugesetzt hat, um die Kristallisation zu beschleunigen.

Einige Schmelzpunkte sind in [8] angegeben.

δ) Carboxyalkylcarbamidsäure-*p*-nitrobenzylester

Gish und Carpenter [9] empfehlen als Reagens zur Charakterisierung der Aminosäuren Chlorameisensäure-*p*-nitrobenzylester, $NO_2C_6H_4CH_2OCOCl$. Sie geben zwei verschiedene Methoden an, in denen dieses Reagens mit Aminosäuren Carboxyalkylcarbamidsäure-*p*-nitrobenzylester, $NO_2C_6H_4CH_2OCONHCH(R)COOH$, bilden kann. Beide Methoden sind zu kompliziert, um allgemeine analytische Verwendung zu finden. Sie scheinen aber für Spezialuntersuchungen wohl geeignet zu sein. Die Verfasser beschreiben die Derivate der 19 am häufigsten vorkommenden Aminosäuren.

ε) Substituierte Phthalimide

Billman und Harting [10] haben angegeben, wie man aus Phthalsäureanhydrid und einer Aminosäure ein substituiertes Phthalimid darstellen kann:

In einem Duran-Reagenzglas werden 0,5 g Aminosäure und 1 g Phthalsäureanhydrid gemischt. Die Mischung wird 15 Minuten in einem Ölbad auf 180—185° erhitzt. Während der ersten 10 Minuten wird sublimierendes Phthalsäureanhydrid mit einem Spatel ins Reaktionsgemisch zurückgebracht. Nach 15 Minuten wird das Glas aus dem Ölbade entfernt. Nach Abkühlung entfernt man das nach dem oberen Teil des Glases sublimierte Phthalsäureanhydrid und kristallisiert den Rückstand aus 10%igem Äthanol oder aus Wasser um. In 10%igem Äthanol sind die Derivate ziemlich leicht löslich, und wenn die Lösung zu konzentriert ist, oder wenn man die Lösung zu rasch abkühlt, können sich die substituierten Phthalimide aus solchen Lösungen ölig abscheiden.

Einige Schmelzpunkte sind in [10] angegeben.

g) Bildung von substituierten Harnstoffen oder Thioharnstoffen

Die Aminosäuren mit unsubstituierter oder monosubstituierter Aminogruppe reagieren mit Phenylisocyanat oder Phenylisothiocyanat wie die primären oder sekundären Amine (siehe S. 203). Die Phenylharnstoffe oder -thioharnstoffe, die dabei gebildet werden, sind in Natronlauge löslich, da sie eine Carboxylgruppe enthalten. Beim Ansäuern der alkalischen Lösung scheiden sie sich aus.

Aus diesen Derivaten entstehen durch Ringschluß unter Abspaltung von Wasser phenylsubstituierte Hydantoine oder Thiohydantoine. Sie können als Derivate der Aminosäuren dienen und für die papier- oder säulenchromatographische Trennung der Aminosäuren empfohlen werden [11], [12].

Für papierchromatographische Trennung benutzt man Whatman Nr. 1 Papier, mit einer Stärkelösung imprägniert. Als Lösungsmittelgemische werden empfohlen: Heptan/Pyridin (70:30) und Heptan/*n*-Butanol/90%ige Ameisensäure (40:20:40 oder 40:40:20). Die Flecken der Thiohydantoine werden durch die Jodazidreaktion kenntlich gemacht. Unmittelbar vor der Besprühung werden gleiche Volumina einer Jodlösung (0,01 m J_2 in 0,5 m KJ) und 0,5 *n*-Natriumazid gemischt. Die Thiohydantoinflecken erscheinen als gebleichte Flecken auf blauem Hintergrund.

Nach der säulenchromatographischen Methode wird eine Celite-Säule benutzt. Die stationäre Phase ist wäßrige Propionsäure, die mobile Phase ist Heptan mit steigenden Mengen Äthylenchlorid. Der Durchlauf wird ständig spektrophotometrisch kontrolliert. Die Fraktionen, die eine Absorption bei 269 mμ zeigen, enthalten ein Phenylthiohydantoin.

Die Phenylthiohydantoine entstehen nach dem Schema:

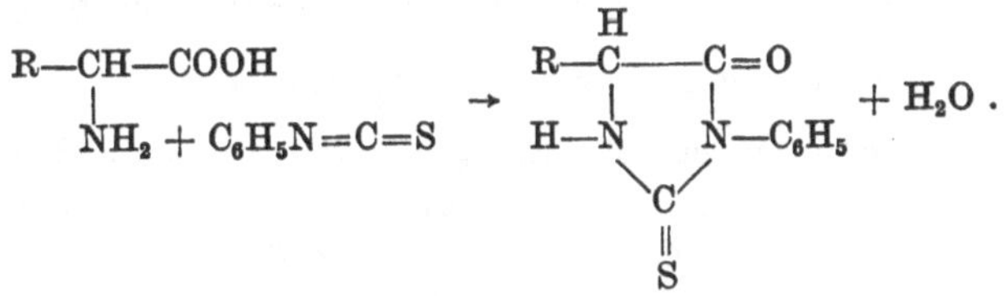

h) Papierchromatographische Trennung der Aminosäuren

Die Verteilungschromatographie auf Papier, die auf Seite 71—75 beschrieben wurde, ist eigentlich für die Trennung und die Identifizierung der Aminosäuren ausgearbeitet [13], [14]. Phenol, ein Gemisch von Butanol und Essigsäure oder Collidin werden als Lösungsmittel bei der eindimensionalen Chromatographie empfohlen. Bei der zweidimensionalen Chromatographie kann man Phenol für die eine Dimension, Collidin für die andere benutzen. Andere Lösungsmittelkombinationen für die zweidimensionale Chromatographie sind z. B. tertiärer Butanol/Butanon-2/Wasser (4:4:2) oder Phenol/Wasser für die eine Dimension und tertiärer Butanol/Methanol/Wasser (4:5:1) oder Propanol-1/Wasser (7:3) für die andere [15]. Viele andere Kombinationen sind vorgeschlagen worden, und neue finden immer wieder Verwendung.

Die Lösungsmittel, die zu chromatographischen Untersuchungen gebraucht werden, müssen sehr sorgfältig gereinigt werden. Für Phenol wird folgendes Verfahren empfohlen [16]:

„Flüssiges Phenol" wird, nachdem man 0,1 Gewichtsprozent Aluminiumspäne und 0,05% Natriumhydrogencarbonat zugesetzt hat, bei Atmosphärendruck destilliert, bis alles Wasser entfernt ist. Die Destillation wird dann bei 25 mm Quecksilberdruck fortgesetzt, bis nur ein dunkelgefärbter Rückstand im Kolben verblieben ist. Das Destillat wird mit Wasser geschüttelt, und die nichtwäßrige Phase wird als Lösungsmittel gebraucht.

Collidin reinigt man wie folgt: Ein Liter Collidin wird vorsichtig mit 5—10 ml Brom geschüttelt. Man filtriert und beseitigt den Bromüberschuß mit Natriumthiosulfat. Dann filtriert man wieder und läßt das Filtrat 24 Stunden über fester Natronlauge stehen. Am nächsten Tag wird filtriert und das Filtrat destilliert. Die Fraktion vom Siedepunkt 172° wird gesondert aufgefangen.

Wenn die Flüssigkeitsfront genügend weit gewandert ist, wird der Filtrierpapierstreifen aus dem chromatographischen Gefäß genommen. Das Lösungsmittel wird durch Erwärmen entfernt und die Flecken durch Besprühen mit einer 0,2%igen Ninhydrinlösung (Ninhydrin = 2,3,4-Triketohydrinden) in einem

Gemisch von 95% Butanol und 5% 2 *n*-Essigsäure entwickelt, indem man auf 105° erwärmt, bis die blauen Flecken deutlich zu sehen sind.

Anstelle einer Ninhydrinlösung kann auch eine Jodlösung zur Lokalisierung der Flecken benutzt werden. Mit diesem Reagens werden die Flecken schwach gelb oder braun gefärbt [17].

R_f-Werte für die verschiedenen Lösungsmittel sind in den Literaturhinweisen [14], [15] und in einer Arbeit von DECKER und RIFFART [18] angegeben.

i) Bestimmung der Aminosäuren

Die Aminosäuren verhalten sich in vielen Fällen wie die Amine, deren Carboxylderivate sie sind. Z. B. kann man zur Bestimmung der an der Aminogruppe nicht substituierten aliphatischen Aminosäuren die Methode nach VAN SLYKE (siehe S. 208) benutzen. Die Bestimmung der aromatischen Aminosäuren mit der Aminogruppe als Substituent im aromatischen Kern ist meistens nach der gewöhnlichen alkalimetrischen Methode (Indicator: Phenolphthalein) möglich. Hat man ein Salz der Aminosäure mit einer der Halogenwasserstoffsäuren dargestellt, kann das Halogen nach VOLHARD bestimmt werden. Die KJELDAHL-Methode ist für beinahe alle Aminosäuren anwendbar. Während der Zersetzung können unerwartete Schwierigkeiten eintreten: Lysin, α, ε-Diaminocapronsäure, ist eine der am schwierigsten zersetzbaren Stickstoffverbindungen, und deshalb wird oft ein zu hohes Äquivalentgewicht gefunden.

Es gibt andere Methoden, die speziell zur Bestimmung der Aminosäuren ausgearbeitet sind. Einige dieser Methoden werden hier beschrieben.

α) Die Formol-Titration [19]—[22]

Infolge ihrer Pufferwirkung lassen sich die Aminosäuren in wäßriger Lösung nicht mit Natronlauge oder Salzsäure titrieren. Wenn man aber, wie vorstehend erwähnt, die Aminofunktion durch Reaktion mit Formaldehyd maskiert, ist der Säurecharakter der resultierenden Substanz genügend stark, um die Titration mit Natronlauge zu erlauben:

$$\text{aa)}\quad \begin{matrix}\text{RCHNH}_2\\ |\\ \text{COOH}\end{matrix} + \text{CH}_2\text{O} \rightleftharpoons \begin{matrix}\text{RCHNHCH}_2\text{OH}\\ |\\ \text{COOH}\end{matrix}$$

$$\text{bb)}\quad \begin{matrix}\text{RCHNHCH}_2\text{OH}\\ |\\ \text{COOH}\end{matrix} + \text{NaOH} \rightarrow \begin{matrix}\text{RCHNHCH}_2\text{OH}\\ |\\ \text{COONa}\end{matrix} + \text{H}_2\text{O}\,.$$

Die Reaktion aa) ist reversibel, und nur $RCH(NH_2)COOH$ oder $RCH(NH_2)COO^-$ aber nicht $RCH(N^+H_3)COO^-$ kann mit Formaldehyd reagieren. Um aa) so vollständig wie möglich nach rechts zu verschieben, wird Formaldehyd in großem Überschuß zugegeben und die Titration etwas über den Neutralisationspunkt fortgesetzt. Der Endpunkt der Titration wird wie später angegeben festgestellt.

Um exakte Resultate zu erreichen, sollte die Aminosäurelösung vor dem Formaldehydzusatz eine dem isoelektrischen Punkt der „neutralen" Aminosäuren, etwa *pH* 6,8, entsprechende Reaktion zeigen. Ist die zu untersuchende Substanz eine reine Aminosäure, so ist diese Bedingung ohne weiteres erfüllt. Soll aber der Gehalt irgend einer Lösung an Aminosäuren festgestellt werden, muß man die Lösung auf *pH* 6,8 einstellen, bevor Formalin zugesetzt wird und man mit der Titration beginnt.

Eine andere Bedingung, die erfüllt werden muß, um genaue Resultate zu erzielen, ist, daß die Lösung carbonat- und phosphatfrei sein sollte. Auch diese Bedingung ist mit reinen Aminosäuren leicht erfüllt: es genügt, die Aminosäure in frisch ausgekochtem und deshalb kohlendioxidfreiem Wasser zu lösen. Unbekannte Lösungen muß man aber auf Carbonat- und Phosphationen prüfen. Gegebenenfalls müssen diese Ionen vor der Titration entfernt werden.

Um die Titration durchzuführen, bereitet man eine Lösung, die etwa 0,1 *n* in bezug auf die Aminofunktion ist. Kann man das Äquivalentgewicht der Aminosäure nicht ungefähr abschätzen, bereitet man eine 1%ige Lösung. Findet man bei der Titration ein von 100 sehr abweichendes Äquivalentgewicht, muß man die Titration mit einer in bezug auf das gefundene Äquivalentgewicht 0,1 *n*-Lösung wiederholen. Gleichzeitig bereitet man eine neutrale Formalinlösung, indem man zu 50 ml einer käuflichen 35—40%igen Formalinlösung 1 ml einer 1%igen äthanolischen Phenolphthaleinlösung zusetzt und dann mit 0,2 *n*-Natronlauge bis zur schwachen Rosafärbung titriert. Die Formalinlösung darf nicht zu alt sein, um nicht zu viel Ameisensäure zu enthalten.

20 ml der Aminosäurelösung werden mit 10 ml der Formaldehydlösung gemischt und die Mischung mit 0,2 *n*-Natronlauge oder Bariumhydroxid bis nach rosa titriert. Dann wird eine Kontrollösung bereitet, indem man 10 ml der Formaldehydlösung mit 20 ml frisch ausgekochtem Wasser verdünnt und zur verdünnten Lösung die Hälfte der zur Neutralisation der Aminosäure verbrauchten Menge 0,2 *n*-Base zusetzt, um dann mit 0,2 *n*-Salzsäure bis nach rosa zurückzutitrieren. Endlich setzt man 3 Tropfen 0,2 *n*-Base hinzu, *und die stark rote Farbe, welche die Kontrollösung hierdurch annimmt, wird dann zur Feststellung des zur vollständigen Neutralisation der Aminosäure notwendigen Baseüberschusses benutzt. Voraussetzung ist aber, daß Kontrollösung und Versuchslösung dasselbe Volumen haben.* Diese Voraussetzung ist erfüllt, wenn als Versuchslösung 10 ml Formalinlösung und 20 ml 0,1 *n*-Aminosäurelösung mit 10 ml 0,2 *n*-Natronlauge neutralisiert werden, während die Kontrollösung aus 10 ml Formalinlösung, 20 ml Wasser, 5 ml 0,2 *n*-Natronlauge und 5 ml 0,2 *n*-Salzsäure besteht. Da es sich um eine Gleichgewichtseinstellung handelt, ist es von Bedeutung, immer mit demselben Gesamtvolumen zu arbeiten. Man sollte deshalb immer mit 0,2 *n*-Base titrieren, da der notwendige Basenüberschuß durch die rote Farbe festgelegt ist, die durch 3 Tropfen 0,2 *n*-Base in einem Gesamtvolumen von 40 ml hervorgerufen wird. Verwendet man anstelle von 0,2 *n*-Base 0,1 *n*-Base, so muß man erstens 6 Tropfen Base zur Erzeugung der Farbe benutzen und wird zweitens das Gesamtvolumen 50 ml gegenüber 40 ml. Die Farbintensität unterscheidet sich deshalb etwas von der Kontrollösung.

Nachdem die Kontrollösung fertiggestellt ist, titriert man die Versuchslösung, bis die rote Farbe der Kontrollösung erreicht ist. Es lohnt sich bisweilen, etwas weiter zu titrieren und dann tropfenweise 0,2 n-Salzsäure hinzuzusetzen, bis zur Erreichung der Kontrollfarbe.

Aus dem Nettoverbrauch von Base kann man den Gehalt der Lösung an „formoltitrierbarem Stickstoff" oder, was für freie Aminosäuren bequemer ist, das Äquivalentgewicht der Aminosäure berechnen:

$$\% \mathrm{N} = \frac{b \cdot n \cdot 14{,}01 \cdot 100 \cdot 100}{20 \cdot 1000 \cdot a} \qquad \text{oder} \qquad E = \frac{a \cdot 1000 \cdot 20}{b \cdot n \cdot 100},$$

wenn a g Aminosäure zu 100 ml gelöst wurden und 20 ml dieser Lösung b ml Base der Normalität n verbraucht haben.

Zu beachten ist, daß sich die Salze der primären Amine gegenüber Formaldehydlösung wie die Aminosäuren verhalten, so daß man also solche Salze in dieser Weise titrieren kann.

β) Titration der Carboxylgruppe [23]

Wie wir soeben dargelegt haben, kann man in wäßriger Lösung die Carboxylgruppe nicht titrieren. In äthanolischer Lösung ist aber die Tendenz der Aminogruppe zur Salzbildung so stark herabgesetzt und die Tendenz der Carboxylgruppe zur Abspaltung eines Protons so gesteigert, daß es möglich wird, die Aminosäure mit Lauge direkt zu titrieren.

0,1—0,2 g der Substanz werden in absolutem Äthanol gelöst, indem man die Lösung mäßig erwärmt. Da die Aminosäuren in Äthanol schwer löslich sind, ist ein ziemlich großes Äthanolvolumen nötig. 1 ml Phenolphthaleinlösung pro 100 ml Aminosäurelösung wird zugesetzt und die Lösung mit 0,1 n-Natronlauge titriert. Das Äquivalentgewicht wird wie üblich berechnet.

γ) Titration der Aminogruppe

aa) *Titration in Azetonlösung* [24], [25]

In Azetonlösung sind die Ionisationsbedingungen entgegengesetzt denen in Äthanollösung: Die Tendenz der Aminogruppe, ein Proton einzufangen, ist erhöht, die der Carboxylgruppe, ein Proton abzuspalten, ist herabgesetzt. Deshalb kann man die Azetonlösung einer Aminosäure mit einer äthanolischen Lösung von Salzsäure titrieren. Als Indicator dient eine 0,1%ige äthanolische Lösung von Naphtholrot (Benzol-azo-α-Naphthylamin).

Eine 0,1 n-äthanolische Lösung von Salzsäure wird bereitet, indem man in einem 100 ml Meßkolben 10 ml n-Salzsäure (wäßrige Lösung) mit absolutem Äthanol bis zur Marke auffüllt. Für die Titration wird folgende Arbeitsweise empfohlen:

Eine Blindprobe wird mit dem Lösungsmittel durchgeführt. 10 ml Wasser werden zu 100 ml Azeton zugefügt. 10 Tropfen Indicatorlösung werden zugesetzt; dann titriert man mit 0,1 n-äthanolischer Salzsäure (Mikrobürette) bis zum Umschlag nach rot. Gewöhnlich verbraucht das Lösungsmittel 0,5—1,0 ml 0,1 n-Säure.

0,10—0,15 g der Aminosäure werden in 10 ml Wasser gelöst. 10 Tropfen der Indicatorlösung werden zugegeben; dann wird mit 0,1 n-äthanolischer Salzsäure bis zum Umschlag nach rot titriert. Nun fügt man 50 ml Azeton hinzu und titriert wiederum mit Salzsäure, diesmal bis zu einer etwas intensiveren roten Farbe als die der Blindprobe. Schließlich setzt man noch 50 ml Azeton dazu und titriert bis zum Farbton der Blindprobe.

Aus der Differenz der von der Versuchslösung und der Blindprobe verbrauchten Salzsäure berechnet man, wie üblich, das Äquivalentgewicht der Aminosäure.

bb) *Titration in Eisessiglösung*

Wie oben (S. 204) erwähnt, lassen sich selbst schwache Amine in Eisessig mit Perchlorsäure oder manchmal auch Chlorwasserstoff in Eisessig titrieren. In diesem Lösungsmittel kann sich die Dissoziation der Carboxylgruppe der Aminosäuren nicht geltend machen, und man kann deshalb auch die Aminosäuren als Amine titrieren. Eine Schwierigkeit ist, daß die Aminosäuren in Eisessig sehr schwer löslich sind. Toennies und Callan [26] haben aber gezeigt, daß die Löslichkeit der Aminosäuren durch Zusatz von etwas Ameisensäure zum Eisessig ziemlich stark erhöht und daß die Titration durch diesen Zusatz nicht beeinträchtigt wird.

Die Titration wird mit Kristallviolett als Indicator, wie auf Seite 81 beschrieben, durchgeführt. Toennies und Callan geben an, daß nur die neutralen Aminosäuren titrierbar sind, jedenfalls mit diesem Indicator, während die Titration der Monoamino-dicarbonsäuren ungenau ist. Ekeblad [27] fand, daß auch die Monamide der Monoamino-dicarbonsäuren, z. B. Asparagin, in dieser Weise zu titrieren sind.

δ) Titration der substituierten Phthalimide

Die N-substituierten Phthalimide, die, wie auf Seite 214 angegeben, dargestellt werden, sind wirkliche Säuren, denn die basischen Eigenschaften der Aminogruppe sind durch die Imidbildung maskiert worden.

0,2—0,3 g des Derivats werden in Wasser oder 10%igem Äthanol gelöst und mit 0,1 n-Natronlauge titriert, Indicator ist Phenolphthalein. Man berechnet dann:

$$E_{\text{Imid}} = \frac{a \cdot 1000}{b \cdot n} \qquad \text{und} \qquad E_{\text{Aminosäure}} = E_{\text{Imid}} - 130{,}1\,,$$

wenn a g Imid b ml Base der Normalität n verbrauchen.

ε) Aminosulfonsäuren

Die meisten Aminosulfonsäuren sind aromatische Verbindungen mit der Aminogruppe als Substituent im aromatischen Kern. Solche Säuren lassen sich in wäßriger Lösung mit 0,1 n-Natronlauge titrieren, Indicator ist ebenfalls Phenolphthalein.

LITERATUR

[1] Beck, G., Anal. chim. Acta 8, 88, 1953.
[2] Bergmann, M., und Stein, W. H., J. biol. Chem. **129**, 609, 1939.
[3] Saunders, B. C., Biochem. J. 28, 580, 1934.
[4] Saunders, B. C., J. chem. Soc. 1397, 1938.

[5] Town, B. W., Biochem. J. **35**, 578, 1941.
[6] Saunders, B. C., Stacey, G. J., und Wilding, I. G. E., Biochem. J. **36**, 368, 1942.
[7] McChesney, E. W., und Swann, W. K., jr., J. amer. chem. Soc. **59**, 1116, 1937.
[8] Ronvin, E., J. org. Chem. **18**, 127, 1953.
[9] Gish, D. T., und Carpenter, F. H., J. amer. chem. Soc. **75**, 950, 1953.
[10] Billman, J. H., und Harting, W. F., J. amer. chem. Soc. **70**, 1473, 1948.
[11] Sjöquist, J., Acta chem. Scand. **7**, 447, 1953.
[12] Sjöquist, J., Acta chem. Scand. **10**, 149, 1956, vgl. Biochim. Biophys. Acta **16**, 283, 1955.
[13] Martin, A. J. P., und Synge, R. L. M., Biochem. J. **35**, 1358, 1941.
[14] Consden, R., Gordon, A. H., und Martin, A. J. P., Biochem. J. **38**, 224 1944; **40**, 590, 1947; **46**, 8, 1950.
[15] Boissonnas, R. A., Helv. chim. Acta **33**, 1966, 1950.
[16] Partridge, S. M., Biochem. J. **42**, 238, 1948.
[17] Brante, G., Nature **163**, 651, 1949.
[18] Decker, P., und Riffart, W., Chem. Ztg. **74**, 261, 1950.
[19] Sørensen, S. P. L., C. R. Trav. Lab. Carlsberg **7**, 1, 1907.
[20] Sørensen, S. P. L., Biochem. Z. **7**, 45, 1908.
[21] Sørensen, S. P. L., und Jessen-Hansen, H., C. R. Trav. Lab. Carlsberg **7**, 58, 1907.
[22] Sørensen, S. P. L., und Jessen-Hansen, H., Biochem. Z. **7**, 407, 1908.
[23] Willstätter, R., und Waldschmidt-Leitz, E., Ber. **54**, 2988, 1921.
[24] Linderstrøm-Lang, K., Z. physiol. Chem. **173**, 32, 1928.
[25] Linderstrøm-Lang, K., C. R. Trav. Lab. Carlsberg **17**, 4, 1928.
[26] Toennies, B. G., und Callan, T. P., J. biol. Chem. **125**, 259, 1938.
[27] Ekeblad, P., Svensk Farm. Tidskr. **57**, 185, 1953.

I. AMIDE

1. UNSUBSTITUIERTE AMIDE

Vom Formamid abgesehen, sind alle Amide, die die unsubstituierte Funktion —$CONH_2$ enthalten, bei Zimmertemperatur feste Substanzen.

a) Hydrolyse der Amide

Die Amide werden gewöhnlich leicht hydrolysiert, wenn man sie einige Minuten mit Säure oder Lauge kocht. Während der basischen Hydrolyse kann man z. B. mit Curcumapapier entweichendes Ammoniak nachweisen. Im Gegensatz zu den Ammoniumsalzen, die, mit Basen erwärmt, sofort Ammoniak abgeben, lassen sich die basischen Dämpfe bei den Amiden nicht sofort nachweisen. Ein Unterschied zwischen Ammoniumsalzen und Amiden besteht auch darin, daß die ersten selbst mit einer wäßrigen Aufschwemmung von Magnesiumoxid Ammoniak entwikkeln, die letzteren dagegen nicht.

Hydrolysiert man die Amide mit Säure, wird das Ammoniak in der Lösung zurückgehalten. Übersättigt man nachher mit Natronlauge und erwärmt aufs neue, wird Ammoniak freigemacht. Gewöhnlich verläuft die saure Hydrolyse schneller als die alkalische.

Nach der Hydrolyse läßt sich die Säure oft isolieren. In einigen Fällen scheidet sie sich beim Abkühlen aus. In anderen Fällen muß die Säure durch Extraktion der Hydrolyselösung mit Äther isoliert werden.

Nach einer anderen Methode versucht man, aus der neutralisierten und mit 1—2 Tropfen Salzsäure angesäuerten Hydrolyselösung das Benzylthiuroniumsalz oder den *p*-Bromphenacylester der Säure darzustellen (siehe S. 150 und 153).

b) Reaktion der Amide mit salpetriger Säure

Einige Amide (z. B. Triphenylacetamid oder ortho-disubstituierte Benzamide) unterliegen der alkalischen oder sauren Hydrolyse so langsam, daß der Nachweis des Ammoniaks kaum möglich ist. Selbst aus solchen schwierig hydrosierbaren Amiden läßt sich die Säure in folgender Weise darstellen: 1 g Amid wird in 3 ml konzentrierter Schwefelsäure gelöst. Unter Abkühlung gibt man eine Lösung von 1 g Natriumnitrit in 5 ml Wasser dazu. Das Gemisch wird langsam bis auf 100° erwärmt und einige Minuten bei dieser Temperatur gehalten. Nach dem Abkühlen wird mit Wasser verdünnt und die Säure in üblicher Weise isoliert.

c) Die Biuretreaktion

Viele Diamide geben, wenn 1—2 Tropfen einer Cu(II)sulfatlösung zu ihrer wäßrigen Lösung zugesetzt werden und die Lösung mit 2 *n*-Natronlauge übersättigt wird, eine rosa bis violettrote Farbreaktion, die *Biuretreaktion.*

Das fein pulverisierte Amid oder eine wäßrige Lösung davon wird mit 1 bis 2 ml 2 *n*-Natronlauge gemischt. 1—2 Tropfen einer Cu(II)sulfatlösung werden zugesetzt. Das dadurch gefällte Cu(II)hydroxid wird durch Schütteln des Glases wieder in Lösung gebracht. Die komplexen Cu(II)ionen, die dabei gebildet werden, haben eine rosa Farbe. Wird mehr Cu(II)sulfat zugesetzt, schlägt die Farbe nach rotviolett, purpur oder auch blauviolett um.

Diamide der folgenden Typen:

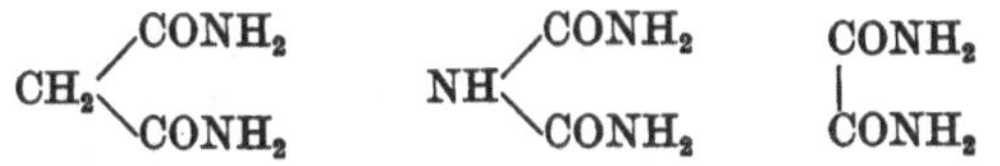

und einige Polypeptide, gewöhnlich von den Tripeptiden an, geben die Biuretreaktion.

Die Reaktion wird verhindert, wenn 2 Wasserstoffatome der —$CONH_2$-Gruppen, gleichgültig ob symmetrisch oder unsymmetrisch, substituiert sind. Bei den Amiden des ersten Typs genügt die Substitution *eines* Wasserstoffatoms um die Biuretreaktion zu verhindern.

In den —$CONH_2$-Gruppen kann Sauerstoff durch Schwefel, NH oder H_2 ersetzt werden, ohne daß die Fähigkeit, eine Biuretreaktion zu geben, verloren geht.

Man muß aber bedenken, daß die Cu(II)ionen ebenso gut mit der Hydroxylgruppe Komplexionen bilden wie mit der Aminogruppe. Die Amide der α-Hydroxysäuren, z. B. Mandelsäureamid, $C_6H_5CH\langle{}^{OH}_{CONH_2}$, geben eine blauviolette Farbe, wenn sie wie vorstehend beschrieben behandelt werden. In diesem Falle wird man selbst mit nur einem Tropfen Cu(II)sulfat keine rosa Farbe beobachten können. Eine zu rasche Zugabe der Cu(II)sulfatlösung überdeckt die Farbe der Biuretreaktion durch die blaue Farbe des Cu(II)hydroxids völlig, und die erhaltene Farbe kann ebensogut die Anwesenheit eines Hydroxysäureamids wie eines Diamids anzeigen.

d) Bildung von Xanthydrylderivaten

Die Amide sind fähig, mit Xanthydrol zu reagieren, wodurch sehr schwerlösliche N-xanthydrylsubstituierte Amide gebildet werden [1]—[3]:

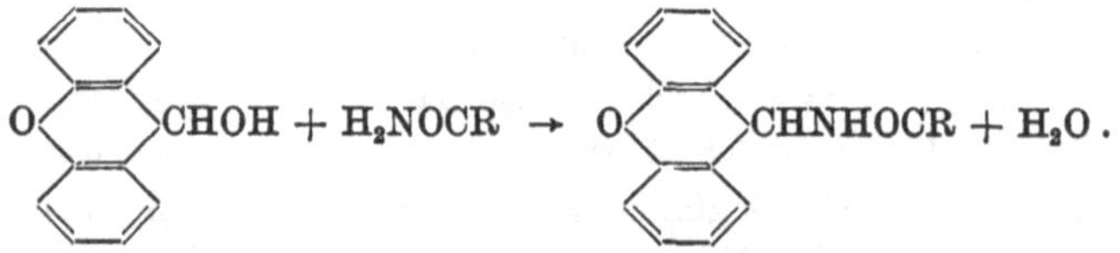

7 ml einer 7%igen Lösung von Xanthydryl in Eisessig werden mit 0,5 g des Amids versetzt. Das Gemisch wird 10—15 Minuten unter Rückfluß gekocht, wobei oft eine grüne Farbe entsteht. Nach Zugabe von 5 ml Wasser läßt man die Lösung bis auf Zimmertemperatur abkühlen, wobei das Xanthydryl-Derivat gewöhnlich kristallisiert. Das Derivat wird abgesaugt und aus wäßrigem Dioxan oder aus Äthanol umkristallisiert, wiederum abfiltriert, mit Äthanol und Äther gewaschen und bei 80° getrocknet, da einige dieser Derivate mit Kristallwasser kristallisieren, das erst bei 80° oder noch höher abgegeben wird.

Einige Amide, z. B. Di- und Trichloracetamid, Salicylamid, Oxamid, Pikramid, reagieren nicht mit Xanthydryl.

Schmelzpunkte einiger N-Xanthydrylamide sind in den Literaturhinweisen [1], [2] (S. 231) angegeben.

e) Hofmannscher Abbau der Amide

Behandelt man ein Amid mit einer stark alkalischen Lösung von Natriumhypobromit oder -hypochlorit, wird es zu einem primären Amin mit einem Kohlenstoffatom weniger als das Amid abgebaut. Die Gesamtreaktion findet in den Reaktionsgleichungen:

$$\text{I)}\ RCONH_2 + Br_2 + NaOH \rightarrow RCONHBr + NaBr + H_2O$$

$$\text{II)}\ RCONHBr + 3\,NaOH \rightarrow RNH_2 + NaBr + Na_2CO_3 + H_2O$$

ihren Ausdruck, verläuft aber über eine Reihe von Zwischenstufen, von denen einige isolierbar sind.

Mit aliphatischen Amiden verläuft der Abbau am besten mit Brom und Natronlauge, mit aromatischen Amiden dagegen oft besser mit Chlor und Natronlauge.

Folgende Arbeitsweise wird empfohlen:

2 g Amid werden in 6—8 ml 10%iger Natronlauge gelöst oder aufgeschwemmt. 50 ml einer Lösung von 15 g Natriumhydroxid und 15 g Brom in 100 ml Wasser werden zuge-

setzt, wobei die Temperatur durch Zusatz von Eis unter 8° gehalten wird. Nachdem das Amid sich vollständig gelöst hat, filtriert man die Lösung, setzt einige Milliliter Äthanol zu und erwärmt bis zum Sieden.

Das hierbei freigemachte Amin wird isoliert, bei den niedrig siedenden aliphatischen Aminen durch Abdestillieren aus der basischen Lösung und Aufsammeln des Destillats in verdünnter Salzsäure, bei den höher siedenden aliphatischen und bei den aromatischen Aminen durch Extraktion der Lösung mit Äther. Die Amine werden nach den vorstehend in Kapitel G (S. 198—204) angegebenen Methoden charakterisiert und identifiziert.

Die Amide der höheren Monocarbonsäuren werden bisweilen leichter in Urethane als in Amide umgebildet. Um die Urethane zu erhalten, wird das nach Gleichung I entstehende Bromamid mit Natriummethylat statt mit Natronlauge behandelt. Dadurch wird eine BECKMANNsche Umlagerung hervorgerufen, und ein Urethan gebildet

$$RCONHBr + NaOCH_3 \rightarrow RCONH(OCH_3) \rightarrow \underset{\underset{NOCH_3}{\|}}{RCOH} \rightarrow \underset{\underset{NR}{\|}}{CH_3OCOH} \rightarrow RNHCOOCH_3$$

Folgende Arbeitsweise wird für die Urethanbildung empfohlen:

3 g Amid werden in 12 ml Methanol suspendiert oder gelöst und mit einer Lösung von 0,75 g Natrium in 25 ml Methanol gemischt. Zu diesem Gemisch werden tropfenweise 2,25 g Brom zugesetzt, worauf man die Lösung 10 Minuten auf dem Wasserbad unter Rückflußkühlung erwärmt. Nach dem Abkühlen wird mit Essigsäure neutralisiert, das Methanol abdestilliert und der Rückstand mit kaltem Wasser gewaschen: Das Urethan bleibt ungelöst zurück. Man kann es durch Umkristallisation aus Petroläther oder Ligroin reinigen.

Die *Sulfonamide* lassen sich nach HOFMANN nicht abbauen.

2. SUBSTITUIERTE AMIDE

a) N-alkylsubstituierte Amide

Die N-alkylsubstituierten Amide geben bei der Hydrolyse primäre oder sekundäre Amine anstelle von Ammoniak. Die Amine sind gewöhnlich mit Wasserdampf flüchtig. Man kann sie deshalb isolieren, wenn man nach der sauren Hydrolyse des Amids mit Natronlauge übersättigt, destilliert und das Destillat in verdünnter Salzsäure auffängt. Die Identifizierung erfolgt dann nach den auf Seite 198—204 gegebenen Anweisungen.

Es gibt keine spezifische Reaktion, die zwischen unsubstituierten und N-alkylsubstituierten Amide zu unterscheiden erlaubt. Man kann aber das nach der Hydrolyse isolierte (substituierte) Ammoniumchlorid untersuchen. Gibt das Salz eine positive Carbylaminreaktion (siehe S. 194), war das Amid monosubstituiert. Die HINSBERG-Probe (siehe S. 192) erlaubt, sowohl primäre als sekundäre Amine zu erkennen. Findet man hier ein sekundäres Amin, war das Amid disubstituiert. Die Identifizierung des Amins in Verbindung mit der Feststellung seiner allgemeinen physikalischen Eigenschaften und des Äquivalentgewichtes gestattet dann, die Substanz als ein N-substituiertes Amid zu charakterisieren.

Während die unsubstituierten Amide, mit Formamid als einziger Ausnahme, bei Zimmertemperatur fest sind, befinden sich viele alkylsubstituierten Amide bei Zimmertemperatur in flüssigem Zustande.

Die Säure kann, genau wie bei den unsubstituierten Amiden, durch Darstellung des Benzylthiuroniumsalzes oder ihres *p*-Bromphenacylesters aus dem Hydrolysat nach Abdestillation des Amins nachgewiesen werden.

b) N-arylsubstituierte Amide

Die wahrscheinlich am häufigsten vorkommenden Repräsentanten dieser Gruppe sind die *substituierten Acetamide* oder *Benzamide.* Gewöhnlich werden sie nicht als arylierte Amide, sondern als *acylierte Amine*, z. B. Acetanilid oder Benzanilid, betrachtet.

Ist das acylierte aromatische Amin primär, wird man gewöhnlich bei der Probe auf primäre aromatische Amine, der Diazotierung und Kuppelung mit β-Naphthol, nur eine schwach positive Reaktion erhalten. Um eine deutliche Reaktion zu erzielen, kocht man zuerst einige Milligramm der vorgelegten Substanz 1—2 Minuten mit verdünnter Schwefelsäure und führt dann erst die Diazotierungs- und Kuppelungsprobe durch. Selbst die durch kurze Reaktionszeit eingetretene, sehr begrenzte Hydrolyse reicht gewöhnlich aus, um eine deutlich positive Reaktion zu geben, wenn die Substanz ein acyliertes primäres Amin war.

Es ist bedeutend schwieriger, die acylierten sekundären Amine zu erkennen, denn meistens wird kein Nitrosamin gebildet, wenn das acylierte sekundäre Amin mit salpetriger Säure behandelt wird. Wiederholt man nach dem Kochen mit verdünnter Schwefelsäure die Behandlung mit salpetriger Säure, erhält man eine positive Nitrosaminreaktion.

Es ist ratsam, durch Bestimmung des Äquivalentgewichtes gegenüber Stickstoff und durch Untersuchungen der allgemeinen Eigenschaften der nach der Hydrolyse isolierten Substanz diese als sekundäres Amin zu identifizieren. Auch der Laugeverbrauch bei der alkalischen Hydrolyse kann zum Nachweis dienen.

Nach der Hydrolyse kann man das sekundäre Amin durch Ätherextraktion der alkalischen Lösung isolieren und nach den üblichen Methoden charakterisieren.

c) Acylierte Amide

In der Säureamidgruppe —$CONH_2$ können ein oder zwei Wasserstoffatome durch Acylradikale substituiert sein. Die bekanntesten Vertreter solcher Amide sind die acylierten Harnstoffe und Thioharnstoffe.

Für diese Stoffgruppe gibt es keine spezifischen Reaktionen. Es müssen hier wieder die allgemeinen Eigenschaften, das Äquivalentgewicht sowie das Entweichen von Ammoniak zur Identifizierung herangezogen werden. Handelt es sich um einen azylierten Harnstoff oder Thioharnstoff, so entsteht bei der alkalischen Hydrolyse Alkalicarbonat. Diese Tatsache ist beim Zurücktitrieren des Laugenüberschusses zu beachten, um nicht die entstehende Kohlensäure auszutreiben, ohne es zu bemerken.

3. IMIDE

Die Imide enthalten die Gruppe 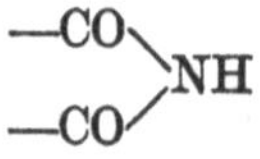 oder 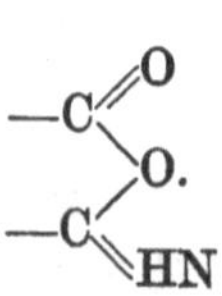 Die Imide sind in wäßriger Lösung neutral. Behandelt man aber eine äthanolische Lösung eines Imids mit einer äthanolischen Kaliumäthylatlösung, entsteht gewöhnlich ein Niederschlag des Kaliumsalzes des Imids.

a) Reaktion mit wäßriger Natronlauge

Natronlauge gegenüber verhalten sich die Imide als *Pseudosäuren*, wodurch sie sich deutlich von den Amiden unterscheiden. Die Reaktion ist folgende:

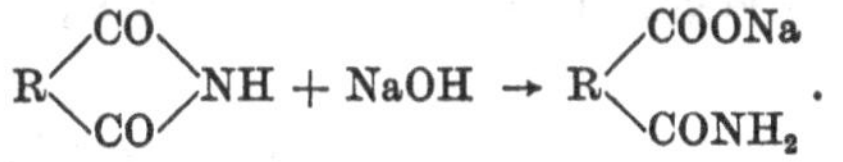

Es bildet sich ein Salz des Halbamids der dem Imid zugrunde liegenden Dicarbonsäure.

b) Reaktion mit Ammoniak

Mit einer konzentrierten wäßrigen oder äthanolischen Lösung von Ammoniak bilden viele Imide Diamide:

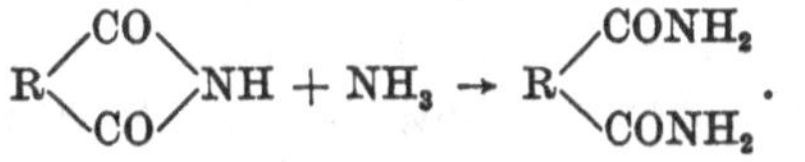

c) Xanthydrylderivate

Viele Imide bilden mit Xanthydrol N-Xanthydrylderivate, wenn sie wie auf Seite 222 für Amide beschrieben behandelt werden.

d) Hofmannscher Abbau der Imide

Wie vorstehend unter a) angegeben, lassen sich die Imide leicht in Salze der Amidsäuren umbilden. Diese Salze können dann durch einen Hofmannschen Abbau in Aminosäuren übergeführt werden. Das Imid wird eine Stunde mit verdünnter Natron- oder Kalilauge geschüttelt; dann wird die alkalische Lösung mit einer Natriumhypobromitlösung behandelt, wie auf Seite 222 beschrieben.

e) Darstellung von N-alkylierten oder N-arylierten Imiden [4]—[8]

Die Kaliumsalze der Imide reagieren mit Alkylhalogeniden nach dem Schema:

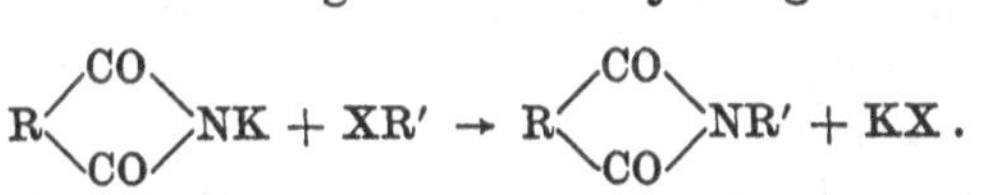

Mit verdünnter Salzsäure gekocht, werden die N-alkylierten Imide zu Dicarbonsäuren und primären Aminen hydrolysiert. Die Behandlung muß ziemlich energisch sein, wenn vollständige Hydrolyse erwünscht ist. Bei unvollständiger Hydrolyse entsteht ein Salz des Halbamids der Dicarbonsäure.

Nach vollständiger Hydrolyse kann man das primäre Amin nach Übersättigung mit Natronlauge abdestillieren, in verdünnter Salzsäure auffangen und wie in Kapitel G (S. 194) angegeben charakterisieren.

Aus dem Destillationsrückstand kann man die Säure rein oder als ein Derivat isolieren, am besten als Benzylthiuroniumsalz, denn die Lösung wird gewöhnlich ziemlich viel Natriumchlorid enthalten, das die Darstellung des *p*-Bromphenacylesters erschwert, vgl. S. 173.

Werden die Imide mit Anilin gekocht, so bilden sich N-Phenylimide und Ammoniak wird entwickelt:

$$R\langle{}^{CO}_{CO}\rangle NH + C_6H_5NH_2 \rightarrow R\langle{}^{CO}_{CO}\rangle NC_6H_5 + NH_3 .$$

Die N-Phenylimide sind gewöhnlich in Wasser schwer löslich. Sie werden isoliert, indem man das Reaktionsgemisch mit verdünnter Salzsäure behandelt, um den Anilinüberschuß zu entfernen. Der Rückstand wird aus Äthanol umkristallisiert. Schmelzpunkte der N-Phenylimide kann man im BEILSTEIN, Bd. XXI, finden.

Unter den substituierten Imiden sind die N-Alkylphthalimide wahrscheinlich die am besten bekannten, denn sie sind Zwischenprodukte für die GABRIELsche Synthese der Aminosäuren und primären Amine. Als Beispiel sei der Äthylester der Phthalimidoessigsäure genannt, welcher bei der Hydrolyse Phthalsäure, Glycin und Äthanol bildet. Wie oben erwähnt, bleibt aber die Hydrolyse leicht bei der ersten Stufe, der *o*-carboxybenzoylierten Aminosäure, stehen.

Es gibt auch für die Imide keine spezifischen Reaktionen. Das durch KJELDAHL-Bestimmung ermittelte Äquivalentgewicht wird mit dem durch Hydrolyse ermittelten verglichen. Die genau neutralisierte Lösung ist dabei zu prüfen, ob sie nach Formaldehydzusatz erneut Lauge verbraucht. Ist das KJELDAHL-Äquivalentgewicht ein Vielfaches des Hydrolyse-Äquivalentgewichtes, so können wiederum die allgemeinen Eigenschaften zur Identifizierung dienen. Auch eine Isolierung der Hydrolyseprodukte kann das Vorliegen eines Imids bestätigen.

4. HARNSTOFF UND UREIDE

a) Umwandlung in Diphenylharnstoff oder Alkyl(Aryl)-phenylharnstoff

Harnstoff und viele Harnstoffderivate werden leicht in Diphenylharnstoff (Carbanilid) oder Alkyl(Aryl)phenylharnstoff umgebildet. Aus der Leichtigkeit, mit welcher diese Umbildung stattfindet, kann man den Typ des vorliegenden Harnstoffderivats abschätzen.

Erwärmt man *Harnstoff* und einige *monosubstituierten Harnstoffderivate* auf dem Wasserbad mit einer wäßrigen Lösung von Aniliniumchlorid, so werden folgende Reaktionen eintreten:

$$CO(NH_2)_2 + 2\,C_6H_5NH_3Cl \rightarrow CO(NHC_6H_5)_2 + 2\,NH_4Cl$$

$$RNHCONH_2 + C_6H_5NH_3Cl \rightarrow RNHCONHC_6H_5 + NH_4Cl .$$

Die *Urethane* geben, einige Minuten mit Anilin gekocht, Carbanilid:

$$RNHCOOR' + 2\,C_6H_5NH_2 \rightarrow CO(NHC_6H_5)_2 + RNH_2 + R'OH .$$

Die *mono-* und *dialkylsubstituierten Harnstoffderivate* geben bei einer ähnlichen Reaktion, durch Kochen mit Anilin, Diphenylharnstoff, wobei Ammoniak oder ein Amin während der Reaktion freigemacht werden.

Thioharnstoff und Thioharnstoffderivate werden durch analoge Reaktionen in Diphenylthioharnstoff (Thiocarbanilid) umgebildet.

b) Umwandlung der Urethane und der Isocyanate in Sulfamidsäuren

Behandelt man Urethane oder Isocyanate mit Schwefelsäure, entstehen Kohlendioxid und Alkohol, und es bildet sich eine substituierte Sulfamidsäure:

$$RNHCOOR' + H_2SO_4 \rightarrow RNHSO_3H + CO_2 + R'OH$$
$$RNCO + H_2SO_4 \rightarrow RNHSO_3H + CO_2 .$$

Folgende Arbeitsweise wird empfohlen [9]:

15 g 5%iges Oleum werden in einem Eisbade abgekühlt. In kleinen Portionen oder tropfenweise wird 1 g des Urethans oder des Isocyanats unter Umrühren zugesetzt, wobei nach Zusatz der Hälfte das Eisbad entfernt, wird. Kohlendioxid wird entwickelt und das Reaktionsgemisch erwärmt sich leicht. Man kühlt wieder ab und gießt langsam unter Umrühren das Reaktionsgemisch in 75 ml in einem Eisbade abgekühlten wasserfreien Äther. Die Alkyl(Aryl)sulfamidsäure scheidet sich aus und wird durch einen Glasfiltertiegel abfiltriert und mit wasserfreiem Äther gewaschen. Reinigung kann durch Auflösen in Methanol und Wiederausfällung mit einem ziemlich großen Volumen Äther stattfinden.

Phenylisocyanat wird durch diese Behandlung in Sulfanilsäure und nicht in Phenylsulfamidsäure umgewandelt.

c) Bildung von Xanthydrylderivaten

Harnstoff, monosubstituierter Harnstoff und solche Ureide, die acyclisch sind oder deren Ringsystem leicht geöffnet wird (z. B. die Hydantoine), verhalten sich dem Xanthydrol gegenüber wie die Amide, indem sie sich je nach der Struktur mit einem oder zwei Molekülen Xanthydrol kondensieren (siehe S. 222). Die disubstituierten Harnstoffderivate und die stabilen cyclischen Ureide (z. B. die Barbitursäuren) reagieren langsam mit Xanthydrol, so daß man bisweilen eine halbe Stunde unter Rückflußkühlung erhitzen muß, um die Kondensation durchzuführen. Die am Stickstoff unsubstituierten Barbitursäuren reagieren mit 2 Mol. Xanthydrol. Im Literaturhinweis [10] findet man Schmelzpunkte einiger Xanthydrylderivate der Barbitursäuren.

d) Reaktion mit Co(II)salzen in Anwesenheit von Basen

Die 5,5-disubstituierten Barbitursäuren, einige 5,5-disubstituierte Hydantoine, einige Imide und einige Aminothiazolderivate geben mit einer methanolischen Lösung von Co(II)azetat eine intensive Farbreaktion, wenn Ammoniak oder ein Amin zugesetzt werden [11], [12].

Eine 0,2%ige methanolische Co(II)azetatlösung wird nach den Angaben von Späth [13] aus kristallinem Co(II)nitrat und Essigsäureanhydrid bereitet. Einige Milligramm der zu untersuchenden Substanz werden in Chloroform gelöst und zu 2—5 ml des Reagens zugegeben. Eine intensive violette Farbreaktion, welche sich momentan beim Zusatz von 1—2 Tropfen Ammoniakwasser entwickelt, zeigt die

Anwesenheit einer Substanz der vorgenannten Kategorie. In einigen Fällen verblaßt die Farbe ziemlich schnell oder schlägt in braun um.

Überschuß an Substanz oder Ammoniak sollte vermieden werden.

e) p-Nitrobenzylderivate

p-Nitrobenzylchlorid oder *-bromid* kann sich mit den Barbitursäuren kondensieren. Während das Xanthydrol nur mit den an den Stickstoffatomen des Pyrimidinkerns gebundenen Wasserstoffatomen reagieren kann — das bedeutet, daß die Barbitursäuren als Triketohexahydropyrimidine reagieren —, können die *p*-Nitrobenzylhalogenide sich auch mit den Wasserstoffatomen am Kohlenstoffatom 5 verbinden, so daß die unsubstituierte Barbitursäure mit 4 Molekülen *p*-Nitrobenzylhalogenid reagiert, die monosubstituierten Barbitursäuren mit 3, die disubstituierten Säuren mit 2 und die N,C,C-trisubstituierten Barbitursäuren mit nur 1 Molekül *p*-Nitrobenzylhalogenid reagieren.

Folgende Arbeitsweise wird empfohlen [14]:

0,5 g Barbitursäure werden in 5 ml Wasser gelöst. 1 g Natriumcarbonat · $10H_2O$ wird hinzugesetzt, wenn mit der Anwesenheit von 3 substituierbaren Wasserstoffatomen zu rechnen ist. Man mischt diese Lösung mit einer Lösung von 1,5 g *p*-Nitrobenzylchlorid oder 2,0 g *p*-Nitrobenzylbromid in 10 ml Äthanol. Das Gemisch wird auf dem Wasserbade 30 Minuten unter Rückfluß erwärmt. Beim Abkühlen kristallisiert das *p*-Nitrobenzylderivat aus. Es wird abfiltriert, mit Äthanol und mit Wasser gewaschen und in einem Mörser mit 10 ml *n*-Natriumcarbonatlösung verrieben, um nicht umgesetzte Barbitursäure zu entfernen. Der unlösliche Rest wird abfiltriert, mit Wasser gewaschen und gereinigt, indem man die Kristalle in wenig Chloroform auflöst und nach Filtration mit Äthanol wieder ausfällt.

Einige Schmelzpunkte sind im Literaturhinweis [14] angegeben.

f) Reaktion der Guanidine

α) Umbildung in Harnstoffderivaten

Guanidin und substituierte Guanidine sind *starke Basen.* Deshalb sind Guanidinsalze häufiger als die freien Guanidine.

Kocht man ein Guanidinsalz mit Bariumhydroxid, wird das Guanidiniumion unter Abgabe von Ammoniak in das entsprechende Harnstoffderivat verwandelt.

$$\left[C\begin{matrix}\diagup NHR \\ = NH_2 \\ \diagdown NHR\end{matrix}\right]^+ + OH^- \rightarrow OC\begin{matrix}\diagup NHR \\ \diagdown NHR\end{matrix} + NH_3 .$$

β) Guanidiniumpikrate

Mischt man wäßerige Lösungen eines substituierten Guanidiniumsalzes und einer Pikrinsäure, so scheidet sich das substituierte Guanidiniumpikrat aus. Schmelzpunkte der Guanidiniumpikrate sind im Beilstein angegeben, für die alkylsubstituierten Guanidine unter Pikrinsäure, für die arylsubstituierten Guanidine zusammen mit dieser Substanz.

g) Hydrolyse

Mit Mineralsäuren gekocht, werden die meisten der hier in Kapitel I 4 erwähnten Substanzen (Harnstoff, Thioharnstoffe, Guanidin, Urethan und die Substitutionsprodukte dieser Substanzen, aber nicht die Barbitursäuren) vollständig zu Kohlendioxid und Ammoniumionen oder substituierten Ammoniumionen hydrolysiert. Die Urethane geben außerdem einen Alkohol, die Thioharnstoffe Schwefelwasserstoff.

5. BESTIMMUNG DER AMIDE

Zur Bestimmung der Äquivalentgewichte der hier in Kapitel I erwähnten Substanzen ist eine Stickstoffbestimmung nach KJELDAHL im allgemeinen die beste Methode. Man muß bedenken, daß die Anwesenheit verschiedener Substituenten, z. B. Nitrogruppen, im Molekül die Zersetzung erschweren kann und es deshalb notwendig ist, andere Bestimmungsmethoden heranzuziehen.

a) Hydrolyse und Bestimmung des entwickelten Ammoniaks

Die unsubstituierten Amide und Imide werden gewöhnlich quantitativ hydrolysiert, wenn man sie eine halbe Stunde mit 6 *n*-Salzsäure unter Rückfluß kocht, so daß eine eigentliche KJELDAHL-Zersetzung überflüssig wird. Um die anschließende Abdestillation des Ammoniaks zu vereinfachen, hydrolysiert man gewöhnlich die Substanz im KJELDAHL-Zersetzungskolben. Ist die Hydrolyse beendet, wird ein Überschuß von Natronlauge hinzugesetzt, der Kolben mit dem KJELDAHL-Kühler (siehe Abb. 17, S. 25) verbunden und das Ammoniak abdestilliert. Wie üblich, wird es in einem abgemessenen Volumen 0,1 *n*-Salzsäure aufgefangen.

Die N-alkylsubstituierten Amide und Harnstoffe geben bei der Hydrolyse ein Amin oder ein Gemisch von Amin und Ammoniak. Hat das während der Hydrolyse freigemachte Amin einen genügend niedrigen Siedepunkt, kann man die soeben beschriebene Methode benutzen. Sind die Amide aber mit höheren Alkylradikalen oder mit Arylradikalen substituiert, ist die KJELDAHL-Bestimmung der sauren Hydrolyse vorzuziehen.

Die Hydrolyse der Sulfonamide verläuft so träge, daß die Bestimmung dieser Substanzen nur durch Zersetzung nach KJELDAHL möglich ist.

Das Äquivalentgewicht E wird wie üblich berechnet. Das Molekulargewicht M ist für die Amide der Monocarbonsäuren identisch mit E, vorausgesetzt, daß die Substanz keinen Stickstoff außer dem Amidstickstoff enthält. Für die Amide der Dicarbonsäuren und für die Harnstoffderivate ist $M = 2\,E$, und für die Guanidine ist $M = 3\,E$.

b) Titration

α) Titration der Imide

Bisweilen kann man die Imide dadurch bestimmen, daß man eine abgewogene

Menge in einem Überschuß von 0,1 *n*-Natronlauge löst und nach 10 Minuten den Überschuß mit 0,1 *n*-Salzsäure zurücktitriert; Indicator ist Phenolphthalein. Wie auf Seite 225 angegeben, wird hierbei ein Salz des Dicarbonsäurehalbamids gebildet.

β) Titration der Barbitursäuren

Die unsubstituierte Barbitursäure und die monosubstituierten Barbitursäuren sind als Säuren genügend stark, um ihre Titration in wäßriger Lösung mit 0,1 *n*-Natronlauge gegen Phenolphthalein zu erlauben. Die disubstituierten Barbitursäuren sind aber so schwache Säuren, daß ihre Titration mit wäßrigen Basen nicht mehr möglich ist. Für diese Säuren kann man eine Titration in nichtwäßrigem Milieu oder eine Bestimmung nach KJEDAHL durchführen.

Eine andere Methode zur volumetrischen Bestimmung der Barbitursäuren besteht in einer titanometrischen Bestimmung der *p*-Nitrobenzylderivate der Barbitursäuren (siehe S. 228). Die Genauigkeit dieser Methode ist nicht groß, da die Derivate oft 2 Nitrobenzylradikale enthalten und das Molekulargewicht der *p*-Nitrobenzylgruppe groß ist im Vergleich zum Molekulargewicht der Barbitursäure oder der Hälfte dieses Gewichtes. Man kann jedoch beim Vergleich der titanometrischen Bestimmung mit einer Bestimmung nach KJELDAHL (nachdem man die Nitrogruppe reduziert hat, siehe S. 22) wertvolle Auskünfte hinsichtlich der Zahl der substituierten Wasserstoffatome erhalten.

γ) Titration der Amide mit Perchlorsäure

Die Amide lassen sich bei der üblichen Perchlorsäure-Eisessigtitration nicht bestimmen. WIMER [15] hat gefunden, daß die Titration möglich wird, wenn man statt Eisessig Essigsäureanhydrid als Lösungsmittel verwendet.

0,5—1 Millimol Amid werden in 100 ml Essigsäureanhydrid gelöst. Die Lösung wird potentiometrisch mit einer 0,1 *n*-Lösung von Perchlorsäure in Eisessig oder in Dioxan titriert.

Das Äquivalentgewicht, *E*, ist:

$$E = \frac{a \cdot 1000}{b \cdot n},$$

wenn *a* g Amid *b* ml Perchlorsäure der Normalität *n* verbrauchen.

Auch acylierte Amide lassen sich in dieser Weise titrieren.

c) Phthalimidosubstituierte Ester

Auf Seite 226 wurde erwähnt, daß Substanzen wie Ester der Phthalimidoessigsäure oder Phthalimidomalonsäure Zwischenprodukte bei der Darstellung der Aminosäuren nach GABRIEL sind. Eine Identifizierungsmöglichkeit solcher Substanzen ist deshalb wünschenswert. Man kann das Äquivalentgewicht nach KJELDAHL finden. Die Bestimmung des Äquivalentgewichtes ist jedoch in diesem Falle sehr vieldeutig. Man kann versuchen, die Substanz als Ester durch Verseifung mit *n*-Natronlauge zu identifizieren. Wenn man das Ergebnis der Verseifung mit dem der KJELDAHL-Bestimmung vergleicht, kann man eventuell daraus schließen, daß ein Phthalimidderivat dieses Typs vorliegt. Zum Beispiel kann bei der Verseifung des Phthalimidoessigsäureäthylesters Natriumphthalat, das Natriumsalz der Aminoessigsäure und Äthanol entstehen, d. h. daß 3 saure Funktionen und 1 basische Funktion entstehen. Titriert man die Natronlauge gegen Phenolphthalein zurück, findet man als Äquivalentgewicht etwa die Hälfte des KJELDAHL-Äquivalentgewichtes. Der Umschlag ist aber nicht scharf, und fügt man der titrierten Lösung Formalin hinzu, kann man wiederum mit Natronlauge titrieren und jetzt einen scharfen Umschlag erreichen, was auf die Anwesenheit einer Aminosäure hindeutet. Das Äquivalentgewicht ist jetzt etwa $^1/_3$ des KJELDAHL-Äquivalentgewichts. Die Bedingungen der Formoltitration sind aber nicht erfüllt, und deshalb ist die Titration nicht sehr genau.

Findet man Zahlen, die sich den in diesem Beispiel erwähnten nähern, lohnt es sich, in der angesäuerten Flüssigkeit nach Phthalsäure zu suchen.

Oft wird aber die Verseifung nur zum Salz des substituierten Halbamids

$$C_6H_4\begin{cases} CONHCH_2COONa \\ COONa \end{cases}$$

führen [16]. Man findet dann ein Äquivalentgewicht, das der Hälfte des KJELDAHL-Äquivalentgewichtes entspricht. Der Umschlag ist hier scharf. Beim Ansäuern läßt sich die Säure ziemlich leicht isolieren. Man bestimmt den Schmelzpunkt und versucht durch Hydrolyse mit Salzsäure Phthalsäure darzustellen. Beim Vergleich der verschiedenen Äquivalentgewichte kann man gewöhnlich die Identifizierung als eine Wahl zwischen wenigen Möglichkeiten durchführen.

d) Jodometrische Bestimmung der Amidine

Die Amidine vermögen Jod in Jodid überzuführen [17]:

$$RC(NH)NH_2 + J_2 \rightarrow RC(NH)NHJ \quad (\text{oder} \quad RC(NJ)NH_2) + HJ\,.$$

0,1—0,2 g des Amidins werden in Wasser gelöst; dann wird ein Überschuß von 0,1 *n*-Jod in Kaliumjodid zugesetzt. Es entsteht ein Niederschlag, der adsorbiertes Jod enthält. Macht man die Lösung alkalisch, geht das adsorbierte Jod wieder in Lösung. Der Niederschlag wird abfiltriert und sorgfältig mit Wasser ausgewaschen, wobei man Filtrat und Waschwasser vereinigt. Beim Ansäuern der Lösung scheidet sich das Jod wieder aus und wird mit 0,1 *n*-Natriumthiosulfat zurücktitriert. Das Äquivalentgewicht, E, ist:

$$E = \frac{a \cdot 1000 \cdot 2}{b \cdot n}\,,$$

wenn a g Substanz b ml Jod der Normalität n verbrauchen.

LITERATUR

[1] PHILLIPS, R. F., und PITT, B. M., J. amer. chem. Soc. **65**, 1355, 1943.
[2] PHILLIPS, R. F., und FRANK, V. S., J. org. Chem. **9**, 9, 1944.
[3] ADRIANI, V., Rec. Trav. chim. Pays-Bas **35**, 180, 1916.
[4] GABRIEL, S., Ber. **20**, 2224, 1887; **21**, 566, 1888; **22**, 2220, 1889.

[5] GABRIEL, S., und WEINER, J., Ber. **21**, 2669, 1888.
[6] GABRIEL, S., und MICHELS, W., Ber. **25**, 3056, 1892.
[7] GABRIEL, S., und PINKUS, G., Ber. **26**, 2197, 1893.
[8] GABRIEL, S., und COLMAN, J., Ber. **35**, 3805, 1902.
[9] BIEBER, TH. J., J. amer. chem. Soc. **75**, 1405, 1953.
[10] JESPERSEN, J. C., und THOUDAHL LARSEN, K., Dansk Tidsskr. Farm. **8**, 212, 1934.
[11] KOPPANYI, T., DILLE, J. M., MURPHY, W. S., und KROP, S., J. amer. pharm. Assoc. **23**, 1074, 1934.
[12] BAGGESGAARD RASMUSSEN, H., und JERSLEV, B., Dansk Tidsskr. Farm. **25**, 29, 1951.
[13] SPÄTH, E., Monatsh. Chem. **33**, 246, 1912.
[14] JESPERSEN, J. C., und THOUDAHL LARSEN, K., Dansk Tidsskr. Farm. **8**, 212, 1934.
[15] WIMER, D. C., Anal. Chem. **30**, 77, 1958.
[16] Beobachtung im Laboratorium des Verfassers (unveröffentlicht).
[17] STEPHAN, F. H., Anal. Chem. **24**, 180, 1952.

K. NITRILE UND ISOCYANIDE (CARBYLAMINE)

1. NITRILE

a) Vollständige Hydrolyse der Nitrile

Die vollständige Hydrolyse der Nitrile zu den entsprechenden Säuren und Ammoniak wird sowohl durch Hydroxylionen wie durch Wasserstoffionen katalysiert. Die basische Hydrolyse ist jedoch so langsam, daß man beim einfachen Kochen des Nitrils mit Natronlauge in einem Reagenzglas keine Ammoniakentwicklung beobachten kann.

Bei einer zweckmäßigeren Methode läßt man die zu untersuchende Substanz 1—2 Stunden mit 6 *n*-Salzsäure unter Rückfluß kochen. Wird aus einer Probe dieser Lösung dann bei der Übersättigung mit Natronlauge Ammoniak entwickelt, kann die Substanz ein Nitril sein.

Ist Salzsäure ohne Wirkung, kann man versuchen, ob die Hydrolyse mit 70%iger Schwefelsäure gelingt. Eine so konzentrierte Schwefelsäure wird aber viele Nitrile zersetzen; es entstehen teerartige Substanzen. 50%ige Phosphorsäure, die etwa dasselbe Hydrolysierungsvermögen wie 70%ige Schwefelsäure hat, ist ihr vorzuziehen, da die Phosphorsäure gewöhnlich keine Verteerung des Nitrils hervorruft. Ammoniak wird wie vorstehend angegeben nachgewiesen.

b) Partielle Hydrolyse der Nitrile

Bisweilen kann man eine partielle Hydrolyse der Nitrile durchführen, wobei Amide gebildet werden. Da die Amide gewöhnlich in Wasser und wäßrigem Äthanol schwer löslich sind, lassen sie sich bequem isolieren und untersuchen.

Für die partielle Hydrolyse wird die folgende Methode empfohlen [1]:

0,5 g Nitril werden in einer Mischung von 5 ml 2 *n*-Natronlauge und 5 ml Äthanol gelöst. 1 ml 30%iges Wasserstoffsuperoxid wird zugesetzt und das Gemisch unter Umschütteln des Glases mäßig erwärmt. Eine lebhafte Entwicklung von Sauerstoff setzt ein, und nach einiger Zeit (10—30 Minuten) beginnt bei schwerlöslichen Amiden die Ausscheidung. Die Reaktion ist folgende:

$$RCN + 2\,H_2O_2 \rightarrow RCONH_2 + O_2 + H_2O\,.$$

c) Charakterisierung der Nitrile

Die Nitrile werden im allgemeinen am bequemsten durch Derivate der entsprechenden Säuren charakterisiert. Hat man das Nitril vollständig hydrolysiert, kann man die freie Säure isolieren entweder durch Wasserdampfdestillation des Hydrolyseproduktes bei flüchtigen Säuren, besonders bei wasserlöslichen, oder durch Extraktion mit Äther, und zwar entweder des Hydrolysegemisches oder des Wasserdampfdestillats. Die in Wasser schwer löslichen Säuren scheiden sich beim Abkühlen des Hydrolysegemisches aus. Hat man die Säure isoliert, kann man sie durch Bildung des Benzylthiuroniumsalzes oder des *p*-Bromphenacylesters charakterisieren.

Bisweilen läßt sich die Säure weder durch Wasserdampfdestillation noch durch Extraktion isolieren. Man muß dann versuchen, ein Derivat der Säure direkt aus dem Hydrolysegemisch darzustellen. Häufig gelingt es, das Benzylthiuroniumsalz auszufällen. Man neutralisiert beinahe vollständig das Hydrolysat mit Natronlauge und setzt dann eine 10%ige Lösung von Benzylthiuroniumchlorid hinzu. Die Lösung ist etwa 2 *n* in bezug auf Natriumchlorid, und da die organischen Benzylthiuroniumsalze gewöhnlich in Natriumchloridlösungen schwerlöslich sind, wird die Ausscheidung durch die Versuchsbedingungen begünstigt. Dagegen gelingt die Darstellung des *p*-Bromphenacylesters gewöhnlich nicht, wenn die Natriumchloridkonzentration so hoch wie hier angegeben ist, vgl. S. 193.

Hat man die partielle Hydrolyse des Nitrils zu Amid durchgeführt, kann das gewöhnlich leicht isolierbare Amid als Derivat der Säure dienen.

d) Umbildung der Nitrile in Ketone

Die Nitrile addieren Alkylmagnesiumhalogenide, und die Additionsprodukte werden durch Wasser oder verdünnte Säuren hydrolysiert, wobei Ketone entstehen, von denen Derivate, wie auf Seite 103—114 angegeben, dargestellt werden können. Die Reaktion ist folgende:

$$RCN + R'MgX \rightarrow \begin{matrix}R\\R'\end{matrix}\!\!>\!C{=}NMgX \xrightarrow{2\,H_2O} \begin{matrix}R\\R'\end{matrix}\!\!>\!CO + NH_3 + MgXOH\,.$$

Die *ortho*-substituierten Benzonitrile reagieren nicht mit Alkylmagnesiumhalogeniden.

2. ISOCYANIDE (CARBYLAMINE)

a) Geruch

Die Isocyanide werden leicht an ihrem widerlichen Geruch erkannt (vgl. S. 194).

b) Hydrolyse

Isocyanide werden von Mineralsäuren zu Ameisensäure und primären Aminen hydrolysiert. Das Isocyanid wird mit 6 *n*-Salzsäure unter Rückflußkühlung gekocht. Nach einer gewissen Zeit wird der Rückflußkühler durch einen absteigenden Kühler ersetzt, und man destilliert 5—10 ml ab. Das Destillat untersucht man auf Ameisensäure durch Erwärmen mit einigen Milligramm Hg(II)oxid. Eventuell anwesende Ameisensäure wird das Hg(II)oxid zu Hg(I)formiat oder Quecksilber reduzieren.

Aus dem Destillationsrückstand läßt sich das Amin nach Übersättigung mit Natronlauge in üblicher Weise isolieren und charakterisieren.

c) Addition von Alkylchlorid

Im Gegensatz zu den Nitrilen vermögen sich die Isocyanide mit Alkylhalogeniden zu vereinigen.

d) Reaktion mit Hg(II)oxid

Mit Hg(II)oxid erwärmt, werden die Isocyanide zu Isocyanaten oxydiert, die dann, wie auf Seite 203 erwähnt, mit Wasser zu Dialkyl(aryl)harnstoff, mit Äthanol zu Alkyl(aryl)carbamidsäureäthylester (substituierte Urethane) reagieren können. Mit Aminen werden unsymmetrische Dialkyl(aryl)harnstoffe gebildet.

e) Addition von Brom

Die Isocyanide sind fähig, sich mit Brom zu vereinigen und entfärben deshalb Bromwasser.

3. BESTIMMUNG VON NITRILEN UND ISOCYANIDEN

Eine Stickstoffbestimmung nach Kjeldahl erlaubt die Berechnung des Äquivalentgewichtes von Substanzen, die diesen beiden Klassen angehören.

a) Bestimmung der Nitrile

Da die Nitrile bei der sauren Hydrolyse meistens vollständig hydrolysiert werden (siehe S. 232), läßt sich die Zersetzung nach Kjeldahl vermeiden. Man kocht in einem Kjeldahl-Destillationskolben eine abgewogene Menge des Nitrils 2 bis 3 Stunden unter Rückflußkühlung mit konzentrierter Salzsäure oder 50%iger Phosphorsäure. Dann wird mit reichlich Wasser verdünnt, mit Natronlauge übersättigt, das Ammoniak, wie in Abb. 17 (S. 25) gezeigt, abdestilliert und in 0,1 *n*-Salzsäure aufgesammelt.

Liegen aromatische Nitrile vor, ist es vorteilhaft, die Hydrolyse in zwei Etappen vorzunehmen. Zuerst wird, wie vorstehend in 1,b) S. 232 angegeben, das Nitril in das Amid übergeführt und anschließend eine bestimmte Menge des Amids, wie auf Seite 232 beschrieben, hydrolysiert.

Da die Amide im Gegensatz zu den Nitrilen bei Zimmertemperatur meistens fest sind, erlaubt die zweistufige Hydrolyse zugleich die Isolierung eines Derivaten zur Charakterisierung des Nitrils.

b) Bestimmung der Isocyanide

α) Direkte Hydrolyse

Wie auf Seite 234 angegeben, werden die Isocyanide zu Ameisensäure und primären Aminen hydrolysiert. Ist das Amin flüchtig, kann es wie Ammoniak durch Abdestillation mit Wasserdampf bestimmt werden. Ist es nicht flüchtig, kann man es als substituiertes Ammoniumchlorid isolieren und eine Chlorbestimmung nach VOLHARD durchführen.

Man kann auch aus dem mit Natronlauge übersättigten Hydrolysegemisch das freie Amin isolieren und nach einer der vorstehend angegebenen Methoden (S. 189 bis 204) identifizieren.

β) Oxydation

Die Isocyanide werden durch Bromwasser oder besser durch Natriumhypobromit zu Kohlensäure oxydiert, die dann nach einer der üblichen Methoden bestimmt werden kann.

LITERATUR

[1] RADZISZEVSKY, BR., Ber. 18, 355, 1885.

L. DIAZOVERBINDUNGEN

1. ALIPHATISCHE DIAZOVERBINDUNGEN
2. AROMATISCHE DIAZOVERBINDUNGEN
3. BESTIMMUNG DER DIAZOVERBINDUNGEN

1. ALIPHATISCHE DIAZOVERBINDUNGEN

a) Kupplung

Die aliphatischen Diazoverbindungen geben mit einer alkalischen β-Naphthollösung keine Kupplung zu Azofarbstoffen.

b) Stickstoffentwicklung

Werden aliphatische Diazoverbindungen mit Wasser oder einer Halogenwasserstoffsäure erwärmt, wird Stickstoff entwickelt und ein Alkohol oder ein Alkylhalogenid gebildet:

$$N^-{=}N^+CH_2 + HR \rightarrow N_2 + \begin{matrix} H \\ R \end{matrix}\!\!>\!CH_2$$

$$N^-{=}N^+{=}CHCOOR' + HR \rightarrow N_2 + \begin{matrix} H \\ R \end{matrix}\!\!>\!CHCOOR',$$

R = Hydroxyl oder Halogen.

Das Diazomethan reagiert nicht nur mit Wasser und Halogenwasserstoffsäuren, sondern mit allen Säuren, die stärker als Wasser sind, die Phenole einbegriffen.

Diazomethan reagiert aber nicht mit Alkoholen.

Auch die *Halogene* können mit aliphatischen Diazoverbindungen reagieren, wobei Stickstoff entwickelt wird und eine *gem*-dihalogenierte Substanz gebildet wird:

$$N^{-}{=}N^{+}{=}CHCOOR' + J_2 \rightarrow N_2 + J_2CHCOOR'\,.$$

c) Verseifung

Diazoester, z. B. Diazoessigsäureäthylester, werden von konzentrierter Natronlauge verseift. Die entstehenden Diazosäuren lassen sich nicht isolieren, da sie sich sofort di- oder trimerisieren.

2. AROMATISCHE DIAZOVERBINDUNGEN

Die meisten aromatischen Diazoverbindungen sind im festen Zustand so instabil (*explosiv!*), daß man sie nicht isoliert. Es gibt jedoch Ausnahmen, z. B. die Diazobenzolsulfonsäure.

Man erkennt die aromatischen Diazoverbindungen an ihrer Fähigkeit, mit alkalischen β-Naphthollösungen zu kuppeln, wobei Azofarbstoffe gebildet werden.

Eine Diazoverbindung kann entweder durch den mit β-Naphthol oder einem anderen Phenol gebildeten Azofarbstoff oder durch das Phenol, welches bei der Erwärmung der wäßrigen Lösung der Diazoverbindung entsteht, charakterisiert werden. Auch die aromatischen Halogenverbindungen, die nach Sandmeyer aus den Diazoniumsalzen gebildet werden können, sind zur Charakterisierung der Verbindung bisweilen brauchbar. Dabei bilden sich nur die Jodverbindungen ohne Katalysator. Um Chlor- oder Bromderivate zu erhalten, muß man die Lösung des Diazoniumsalzes mit Halogenwasserstoffsäure in Anwesenheit des entsprechenden Cu(I)halogenids erwärmen.

Die Diazoniumsalze lassen sich zu primären Arylhydraziniumsalzen reduzieren.

3. BESTIMMUNG DER DIAZONIUMVERBINDUNGEN

a) Aliphatische Diazoniumverbindungen

Die bequemste Methode zur Bestimmung der aliphatischen Diazoverbindungen ist die jodometrische, bei der 1 Molekül der Diazoverbindung 1 Molekül Jod verbraucht [1].

Die Diazoverbindung wird in Äther gelöst und mit einer 0,1 *n*-ätherischen Jodlösung titriert. Die Lösung der Diazoverbindung ist gelb, die Jodlösung rot oder braun. Der Endpunkt der Titration wird durch den Farbumschlag von gelb nach rot erkannt.

Die Diazoverbindung sollte bei dieser Bestimmungsmethode absolut rein sein, denn selbst kleine Mengen von Verunreinigungen können einen verfrühten Umschlag von gelb nach rot hervorrufen.

Hat man aus einer aliphatischen Diazoverbindung die entsprechende dijodsubstituierte Substanz isoliert, kann man das Äquivalentgewicht der Dijodverbindung nach Baubigny und Chavanne (siehe S. 31) bestimmen.

b) Aromatische Diazoniumverbindungen

Die aromatischen Diazoniumsalze werden meistens durch indirekte Methoden identifiziert, wobei man die durch Umkochen der Diazoniumsalze gebildeten Substanzen bestimmt.

Durch Kupplung der Diazoniumsalze mit Anilin entstehen Diazoaminoverbindungen, welche bromometrisch identifiziert werden können [2]:

$$ArN{=}N{-}NHC_6H_5 + 3\,Br_2 \rightarrow ArN_2Br + C_6H_2Br_3NH_3Br + HBr\,.$$

Die Diazoverbindung wird in Eisessig gelöst, Salzsäure und eine Kaliumbromidlösung zugesetzt und mit einer 1/60 m Kaliumbromatlösung titriert, bis ein Tropfen des Reaktionsgemisches durch Tüpfeln auf Kaliumjodid-Stärke-Papier eine blaue Farbe hervorruft.

LITERATUR

[1] CURTIUS, TH., J. Prakt. Chem. [2] **38**, 417, 1888.
[2] VAUBEL, W., Z. angew. Chem. **15**, 1210, 1902.

M. AZOVERBINDUNGEN

1. NACHWEIS DER AZOVERBINDUNGEN

Wir behandeln hier nur die aromatischen Azoverbindungen.

Im Gegensatz zu den Diazoniumsalzen sind die Azoverbindungen sehr stabile Substanzen, die ohne Zersetzung mit Säuren und Basen erwärmt werden können. Die Azoverbindungen werden leicht von Reduktionsmitteln angegriffen, wodurch unter Verbrauch von 4 Äquivalenten Reduktionsmittel zwei primäre Aminogruppen gebildet werden. Ist die Azoverbindung symmetrisch, sind die beiden Amine identisch; aus unsymmetrischen Azoverbindungen entstehen zwei verschiedene Amine.

Alle Azoverbindungen sind intensiv gefärbte, gewöhnlich gelbe oder rote Substanzen, während die Amine farblos sind, so daß sich die Reduktion durch eine Entfärbung zu erkennen gibt. Eine intensiv gefärbte Substanz, die durch Kochen mit Salzsäure und einem Metall (Zinn, Zink oder Eisen) oder durch Behandlung mit Titantrichlorid in einer fast neutralen Pufferlösung (Natriumcitrat/Salzsäure) entfärbt wird, kann eine Azoverbindung sein. Einige Nitrophenole, einige Nitroaniline und Polynitrodiphenylamine sind auch intensiv gefärbte Substanzen, die durch Reduktion entfärbt werden. Die Entfärbung durch Reduktion kann also nur dann als Beweis für eine Azofunktion betrachtet werden, wenn die Abwesenheit aromatischer Hydroxyl- und Aminogruppen bewiesen ist.

Eine bequeme qualitative Probe ist die folgende: 2—5 mg der Substanz werden in 5 ml Äthanol gelöst. Man fügt 2—3 ml einer 20%igen wäßrigen Natriumzitratlösung hinzu. Werden von diesem Gemisch einige Tropfen einer salzsauren Titantrichloridlösung momentan entfärbt, bedeutet das, daß die zu untersuchende Substanz Stickstoff in einer höheren Oxydationsstufe als die Aminstufe enthält, d. h., daß die Substanz eine Azo-, Azoxy-, Nitroso- oder Nitroverbindung ist.

Wiederholt man das Experiment unter quantitativer Bedingung (siehe nachstehend), kann man die Vermutung des Vorliegens einer Azoverbindung bestätigen oder entkräften.

Die Azoverbindungen können sich mit Natriumhydrogensulfit vereinigen, wobei Salze einer N-Sulfonsäure, $ArNHN(SO_3Na)Ar$, entstehen. Die Sulfonsäuregruppe ist in diesen Substanzen so fest an Stickstoff gebunden, daß Erwärmung der

Additionsverbindung mit Natriumcarbonat keine Hydrolyse hervorruft (vgl. Addition von Natriumhydrogensulfit an Aldehyde und Ketone, S. 120).

Die symmetrischen und einige unsymmetrische Azoverbindungen lassen sich bequem durch die bei ihrer Reduktion gebildeten primären Amine charakterisieren [1].

2. BESTIMMUNG DER AZOVERBINDUNGEN

Die Azoverbindungen lassen sich mit Titantrichlorid quantitativ reduzieren:

$$ArN{=}NAr + 4\,TiCl_3 + 4\,HCl \rightarrow 2\,ArNH_2 + 4\,TiCl_4\,.$$

Für die Titanometrie wird gewöhnlich eine stark saure Lösung von Titantrichlorid empfohlen [2], [3]. Diese Lösung wird aber leicht eine Benzidinumlagerung während der Reduktion hervorrufen [4], [5]. Man fand, daß das Reduktionspotential des Titantrichlorids gegenüber Azoverbindungen und anderen reduzierbaren Stickstoffverbindungen mit dem p_H-Wert ansteigt. Deshalb haben Kolthoff und Robinson [6] vorgeschlagen, die Reduktion in einer mit Natriumzitrat gepufferten Lösung durchzuführen. Die Reduktion läßt sich dann in 2—3 Minuten bei Zimmertemperatur durchführen. Wir haben aber in unserem Laboratorium gefunden [7], [8], daß selbst unter diesen milden Reaktionsbedingungen Azobenzol und einige substituierte Azobenzolderivate, besonders solche, die in *p*-Stellung zur Azogruppe unsubstituiert sind, weniger als 4 Äquivalente Titantrichlorid verbrauchen. Azobenzol selbst braucht z. B. genau 2 Äquivalente. Nach der Reduktion kann man im Reaktionsgemisch Benzidin oder substituiertes Benzidin nachweisen. Setzt man zu der Azoverbindung einen großen Überschuß an Titantrichlorid, so kann man die Benzidinumlagerung etwas unterdrücken, aber nicht vollkommen verhindern.

Bei dem p_H der Pufferlösung ist die Titantrichloridlösung gegenüber Luftsauerstoff sehr empfindlich. Man muß deshalb die Titration in sauerstofffreier Atmosphäre (Kohlendioxid, Stickstoff oder Wasserstoff) durchführen. Selbst eine stark saure Titrantrichloridlösung wird langsam vom Luftsauerstoff oxydiert. Man muß also eine Anordnung, etwa wie in Abb. 26 gezeigt, treffen, die sowohl die sauerstoffreie Aufbewahrung der Vorratslösung als auch die Durchführung der Titration in einer sauerstoffreien Atmosphäre möglich macht.

A enthält eine 0,05—0,10 *n*-Lösung von Titantrichlorid, die durch Vermischung von 200 ml einer gebräuchlichen 15%igen salzsauren Titantrichloridlösung mit 400 ml konzentrierter Salzsäure und Auffüllung mit Wasser bis zu 2000 ml bereitet wird. Um die Lösung gegen den Luftsauerstoff zu schützen, ist sie ständig von Kohlendioxid oder Stickstoff durchströmt, sehr langsam zwischen den Titrationen, schneller während einer Titration. Dieser Gasstrom wird von Sauerstoff befreit, indem man zwei Waschflaschen *B*, die mit einer 5% Titantrichlorid enthaltenden 30%igen Natriumzitratlösung beschickt sind, zwischenschaltet. Der Wasserdampfdruck des Gasstroms wird beim Durchgang durch eine Waschflasche *C* mit Wasser normalisiert.

Folgende Arbeitsweise hat sich für die Durchführung der Titration bewährt: Etwa 0,2 g der zu untersuchenden Substanz werden in einem 50 ml Meßkolben abgewogen und in Äthanol gelöst. 10 ml dieser Lösung werden in einen 300-ml-Erlenmeyerkolben hineinpipettiert. Man setzt 0,5 g festes Natriumhydrogencarbonat und 30 ml einer 20%igen Natriumzitratlösung hinzu. Hierbei kann eine partielle Ausfällung der Azoverbindung eintreten, aber so mikrokristallin, daß die Titration nicht gestört wird, weil sich die Mikrokristalle während der Titration wieder lösen.

Ist die zu untersuchende Substanz in Äthanol sehr schwer löslich, muß mehr Äthanol hinzugefügt werden. Dadurch wird der Verbrauch der Citratlösung an Titantrichlorid (siehe später) etwas erhöht. Man muß eine Blindprobe mit derselben Menge Äthanol wie im Hauptversuch durchführen. Das Gesamtvolumen an Äthanol für eine Titration darf 50 ml nicht überschreiten,

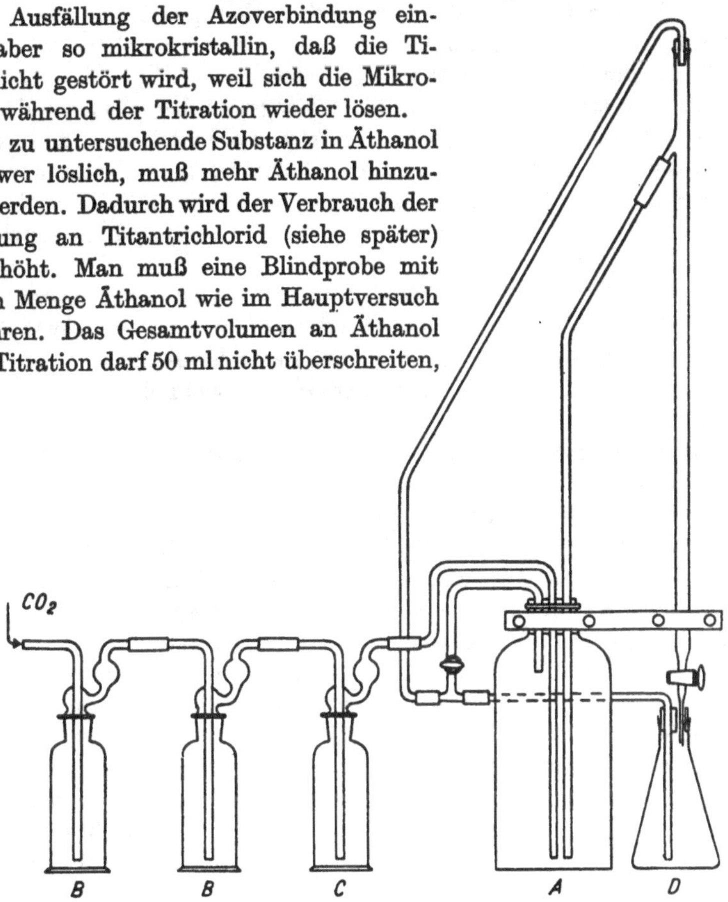

Abb. 26

um eine zu große Korrektion wegen des Verbrauchs des Natriumcitrates zu vermeiden. Die Resultate sind sonst nichtreproduzierbar, und Natriumcitrat wird teilweise ausgefällt, wenn die Äthanolkonzentration zu groß wird.

Der Erlenmeyerkolben *D* ist mit einem doppeltdurchbohrten Stopfen versehen. Durch die eine Bohrung geht ein Rohr bis zum Boden des Kolbens. Dieses Rohr dient zur Einleitung des Kohlendioxids. Durch die andere Bohrung geht ein Rohr, nicht länger als der Stopfen, aber mit einer solchen lichten Weite, daß die Spitze des Bürettenhahns bequem durchgeführt werden kann. Die Lösung wird 3 Minuten mit sauerstofffreiem Kohlehdioxid durchgespült (2—3 Blasen pro Sekunde), und dann wird durch das kurze, weite Rohr aus der Bürette Titantrichlorid zugetropft, bis die Lösung eine blauviolette, bisweilen braune Farbe angenommen hat. Der Überschuß an Titantrichlorid soll nicht zu groß werden (siehe später, S. 241). Da die Titantrichloridlösung stark sauer ist, wird der Zusatz derselben zur natriumhydrogencarbonathaltigen Lösung eine lebhafte Entwicklung von Kohlendioxid hervorrufen, wodurch die letzten Spuren von Sauerstoff aus der Lösung ausgetrieben werden.

Wenn man genügend Titantrichloridlösung zugesetzt hat, läßt man den Kolben 2 Minuten stehen, ohne den Kohlendioxidstrom abzustellen. Dann gießt man durch das weite Rohr 20 ml konzentrierte Salzsäure hinzu, stellt den Kohlendioxidstrom ab, spült die beiden Glasröhren mit einigen Millilitern Wasser ab, fügt 5 ml einer 10%igen Ammoniumthiocyanatlösung zu und titriert den Überschuß an Titantrichlorid mit einer 0,06 *n*-Fe(III)ammoniumsulfatlösung zurück, bis die rote Farbe des Fe(III)thiocyanats mindestens 20 Sekunden bestehen bleibt. Es ist wichtig, den Indicator, das Ammoniumthiocyanat, erst nach dem Zusatz der Salzsäure zuzusetzen, denn bei neutraler Reaktion wird das Ammoniumthiocyanat von Titantrichlorid angegriffen, wodurch die Bestimmung gestört wird.

Es wurde gesagt, daß die Natriumcitratlösung Titantrichlorid verbraucht. Die Menge, die verbraucht wird, kann von einer Natriumcitratlieferung zur anderen etwas schwanken. Die Erfahrungen aus unserem Laboratorium zeigen aber, daß, wenn man mit der üblichen p.a.-Qualität arbeitet, die Schwankungen des Verbrauches zu vernachlässigen sind, so daß man einen Korrekturfaktor einführen kann, und zwar für 30 ml 20%ige Natriumcitratlösung eine 0,5 ml 0,06 *n*-Fe(III)-ammoniumsulfatlösung entsprechende Menge Titantrichloridlösung.

Der Titer der Fe(III)ammoniumsulfatlösung kann jodometrisch festgestellt werden. 1 g Kaliumjodid wird in Wasser gelöst. Man fügt etwas Stärkelösung und 1 Tropfen einer Cu(II)sulfatlösung hinzu, wodurch Jod freigemacht wird, das durch Titration mit Natriumthiosulfat bis zur Farblosigkeit entfernt wird. In die farblose Lösung pipettiert man 10 oder 20 ml der Fe(III)ammoniumsulfatlösung und läßt das Gemisch 5 Minuten stehen. Das freigemachte Jod wird mit 0,1 *n*-Natriumthiosulfatlösung titriert. Der Titer der Fe(III)ammoniumsulfatlösung bleibt konstant.

Der Titer der Titantrichloridlösung variiert dagegen von Tag zu Tag. Es ist deshalb notwendig, täglich eine gegenseitige Einstellung der beiden Lösungen vorzunehmen. Bei dieser Einstellung braucht man nicht die Lösung mit Natriumcitrat zu puffern. Da die Titantrichloridlösung sauer ist, braucht auch der Sauerstoff nicht so vollständig wie beschrieben entfernt zu werden; man braucht während der Titration keinen Kohlendioxidstrom durch die Lösung zu leiten.

Um das Äquivalentgewicht einer Azoverbindung zu bestimmen, berechnet man das dem zugesetzten Titantrichloridvolumen entsprechende Fe(III)ammoniumsulfatvolumen. Von diesem Volumen zieht man das zur Rücktitration verbrauchte Fe(III)ammoniumsulfatvolumen + 0,50 ml, die empirische Korrektion für den Verbrauch der Citratlösung, wenn der Titer der Fe(III)ammoniumsulfatlösung etwa 0,06 n ist, ab. Das Äquivalentgewicht E ist dann:

$$E = \frac{a \cdot 1000}{(b - c - 0{,}50) \cdot n},$$

wenn man vorerst eine b ml Fe(III)ammoniumsulfat der Normalität n ($\sim$0,06) entsprechende Menge Titantrichlorid zugesetzt und dann mit c ml Fe(III)ammoniumsulfat zurücktitriert hat.

Das Molekulargewicht der Azoverbindung ist dann 2 E bei Azobenzol und solchen Azoverbindungen, die eine quantitative Benzidinumlagerung während der Titration erleiden, oder 4 E bei Azoverbindungen, bei denen überhaupt keine Benzidin-, Semidin- oder Diphenylinumlagerung stattfindet, oder E mit einem zwischen 2 und 4 multiplizierten Faktor für solche Azoverbindungen, die einer partiellen Umlagerung unterliegen. Es ist ratsam, in der austitrierten Lösung nach Benzidinderivaten zu suchen, indem man eine Natriumnitritlösung zusetzt und mit β-Naphthol kuppelt. Entsteht bei der Kuppelung ein violetter Farbstoff, hat jedenfalls eine partielle Umlagerung stattgefunden. Die aus Benzidin oder anderen Diaminodiphenylderivaten abgeleiteten Azofarbstoffe sind violett, während das Entstehen eines roten oder orangefarbigen Tons eine Reduktion ohne Umlagerung andeutet.

Um eine unabhängige Standardisierung der Titantrichloridlösung zu erreichen, kann man die von sauerstofffreiem Kohlendioxid durchströmte Lösung mit einer 0,1 n-Kaliumdichromatlösung titrieren. Als Indicator dient Diphenylamin [9], [10]. Man kann auch die Lösung in der Weise standardisieren, daß man eine abgewogene Menge einer reinen Nitroverbindung (p-Nitrotoluol, p-Nitroanilin) wie vorstehend angegeben titriert und dann n aus dem Ausdruck für E berechnet, indem M, das Molekulargewicht der Nitroverbindung, dann $= 6\,E$ ist (vgl. die Titration von Nitroverbindungen, S. 253).

Die größte Genauigkeit (0,5—1%) wird erreicht, wenn man einen 3—7 ml 0,06 n Fe(III)ammoniumsulfat entsprechenden Überschuß an Titantrichlorid benutzt.

LITERATUR

[1] Frahm, E. D. G., Rec. Trav. chim. Pays-Bas **73**, 748, 1954.
[2] Knecht, E., und Hibbert, E., New Reaction Methods in Volumetric Analysis, Longmans, Green und Co., New York 1923.
[3] Callan, T., Henderson, J. A. R., und Strafford, N., J. Soc. chem. Ind. **39** T, 86, 1920.
[4] Fainer, F., Myers, J. L., und Keirstead, K. F., Canad. J. Chem. **30**, 498, 1952.
[5] Large, N. R., Stubbes, F. J., und Hinshelwood, C., J. chem. Soc. 2736, 1954.
[6] Kolthoff, I. M., und Robinson, C., Rec. Trav. chim. Pays-Bas **45**, 169, 1926.
[7] Veibel, S., Anal. Chem. **23**, 665, 1951.
[8] Veibel, S., Canad. J. Chem. **32**, 638, 1954.
[9] Breit, J. E., J. Assoc. Off. Agric. Chem. **32**, 589, 1949; Chem. Abstr. **43**, 8969, 1949.
[10] Pierson, R. H., und Gantz, E. St. Clair, Anal. Chem. **26**, 1809, 1954.

N. AZOXYVERBINDUNGEN

1. NACHWEIS DER AZOXYVERBINDUNGEN
2. BESTIMMUNG DER AZOXYVERBINDUNGEN

1. NACHWEIS DER AZOXYVERBINDUNGEN

Wir werden hier nur die aromatischen Azoxyverbindungen betrachten.

Die Azoxyverbindungen sind relativ inaktive Substanzen, die gefärbt sind, aber nicht so intensiv wie die entsprechenden Azoverbindungen, und die in Äthanol schwer löslich sind.

Viele Azoxyverbindungen zeigen das als „Bildung von flüssigen Kristallen oder kristallinen Flüssigkeiten" bezeichnete Phänomen, d. h., daß diese Verbindungen bei einer wohldefinierten Temperatur schmelzen, aber zu einer anisotropen Flüssigkeit: Erst bei einer höheren, ebenso scharf definierten Temperatur geht die anisotrope Flüssigkeit in eine isotrope Flüssigkeit über.

Die Azoxyverbindungen lassen sich mit Titantrichlorid oder mit Zinn und Salzsäure zu primären Aminen reduzieren. Die Reduktion geht wegen der geringen Löslichkeit der Azoxyverbindungen bedeutend langsamer vonstatten als die Reduktion der Azoverbindungen.

Die folgende Methode zum Nachweis von Azoxyverbindungen wurde von GORE und HUGHES [1] empfohlen:

Die zu untersuchende Substanz wird in konzentrierter Schwefelsäure gelöst und eine halbe Minute auf 95° erhitzt. Während der Erhitzung entwickelt sich ein orangefarbiger bis roter Farbton, der bisweilen bei längerem Erhitzen in braun übergeht, indem die Azoxyverbindung eine WALLACH-Umlagerung [2] erleidet und eine Hydroxyazoverbindung entsteht:

$$\underset{\displaystyle O^-}{\overset{}{C_6H_5\underset{|}{N^+}}}{=}NC_6H_5 \rightarrow C_6H_5N{=}NC_6H_4OH\,.$$

Die Hydroxyazoverbindungen sind in Natronlauge löslich.

Ätherische Lösungen von Azoxyverbindungen werden von Lithiumaluminiumhydrid, wie die Nitroso- oder Nitroverbindungen, zu Azoverbindungen reduziert [3].

Andere Derivate sind zur Charakterisierung der Azoxyverbindungen nicht zu empfehlen. Eine Äquivalentgewichtsbestimmung kann die Vermutung des Vorhandenseins einer Azoxyverbindung bestätigen oder entkräften.

2. BESTIMMUNG DER AZOXYVERBINDUNGEN

Die Azoxyverbindungen lassen sich oft titanometrisch bestimmen. Die Schwerlöslichkeit der Azoxyverbindungen in Äthanol stellt eine Schwierigkeit dar, die durch Abänderung der auf Seite 239 beschriebenen Arbeitsweise zu beseitigen ist.

Die kleinstmögliche Menge an Azoxyverbindung, die sich noch mit der Wägegenauigkeit verträgt, wird abgewogen und in 10—40 ml Äthanol gelöst. 30 ml einer 20%igen Natriumcitratlösung werden zugesetzt. Man titriert wie vorstehend beschrieben, indem man sowohl die Ausscheidung von Natriumcitrat, sofern man mehr als 20 ml Äthanol nimmt, als auch die mikrokristalline Ausscheidung des Azoxyderivats vernachlässigt. Um die Wiederauflösung der Azoxyverbindung während der Bestimmung besser zu gewährleisten, läßt man das Gemisch nach Zusatz von Titantrichlorid 5—10 Minuten stehen.

Das Äquivalentgewicht wird wie für die Azoverbindungen berechnet. Das Molekulargewicht M ist $6\,E$, wenn die Reduktion ohne Nebenreaktionen verläuft. Auch hier kann aber, wie bei den Azoverbindungen, eine Benzidinumlagerung eintreten. STEPHEN und HINSHELWOOD [4] haben gefunden, daß das unsubstituierte Azoxybenzol bei der Reduktion mit Titantrichlorid 4,65 Äquivalente statt 6 verbraucht und daß das Reaktionsgemisch nach der Reduktion Benzidin enthält.

LITERATUR

[1] GORE, P. H., und HUGHES, G. K., Anal. chim. Acta **5**, 357, 1951.
[2] WALLACH, O., und BELLI, L., Ber. **13**, 525, 1880.
[3] NELSON, L. S., und LASKOWSKI, D. E., Anal. Chem. **23**, 1495, 1951.
[4] STEPHEN, M. J., und HINSHELWOOD, C., J. chem. Soc. 1393, **1955**.

O. HYDRAZINE

1. ALIPHATISCHE HYDRAZINE

a) Primäre Hydrazine, $RNHNH_2$, (primär-sekundäre Hydrazine)

α) Reaktion

Die primären Hydrazine sind ziemlich *starke Basen.*

β) Reaktion mit salpetriger Säure

Die primären Hydrazine werden von salpetriger Säure zersetzt, wobei Stickstoff entwickelt wird.

γ) Reduktionsvermögen

Neutrale Lösungen von Cu(II)salzen werden von primären Hydrazinen schon bei Zimmertemperatur durch Reduktion entfärbt. Cu(I)oxid scheidet sich aber nur beim Erwärmen der Lösung aus. Aus FEHLINGscher Lösung scheidet sich schon bei Zimmertemperatur Cu(I)oxid aus; gleichzeitig wird Stickstoff entwickelt.

δ) Carbylaminreaktion

Die primären Hydrazine geben mit Chloroform und Base Carbylamine, die durch ihren lästigen Geruch leicht erkennbar sind (vgl. S. 194).

ε) Reaktion mit Alkyljodid

Die primären Hydrazine vereinigen sich mit Alkyljodid, wobei Alkylhydraziniumjodide gebildet werden.

b) Unsymmetrische Hydrazine, R_2NNH_2, (primär-tertiäre Hydrazine)

α) Reaktion mit salpetriger Säure

Die unsymmetrischen Hydrazine geben mit salpetriger Säure unter Entwicklung von Distickstoffmonoxid Nitrosamine:

$$R_2NNH_2 + HNO_2 \rightarrow R_2NH + N_2O + H_2O\ ;$$
$$R_2NH + HNO_2 \rightarrow R_2NNO + H_2O\ .$$

Daß ein Nitrosamin gebildet worden ist, läßt sich durch die LIEBERMANNsche Reaktion nachweisen (siehe S. 57).

β) Reaktion mit FEHLINGscher Lösung

Die unsymmetrischen Hydrazine reduzieren bei Zimmertemperatur die FEHLINGsche Lösung nicht. Erwärmt man das Gemisch bis zum Sieden, wird die FEHLINGsche Lösung langsam reduziert und ein sekundäres Amin gebildet:

$$2\,R_2NNH_2 + [O] \rightarrow 2\,R_2NH + H_2O + N_2\,.$$

γ) Reaktion mit Alkyljodid

Die tertiäre Gruppe der unsymmetrischen Hydrazine reagiert mit Alkyljodid unter Bildung eines Alkylhydraziniumjodids:

$$R_2NNH_2 + R'J \rightarrow R_2(R')N^+NH_2J^-\,.$$

c) Symmetrische bisekundäre Hydrazine (Hydrazoverbindungen), RNHNHR

α) Reaktion mit salpetriger Säure

Hydrazoverbindungen bilden mit salpetriger Säure Nitrosamine.

β) Reaktion mit FEHLINGscher Lösung

FEHLINGsche Lösung und Silbernitrat werden leicht und schnell von Hydrazoverbindungen bei Zimmertemperatur reduziert.

γ) Carbylaminreaktion

Die Hydrazoverbindungen geben mit Chloroform und Lauge die Carbylaminreaktion.

d) Symmetrische bitertiäre Hydrazine, R^2NNR^2

Für diese Verbindungen können keine spezifischen Reaktionen angegeben werden.

e) Quaternäre Hydraziniumsalze, $R_3N^+NH_2X^-$

α) Reaktion mit salpetriger Säure

Die quaternären Hydraziniumverbindungen werden von salpetriger Säure zersetzt.

β) Reaktion mit FEHLINGscher Lösung

Die quaternären Hydraziniumverbindungen reagieren nicht mit FEHLINGscher Lösung.

γ) Reduktion

Die quaternären Hydraziniumverbindungen werden von Zink und Schwefelsäure oder Essigsäure zu einem Gemisch von Ammoniumsalz und dem Salz eines tertiären Amins reduziert:

$$R_3N^+NH_2 + 2\,H + H^+ \rightarrow R_3N^+H + NH_4^+\,.$$

Reaktionen, die gestatten, zwischen den verschiedenen Hydrazintypen zu unterscheiden

	a	b	c	e
Salpetrige Säure	spaltet	bildet Nitrosamin	bildet Nitrosamin	spaltet
FEHLINGsche Lösung	wird bei Zimmertemperatur reduziert	wird in der Wärme reduziert	wird bei Zimmertemperatur reduziert	wird nicht reduziert

2. AROMATISCHE HYDRAZINE

Aromatische Hydrazine kommen häufiger vor als die aliphatischen.

a) Primäre Hydrazine, $ArNHNH_2$ (primär-sekundäre Hydrazine)

α) Oxydation

Die primären Hydrazine werden von Oxydationsmitteln, speziell verdünnter Chromsäure, zu den entsprechenden Kohlenwasserstoffen und Stickstoff oxydiert.

β) Reaktion mit FEHLINGscher Lösung

Die primären Hydrazine reduzieren schon bei Zimmertemperatur die FEHLINGsche Lösung. Cu(I)oxid wird ausgeschieden.

γ) Reduktion

Die primären Hydrazine werden leicht zu einem Gemisch von einem primären Amin und Ammoniak reduziert.

δ) Reaktion mit salpetriger Säure

Die primären aromatischen Hydrazine bilden mit salpetriger Säure Nitrosamine, die leicht, z. B. von Natriumhydroxid oder Essigsäure, zu Aziden entwässert werden:

$$ArNHNH_2 + HONO \rightarrow ArN(NO)NH_2 + H_2O$$

$$ARN(NO)NH_2 \xrightarrow{NaOH} ArN{=}N^+{=}N^- + H_2O\,.$$

Diese Reaktion kann aber von dem Entstehen eines Arendiazoniumions begleitet sein, denn das Reaktionsgemisch kuppelt gewöhnlich mit einer alkalischen β-Naphthollösung zu einem Azofarbstoff.

ε) Acylierung

Die primären aromatischen Hydrazine werden von Säurechloriden, Säureanhydriden oder Estern leicht acyliert, wobei Hydrazide gebildet werden. Auf Seite 147 wurde eine Farbreaktion der Hydrazide beschrieben.

b) Asymmetrische Hydrazine, Ar_2NNH_2 (primär-tertiäre Hydrazine)

α) Reaktion mit FEHLINGscher Lösung

Die FEHLINGsche Lösung wird beim Erwärmen von den asymmetrischen Hydrazinen reduziert.

β) Reaktion mit salpetriger Säure

Wie die entsprechenden aliphatischen Hydrazine geben die aromatischen asymmetrischen Hydrazine mit salpetriger Säure unter Entwicklung von Distickstoffmonoxid Nitrosamine.

Die Nitrosamine können durch die LIEBERMANNsche Reaktion (siehe S. 57) nachgewiesen werden. Diese Substanzen können auch zur Charakterisierung des Hydrazins dienen.

Während die Nitrosamine, die von anderen Hydrazintypen gebildet werden können, bei der Reduktion gewöhnlich ein Amin und ein vom Ausgangshydrazin verschiedenes Hydrazin bilden, werden die Nitrosamine, die aus den asymmetrischen Hydrazinen entstehen, zum Ausgangshydrazin reduziert, und dabei entstehen keine anderen Produkte. Das Nitrosamin wird in verdünnter Essigsäure gelöst. Die Lösung wird auf dem Dampfbade erwärmt und mit etwas Zinkpulver versetzt. Wenn die Reduktion beendet ist, wird das Reaktionsgemisch filtriert, das Filtrat abgekühlt und mit Natronlauge alkalisch gemacht. Dann wird mit Äther extrahiert, die Ätherschicht getrocknet, der Äther abdestilliert, das Hydrazin isoliert und mit der zu untersuchenden Substanz verglichen.

Die asymmetrischen Hydrazine des Typs Ar_2NNHR', die sekundär-tertiären Hydrazine, verhalten sich anders. Mit salpetriger Säure bilden sie Nitrosamine, ohne Entwicklung von Distickstoffmonoxid. Diese Nitrosamine, die die LIEBERMANNsche Reaktion geben, werden durch Reduktion in ein Gemisch von einem sekundären aromatischen Amin und einem primär-sekundären Hydrazin verwandelt:

$$Ar_2NNHR' \xrightarrow{HNO_2} Ar_2NN(NO)R' \xrightarrow{6\,H} Ar_2NH + R'NHNH_2 + H_2O\,.$$

c) Symmetrische bisekundäre Hydrazine (Hydrazoverbindungen), ArNHNHAr

Diese Verbindungen werden gewöhnlich nicht als Hydrazine, sondern als Substanzen betrachtet, die einer besonderen Klasse, den *Hydrazoverbindungen*, angehören, und ihre Reaktionen sind in vielen Beziehungen von den Reaktionen der übrigen Hydrazintypen verschieden.

α) Reaktion mit salpetriger Säure

Die Hydrazoverbindungen werden von salpetriger Säure zu Azoverbindungen oxydiert.

β) Acylierung der Hydrazoverbindungen

Beide NH-Gruppen werden von *Acetylchlorid* oder *Essigsäureanhydrid* acetyliert, während *Benzoylchlorid*, statt zu benzoylieren, eine Zersetzung der Hydrazoverbindung hervorrufen kann.

γ) Einwirkung von Säuren

Wie bekannt, werden die Hydrazoverbindungen leicht von Säuren *umgelagert*. Sind die beiden *para*-Stellungen unsubstituiert, ist die Hauptreaktion eine *Benzidinumlagerung*:

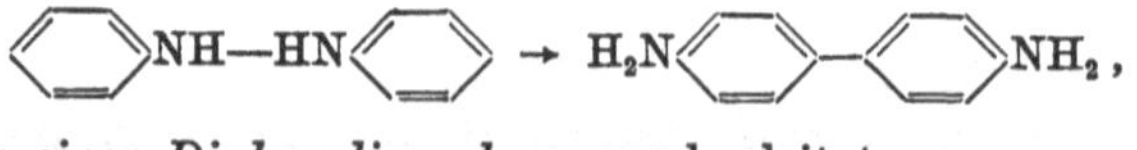

gewöhnlich von einer *Diphenylinumlagerung* begleitet:

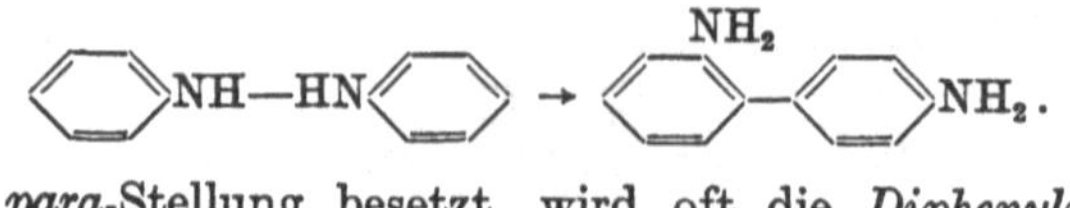

Ist die eine *para*-Stellung besetzt, wird oft die *Diphenylinumlagerung* die

Hauptreaktion sein, meistens aber von *ortho-* oder *para-Semidinumlagerung* begleitet, so daß drei simultane Reaktionen verlaufen können:

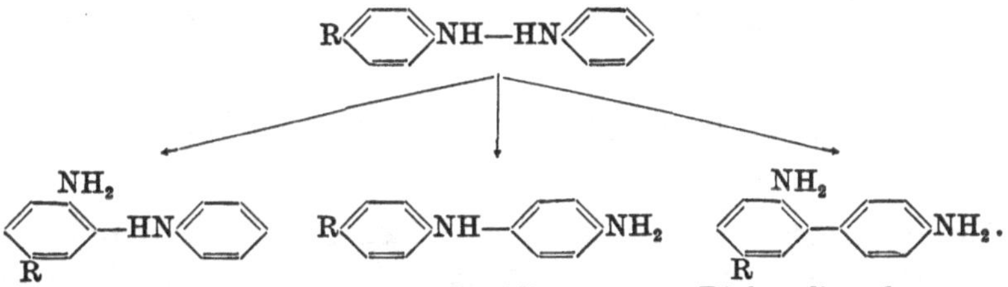

o-Semidin- *p*-Semidin- Diphenylinumlagerung

Man muß also die Reaktionsprodukte der Einwirkung von Säuren genau untersuchen, denn aus dem Reaktionstyp erhält man Auskünfte über den Typ des vorliegenden Hydrazins und die Stellung der eventuellen Substituenten.

Lösungen der *ortho-* und *para-*Semidine in stark verdünnter Salzsäure verhalten sich salpetriger Säure gegenüber verschieden:

Ein *ortho-*Semidin zeigt momentan eine rote bis purpurne Farbreaktion, und dann wird sich eine kristalline Substanz oder ein langsam kristallisierendes Öl, ein substituiertes Benzotriazol [1] ausscheiden:

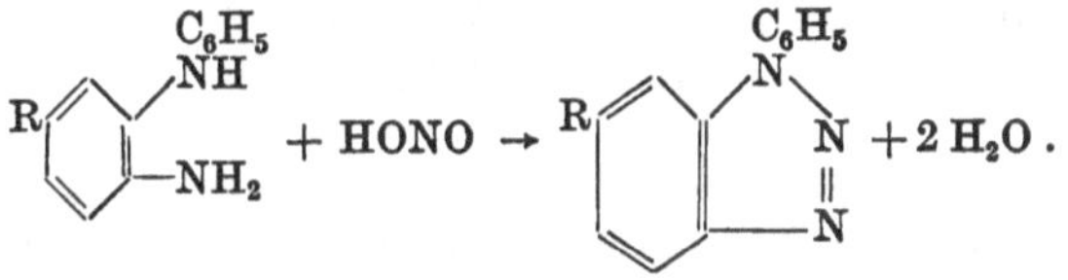

Ein *para-*Semidin gibt momentan eine intensiv rote bis orangefarbige Reaktion. Bei weiterem Zusatz von salpetriger Säure schlägt die Farbe nach orange bis gelb um; es entsteht aber kein Niederschlag [3], [4].

Eisessig reagiert mit *ortho-*Semidinen unter Bildung von substituierten Benzimidazolen, die so stark basisch sind, daß sie sich in Säuren lösen:

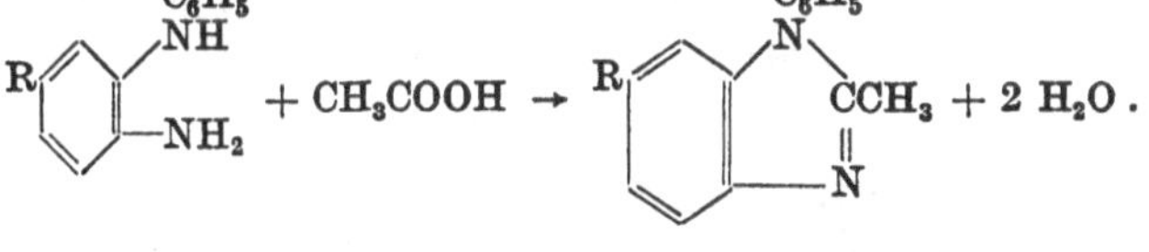

Die *para-*Semidine werden bei Behandlung mit Eisessig an der primären Aminogruppe azetyliert. Die Azetylderivate sind so schwache Basen, daß sie sich in Säuren nicht lösen.

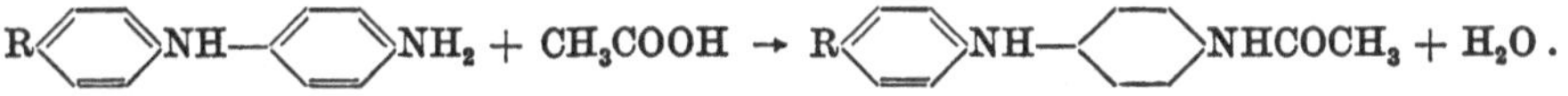

Behandelt man die *para-*Semidine mit Essigsäureanhydrid, werden beide Aminofunktionen azetyliert.

Die Substanzen, die bei der Diphenylinumlagerung entstehen, werden von Eisessig an beiden Aminofunktionen azetyliert. Die Azetylderivate sind in

Säuren unlöslich:

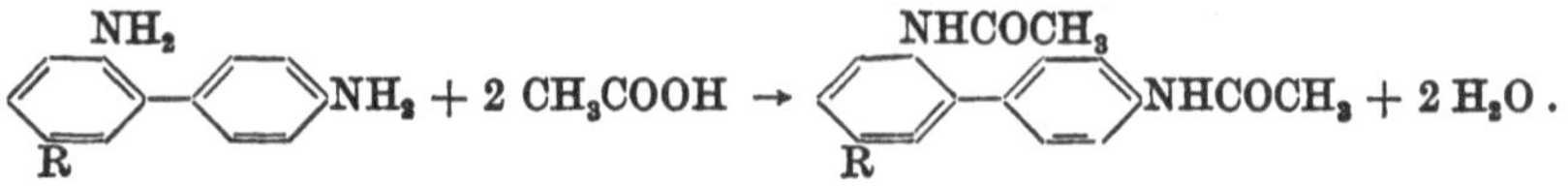

d) Bitertiäre symmetrische Hydrazine, Ar_2NNAr_2

α) Einwirkung von Säuren

Die bitertiären symmetrischen Hydrazine zeigen unter Einwirkung von wasserfreien Säuren eine ausgeprägte *Halochromie.* Die Salze sind intensiv violett gefärbt:

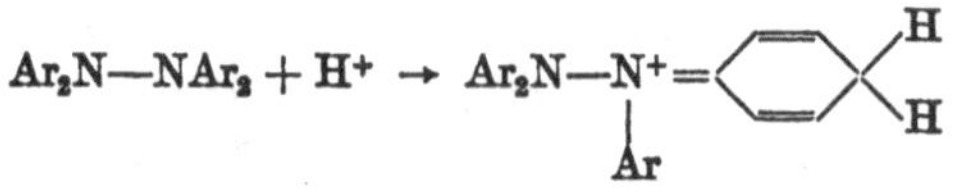

und existieren in mesomeren Strukturen.

β) Thermische Dissoziation

Benzollösungen der bitertiären symmetrischen Hydrazine sind gewöhnlich farblos in der Kälte, nehmen aber in der Wärme eine grüne Farbe an, da sie in freie Radikale dissoziieren.

$$Ar_2NNAr_2 \rightarrow 2\,Ar_2N\cdot$$

γ) Umlagerung

Die unter β) erwähnte Tendenz zur Dissoziation zeigt, daß die Bindung zwischen den beiden Stickstoffatomen in den betrachteten Hydrazinen leicht gelöst wird. Die Benzidinumlagerung dieser Hydrazine ist deshalb im Vergleich zur Umlagerung der eigentlichen Hydrazoverbindungen begünstigt.

e) Quaternäre Hydraziniumsalze, $Ar_3N^+NH_2X^-$

α) Einwirkung von Silberhydroxid

Behandelt man eine Lösung eines quaternären Hydraziniumsalzes mit Silberoxid, reagiert die Lösung stark basisch infolge der Bildung des quaternären Hydraziniumhydroxids.

β) Komplexsalzbildung

Die quaternären Hydraziniumsalze bilden mit Silbernitrat, Platinchlorid oder Pikrinsäure unlösliche Salze.

3. BESTIMMUNG DER HYDRAZINE

a) Acidimetrie

Die *aliphatischen Hydrazine* können als zweisäurige Basen titriert werden; Indicator ist Methylorange (Helianthin). Selbstverständlich können die Salze der quaternären Hydraziniumverbindungen und die basischen Salze der übrigen Hydrazintypen nur ein Äquivalent Säure verbrauchen.

Liegen Hydrazinsalze der Halogenwasserstoffsäuren vor, wird die VOLHARD-Bestimmung des Halogenions die bequemste Bestimmungsmethode sein.

Die *aromatischen Hydrazine* werden als einsäurige Basen titriert, wenn der aromatische Kern nicht zu stark elektrophil substituiert ist. Als Beispiel sei erwähnt, daß das 2,4-Dinitrophenylhydrazin eine zu schwache Base ist, um die acidimetrische Bestimmung zu ermöglichen.

b) Jodometrie

Hydrazine der Typen a) und b), und zwar sowohl aliphatische wie aromatische, können jodometrisch bestimmt werden. Die Reaktionsgleichungen sind:

$$RNHNH_2 + 2\,J_2 \rightarrow 3\,HJ + N_2 + RJ$$

$$RNHNHR + 2\,J_2 \rightarrow 2\,HJ + N_2 + 2\,RJ\,.$$

Eine verdünnte Lösung des Hydrazins oder eines Hydraziniumsalzes wird zu einem Überschuß von 0,1 *n*-Jodlösung, extra mit Wasser verdünnt, zugesetzt. Man läßt das Gemisch einige Stunden bei Zimmertemperatur stehen und titriert dann den Jodüberschuß mit 0,1 *n*-Natriumthiosulfat zurück [1], [2].

c) Azotometrie

Bei der oben erwähnten Reaktion mit Jod wird Stickstoff freigemacht. Sammelt man in einem Azotometer den Stickstoff auf und bestimmt sein Volumen, so kann man das Äquivalentgewicht des Hydrazins berechnen. 1 Mol Hydrazin liefert 1 Mol Stickstoff [6]. Wie bei azotometrischen Bestimmungen üblich, muß man die Temperatur der Reaktionslösung und den Barometerstand feststellen, um das Volumen auf 0° und 760 mm reduzieren zu können.

LITERATUR

[1] WITT, O. N., und SCHMIDT, C., Ber. **25**, 1017, 1892.
[2] IKUTA, M., Ann. **243**, 281, 1887.
[3] JACOBSON, P., und PIEPENBRINK, P., Ber. **27**, 2707, 1894.
[4] v. MEYER, E., J. prakt. Chem. [2] **36**, 115, 1887.
[5] STOLLÉ, R., J. prakt. Chem. [2] **66**, 332, 1902.
[6] KAUFLER, F., und SUCHANNEK, W., Ber. **40**, 524, 1907.

P. NITROVERBINDUNGEN

1. ALIPHATISCHE NITROVERBINDUNGEN
2. AROMATISCHE NITROVERBINDUNGEN
3. BESTIMMUNG DER NITROVERBINDUNGEN

1. ALIPHATISCHE NITROVERBINDUNGEN

Wir haben hier 3 verschiedene Typen von aliphatischen Nitroverbindungen zu betrachten, und zwar die primären Nitroverbindungen, RCH_2NO_2, die sekundären, R_2CHNO_2 und die tertiären, R_3CNO_2.

Da die Nitrogruppe eine stark elektrophile Gruppe ist, wird die Anwesenheit dieser Gruppe die Reaktivität der Substanz stark beeinflussen. Die Wasserstoffatome am zur Nitrogruppe α-gestellten Kohlenstoffatom sind reaktionsfähig geworden. Sie können z. B. mit Aldehydgruppen in einer Reaktion vom Typ der Aldolkondensation reagieren; eine Substanz wie Nitroessigsäure wird sich spontan oder nahezu spontan decarboxylieren. Die Ester und Salze dieser Säure sind dagegen stabil.

Die aliphatischen Nitroverbindungen sind neutrale Substanzen. Die primären und sekundären Nitroverbindungen sind Pseudosäuren, die unter dem Einfluß von Basen in Isonitroverbindungen, die *aci*-Formen der Nitroverbindungen, umgelagert werden; die *aci*-Formen bilden dann mit der Base wasserlösliche Salze. In der *nitro*-Form sind die Substanzen farblos oder schwach gelb gefärbt, in der *aci*-Form nehmen sie aber eine intensive gelbe Farbe an. Setzt man zur Lösung eines Salzes der *aci*-Form ein Äquivalent Säure, wird die *aci*-Form ohne Farbänderung freigemacht. Die Farbe verblaßt aber schnell als Folge der Umlagerung der *aci*-Form in die *nitro*-Form. Der *pH*-Wert der Lösung steigt in dem Maße, wie die Farbe der Lösung abnimmt.

In wäßriger Lösung ist das Gleichgewicht:

$$\begin{matrix}R \\ R'\end{matrix}\!\!>\!CHNO_2 \rightleftarrows \begin{matrix}R \\ R'\end{matrix}\!\!>\!C{=}NOOH \rightleftarrows \begin{matrix}R \\ R'\end{matrix}\!\!>\!C{=}NOO^- + H^+$$

(R und R′ Wasserstoff oder Alkyl)

beinahe vollständig nach links verschoben. Die Zugabe einer starken Base verschiebt das Gleichgewicht nach rechts.

Die tertiären Nitroverbindungen, die kein α-gestelltes Wasserstoffatom besitzen, haben nicht den Charakter von Pseudosäuren.

a) Bildung von Nitrolsäuren und Pseudonitrolen

Als bequemste Reaktionen zur Erkennung der primären und sekundären Nitroverbindungen sind schon auf Seite 51 und Seite 53 die *Nitrolsäureprobe* für primäre Alkohole und die *Pseudonitrolprobe* für sekundäre Alkohole beschrieben worden. Hier sei nur daran erinnert, daß man die zu untersuchende Substanz mit einer Lösung von Natriumnitrit in konzentrierter Natronlauge behandelt, dann mit Wasser verdünnt und mit verdünnter Schwefelsäure ansäuert. Eine rote oder orangefarbige Tönung der noch schwach alkalischen Lösung zeigt die Anwesenheit einer primären Nitroverbindung. Die Farbe verschwindet, wenn die Lösung sauer wird, während die Ausscheidung von blauen oder grünen wasserunlöslichen Tropfen, die sich in Chloroform mit derselben Farbe lösen, das Vorhandensein einer sekundären Nitroverbindung anzeigt.

b) Farbreaktionen mit Fe(III)chlorid

Wie angeführt, werden die primären und sekundären Nitroverbindungen von starken Basen in Salze der *aci*-Form umgebildet. Diese Salze sind oft in der stark basischen Lösung so schwer löslich, daß sie sich ausscheiden. Sie werden mittels eines gesinterten Glasfilters abfiltriert. Eine Probe wird in Wasser gelöst, die Lösung mit Äther überschichtet, und tropfenweise eine Fe(III)chloridlösung zugesetzt. Beim Schütteln des Glases nimmt die Ätherschicht eine rote bis rotbraune Farbe an.

c) Aliphatische tertiäre Nitroverbindungen

Spezifische Reaktionen dieser Verbindungen stehen nicht zur Verfügung. Wie andere, besonders die aromatischen, Nitroverbindungen können auch die aliphatischen tertiären Nitroverbindungen von Titantrichlorid oder anderen Reduktionsmitteln reduziert werden. Diese Reaktion ist aber allen stickstoffhaltigen Substanzen, welche den Stickstoff in einer höheren Oxydationsstufe als die Aminstufe enthalten, gemein. Eine quantitative Bestimmung des Äquivalentgewichtes ist notwendig, um die Substanz als eine tertiäre Nitroverbindung zu identifizieren.

2. AROMATISCHE NITROVERBINDUNGEN

Alle aromatischen Verbindungen, die eine oder mehrere Nitrogruppen als Substituenten im Kern enthalten, sind *tertiäre* Nitroverbindungen. Sie werden also von Basen nicht in Salze der *aci*-Formen umgelagert. Sehr starke Basen, wie z. B. Alkoholationen, können Polynitroverbindungen in Salze chinoider *aci*-Formen (oder Lewis-Säuren, vgl. S. 256) umlagern:

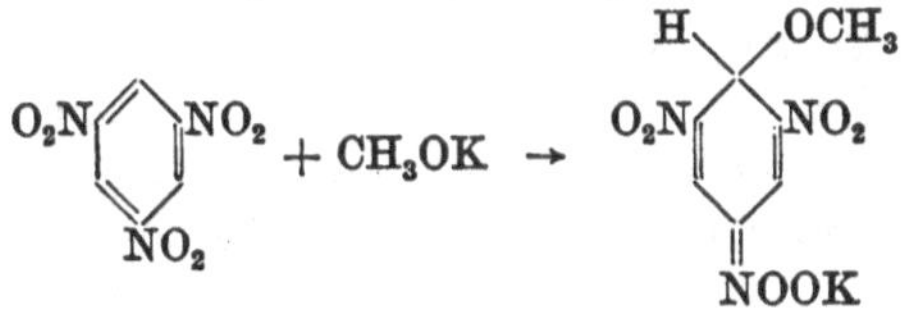

Nitroverbindungen, die keine anderen Substituenten enthalten, sind farblos oder schwach gelb. Die Anwesenheit anderer Substituenten wird gewöhnlich die Intensität der Farbe erhöhen und eine Verschiebung der Farbe nach rot (d. h. eine Verschiebung der Absorption der Substanz gegen abnehmende Frequenzen, eine bathochrome Verschiebung) bedingen. Die Nitrophenole sind gelb, das Nitroresorcin ist rot, die Nitroaniline sind gelb bis orange, die Nitrotoluidine gelb bis rot.

a) Reduktion zu primären Aminen

Die aromatischen Nitroverbindungen werden leicht zu primären aromatischen Aminen reduziert, welche man dann durch Diazotierung und Kupplung mit β-Naphthol nachweisen kann. Die Nitroverbindung wird entweder mit Zinn und Salzsäure oder mit einer salzsauren Lösung von Titantrichlorid gekocht. Nach Abkühlung wird mit Natriumhydroxid im Überschuß versetzt, die alkalische Lösung wird mit Äther extrahiert und die Ätherschicht mit verdünnter Salzsäure geschüttelt. Die wäßrige Schicht wird abgetrennt, mit einigen Milliliter einer wäßrigen Natriumnitritlösung versetzt und zu einer alkalischen Lösung von β-Naphthol gegeben. Die Bildung eines Azofarbstoffes zeigt, daß die wäßrige Schicht ein primäres aromatisches Amin enthält. Man kann daraus schließen, daß die ursprüngliche Substanz Stickstoff in einer höheren Oxydationsstufe als der Aminstufe enthält, vorausgesetzt, daß sie sich nicht diazotieren und kuppeln läßt, was vorher festgestellt werden muß.

Oft kann man die Diazotierungs- und Kuppelungsprobe direkt mit dem Reduktionsgemisch anstellen, ohne das Amin zu isolieren. Man gibt einige Milliliter Natriumnitritlösung zu 2—5 ml des Reduktionsgemisches und fügt dann das entstehende Gemisch zu einer alkalischen β-Naphthollösung hinzu. Hier wie vorher darf man nicht so viel von der sauren Lösung nehmen, daß die β-Naphthollösung sauer wird. Es kann nämlich sonst durch Einwirkung von salpetriger Säure auf β-Naphthol α-Nitroso-β-naphthol entstehen, das zwar kein Azofarbstoff ist, aber sich mit einer schmutzig-gelblich-grünen Farbe ausscheidet. Erstens kann dieser Niederschlag die Farbe des eventuellen Azofarbstoffes maskieren und zweitens kann man zu Unrecht den Niederschlag als einen Azofarbstoff auffassen. Dieser Gefahr entgeht man, wenn die Reaktion der Probe nie sauer wird.

Nitroverbindungen, die außerdem eine Hydroxyl- oder eine Carboxylgruppe enthalten, geben bei der Reduktion Amine, die sowohl in Säuren als auch in Basen löslicher sind als in Äther. In solchen Fällen muß man das Reaktionsgemisch vor der Extraktion mit Äther sehr genau neutralisieren, um sicher zu sein, die eventuelle Aminoverbindung extrahieren zu können.

Als sehr wichtig sei erinnert, daß außer den Nitroverbindungen auch die Nitroso-, Azo-, Azoxy- und Hydrazoverbindungen zu primären aromatischen Aminen reduziert werden können. Die endgültige Identifizierung kann nur durch eine Kombination der qualitativen Beobachtungen und der quantitativen Bestimmung des Reduktionsäquivalentgewichtes (siehe unter Kapitel 3, S. 254) durchgeführt werden.

b) Reduktion zu N-Arylhydroxylamin

Die Reduktion der Nitro- und Nitrosoverbindungen in neutraler äthanolisch-wäßriger Lösung mit Zinkstaub führt zu N-Arylhydroxylaminen. Diese Reduktion ist etwas spezifischer als die Reduktion zu Amin in saurer Lösung.

Einige Milligramm der zu untersuchenden Substanz werden in 5—10 ml 50%igem Äthanol gelöst und mit 0,2—0,5 g Ammonium- oder Calciumchlorid versetzt. Man kocht die Lösung 1—2 Minuten mit 1 g Zinkstaub, filtriert heiß oder läßt Zink und Zinkverbindungen sich niederschlagen und dekantiert die obenstehende Flüssigkeit ab. Dann fügt man einige Tropfen der klaren Flüssigkeit zu 5 ml Fehlingscher Lösung hinzu. Wird die Fehlingsche Lösung schon bei Zimmertemperatur reduziert, enthält die Flüssigkeit ein Arylhydroxylamin, und die ursprüngliche Substanz war dann eine Nitro- oder eine Nitrosoverbindung.

Eine Bestätigung der Anwesenheit eines Arylhydroxylamins in der abfiltrierten oder abdekantierten Flüssigkeit erhält man, wenn eine Probe dieser Flüssigkeit nach Zusatz einer Fe(III)chloridlösung nach Nitrosoverbindungen riecht, den „Nitrosogeruch" hat (vgl. S. 257). Die Fe(III)ionen oxydieren die Hydroxylamingruppe zu einer Nitrosogruppe. Die Nitrosogruppe läßt sich nicht nur durch den Geruch nachweisen. Extrahiert man die durch Fe(III)ionen oxydierte Lösung mit Äther, wird die Ätherschicht grün gefärbt, wenn die wäßrige Lösung eine Nitrosoverbindung enthält. Diese Reaktion ist ausgezeichnet für Nitro- und Nitrosoverbindungen, die außer diesen Gruppen keine anderen funktionellen Gruppen enthalten. Ist dagegen zugleich z. B. eine Amino- oder Hydroxylgruppe anwesend, versagt die Reaktion ziemlich oft.

c) Unterscheidung zwischen Mono- und Polynitroverbindungen

α) Einwirkung von starken Basen

Mononitroverbindungen werden nicht hydrolysiert, wenn man sie mit konzentrierter Natronlauge kocht. Die meisten Polynitroverbindungen werden dagegen bei dieser Behandlung jedenfalls teilweise hydrolysiert, besonders wenn eine Nitrogruppe sich in *ortho*- oder *para*-Stellung zu einer elektrophilen Gruppe befindet. Die Hydrolyse führt zum Austausch einer Nitrogruppe gegen eine Hydroxylgruppe, d. h., es wird Natriumnitrit gebildet. Wenn man nach Abkühlung des Hydrolysengemisches etwas Sulfanilsäure zusetzt und dann mit Salzsäure ansäuert, wird die Sulfanilsäure teilweise diazotiert, was man dadurch nachweisen kann, daß ein Azofarbstoff gebildet wird, falls man die Lösung zu einer alkalischen Lösung von β-Naphthol hinzufügt. Die Azofarbstoffe sind so intensiv gefärbt, daß selbst die winzigen Mengen, die bei dieser Reaktion entstehen können, genügen, um eine erkennbare Färbung hervorzurufen.

Die aliphatischen Nitroverbindungen, auch die tertiären, werden beim Kochen mit konzentrierter Natronlauge ohne Bildung von Natriumnitrit zersetzt.

β) Farbreaktion mit Azeton und Natronlauge

Polynitroverbindungen, die zueinander *m*-gestellte Nitrogruppen enthalten, verursachen eine intensive Farbreaktion, wenn man zu einer Lösung der Polynitroverbindung in Azeton 2—3 Tropfen einer 8—10%igen Natronlauge zusetzt. Bei Mononitroverbindungen bleibt die Lösung farblos oder nimmt sie höchstens eine strohgelbe Farbe an. Die *m*-Dinitroverbindungen geben eine purpurne und die symmetrischen Trinitroverbindungen eine blutrot gefärbte Lösung [1].

Bei Anwesenheit einer Hydroxyl-, Amino- oder substituierten Aminogruppe versagt diese Farbreaktion.

d) Charakterisierung der Nitroverbindungen

Die Nitroverbindungen werden am bequemsten durch die Amine charakterisiert, die bei der Reduktion der Nitroverbindungen entstehen. Man isoliert das Amin, wie vorstehend beschrieben, entfernt den Äther bei Verdampfung und azetyliert das Aminrohprodukt mit Essigsäureanhydrid (siehe S. 200). Das Azetylderivat wird durch Umkristallisation aus Äthanol, verdünntem Äthanol oder Wasser gereinigt.

3. BESTIMMUNG DER NITROVERBINDUNGEN

a) Titanometrie

Wie erwähnt, waren jedenfalls bis jetzt die aromatischen Nitroverbindungen die bei weitem häufigsten. Sie lassen sich am bequemsten titanometrisch bestimmen.

Die Methode ist dieselbe wie die auf Seite 238 für die Identifizierung von Azoverbindungen eingehend beschriebene. Da die Nitrogruppe 6 Äquivalente Titantrichlorid verbraucht, sollte man nicht mehr als 30—50 mg Substanz für eine Bestimmung in Arbeit nehmen. Am bequemsten wägt man in einem 50 ml-Meßkolben etwa 0,2 g der Substanz ab, löst die Substanz in Äthanol und füllt mit Äthanol bis zur Marke auf. 10 ml dieser Lösung werden für eine Bestimmung gebraucht.

Wie mehrmals erwähnt, kann man oft nur bei der Kombination qualitativer Beobachtungen und Reaktionen mit der quantitativen Bestimmung irgend einer funktionellen Gruppe die endgültige Identifizierung durchführen. Eine solche Kombination ist beinahe unentbehrlich, wenn es sich um Substanzen handelt, die Stickstoff in höheren Oxydationsstufen als die Aminstufen enthalten. Die qualitative Reaktion, die man benutzt, ist so gut wie immer die Reduktion zum primären Amin. Auch für die quantitative Bestimmung des Äquivalentgewichtes wird diese Reduktion benutzt, indem man die einem Äquivalent Titantrichlorid entsprechende Gewichtsmenge der Substanz berechnet. Man multipliziert dann das Äquivalentgewicht mit einem passenden Faktor und erhält dadurch eine Reihe von möglichen Molekülgewichten, zwischen denen man dann dasjenige auswählt, welches sich am besten mit den beobachteten qualitativen Reaktionen und den physikalischen Konstanten (Schmelz- und Siedepunkt, Löslichkeit, Farbe usw.) verträgt.

Faktor 2: Einige Azoverbindungen. Minimales Äquivalentgewicht 91.

Faktor 4: Nitrosoverbindungen und einige Azoverbindungen. Für die Azoverbindungen ist das minimale Äquivalentgewicht 45,5, während man für Nitrosoverbindungen Äquivalentgewichte bis zu 27 hinunter finden kann.

Faktor 6: Azoxyverbindungen und Nitroverbindungen. Für die Azoxyverbindungen ist das minimale Äquivalentgewicht 33, während für Nitroverbindungen Werte bis 20,5 hinunter möglich sind. (Die aliphatischen Nitroverbindungen lassen sich gewöhnlich nicht titanometrisch bestimmen, sonst wären für solche Verbindungen Werte bis zu etwa 10 hinunter zu erwarten.)

Faktor 10: Kombination von zwei Gruppen, von welchen die eine 4, die andere 6 Äquivalente verbraucht. Solche Verbindungen sind gewöhnlich intensiv gefärbt. Das minimale Äquivalentgewicht ist 23, wenn eine Azofunktion vorliegt. Bei Kombination einer Nitroso- und einer Nitrogruppe kann man Äquivalentgewichte bis zu 15,2 hinunter finden.

Faktor 12: Kombination von zwei Gruppen, die je 6 Äquivalente verlangen. Enthält die Substanz keine auxochrome Gruppe, kann sie schwach gelblich oder beinahe farblos sein. Die Anwesenheit einer Aminogruppe oder einer anderen auxochromen Gruppe ruft aber eine intensive Farbe hervor. Das Minimumäquivalentgewicht ist, wenn eine Azoxy- und eine Nitrogruppe vorliegen, 22, während man bei Anwesenheit von zwei Nitrogruppen Werte bis 14 hinunter finden kann.

b) Bestimmung der primären und sekundären Nitroverbindungen

JONES und RIDDICK [2] haben gefunden, daß primäre und sekundäre Nitroverbindungen sich mit Natriumhypochloritlösungen quantitativ chlorieren lassen, wobei alle α-Wasserstoffatome durch Chlor substituiert werden. Der Überschuß an Natriumhypochlorit wird dann jodometrisch festgestellt. Primäre Nitroverbindungen reagieren quantitativ in 0,25 *n*-Natronlauge, die sekundären Nitroverbindungen fordern aber eine 2,0 *n*-Natronlauge um eine quantitative Chlorierung durchzuführen.

Man bereitet 2 Standardlösungen A und B. In A werden 10 ± 0,1 g Natriumhydroxid, in B 80 ± 0,1 g Natriumhydroxid in Wasser gelöst. In beiden Fällen werden 145 ml einer etwa 0,7 molaren Natriumhypochloritlösung zugesetzt, und man füllt mit Wasser bis zu 1000 ml auf.

Zur Bestimmung einer Nitroverbindung werden 1,2—1,4 g davon (im Falle des Nitromethans nur 0,6—0,7 g) in einem 250 ml Meßkolben abgewogen und in Wasser gelöst. Der Kolben wird dann bis zur Marke mit Wasser aufgefüllt. 10 ml dieser Lösung werden in einen Jodzahlkolben mit eingeschliffenem Stopfen pipettiert und mit 25 ml der Lösung A (primäre Nitroverbindungen) oder B (sekundäre Nitroverbindungen) versetzt. Parallel mit dem Hauptversuch wird eine Blindprobe mit 10 ml Wasser angesetzt. Nach 15 Minuten Stehen bei Zimmertemperatur werden die Kolben in Eiswasser gekühlt und 15 ml Eisessig und 15 ml einer 20%igen Kaliumjodidlösung zugesetzt. Das ausgeschiedene Jod titriert man nach 10 Minuten mit 0,1 *n*-Natriumthiosulfat zurück; Indicator: Stärke. Die Differenz der Blindprobe und der Hauptprobe gibt den Chlorverbrauch der abgewogenen Substanzmenge an.

Die Reaktionsgleichungen sind:

$$R \cdot CH_2 \cdot NO_2 + 2\,NaOCl \rightarrow R \cdot CCl_2 \cdot NO_2 + 2\,NaOH$$

$$R_2 \cdot CH \cdot NO_2 + NaOCl \rightarrow R_2 \cdot CCl \cdot NO_2 + NaOH\,.$$

Man sieht also, daß die primären Nitroverbindungen 2 Moleküle (Nitromethan 3 Moleküle), die sekundären Nitroverbindungen nur 1 Molekül Natriumhypochlorit verbrauchen.

c) Bestimmung der Nitroverbindungen nach KJELDAHL

Substanzen, die Stickstoff in einer höheren Oxydationsstufe als die Aminstufe enthalten, können nicht ohne weiteres nach KJELDAHL bestimmt werden; man muß zuerst die stickstoffhaltige Funktion bis zur Aminstufe reduzieren.

McCUTCHAN und ROTH [3] empfehlen folgende Reduktionsweise:

In einem 100 ml KJELDAHL-Zerstörungskolben löst man 1 g Thiosalicylsäure in 20 ml konzentrierter Schwefelsäure. Dann werden 0,1—0,2 g der zu untersuchenden Substanz zugesetzt und eventuelle Substanzreste mit 20 ml konzentrierter Schwefelsäure hinuntergespült. Das Gemisch wird nun auf dem KJELDAHL-Gestell (siehe Abb. 16, S. 24) bis zum regelmäßigen Sieden erhitzt. Nach dem Abkühlen setzt man 20 g Kaliumsulfat und das übliche Katalysatorgemisch (siehe S. 23) hinzu und führt die nachherige Abdestillation des Ammoniaks wie üblich durch.

Statt Thiosalicylsäure kann man Titantrichlorid zur Reduktion der Nitroverbindungen benutzen. In einem 100 ml KJELDAHL-Zerstörungskolben läßt man 0,1—0,2 g der zu untersuchenden Substanz mit 10 ml der kommerziellen 15%igen Lösung von Titantrichlorid in Salzsäure sieden. Das Gemisch sollte nach 30 Minuten noch gefärbt sein. Man fügt dann 20 g Kaliumsulfat und 20 ml konzentrierte Schwefelsäure hinzu und läßt das Gemisch bis zur vollständigen Entfernung des Chlorwasserstoffs sieden. Erst dann wird das Katalysatorgemisch zugesetzt. Die weitere Behandlung ist die übliche.

BELCHER und BHATTY [4] empfehlen, die Nitrogruppen mit unmittelbar vor dem Gebrauch dargestellter Chromochloridlösung zu reduzieren. Chromichlorid wird mit einem 2% Zink enthaltenden Zinkamalgam und verdünnter Schwefelsäure reduziert. Die entstehende Chromochloridlösung wird durch eine Schicht von Ligroin gegen Luftsauerstoff geschützt und die Nitroverbindung mit dieser Lösung reduziert; dann werden die gewöhnlichen Katalysatoren zugesetzt. Man vollendet die Bestimmung wie üblich.

d) Bestimmung durch Reduktion der Substanz mit Zinn und methanolischer Salzsäure

VANDERZEE und EDGELL [5] schlagen zur Bestimmung von Nitroverbindungen vor, eine abgewogene Probe (a g) davon in einer 0,35 n-Lösung von Chlorwasserstoff in wäßrigem Methanol zu lösen. Eine abgewogene Menge Zinn wird zugesetzt und das Gemisch eine Stunde unter Rückflußkühlung in einem Strom von Kohlendioxid erhitzt. Man kühlt ab, filtriert das Zinn auf eine gewogene Glasfritte ab, wäscht sorgfältig mit Wasser, trocknet die Fritte und bestimmt durch Wägung die Menge des unverbrauchten Zinns, b g. Das Äquivalentgewicht ist dann:

$$E = \frac{a \cdot 118{,}7}{b}.$$

e) Titration von aromatischen Polynitroverbindungen in nichtwäßriger Lösung

Auf Seite 251 wurde erwähnt, daß Polynitroverbindungen mit Alkanolationen reagieren können. BROCKMANN und MEYER [6] haben diese Reaktion zu einer titrimetrischen Bestimmungsmethode der Polynitroverbindungen ausgearbeitet. Sie lösen die Nitroverbindung in Äthylendiamin und titrieren potentiometrisch mit einer 0,1 n-Lösung von Natriumcholaminat. Die Nitroverbindung verhält sich wie eine LEWIS-Säure, wie aus der Reaktionsgleichung:

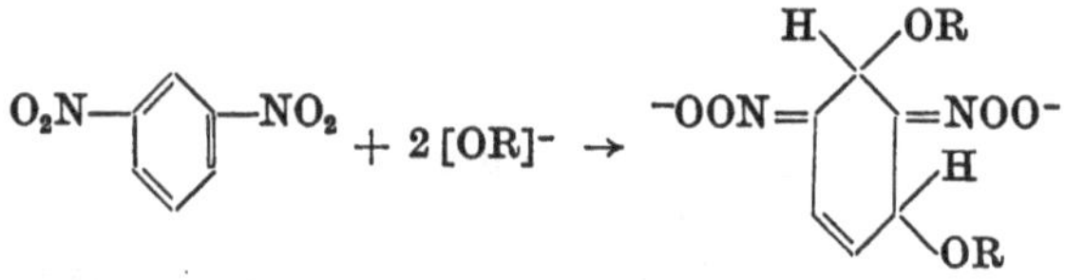

zu ersehen ist.

m-Dinitrobenzol verbraucht also 2 Äquivalente Cholaminat, Trotyl 3.

Die entstehenden „Salze" sind intensiv gefärbt; man kann Dinitrobenzol als Indicator bei der Titrierung von Säuren in nichtwäßrigem Milieu benutzen.

LITERATUR

[1] CANBÄCK, T., Svensk kem. Tidskr. 58, 101, 1946; Chem. Abstr. 40, 6060, 1946.
[2] JONES, L. R., und RIDDICK, J. A., Anal. Chem. 28, 1137, 1956.
[3] McCUTCHAN, P., und ROTH, W. F., Anal. Chem. 24, 369, 1952.
[4] BELCHER, R., und BHATTY, M. K., Analyst 81, 124, 1956.
[5] VANDERZEE, C. E., und EDGELL, W. F., Anal. Chem. 22, 572, 1950.
[6] BROCKMANN, H., und MEYER, E., Ber. 87, 81, 1954.

Q. NITROSO- UND ISONITROSOVERBINDUNGEN

1. NITROSOVERBINDUNGEN
2. ISONITROSOVERBINDUNGEN (OXIME)
3. BESTIMMUNG DER NITROSO- UND ISONITROSO-VERBINDUNGEN

1. NITROSOVERBINDUNGEN

a) Farbe in festem und in flüssigem Zustande (oder in Lösung)

Die *C-Nitrosoverbindungen* sind gewöhnlich bei Zimmertemperatur feste, kristalline, farblose oder schwach gelb gefärbte Substanzen. Über ihren Schmelzpunkt erhitzt oder in Äthanol oder Äther gelöst, sind sie dagegen blau oder grün gefärbt. Einige C-Nitrosoverbindungen, z. B. *p*-Nitrosodimethylanilin, sind auch in festem kristallinischen Zustand intensiv grün gefärbt (durch die Anwesenheit der stark auxochromen Dimethylaminogruppe).

Die farblosen Substanzen sind wahrscheinlich dimer, während die gefärbten flüssigen oder gelösten Substanzen monomer sind.

Alle C-Nitrosoverbindungen haben einen dumpfen, sehr charakteristischen Geruch („Nitrosogeruch"), der schwach an den Geruch der Chinone erinnert.

Die N-*Nitrosoverbindungen* (z. B. die Nitrosamine) sind dagegen gewöhnlich farblose oder gelb gefärbte Substanzen, sowohl in festem als in geschmolzenem oder gelöstem Zustand, sie haben keinen „Nitrosogeruch".

b) Reaktion mit Jodwasserstoff

Alle C-*Nitrosoverbindungen* werden Jod freimachen, wenn man sie oder eine äthanolische Lösung von ihnen mit einer sauren Lösung von Kaliumjodid versetzt.

Die N-*Nitrosoverbindungen* sind dagegen nicht in der Lage, Jodwasserstoffsäure zu oxydieren.

c) Reaktion mit primären aromatischen Aminen

Die C-Nitrosoverbindungen kondensieren sich mit primären aromatischen Aminen, wobei Azoverbindungen entstehen:

$$\mathrm{Ar \cdot NO + H_2N \cdot Ar \rightarrow Ar \cdot N{=}N \cdot Ar + H_2O}\,.$$

d) Liebermanns Reaktion

C-Nitrosoverbindungen, sowohl die aliphatischen als auch die aromatischen, geben, wenn sie mit konzentrierter Schwefelsäure und einem Tropfen flüssigen Phenols erwärmt werden, eine intensive Liebermann-Reaktion (S. 57).

Auch die N-Nitrosoverbindungen geben oft die Liebermannsche Reaktion, aber bisweilen sind die Farbumschläge nicht so scharf wie bei den C-Nitrosoverbindungen. Der Umschlag nach blau beim Alkalisieren der roten schwefelsauren Lösung ist jedoch immer eindeutig.

e) Reduktion zu Azoxyverbindungen

Erwärmt man eine alkalische äthanolische Lösung einer C-Nitrosoverbindung einige Minuten bis zum Sieden, wird Äthanol zu Acetaldehyd oxydiert und die Nitrosoverbindung zu einer Azoxyverbindung reduziert:

$$2\,Ar \cdot NO + CH_3 \cdot CH_2 \cdot OH \rightarrow Ar \cdot \underset{\displaystyle |\atop O^-}{N^+}{=}N \cdot Ar + CH_3 \cdot CHO + H_2O\,.$$

Da die Azoxyverbindungen in Äthanol schwer löslich sind, scheiden sie sich beim Abkühlen, bisweilen schon in der Wärme aus.

f) Reaktion mit Hydroxylamin

Hydroxylamin kondensiert sich, wie andere Verbindungen mit einer primären Aminogruppe, mit C-Nitrosoverbindungen, wobei Isodiazohydrate entstehen, die bei Kupplung mit einer alkalischen β-Naphthollösung Azofarbstoffe bilden:

$$Ar \cdot NO + H_2NOH \rightarrow Ar \cdot N{=}NOH + H_2O$$

$$ArN{=}NOH + HC_{10}H_6OH \rightarrow ArN{=}NC_{10}H_6OH + H_2O\,.$$

Man löst die Nitrosoverbindung in Äthanol und fügt β-Naphthollösung und dann wäßrige Hydroxylammoniumchloridlösung hinzu. Zu dem entstehenden grüngefärbten Gemisch setzt man tropfenweise verdünnte Natriumcarbonatlösung. Die Farbe des Gemisches schlägt von grün über braun nach rot um, und bei Zugabe von Wasser scheidet sich ein Azofarbstoff aus [1].

g) Reaktion mit konzentrierter Schwefelsäure

Mit konzentrierter Schwefelsäure erwärmt, unterliegen die aromatischen C-Nitrosoverbindungen einer Selbstkondensation, wobei C-Nitroso-diarylhydroxylamine entstehen, z. B.:

$$2\,C_6H_5 \cdot NO \rightarrow C_6H_5 \cdot N(OH) \cdot C_6H_4 \cdot NO\,.$$

Die C-Nitrosodiarylhydroxylamine sind intensiv gelb gefärbte Substanzen, die sich in konzentrierter Natronlauge mit roter Farbe lösen [2].

h) Charakterisierung der Nitrosoverbindungen

Die C-*Nitrosoverbindungen* lassen sich durch die bei ihrer Reduktion entstehenden Amine oder durch Acylderivate dieser Amine charakterisieren.

In vielen Fällen, besonders bei den aromatischen Nitrosoverbindungen, sind die bei der Reaktion e) entstehenden Azoxyverbindungen die bequemsten Derivate zur Charakterisierung der Nitrosoverbindungen.

Aus den N-*Nitrosoverbindungen* entstehen bei der Reduktion Hydrazine, die sich, wie auf Seite 243 bis 249 beschrieben, identifizieren und charakterisieren lassen.

2. ISONITROSOVERBINDUNGEN (OXIME)

Die Aldoxime und die Ketoxime sind die Hauptvertreter dieser Gruppe.

Wir werden hier nicht die Stereochimie der Oxime (*syn*-, *anti*- und *amphi*-Formen) diskutieren und auch nicht die Methoden, die zur Konfigurationsbestimmung dienen. Es genügt der Hinweis, daß man bei Behandlung der Oxime mit Essigsäureanhydrid oder bei der Untersuchung der Substanzen, die bei einer Beckmannschen Umlagerung des Oxims entstehen, wertvolle Auskünfte über die Struktur und die Konfiguration des Oxims erhalten kann.

a) Reaktion mit anderen Carbonylgruppenreagenzien

Die =NOH-Gruppe wird leicht durch andere Gruppen ersetzt, so daß die Oxime in Phenylhydrazone (oder substituierte Phenylhydrazone) umgebildet werden, wenn man sie mit einer äthanolischen Phenylhydrazinlösung oder einer salzsauren Lösung von 2,4-Dinitrophenylhydrazin oder *p*-Carboxyphenylhydrazin zum Sieden erhitzt.

b) Reduktion

Die Oxime lassen sich mit Natriumamalgam (wäßrige Lösung des Oxims), Natrium (äthanolische Lösung), Zinn oder Titantrichlorid (salzsaure Lösung) zu primären Aminen reduzieren.

c) Liebermanns Reaktion

Mit Phenol und konzentrierter Schwefelsäure behandelt, geben die meisten *aromatischen* Oxime eine positive Liebermann-Reaktion (S. 57), die *aliphatischen* Oxime dagegen nicht.

d) Charakterisierung der Isonitrosoverbindungen

Die Oxime werden am bequemsten durch die Derivate charakterisiert, die bei der Umbildung der Oxime in 2,4-Dinitrophenylhydrazone entstehen, oder durch die Amide, die bei der Beckmann-Umlagerung der Oxime gebildet werden.

Weiter kann man die Oxime durch die bei ihrer Reduktion entstehenden Amine oder durch die Acylderivate dieser Amine charakterisieren.

3. BESTIMMUNG DER NITROSO- UND ISONITROSOVERBINDUNGEN

a) Titanometrie

Die Nitrosoverbindungen verlangen zu ihrer Reduktion 4 Äquivalente Titantrichlorid. Die Untergrenze des Äquivalentgewichtes einer aromatischen Nitrosoverbindung ist deshalb 27. Die C-Nitrosoverbindungen werden zu primären Aminen reduziert, die N-Nitrosoverbindungen zu primären oder unsymmetrischen Hydrazinen.

Auch die Isonitrosoverbindungen lassen sich mit Titantrichlorid reduzieren. Die Oxime werden zu primären Aminen reduziert und verbrauchen also 4 Äquivalente Titantrichlorid. Die Reduktion verläuft aber nicht so eindeutig wie die Reduktion der Nitrosoverbindungen. Einige Oxime, z. B. das Cyclohexanonoxim, verbrauchen nur 2 Äquivalente Titantrichlorid [3].

b) Bestimmung durch Derivate

Die bequemste Methode zur Bestimmung des Äquivalentgewichtes einer Isonitrosoverbindung ist gewöhnlich eine Umbildung des Oxims in ein *p*-Carboxyphenylhydrazon, welches dann nach Umkristallisation, wie auf Seite 114 angegeben, titriert wird.

Das Äquivalentgewicht E des Oxims ist dann:

$$E = \frac{a \cdot 1000}{b \cdot n} - 119{,}1\,,$$

wenn a g des p-Carboxyphenylhydrazons b ml Natronlauge der Normalität n verbrauchen.

Läßt sich aus irgendwelchen Gründen das p-Carboxyphenylhydrazon zur Bestimmung des Äquivalentgewichtes nicht verwenden, kann man das Semicarbazon präparieren. Man hydrolysiert das Oxim durch Kochen mit verdünnter Schwefelsäure, isoliert die Carbonylverbindung durch Ätherextraktion des Hydrolysats, präpariert dann das Semicarbazon (siehe S. 105) und bestimmt sein Äquivalentgewicht, wie auf Seite 119 angegeben. Man findet dann:

$$E_{\text{Oxim}} = E_{\text{Semicarb.}} - 42{,}1\,.$$

LITERATUR

[1] BAMBERGER, E., Ber. 28, 1218, 1895.
[2] BAMBERGER, E., BÜSDORF, H., und SAND, H., Ber. 31, 1513, 1898.
[3] Unveröffentlichte Beobachtung des Verfassers.

R. SUBSTITUIERTE HYDROXYLAMINE

1. O-SUBSTITUIERTE HYDROXYLAMINE

α) Basenstärke

Die O-substituierten Hydroxylamine sind ziemlich *starke Basen.* Ihre Salze sind häufiger als die freien Basen, die einen aminähnlichen Geruch haben.

β) Reaktion mit Carbonylverbindungen

Die O-substituierten Hydroxylamine kondensieren sich leicht mit Carbonylverbindungen, wobei Oximäther gebildet werden. Zur Darstellung der Oximäther benutzt man die für die Oxime angegebene Methode (S. 107).

2. N-SUBSTITUIERTE HYDROXYLAMINE

α) FEHLINGsche Lösung

Alle N-substituierten Hydroxylamine reduzieren FEHLINGsche Lösung bei Zimmertemperatur.

β) Reaktion mit Nitrosoverbindungen

Die N-substituierten Hydroxylamine kondensieren sich mit Nitrosoverbindungen zu schwerlöslichen Azoxyverbindungen:

$$\mathrm{Ar \cdot NHOH + ArNO \rightarrow Ar \cdot \underset{\displaystyle O^-}{\underset{|}{N^+}}{=}N \cdot Ar + H_2O}\,.$$

γ) Oxydation mit Luft

Schüttelt man nach Zusatz einiger Tropfen verdünnter Natronlauge eine äthanolische Lösung eines N-substituierten Hydroxylamins unter Zutritt von Luft oder Sauerstoff, wird diese zu einer Azoxyverbindung oxydiert, welche spontan oder nach Zusatz von Wasser auskristallisiert:

$$4\ Ar \cdot NHOH + O_2 \rightarrow 2\ Ar\underset{\displaystyle |\atop O^-}{N^+}{=}NAr + 4\ H_2O\,.$$

δ) Reaktion mit Fe(III)chlorid

Destilliert man eine wäßrige Lösung eines N-substituierten Hydroxylamins nach Zusatz von Fe(III)chloridlösung, wird das Hydroxylamin zu einer Nitrosoverbindung oxydiert (vgl. S. 252). Die Nitrosoverbindung, die mit Wasserdampf flüchtig ist, wird im Kühler zu grünen Tropfen verdichtet, welche beim Erstarren gewöhnlich farblos werden. Man bemerkt dabei deutlich den charakteristischen „Nitrosogeruch".

3. BESTIMMUNG DER SUBSTITUIERTEN HYDROXYLAMINE

α) Salzbildung

Die O-substituierten Hydroxylamine werden in O-Hydroxylammoniumchloride umgebildet, in welchen man Chlorid nach Volhard bestimmt.

β) Fehlingsche Lösung

Bisweilen kann man das Äquivalentgewicht der N-substituierten Hydroxylamine dadurch berechnen, daß man eine abgewogene Menge des Hydroxylamins mit einem abgemessenen Überschuß von Fehlingscher Lösung kocht. Nach dem Abkühlen wird mit Schwefelsäure angesäuert, eine Kaliumjodidlösung zugesetzt, und das ausgeschiedene Jod dann durch Titration mit 0,1 *n*-Natriumthiosulfat bestimmt. Ein Molekül des Hydroxylamins verbraucht bei der Oxydation 2 Äquivalente Oxydationsmittel.

γ) Absorption von Sauerstoff

Die Reaktion 2. γ kann zur Bestimmung des Äquivalentgewichtes eines N-alkylsubstituierten Hydroxylamins dienen, wenn man das von einer abgewogenen Menge des Hydroxylamins absorbierte Volumen Sauerstoff mißt. Die Reaktion wird in einem Azotometer durchgeführt. Bei der Berechnung muß man wie üblich den Wasserdampfdruck bei der Versuchstemperatur berücksichtigen. 1 Mol Sauerstoff kann 4 Moleküle N-arylsubstituiertes Hydroxylamin zur Azoxyverbindung oxydieren.

S. VERBINDUNGEN, WELCHE AKTIVEN SAUERSTOFF ENTHALTEN

1. JODOSO- UND JODYLVERBINDUNGEN
2. PEROXIDE UND PERSÄUREN
3. CHINONE
4. BESTIMMUNG VON AKTIVEM SAUERSTOFF

1. JODOSO- UND JODYLVERBINDUNGEN

a) Jodosoverbindungen

Die aromatischen Jodosoverbindungen, Ar · JO (nur die aromatischen Jodosoverbindungen sind bei Zimmertemperatur stabil) sind mit wenigen Ausnahmen gelbe, amorphe Substanzen, welche, längere Zeit bei Zimmertemperatur aufbewahrt oder einige Minuten auf dem Wasserbade erwärmt, zu einem Gemisch von Jodaren und Jodylaren disproportioniert werden:

$$2\,ArJO \rightarrow ArJ + ArJO_2\,.$$

Setzt man eine Jodosoverbindung zu einer angesäuerten Lösung von Kaliumjodid, wird momentan Jod freigemacht.

Die Jodosoverbindungen haben schwach basische Eigenschaften und können sich mit Säuren zu Salzen des hypothetischen Hydroxids, $ArJ(OH)_2$, vereinigen.

Alle echten Jodosoverbindungen haben einen charakteristischen Geruch („Jodosogeruch").

b) Jodylverbindungen

Die Jodylverbindungen, $ArJO_2$, sind farb- und geruchlose kristallinische Verbindungen. Erwärmt man sie, findet man keinen Schmelzpunkt, sondern eine Verpuffung bei einer nicht scharf definierten Temperatur.

Die oxydierenden Eigenschaften der Jodylverbindungen sind noch ausgeprägter als die der Jodosoverbindungen.

Die Jodylverbindungen haben keine basischen Eigenschaften. Sie verhalten sich in gewissem Maße wie Peroxide.

2. PEROXIDE UND PERSÄUREN [1], [2]

Die Peroxide, R · CO–O–O–OCR, wie auch RO–OR, und die Peroxosäuren,
O O
R–C–O–O–C–R , haben Eigenschaften, die denen der Perschwefelsäure
COOH COOH
(Peroxodischwefelsäure) ähnlich sind, während die Persäuren, RCO–OOH, an die Monoperschwefelsäure (Peroxoschwefelsäure, Caros Säure) erinnern.

Die Persäuren haben einen charakteristischen Geruch, dem Geruch des Chlorkalks ähnlich. Sie sind sehr reaktive Substanzen, die oft ziemlich unmotiviert detonieren können. Wenn man sie mit konzentrierter Schwefelsäure in Berührung bringt, tritt gewöhnlich eine Explosion ein. Versetzt man sie mit einer angesäuerten Kaliumjodidlösung, scheiden die Persäuren momentan Jod aus, und wird eine Indigolösung entfärbt; primäre aromatische Amine werden zu den entsprechenden Nitrosoverbindungen oxydiert.

Die Peroxide und die Peroxosäuren werden auch Jod aus einer angesäuerten Jodidlösung freimachen, aber langsamer, zum Teil, weil diese Verbindungen im

Wasser sehr schwer löslich sind (besonders die Peroxide). Weder die Peroxide noch die Peroxosäuren werden momentan eine Indigolösung entfärben. Die Peroxosäuren hydrolysieren aber langsam zu Persäuren, die dann die Indigolösung entfärben.

Im reinen Zustand sind die Peroxide und die Peroxosäuren geruchlose Substanzen.

3. CHINONE

Diese Substanzen wurden schon auf Seite 99 erwähnt.

4. BESTIMMUNG DES AKTIVEN SAUERSTOFFES

a) Jodoso- und Jodylverbindungen

Die Bestimmung basiert auf der Oxydation von Jodwasserstoffsäure durch den aktiven Sauerstoff dieser Verbindungen:

$$RJO + 2\,HJ \rightarrow RJ + H_2O + J_2\,.$$
$$RJO_2 + 4\,HJ \rightarrow RJ + 2\,H_2O + 2\,J_2\,.$$

Folgende Arbeitsweise wird empfohlen [3]:

Die zu untersuchende Substanz wird in einer Ampulle abgewogen. Eine Kaliumjodidlösung und etwas verdünnte Schwefelsäure, beide Lösungen kurz vorher durch Auskochen von gelöstem Sauerstoff befreit, werden zugesetzt; die Luft in der Ampulle wird durch Kohlendioxid verdrängt, die Ampulle zugeschmolzen und 4 Stunden in einem siedenden Wasserbade erhitzt. Nach der Abkühlung wird die Ampulle geöffnet, der Inhalt quantitativ in einen Erlenmeyerkolben übergeführt und das Jod mit 0,1 n-Natriumthiosulfat titriert; Indicator: Stärke. Man muß während der Titration energisch schütteln, denn das bei der Reaktion gebildete organische Jodid wird sonst leicht etwas Jod zurückhalten.

Das Äquivalentgewicht E ist:

$$E = \frac{a \cdot 1000}{b \cdot n} \quad \text{und} \quad M_{\text{Jodoso}} = 2\,E; \quad M_{\text{Jodyl}} = 4\,E\,,$$

wenn a g Substanz eine einer b ml Thiosulfat der Normalität n äquivalenten Jodmenge freigemacht haben.

b) Peroxide und Persäuren

α) Jodometrie

Auch die Peroxide und die Persäuren lassen sich jodometrisch bestimmen, indem man ihre Fähigkeit, Jod aus Jodwasserstoffsäure freizumachen, ausnützt. Die Reaktion ist aber bei Zimmertemperatur ziemlich langsam, und bei 100° sind die Substanzen zu instabil, um exakte Resultate zu geben. Eine jodometrische Methode, die ursprünglich von Baeyer und Villiger [4] vorgeschlagen wurde, wird jetzt in folgender Ausführungsform empfohlen:

In einem mit eingeschliffenem Stopfen versehenen Jodzahlkolben wird die zu untersuchende Substanz abgewogen. Kaliumjodidlösung und verdünnte Schwefelsäure werden zugesetzt, und dann läßt man den Kolben 24 Stunden bei Zimmertemperatur vor Licht geschützt stehen. Gleichzeitig wird eine Blindprobe mit denselben Kaliumjodid- und Schwefelsäuremengen wie im Hauptversuch angesetzt. Nach 24 Stunden wird das in den beiden Kolben ausgeschiedene Jod mit

0,1 *n*-Natriumthiosulfat titriert (Indicator: Stärke). Das Äquivalentgewicht E wird aus der Differenz der beiden Titrationen berechnet.

Die Reaktionsgleichungen:

$$RO—OR + 2\,HJ \rightarrow R_2O + H_2O + J_2$$

$$RCO—OOH + 2\,HJ \rightarrow RCOOH + H_2O + J_2\,.$$

zeigen, daß $M = 2\,E$ sowohl für die Peroxide als für die Persäuren gilt.

Die Bestimmung ist für die Persäuren genauer als für die Peroxide, was auf die sehr geringe Wasserlöslichkeit der letzgenannten zurückzuführen ist.

β) Bestimmung mittels Stannochlorid

Eine genauere Bestimmung der Peroxide kann man durch ihre Reduktion mit Stannochlorid erhalten. Eine abgewogene Menge des Peroxids wird zu einem bekannten Volumen 0,1 *n*-Stannochloridlösung gesetzt und in einem Strom von Kohlendioxid zum Sieden erhitzt. Die Reduktion ist gewöhnlich zu Ende, wenn das Peroxid sich gelöst hat; vorsichtshalber setzt man aber das Sieden noch 5 Minuten fort. Nach Abkühlung wird der Stannochloridüberschuß durch Titration mit 0,1 *n*-Jod-Jodkaliumlösung (Indicator: Stärke) festgestellt [5]. Diese Methode erlaubt auch, die Persäuren zu bestimmen.

Die Reaktionsgleichungen:

$$RO—OR + SnCl_2 + 2\,HCl \rightarrow R_2O + SnCl_4 + H_2O$$

$$RCO—OOH + SnCl_2 + 2\,HCl \rightarrow RCOOH + SnCl_4 + H_2O$$

zeigen, daß, wie vorstehend erwähnt,

$$E = \frac{a \cdot 1000}{b \cdot n}\ ; \quad M = 2\,E\,,$$

ist, wobei a, b und n die übliche Bedeutung haben.

c) Chinone

Die Bestimmung der Chinone wurde schon auf Seite 124 beschrieben.

LITERATUR

[1] Meyer, H., Analyse und Konstitutionsermittlung organischer Substanzen, 6. Ausgabe, Springer, Wien, 1938, S. 760.
[2] Swern, D., Chem. Rev. 45, 1, 1949.
[3] Meyer, V., und Wachter, W., Ber. 25, 2632, 1892.
[4] Baeyer, A., und Villiger, V., Ber. 34, 738, 1901.
[5] v. Pechmann, H., und Vanino, L., Ber. 27, 1510, 1894.

T. HALOGENVERBINDUNGEN AUSSER JODOSO- UND JODYLVERBINDUNGEN

1. CHARAKTERISIERUNG DER HALOGENVERBINDUNGEN
2. BESTIMMUNG DER HALOGENVERBINDUNGEN

1. CHARAKTERISIERUNG DER HALOGENVERBINDUNGEN

Die Anwesenheit von Halogen in organischen Substanzen wird bei der LASSAIGNE-Probe (Schmelzen der Substanz mit Natrium oder Kalium [siehe S. 19 und S. 26]) festgestellt. Substanzen, die außer Halogen auch andere Substituenten oder funktionelle Gruppen enthalten, werden gewöhnlich leichter durch Derivate dieser anderen Substituenten charakterisiert als durch Reaktionen, in welchen das Halogenatom impliziert ist.

Die *Säurechloride* werden am leichtesten durch das Amid oder das Anilid der Säure charakterisiert.

Enthält eine Substanz keinen anderen Substituenten als ein Halogenatom, kann man die Charakterisierung durch eine Reaktion, an welcher das Halogenatom teilnimmt, durchführen, oder man kann zur Darstellung der Halogenverbindung neue Substituenten einführen. Die erste Methode ist bei aliphatischen Halogenverbindungen üblich, die letzte ist aber bei aromatischen Verbindungen manchmal bequemer.

a) Alkylthiuroniumpikrate oder -styphnate

Die Darstellung dieser Salze zur Charakterisierung der aliphatischen Halogenverbindungen ist mehrmals vorgeschlagen worden [1]—[4]. Das Prinzip der Herstellung ist das folgende:

Erwärmt man eine aliphatische Halogenverbindung mit einer äthanolischen (oder wäßerig-äthanolischen) Lösung von Thioharnstoff, entsteht ein Alkylthiuroniumhalogenid. Das Reaktionsgemisch wird zu einer Lösung von Pikrinsäure oder Styphninsäure zugesetzt, wobei das in Wasser und verdünntem Äthanol schwer lösliche Alkylthiuroniumpikrat oder -styphnat sich ausscheidet:

$$RX + CS(NH_2)_2 \rightarrow \left[C\begin{matrix} \nearrow N^{+}H_2 \\ -SR \\ \searrow NH_2 \end{matrix} \right] X^{-} \xrightarrow[\text{oder } C_6H(NO_2)_3(OH)_2]{C_6H_2(NO_2)_3OH} \left[C\begin{matrix} \nearrow N^{+}H_2 \\ -SR \\ \searrow NH_2 \end{matrix} \right] \begin{matrix} O^{-}C_6H_2(NO_2)_3 \\ \text{oder} \\ O^{-}C_6H(NO_2)_3OH \end{matrix} + HX .$$

Folgende Arbeitsweise wird für primäre und sekundäre Alkylhalogenide empfohlen:

0,5 g Thioharnstoff und 0,5 g Alkylhalogenid werden in 5 ml Äthanol gelöst. Das Gemisch wird mit Rückflußkühlung eine gewisse Zeit erwärmt. Die Zeit kann von 5 bis etwa 200 Minuten variieren, wobei die notwendige Zeit in der Reihenfolge Jodide < Bromide < Chloride zunimmt. Außerdem verlangen sekundäre Halogenide eine längere Zeit als primäre.

Nach Verlauf der festgesetzten Zeit gießt man das Reaktionsgemisch in eine Lösung von 0,4 g Pikrinsäure oder Styphninsäure in einem minimalen Volumen von siedendem Äthanol. Beim Abkühlen scheidet sich das organische Alkylthiuroniumsalz aus. Man kann es aus Äthanol oder wäßerigem Äthanol umkristallisieren.

Man hat vorgeschlagen, die zur Umbildung der Alkylchloride in Alkylthiuroniumsalze notwendige Zeit dadurch abzukürzen, daß man zum Reaktionsgemisch 1 g Kaliumjodid hinzufügt. Diese Maßnahme bringt aber die Gefahr mit sich, daß das Alkylthiuroniumpikrat durch Kaliumpikrat verunreinigt wird, denn Kaliumpikrat ist in Wasser und besonders in Äthanol schwer löslich. Will man diese Beschleunigung durch Zusatz eines Jodids versuchen, sollte man deshalb Natriumjodid dem Kaliumjodid vorziehen, denn Natriumpikrat ist wesentlich leichter löslich als Kaliumpikrat.

Wenn die tertiären Alkylhalogenide mit Äthanol gekocht werden, findet eine Umesterung statt, und es entsteht Äthylhalogenid und tertiärer Alkohol. Die tertiären Alkylhalogenide lassen sich also nicht wie beschrieben charakterisieren. Enthält aber das Reaktionsgemisch etwas Wasser, so wie es z. B. für die Präparation von Benzylthiuroniumchlorid vorgeschrieben ist [5], gelingt auch die Darstellung der tertiären Alkylthiuroniumpikrate. Die Methode, die hier zu befolgen ist, wurde auf Seite 69 beschrieben. Es hat sich herausgestellt, daß diese Methode die Darstellung der Alkylthiuroniumsalze aller drei Typen erlaubt.

Schmelzpunkte der Alkylthiuroniumpikrate sind in den Literaturangaben [1]—[4] und [6] angegeben, die der Styphnate in [3].

b) Alkylthiuronium-3,5-dinitrobenzoate

Jureček und Mitarbeiter [7], [8] geben an, daß es vorteilhafter ist, die Alkylthiuroniumhalogenide mit einer wäßrigen 3%igen Lösung des Natriumsalzes der 3,5-Dinitrobenzoesäure umzusetzen als mit einer Pikrinsäurelösung. Die 3,5-Dinitrobenzoate werden aus Wasser oder, bei den höheren Alkylgruppen, aus wäßrigem Äthanol umkristallisiert. Schmelzpunkte einer Reihe dieser Salze sind in [7]-[8] genannt.

c) Papierchromatographische Trennung der Alkylthiuroniumhalogenide

Večeřa und Gasparič [9] empfehlen, die Alkylhalogenide dadurch zu charakterisieren, daß man sie mit Thioharnstoff zu Alkylthiuroniumhalogeniden reagieren läßt. Diese Salze werden dann papierchromatographisch untersucht. Man verwendet ein Gemisch *n*-Amylalkohol : Eisessig : Wasser = 45 : 15 : 15 als Lösungsmittel.

In einer Ampulle mischt man 1—1,5 mg der zu untersuchenden Substanz, 0,8 mg Thioharnstoff und 0,4 ml Azeton. Die Ampulle wird zugeschmolzen und auf dem Wasserbade erwärmt, wobei Alkyljodide 30 Minuten, Alkylbromide mit unverzweigter Kette 4 Stunden, Alkylbromide mit verzweigter Kette und Alkylchloride mit unverzweigter Kette 10 Stunden erwärmt werden; bei den Chloriden fügt man dem Reaktionsgemisch noch etwas Natriumjodid hinzu. Nach dem Abkühlen werden 6 mm^3 zur Papierchromatographie herausgenommen.

Die Alkylthiuroniumhalogenide werden vom zur Chromatographie benutzten Lösungsmittel in Alkylthiuroniumazetate umgebildet. Die R_f-Werte, die gefunden werden, sind deshalb vom ursprünglich anwesenden Halogen unabhängig. Die Flecken werden durch Besprühung des Papierstreifens mit einer Bromkresolgrünlösung lokalisiert. Einige R_f-Werte sind in [9] angegeben.

d) Pikrate der β-Naphthyläther

Erwärmt man ein Gemisch eines Alkylhalogenids und der berechneten Menge von Natrium-β-Naphtholat, in Äthanol gelöst, 1—2 Stunden unter Rückflußkühlung, bildet sich ein β-Naphthyläther, welcher beim Abdampfen des Lösungsmittels isoliert wird. Zur Reinigung wird der Rückstand mit verdünnter Natronlauge gewaschen und aus Wasser umkristallisiert.

Pikrate dieser Äther werden wie auf Seite 180 angegeben präpariert. Schmelzpunkte der β-Naphthylalkyläther und ihrer Pikrate findet man im Beilstein unter β-Naphthol.

e) Alkoxybenzoesäuren

Alkylhalogenide können mit dem Natriumsalz des *p*-Hydroxybenzoesäureäthylesters reagieren, wobei *p*-Alkoxybenzoesäureäthylester entstehen. Bei der Verseifung dieser Ester erhält man die freien *p*-Alkoxybenzoesäuren. Folgende Arbeitsweise wird empfohlen [10].

In einem 50-ml-Kolben löst man 0,4 g Natrium in 10 ml absolutem Äthanol, setzt 2 g *p*-Hydroxybenzoesäureäthylester und 2 g Alkylhalogenid zu und erhitzt das Gemisch 30—60 Minuten unter Rückflußkühlung. Dann destilliert man die Hauptmenge des Äthanols ab und setzt 20 ml Wasser zu, um das ausgeschiedene Natriumhalogenid zu lösen.

Die wäßrige Lösung wird mit Äther extrahiert. Die Ätherschicht wird dreimal mit je 10 ml 2 *n*-Natronlauge gewaschen, um nicht reagiertes *p*-Hydroxybenzoesäureäthylester zu entfernen. Dann wird der Äther abdestilliert, der Rückstand 10 Minuten unter Rückflußkühlung mit 10 ml einer gesättigten Lösung von Kaliumhydroxid gekocht, mit Wasser verdünnt und das Methanol so vollständig wie möglich abdestilliert. Nun setzt man verdünnte Schwefelsäure zu, bis auf Congopapier ein Umschlag erreicht wird. Um die *p*-Alkoxybenzoesäure zu isolieren, extrahiert man die schwach saure Lösung mit Äther, trocknet die Ätherlösung mit wasserfreiem Natriumsulfat und dampft den Äther auf dem Dampfbade ab. Die Alkoxybenzoesäure wird aus Benzol oder einem Gemisch von Benzol und Petroläther umkristallisiert.

Schmelzpunkte einiger *p*-Alkoxybenzoesäuren sind in [10] und in Organic Reagents for Organic Analysis (S. 63) angegeben. Die *p*-Alkoxybenzoesäuren bilden bisweilen flüssige Kristalle (siehe S. 242). Für die Säuren, bei welchen dieses Phänomen beobachtet werden kann, ist die Übergangstemperatur anisotrope Flüssigkeit → isotrope Flüssigkeit scharfer definiert als die Übergangstemperatur fest → anisotrope Flüssigkeit.

f) 2,4-Dinitrophenylthioäther (Alkyl-2,4-dinitrophenylsulfide)

Ein Gemisch von Alkylhalogenid und Kalium-2,4-Dinitrothiophenolat (äquivalente Mengen von 2,4-Dinitrothiophenol und 5 *n*-Kaliumhydroxid) wird in Äthanol oder besser in „Butylcarbitol“, 2-(2-*n*-Butoxy-äthoxy)-äthanol, gelöst und 10—30 Minuten auf dem

Dampfbade unter Rückflußkühlung erhitzt oder 1—12 Stunden bei Zimmertemperatur stehen gelassen. Hierbei entstehen Thioanisole, die leicht kristallisieren. Sie fallen bei der Verdünnung des Reaktionsgemisches mit mehreren Volumen Wasser aus und lassen sich aus Äthanol, Dioxan, Azeton u. a. umkristallisieren [11].

Liegen Alkylchloride vor, setzt man eine äquivalente Menge Kaliumjodid zur Lösung des Kalium-2,4-Dinitrothiophenolats zu und dann erst das Alkylchlorid.

Die Thioäther, die in dieser Weise entstehen, können gewöhnlich zu Sulfonen, die gleichfalls gut kristallisieren, oxydiert werden. Bost, Turner und Norton [12] geben an, daß man den Thioäther in der minimalen Menge Eisessig löst (bei schwerlöslichen Sulfiden erwärmt man mäßig) und mit einer wäßerigen 3%igen Lösung von Kaliumpermanganat (50% Überschuß) oxydiert, wobei man die Permanganatlösung so schnell zufließen läßt, wie sie entfärbt wird. Der Permanganatüberschuß wird mit einer wäßrigen Lösung von Schwefeldioxid reduziert, wobei man aufpassen muß, daß kein Überschuß davon zugesetzt wird. Die Sulfone werden aus Äthanol umkristallisiert.

Einige Schmelzpunkte der Sulfide und Sulfone sind in [11] und [12] angegeben.

g) *p*-Alkoxydiphenylamine [13]

18 ml (0,03 Mol) einer 10%igen äthanolischen Lösung von Kaliumhydroxid werden mit 0,02 Mol *p*-Hydroxydiphenylamin und 0,02 Mol Alkylhalogenid versetzt und 3 Stunden unter Rückflußkühlung erwärmt. Man verdünnt mit 200 ml Wasser, säuert mit Salzsäure an und kühlt bis auf 0° ab. Ein schwarzer Niederschlag wird abfiltriert, in 85 ml Äthanol gelöst, mit Absorptionskohle entfärbt und heiß filtriert. Das heiße Filtrat wird mit Wasser bis zur Trübung versetzt und im Eisbade abgekühlt. Das *p*-Alkoxydiphenylamin wird abfiltriert und, wenn notwendig, aus wäßerigem Äthanol umkristallisiert.

Einige Schmelzpunkte sind in [13] angegeben.

h) Acylierte Anilide

Aliphatische oder aromatische Halogenverbindungen können durch die magnesiumorganischen Verbindungen in acylierte Anilide umgebildet werden, indem man die Grignard-Verbindung mit Phenylisocyanat umsetzt [14]:

$$\mathrm{RMgX} + \mathrm{C_6H_5N{=}C{=}O} \xrightarrow{H_2O} \mathrm{C_6H_5NHOCR} + \mathrm{MgXOH}\,.$$

Die Halogenverbindung wird in wasserfreiem Äther gelöst, dann werden einige Magnesiumspäne und eine Spur Jod zugesetzt, wobei die Reaktion meistens sofort einsetzt. Wenn diese zu Ende ist, wird eine ätherische Lösung von Phenylisocyanat zugegeben, die sich sofort mit der Grignard-Verbindung vereinigt. Das acylierte Anilid wird in üblicher Weise isoliert und durch Umkristallisation aus Petroläther (Sp. 90—120°) gereinigt. Vor der Bestimmung des Schmelzpunktes sind die Kristalle im Vacuum über konzentrierter Schwefelsäure und Paraffin zu trocknen.

Statt acylierter Anilide kann man acylierte α-Naphthalide darstellen, wenn man statt Phenylisocyanat α-Naphthylisocyanat benutzt.

Schmelzpunkte dieser Derivate sind im Beilstein, Bd. XII, unter Anilin oder α-Naphthylamin aufzusuchen.

i) Sulfonamide

Die aromatischen halogensubstituierten Kohlenwasserstoffe reagieren mit Chlorsulfonsäure, wobei Halogenarensulfonylchloride entstehen, die mit Ammoniakwasser die entsprechenden Halogenarensulfonamide bilden. Die Arbeitsweise ist dieselbe, die auf Seite 179 für die Bildung der Anisolsulfonamide beschrieben wurde; es ist jedoch bei den Halogenverbindungen bisweilen notwendig, die Chloroformlösung einige Minuten bis auf 50° zu erwärmen, um die Chlorsulfonierung der Halogenverbindung durchzuführen [15].

Liegen polyhalogensubstituierte Kohlenwasserstoffe vor, erwärmt man sie eine Stunde auf dem Dampfbade mit Chlorsulfonsäure ohne Lösungsmittel. Nach Abkühlung wird das Reaktionsgemisch auf gestoßenes Eis gegossen und dann wie üblich behandelt.

Einige Schmelzpunkte sind in [15] angegeben. Manchmal entsteht statt des Monosulfonamids ein Disulfonamid, welches bei einer wesentlich höheren Temperatur als der für das Monosulfonamid angegebenen schmilzt [16] (vgl. die Sulfonamide der Anisole, S. 179).

k) Acylhalogenide und andere Substanzen, die reaktives Halogen enthalten

Wie bekannt, werden viele Acylhalogenide von Wasser schnell hydrolysiert, und die Reaktivität der Halogenatome wird in anderen Verbindungen durch die Anwesenheit von elektrophilen Substituenten erhöht. In aliphatischen Verbindungen ist besonders die elektrophile Substitution in α-Stellung aktiv, in aromatischen Verbindungen wird elektrophile Substitution in *ortho-* oder *para*-Stellung zum Halogenatom dessen Reaktivität erhöhen. Substanzen, die solche reaktiven Halogenatome enthalten, kann man dadurch charakterisieren, daß man das Halogenatom durch eine (substituierte) NH_2-Gruppe ersetzt. Aus den Säurehalogeniden entstehen dabei Amide (Anilide, *p*-Toluidide), aus aliphatischen halogensubstituierten Säuren oder Estern werden Aminosäuren oder Amide der Aminosäuren (die gewöhnlich kein Interesse für die Charakterisierung der Halogenverbindung haben) gebildet und aus den elektrophil substituierten aromatischen Halogenverbindungen ergeben sich die entsprechend substituierten Aniline (Naphthylamine usw.).

l) Alkylidenhalogenide

Substanzen, in welchen zwei Wasserstoffatome an demselben Kohlenstoffatom durch Halogen substituiert sind (z. B. Benzylidenchlorid), werden leicht hydrolysiert, sowohl von Natriumhydroxid als auch von Schwefelsäure. Hierbei entstehen Carbonylverbindungen, die leicht zu entdecken und zu charakterisieren sind, z. B. als 2,4-Dinitrophenylhydrazone oder als *p*-Carboxyphenylhydrazone.

Es sei bemerkt, daß bei der alkalischen Hydrolyse eine Aldolkondensation oder eine Dismutation (eine Cannizzaro-Reaktion) eintreten kann. Im letzten Fall wird im Reaktionsprodukt keine Carbonylgruppe nachzuweisen sein.

2. BESTIMMUNG DER HALOGENVERBINDUNGEN

Die Methoden zur Bestimmung des Halogens in Halogenverbindungen wurden schon oben auf Seite 27—32 beschrieben.

a) Allgemeine Bemerkungen

Um das schon Gesagte zu vervollständigen, seien hier einige praktische Bemerkungen gemacht.

Enthält die Substanz *ionisierbares Halogen* (d. h. wird aus der wäßrigen Lösung der Substanz nach Zusatz von Salpetersäure und Silbernitrat sofort Silberhalogenid gebildet), wird das Äquivalentgewicht durch eine Volhard-Bestimmung ohne vorherige hydrolytische oder reduktive Behandlung zu ermitteln sein.

Man kann die Gewichtsmenge der Substanz bestimmen, welche ein ionisierbares Halogenatom (und wahrscheinlich auch eine basische Gruppe) enthält.

Komplettiert man dann die Halogenbestimmung durch eine STEPANOV-Bestimmung, kann man die An- oder Abwesenheit anderer Halogenatome außer dem ionisierbaren feststellen.

Bisweilen kann eine wäßrige oder äthanolische Lösung der Substanz eine schwache Halogenreaktion geben, die, wenn die Lösung einige Zeit bei Zimmertemperatur gestanden hat, ausgeprägter wird. In solchen Fällen liegt eine Verbindung mit ziemlich reaktivem Halogen vor, und gewöhnlich kann man die quantitative Hydrolyse durch Erwärmen der Verbindung unter Rückflußkühlung mit *n*- oder 0,1 *n*-Natriumhydroxid durchführen. Man bestimmt dann im Hydrolysat Halogen nach VOLHARD. Sicherheitshalber muß man eine Blindprobe ausführen, um einen eventuellen Gehalt der Natronlauge an Halogenion zu berücksichtigen.

Aromatische Halogenverbindungen, in welchen die Halogenatome Wasserstoffatome im Kern substituiert haben, sind nur in speziellen Fällen hydrolysierbar (z. B. wenn die Halogenverbindung in *ortho*- und/oder *para*-Stellung zum Halogenatom stark elektronegativ substituiert ist). Wenn selbst nach längerem Sieden unter Rückflußkühlung mit wäßriger oder äthanolischer Natronlauge keine Halogenionen freigemacht werden und die LASSAIGNE-Probe gezeigt hat, daß die Substanz halogenhaltig ist, kann man daraus schließen, daß das Halogen aromatisch gebunden ist (oder daß es sich um eine ungesättigte Verbindung handelt, in der das Halogenatom an einen der ungesättigten Kohlenstoffatome gebunden ist, wie z. B. im Vinylbromid, denn auch solche Halogenatome sind sehr fest gebunden). Man kann dann das Halogen nach STEPHANOV, nach GROTE und KREKELER oder, wenn es sich um Jod handelt, nach BAUBIGNY und CHAVANNE bestimmen.

b) Bestimmung durch Derivate

α) Alkylhalogenide

Aus Alkylhalogeniden präpariert man die Alkylthiuroniumpikrate oder -3,5-dinitrobenzoate (siehe S. 265 und S. 266). Diese Salze werden in Eisessig gelöst und mit Perchlorsäure in Eisessig potentiometrisch oder mit Kristallviolett als Indicator titriert (siehe S. 82).

β) Aromatische Halogenverbindungen

Aus den aromatischen Halogenverbindungen kann man Sulfonamide präparieren (siehe S. 268) und in diesen Stickstoff nach KJELDAHL bestimmen. Bemerkt sei jedoch, daß die Sulfonamide gewöhnlich nur sehr langsam nach KJELDAHL digeriert werden.

Das Äquivalentgewicht der Halogenverbindung ist:

$$E_{\text{Halogenverb.}} = E_{\text{Sulfonamid}} - 79{,}1\,.$$

LITERATUR

[1] BROWN, E. L., und CAMPBELL, N., J. chem. Soc. 1699, **1937.**
[2] LEVY, W. J., und CAMPBELL, N., J. chem. Soc. 1442, **1939.**
[3] SCHOTTE, L., Arkiv Kemi **5,** 11, 1952.

[4] Schotte, L., und Veibel, S., Acta chem. Scand. 7, 1357, 1953.
[5] Veibel, S., und Lillelund, H., Bull. Soc. chim. [5] 5, 1153, 1938.
[6] Jureček, M., und Večeřa, M., Coll. czech. chem. Comm. 16, 95, 1951.
[7] Jureček, M., und Večeřa, M., Coll. czech. chem. Comm. 19, 77, 1954.
[8] Jureček, M., Chladek, O., Chladková, R., Souček, M., und Srpová, B., Coll. czech. chem. Comm. 22, 1809, 1957.
[9] Večeřa, M., und Gasparič, J., Coll. czech. chem. Comm. 19, 1175, 1954.
[10] Lauer, V. M., Sanders, P. A., Leekley, R. M., und Ungnade, H. E., J. amer. chem. Soc. 61, 3050, 1939.
[11] Bost, R. W., Starnes, P. K., und Wood, E. L., J. amer. chem. Soc. 73, 1968, 1951.
[12] Bost, R. W., Turner, J. O., und Norton, R. D., J. amer. chem. Soc. 54, 1985, 1932.
[13] Houston, D. F., J. amer. chem. Soc. 71, 395, 1949.
[14] Underwood, H. W., jr., und Gale, J. C., J. amer. chem. Soc. 56, 2117, 1934.
[15] Huntress, E. H., und Carten, F. H., J. amer. chem. Soc. 62, 511, 1940.
[16] Veibel, S., unveröffentlichte Beobachtung.

U. SCHWEFELHALTIGE SUBSTANZEN

1. THIOLE (MERCAPTANE), THIOSÄUREN UND ALKYLXANTHOGENATE

Alle die Substanzen, die zu dieser Gruppe von Verbindungen gehören, haben einen durchdringenden, sehr unangenehmen Geruch, jedenfalls wenn sie nicht so viele Kohlenstoffatome enthalten, daß ihr Dampfdruck bei Zimmertemperatur zu vernachlässigen ist. Der Geruch der Mercaptane ist vielleicht am unangenehmsten und am intensivsten, ein „Schwefelgeruch" ist aber für die ganze Gruppe charakteristisch.

a) Reaktion mit salpetriger Säure

Alle Substanzen, welche eine freie -SH-Gruppe enthalten, geben mit nascierender salpetriger Säure eine Farbreaktion, die der Bildung von Nitrosylmercaptid zu verdanken ist [1]—[3].

Die zu untersuchende Substanz wird in Äthanol oder einem anderen nichtwäßrigen Lösungsmittel gelöst und mit festem Natriumnitrit versetzt. Fügt man jetzt verdünnte Schwefelsäure hinzu, werden salpetrige Säure und Stickoxide freigemacht.

Die salpetrige Säure reagiert nach:

$$RSH + HONO \rightarrow RSNO + H_2O\,.$$

Ist R ein primäres oder sekundäres Alkyl, entwickelt sich schnell eine rote Farbe. Ist R dagegen ein tertiäres Alkyl oder ein Aryl (die Substanz also ein Thiophenol), wird man zuerst eine grüne Farbe beobachten können, die ziemlich schnell in rot umschlägt.

Walker [4] empfiehlt, das Natriumnitrit durch eine äthanolische Lösung von Amylnitrit zu ersetzen, um den Zusatz von Schwefelsäure und die dadurch hervorgerufene Entwicklung von Stickoxiden zu vermeiden. Die Arbeitsweise ist dann folgende:

Gleiche Volumina von Amylnitrit und Äthanol werden gemischt. 5 ml des Gemisches werden zu 5 ml einer wäßrigen Lösung der zu untersuchenden Substanz gesetzt. Durch Zusatz von Ammoniak wird *pH* auf 9,2—9,5 eingestellt. Enthält die Substanz eine –SH-Gruppe, entsteht eine kirschrote Farbe, die bei Abwesenheit von Sauerstoff (Luft) haltbar ist.

Die Thiocyansäure und ihre Ester geben dieselbe Farbreaktion wie die Thiole.

Die Xanthogenverbindungen, die keine freie –SH-Gruppe enthalten, werden auch keine Farbreaktion verursachen. Die meisten Xanthogenverbindungen werden aber von konzentriertem Ammoniakwasser gespalten, wodurch Xanthogenamid und ein Thiol oder ein Thiolderivat gebildet werden:

$$ROCSSR' + NH_3 \rightarrow ROCSNH + R'SH\,.$$

Im Reaktionsgemisch wird man also eine –SH-Gruppe haben und eine Farbreaktion beobachten können, wenn man zuerst die zu untersuchende Substanz mit 0,5 ml konzentrierten Ammoniakwasser behandelt und dann, nach etwa 5 Minuten, 10—15 ml Äthanol, festes Natriumnitrit und verdünnte Schwefelsäure zusetzt.

b) Bildung von unlöslichen Salzen (Mercaptiden) mit Schwermetallen

Setzt man zur Lösung eines Thiols die Lösung von Bleiacetat oder eines anderen Schwermetallsalzes (z. B. Hg(II)chlorid) hinzu, so entsteht ein Niederschlag, ein charakteristisches Metallmercaptid. Die Bleimercaptide und die Cu(I)mercaptide sind gelb, die Hg(II)mercaptide farblos. Bei Erwärmung wird Bleimercaptid in Bleisulfid und Dialkylsulfid (Thioäther) gespalten:

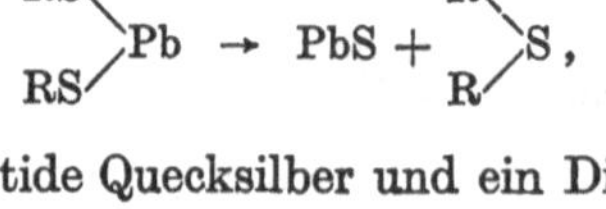

während die Hg(II)mercaptide Quecksilber und ein Dialkyldisulfid ergeben:

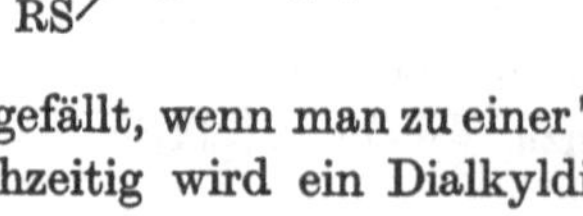

Cu(I)mercaptide werden gefällt, wenn man zu einer Thiollösung die Lösung eines Cu(II)salzes zusetzt. Gleichzeitig wird ein Dialkyldisulfid gebildet, welches oft flüssig ist und deshalb im Filtrat gesucht werden muß. Die Anwesenheit eines Disulfids kann durch Behandlung mit Schwefelwasserstoff oder Natriumborhydrid nachgewiesen werden. Diese Reagenzien reduzieren das Disulfid zu Thiol, den Schwefelwasserstoff unter Ausscheidung von Schwefel:

$$4\,RH + 2\,CuSO_4 \rightarrow 2\,RSCu + 2\,H_2SO_4 + RS{-}SR$$
$$RS{-}SR + H_2S \rightarrow 2\,RSH + S\,.$$

Um den Schwefel beobachten zu können, sollte man bei der ursprünglichen Fällung des Cu(I)mercaptids einen Unterschuß von Cu(II)salz zusetzen.

Die Blei- und Hg(II)mercaptide lassen sich aus Äthanol umkristallisieren.

c) Oxydation

Schwache Oxydationsmittel wie Jod werden die Thiole zu Dialkyldisulfiden oxydieren:

$$2\,RSH + J_2 \rightarrow RS{-}SR + 2\,HJ\,.$$

Mit kräftigeren Oxydationsmitteln, z. B. Kaliumpermanganat oder Salpetersäure werden die Thiole zu Sulfonsäuren oxydiert:

$$RSH + 3\,[O] \rightarrow RSO_3H\,.$$

d) Reaktion mit 2,4-Dinitrochlorbenzol

Die Alkalisalze der Thiole und Thiophenole reagieren mit 2,4-Dinitrochlorbenzol, wobei gewöhnlich Thioäther (Sulfide) entstehen. Diese gemischten Sulfide kristallisieren gut und werden von Kaliumpermanganat zu ebenso gut kristallisierenden Sulfonen oxydiert [5], [6]:

$$R \cdot SNa + Cl \cdot C_6H_3 \cdot (NO_2)_2 \rightarrow R \cdot SC_6H_3 \cdot (NO_2)_2 + NaCl$$
$$\xrightarrow{KMnO_4} (NO_2)_2 \cdot C_6H_3{-}SO_2{-}R\,.$$

0,01 Mol des Thiols wird in 30 ml absolutem Äthanol gelöst. Man fügt 1 ml 10 *n*-Natronlauge und eine Lösung von 2 g 2,4-Dinitrochlorbenzol in 10 ml absolutem Äthanol hinzu. Gewöhnlich setzt eine spontane Reaktion ein, die man durch 10minutiges Erwärmen unter Rückflußkühlung vollendet. Das Reaktionsgemisch wird schnell heiß filtriert, denn der gebildete Thioäther scheidet sich schon bei leichter Abkühlung in goldgelben Nadeln aus. Der Thioäther wird durch Umkristallisation aus absolutem Äthanol gereinigt.

Die Oxydation des Thioäthers zu Sulfon wurde schon auf Seite 268 beschrieben. Einige Schmelzpunkte der Thioäther und Sulfone sind in [5]—[6] angegeben.

e) Reaktion mit *m*-Nitrobenzazid

Die Thiole und die Thiophenole reagieren mit *m*-Nitrobenzazid unter Bildung von Estern der *m*-Nitrophenylthiocarbamidsäure. Diese Reaktion ist der Reaktion der Alkohole und Phenole mit *m*-Nitrobenzazid (S. 61) vollkommen analog:

$$RSH + NO_2 \cdot C_6H_4 \cdot CON{=}N^+{=}N^- \rightarrow NO_2 \cdot C_6H_4 \cdot NH \cdot CO \cdot SR + N_2\,.$$

f) Reaktionen der Alkylxanthogenate

α) Reaktion mit Cu(II)sulfat

Die Alkylxanthogensäuren sind unbeständig und zerfallen in Schwefelkohlenstoff und Alkohol. Dagegen sind die Alkalisalze dieser Säuren beständig. Eine wäßrige Lösung eines solchen Salzes gibt mit einer Lösung von Cu(II)sulfat einen Niederschlag, bestehend aus einem Gemisch von Cu(I)xanthogenid und Dixanthogen, beides gelbbraune Substanzen:

$$4\,\mathrm{ROCSSNa} + 2\,\mathrm{CuSO_4} \rightarrow 2\,\mathrm{ROCSSCu} + (\mathrm{ROCSS})_2 + 2\,\mathrm{Na_2SO_4}\,.$$

β) Bildung von alkylxanthogensubstituierten Säuren

Eine wäßrige Lösung des Natriumsalzes einer Alkylxanthogensäure bildet mit einer Lösung des Natriumsalzes einer halogensubstituierten Säure ein Salz der alkylxanthogensubstituierten Säure. Bei Ansäuerung scheidet sich die in Wasser schwer lösliche freie alkylxanthogensubstituierte Säure kristallinisch oder als leicht kristallisierendes Öl aus:

$$\mathrm{ROCSSNa} + \mathrm{ClCH_2COONa} \rightarrow \mathrm{ROCSSCH_2COONa} + \mathrm{NaCl}\,.$$

Schmelzpunkte solcher alkylxanthogensubstituierten Säuren findet man im Beilstein, Bd. III.

Mit Ammoniak behandelt, werden diese Säuren zu Xanthogenamid und einer Mercaptosäure gespalten. Das Xanthogenamid läßt sich gewöhnlich durch Ätherextraktion isolieren. Die Mercaptosäure läßt sich durch die Farbreaktion der Nitrosylmercaptide (S. 271) nachweisen. Die Mercaptosäuren werden durch Jod zu den gewöhnlich unlöslichen Disulfidsäuren oxydiert:

$$\mathrm{R\cdot OC\cdot SS\cdot \overset{\overset{R'}{|}}{C}H\cdot COOH} + 2\,\mathrm{NH_3} \rightarrow \mathrm{R\cdot OCS\cdot NH_2} + \mathrm{HS\cdot \overset{\overset{R'}{|}}{C}H\cdot COO\cdot NH_4}$$

$$2\,\mathrm{HS\cdot \overset{\overset{R'}{|}}{C}H\cdot COOH} + \mathrm{J_2} \rightarrow \mathrm{HOOC\cdot \overset{\overset{R'}{|}}{C}HS{-}S\overset{\overset{R'}{|}}{C}H\cdot COOH} + 2\,\mathrm{HJ}\,.$$

2. THIOÄTHER (SULFIDE)

a) Oxydation

Wie oben (S. 268 und S. 273) angegeben, lassen sich die Dialkylsulfide (die Thioäther) durch Kaliumpermanganat zu Sulfonen oxydieren.

b) Bildung von Sulfoniumsalzen

Alkylhalogenide können sich mit aliphatischen Sulfiden zu tertiären Sulfoniumsalzen vereinigen:

$$\mathrm{R_2S} + \mathrm{R'X} \rightarrow \mathrm{{}^{R_2}_{R'}S^+X^-}\,.$$

Als Alkylhalogenid wird *p*-Bromphenacylbromid empfohlen [7]—[9].

0,01 Mol Sulfid und 0,01 Mol *p*-Bromphenacylbromid werden in 5 ml Methanol gelöst. Das Gemisch wird 10—30 Minuten unter Rückflußkühlung erwärmt. Man kühlt ab, setzt 200 ml Äther hinzu und läßt das Sulfoniumbromid im Eisschrank auskristallisieren.

Eine bessere Ausbeute wird erzielt, wenn man 0,01 Mol Sulfid und 0,01 Mol-*p*-Bromphenacylbromid in 10 ml 5% Wasser enthaltendem Azeton löst und das Gemisch 24 Stunden bei Zimmertemperatur stehen läßt. In beiden Fällen werden die Kristalle abfiltriert, mit Äther gewaschen und an der Luft getrocknet.

Die Kristalle werden in wenig Wasser gelöst und mit einer 10%igen Lösung von Natriumperchlorat versetzt. Beim Reiben der Wände des Becherglases fängt die Auskristallisation des Sulfoniumperchlorates an. Nach einer halben Stunde wird abfiltriert. Aus dem Filtrat läßt sich meistens durch nochmaligen Zusatz einiger ml 10%iger Natriumperchloratlösung eine zweite Kristallisation des Sulfoniumsalzes erhalten. Die vereinigten Kristalle werden aus Äthanol umkristallisiert. Schmelzpunkte sind in [7]—[9] angegeben.

Statt der Perchlorate kann man die tertiären Sulfoniumpikrate isolieren. Man setzt hier die Lösung des Bromids zu einer gesättigten wäßrigen Pikrinsäurelösung. Die Schmelzpunkte der Pikrate haben eine kleinere Spanne als die der Perchlorate. Für die *Charakterisierung* sind die Perchlorate deshalb den Pikraten vorzuziehen. Für die *Bestimmung* sind aber die Pikrate bequemer als die Perchlorate, siehe S. 280.

Dialkylsulfide mit verzweigten Alkylen oder mit reaktiven Alkylen, wie z. B. Allyl, geben keine Dialkyl-*p*-bromphenacylsulfoniumsalze, siehe [9] und Veibel und Juhl Nielsen [10].

c) Additionsverbindungen mit Hg(II)chlorid

Večeřa und Mitarbeiter geben an, daß die Dialkylsulfide [11] und die Alkylbenzylsulfide [12] mit Hg(II)chlorid wohldefinierte Additionsverbindungen bilden. Diese Verbindungen kristallisieren leicht aus. Gewöhnlich entstehen Verbindungen im Molverhältnis Sulfid:Hg(II)chlorid = 1:1, bisweilen aber 1:2 oder 1:3.

Um Additionsverbindungen mit Dialkylsulfiden zu bereiten, löst man 8 g Hg(II)chlorid in 30 ml Äthanol und setzt 1 ml des Dialkylsulfids hinzu. Hierbei entsteht ein Niederschlag, welcher auf einem Hirsch-Trichter abgesaugt wird. Man saugt 10 Minuten Luft durch den Niederschlag und breitet ihn dann auf einer Achatschale aus. Nach 20—30 Minuten ist der Niederschlag analysenrein, kann aber aus Äthanol oder Benzol umkristallisiert werden. Es lohnt sich, die Kristalle bis zur konstanten Zusammensetzung umzukristallisieren.

Die Schmelzpunkte, die in [11] angegeben wurden, sind etwas unscharf.

Um Additionsverbindungen der Alkylbenzylsulfide zu präparieren, löst man 6 g Hg(II)-chlorid in 100 ml Wasser, setzt 1 g Alkylbenzylsulfid hinzu und schüttelt das Gemisch einige Minuten. Dann arbeitet man weiter, wie oben angegeben, indem man jedoch etwas längere Zeit Luft durchsaugt (30 Minuten) und an der Luft trocknet (45 Minuten).

Die Alkylphenylsulfide scheinen solche Additionsverbindungen nicht zu geben (siehe [12]).

3. ISOTHIOCYANATE, SENFÖLE

Die Ester der Isothiocyansäure haben einen sehr dumpfen, oft unangenehm scharfen Geruch, „Senfölgeruch“. Sie sind in Wasser unlöslich.

a) Hydrolyse

Die Senföle werden beim Rückflußkochen auf dem Dampfbade mit konzentrierter Salzsäure oder 79—80%iger Schwefelsäure zu primären Aminen, Kohlendioxid und Schwefelwasserstoff hydrolysiert:

$$RNCS + H_2O \xrightarrow{H^+} RNH_3^+ + COS \xrightarrow{H_2O} RNH_3^+ + CO_2 + H_2S\,.$$

Der Schwefelwasserstoff gibt sich schnell durch den Geruch zu erkennen. Man kann auch die während der Hydrolyse entwickelten Gase durch eine Lösung von Silbernitrat oder Bleiazetat schicken oder einen mit einer dieser Lösungen befeuchteten Filtrierpapierstreifen am oberen Ende des Rückflußkühlers befestigen: Der Schwefelwasserstoff wird einen schwarzen Niederschlag oder einen schwarzen Fleck hervorrufen.

b) Reaktion mit Silbernitrat

Setzt man zu einer äthanolisch-ammoniakalischen Lösung eines Isothiocyansäureesters eine wäßrige Lösung von Silbernitrat, entsteht sofort ein Niederschlag von Silbersulfid (vgl. die entsprechende Reaktion der Thioharnstoffe, S. 277).

c) Reaktion mit Ammoniak oder primären Aminen

Setzt man zu einem Isothiocyansäureester, einem Senföl, Ammoniak oder ein primäres Amin, entsteht ein mono- oder disubstituierter Thioharnstoff (vgl. die Methode zur Charakterisierung der primären und sekundären Amine als Thioharnstoffderivate, die bei der Reaktion des Ammoniaks (des Amins) mit Phenylsenföl entstehen (S. 203)).

WELLER, BALL und SELL [13] empfehlen, das *Benzylamin* zur Charakterisierung der Senföle durch die Thioharnstoffderivate zu benutzen:

$$RNCS + H_2N\cdot CH_2\cdot C_6H_5 \rightarrow R\cdot NH\cdot CS\cdot NH\cdot CH_2\cdot C_6H_5\,.$$

Schmelzpunkte einiger substituierter Thioharnstoffe findet man in BEILSTEIN, Bd. IV und Bd. XII, sowie in [13].

d) Reaktion mit *p*-Carboxyphenylhydrazin

Die Senföle vereinigen sich mit Hydrazinderivaten nach dem Muster des Ammoniaks oder der Amine, wobei die entsprechenden Thiosemicarbazide entstehen [14]:

$$R\cdot NCS + H_2NNHC_6H_4COOH \rightarrow R\cdot NH\cdot CS\cdot NH\cdot NH\cdot C_6H_4\cdot COOH\,.$$

Zu 1 g *p*-Carboxyphenylhydraziniumchlorid in 25 ml Wasser setzt man 0,5 bis 1 g des in 10—15 ml Äthanol gelösten Senföls hinzu. Das Gemisch wird 1—2 Stunden unter Rückflußkühlung erhitzt. Die substituierten Thiosemicarbazide kristallisieren beim Abkühlen aus. Sie werden durch Umkristallisation aus Äthanol oder verdünntem Äthanol umkristallisiert.

Einige Schmelzpunkte sind in [14] angegeben.

4. THIAMIDE UND THIOHARNSTOFFE

Thioharnstoffe sind gewöhnlich farb- und geruchlose Substanzen. Auch die Thiamide sind farblos, die meisten haben aber einen sehr unangenehmen „Schwefelgeruch".

a) Reaktion mit Silbernitrat

Die vorstehend, erwähnte Reaktion b) der Senföle ist auch für solche Thiamide und Thioharnstoffe positiv, in welchen der Schwefel nicht zu fest gebunden ist. Andere Thiamide sind aber mit dem Schwefel so fest gekoppelt, daß Silbersulfid nicht bei Zimmertemperatur gefällt wird. Statt dessen fällt oft eine farblose Doppelverbindung von Thiamid und Silbernitrat aus.

Wird Silbersulfid gefällt, erlaubt eine Feststellung des Äquivalentgewichtes Schwefel und Stickstoff gegenüber die Unterscheidung der Thiamide von den Thioharnstoffen. Bei den ersten ist das Verhältnis 1, bei den letzten 2 (siehe S. 283).

b) Reaktion mit Hg(II)oxid

Wenn man eine äthanolische Lösung eines Thiamids oder eines Thioharnstoffes mit Hg(II)oxid bis zum Sieden erwärmt, wird das Schwefelatom durch ein Sauerstoffatom ersetzt:

$$RCSNH_2 + HgO \rightarrow RCONH_2 + HgS\,.$$

Dabei kann aber auch eine Abspaltung von Schwefelwasserstoff stattfinden:

$$RNHCSNH_2 + HgO \rightarrow RNHCN + HgS + H_2O\,.$$

Die Thiamide und Thioharnstoffe können dann durch Derivate der dabei entstehenden Amide oder Cyanamide charakterisiert werden.

c) Xanthydrylderivate

Sowohl die Thiamide als auch die Thioharnstoffe sind Amide, und man kann aus ihnen Xanthydrylderivate herstellen (nach der auf Seite 222 beschriebenen Reaktion mit Xanthydrol). Die Voraussetzung ist dabei nur, daß das Stickstoffatom jedenfalls ein unsubstituiertes Wasserstoffatom enthält.

d) Acetylierung

Thioharnstoffe, die am Stickstoff mindestens ein unsubstituiertes Wasserstoffatom tragen, lassen sich durch Essigsäureanhydrid acetylieren. Die Acetylderivate werden durch Umkristallisation aus Äthanol gereinigt. Schmelzpunkte dieser Acetylderivate sind in Beilstein, Bd. III, unter Thioharnstoff oder in Bd. IV oder XII, in Verbindung mit dem den Thioharnstoffen entsprechenden Aminen angegeben.

5. SULFONSÄUREN UND SULFONAMIDE

Die Sulfonsäuren sind starke Säuren, die gewöhnlich in Wasser löslich sind. Die Natriumsalze der aromatischen Sulfonsäuren sind oft in einer gesättigten Natriumchloridlösung schwer löslich, eine Eigenschaft, die man bisweilen zur Isolierung der Sulfonsäuren benutzt.

a) Alkalischmelzen

Alle Sulfonsäuren, ihre Salze und Sulfonamide werden aufgeschlossen, wenn man diese Substanzen mit Kali- oder Natronlauge schmilzt:

$$ArSO_3Na + 2\,NaOH \rightarrow ArONa + Na_2SO_3 + H_2O$$

$$C_2H_5SO_3Na + NaOH \rightarrow C_2H_4 + Na_2SO_3 + H_2O\,.$$

In beiden Fällen wird Kalium- oder Natriumsulfit gebildet. Bei der Ansäuerung des Reaktionsgemisches nach Abkühlung wird eine Entwicklung von Schwefeldioxid durch den Geruch und Geschmack leicht erkennbar, die die Anwesenheit einer Sulfonsäure- oder einer Sulfonamidgruppe anzeigen. Die Feststellung, ob ein Phenol anwesend oder abwesend ist, entscheidet dann, ob die Sulfonsäure aromatisch oder aliphatisch ist.

b) Umbildung der Sulfonsäuren in Sulfonylchloride

Die Sulfonsäuren werden, wie die Carboxylsäuren, durch Behandlung mit Phosphortrichlorid oder Thionylchlorid in Säurechloride umgebildet. Hierbei sei aber erinnert, daß viele Sulfonsäuren mit einem oder mehreren Molekülen Kristallwasser kristallisieren, so daß die zur Bildung des Säurechlorids notwendige Menge des anorganischen Säurechlorids bedeutend größer ist als die zur Umbildung einer wasserfreien Säure berechnete Menge. Benutzt man Thionylchlorid, gibt die Anwesenheit von Kristallwasser sich durch eine anfängliche Abkühlung des Reaktionsgemisches zu erkennen. Die Abkühlung wird dadurch verursacht, daß die Reaktion zwischen Thionylchlorid und Wasser endotherm ist.

Die Sulfonylchloride werden nur selten als Derivate benutzt. Sie werden aber leicht in:

c) Sulfonamide

durch Behandlung mit konzentriertem Ammoniakwasser (siehe S. 179) oder in:

d) Sulfonsäuremethylester

umgebildet. Man löst das Rohprodukt des Säurechlorids in Methanol und setzt dann langsam unter Schüttelung oder Umrühren die berechnete Menge verdünnter Natronlauge hinzu.

e) Benzylthiuroniumsulfonate

Die Benzylthiuroniumsalze der Sulfonsäuren werden leicht bei Anwendung der üblichen Technik zur Fällung der Benzylthiuroniumsalze der Carbonsäuren (siehe S. 150) gefällt. Nähere Angaben und Schmelzpunkte einiger Benzylthiuroniumsulfonate findet man in den Literaturhinweisen [15]—[22].

f) Xanthydrylderivate der Sulfonamide

Xanthydrol kann mit Sulfonamiden wie mit anderen Amiden reagieren. Die Sulfonamide sind aber so schwer löslich, daß die auf S. 222 angegebene Vorschrift geändert werden muß [23].

0,5 g Xanthydrol werden in 20 ml Eisessig gelöst und mit 0,5 g Sulfonamid versetzt. Man erwärmt unter Rückflußkühlung, bis das Sulfonamid sich vollständig gelöst hat. Dann läßt man das Gemisch 1½—2 Stunden bei Zimmertemperatur stehen, wobei die Xanthydrylderivate langsam auskristallisieren. Die Kristalle werden abfiltriert, auf dem Filter mit Äthanol gewaschen, aus wäßrigem Äthanol oder Dioxan umkristallisiert, mit Äthanol und Äther gewaschen und schließlich an der Luft getrocknet.

Verzweigte Seitenketten im Kern der aromatischen Sulfonamide erschweren oder verhindern die Bildung der Xanthydrylderivate.

Einige Schmelzpunkte sind in [23] angegeben.

6. BESTIMMUNG DER SCHWEFELHALTIGEN VERBINDUNGEN

a) Thiole, Thiosäuren und Xanthogenate

α) Jodometrie

Alle Substanzen, die eine freie –SH-Gruppe enthalten, werden von Jod zu den entsprechenden Disulfiden oxydiert. Man kann diese Oxydation quantitativ durchführen. Das auf Seite 273 angeführte Reaktionsschema zeigt, daß

$$E = \frac{a \cdot 1000}{b \cdot n}$$

ist, wenn a g Substanz b ml Jod der Normalität n verbrauchen. E ist dann die Gewichtsmenge der Substanz, welche eine –SH-Gruppe enthält.

Die Substanz wird in verdünntem Äthanol gelöst und mit einer 0,1 n-Lösung von Jod in Kaliumjodid titriert. Die Lösung darf nicht alkalisch reagieren, denn das Lösungsmittel wird in alkalischer Lösung von Jod angegriffen.

Es wurde auf Seite 82 erwähnt, daß man die Kalium- oder Natriumxanthogenate (die als Derivate der aliphatischen Hydroxylverbindungen präpariert wurden) ohne vorherige Freimachung der Alkylxanthogensäure jodometrisch bestimmen kann. Ist jedoch das Wasserstoffatom der –SH-Gruppe durch Alkyl oder Aryl substituiert (wie z. B. in der Xanthogenessigsäure), ist die jodometrische Bestimmung nicht mehr möglich. Für solche Substanzen, in denen das Wasserstoffatom der –SH-Gruppe durch eine die jodometrische Bestimmung verhindernde Gruppe ersetzt ist, wird die Schwefelbestimmung nach Grote und Krekeler (siehe S. 32) oft die bequemste Methode sein.

β) Titration mit Perchlorsäure

Für die Identifizierung der Salze der Alkylxanthogensäuren ist eine Lösung des Salzes in Eisessig und die Titration dieser Lösung mit einer 0,1 n-Perchlorsäure-Eisessiglösung (siehe S. 81) oft noch bequemer als die jodometrische Bestimmung.

γ) Titanometrische Bestimmung

Hat man zur Charakterisierung eines Thiols oder eines Thiophenols einen m-Nitrophenylthiocarbamidsäureester präpariert (siehe S. 273), kann man das Äquivalentgewicht des Esters titanometrisch feststellen. Man findet dann:

$$E_{\text{Thiol}} = E_{\text{Ester}} - 164{,}1\,,$$

wobei E_{Ester} das Äquivalentgewicht *pro Nitrogruppe* bedeutet.

δ) Alkalimetrische Bestimmung

TERENTIEV und Mitarbeiter [24] nutzen die Fähigkeit der Thiole, sich mit Acrylnitril zu vereinigen, zu einer alkalimetrischen Bestimmung der Thiole aus.

Zu einer Lösung des Thiols in Wasser wird ein Überschuß von Acrylnitril zugesetzt. Bei höheren Thiolen läßt man das Gemisch eine Stunde stehen, bei niedrigen gibt man schon nach kurzer Zeit Natriumsulfit im Überschuß hinzu und titriert die freigemachte Natronlauge mit 0,1 n-Salzsäure bis zur gelben Farbe; Indicator: 10 Tropfen Thymolphthalein + 2 Tropfen Alizaringelb.

Die Reaktionsgleichungen:

$$RSH + CH_2{=}CH{-}CN \rightarrow RSCH_2{-}CH_2{-}CN$$

$$CH_2{=}CH{-}CN + Na_2SO_3 + H_2O \rightarrow CH_2SO_3Na{-}CH_2{-}CN + NaOH$$

zeigen, daß 1 Mol Natronlauge als Differenz einer Blindprobe und der Hauptprobe 1 Mol Thiol entspricht.

b) Thioäther

α) Titration der Dialkyl-p-bromphenacylsulfoniumpicrate [25]

Die Dialkyl-p-bromphenacylsulfoniumpicrate, die, wie auf Seite 214 angegeben, zur Charakterisierung der Dialkylsulfide dienen, gestatten auch, deren Äquivalentgewichte zu bestimmen. 0,2—0,3 g des Picrats werden in Eisessig gelöst. Die Lösung wird mit einer 0,1 n-Perchlorsäure-Eisessiglösung titriert; Indicator: Kristallviolett. E_{Pikrat} wird wie üblich berechnet; man findet dann:

$$E_{\text{Sulfid}} = E_{\text{Pikrat}} - 426{,}2\ .$$

Diese Berechnung zeigt, daß die Bestimmung des Äquivalentgewichtes des Thioäthers nicht besonders genau sein kann, denn eine Ungenauigkeit von 1% in der Bestimmung des Äquivalentgewichtes des Pikrats wird einen Fehler bis zu 7% im Äquivalentgewicht des Sulfids enthalten können (Molekülgewicht des einfachsten Sulfids, Dimethylsulfid, = 62).

β) Oxydation mit Brom

HOUFF und SCHUETZ [26] empfehlen, die Thioäther durch Titration mit einer Bromid-Bromatmischung, 0,1 n in bezug auf Brom, zu bestimmen.

1—1,5 Millimol des Thioäthers werden in einem 250—300 ml Erlenmeyerkolben abgewogen und in 40 ml Eisessig gelöst. 5 ml Wasser, 3 ml konzentrierte Salzsäure und dann ein Überschuß der Bromid-Bromatmischung werden zugesetzt. Man verschließt den Kolben mit dem auf Seite 85 beschriebenen Stopfen und läßt ihn 5 Minuten bei etwa 45° stehen. Dann setzt man 5 ml einer 10%igen Kaliumjodidlösung hinzu und titriert das freigemachte Jod mit 0,1 n-Natriumthiosulfat.

Die Reaktionsgleichungen:

$$R_2S + Br_2 \rightarrow R_2SBr^+Br^-$$

$$R_2SBr^+Br^- + H_2O \rightarrow R_2SO + 2\,HBr$$

zeigen, daß:

$$E = \frac{2 \cdot a \cdot 1000}{b \cdot n}\,,$$

ist, wobei a, b und n die üblichen Bedeutungen haben.

Diese Methode ist besonders für die aromatischen und die heterocyclischen Sulfide geeignet. Die aliphatischen Sulfide werden dagegen leicht weiter oxydiert:

$$R_2S + Br_2 + H_2O \rightarrow R_2SO_2 + 2\,HBr\,.$$

Diese weitere Oxydation ist nicht quantitativ, und deshalb lassen sich diese Sulfide nicht wie beschrieben bestimmen. HOUFF und SCHUETZ empfehlen, in solchen Fällen eine potentiometrische „dead-stop Endpunkt“ -Methode zu benutzen. SIGGIA und EDSBERG [27] behaupten dagegen, daß man auch mit den aliphatischen Sulfiden die bromometrische Bestimmung durchführen kann, aber so, daß man mit der Kaliumbromid-Kaliumbromatlösung titriert und den Endpunkt der Titrierung an der gelben Bromfarbe erkennt, welche in Erscheinung tritt, sobald man die dem abgewogenen Sulfid äquivalente Menge Brom zugesetzt hat.

γ) Bestimmung der Disulfide

Nach STAHL und SIGGIA [28] kann man Disulfide dadurch bestimmen, daß man sie zuerst mit Natriumborhydrid zu Mercaptan reduziert und dann das Mercaptan argentometrisch bestimmt.

1 Millimol Disulfid wird in einem 150 ml Rundkolben mit 15 ml Natriumborhydridlösung (2 g Natriumborhydrid werden in 100 ml Diäthylenglycoldimethyläther gelöst) und 0,5 g wasserfreiem Aluminiumchlorid gemischt. Ein wirksamer Schlangenkühler wird sofort aufgesetzt. Die Reduktion ist nach einer halben Stunde bei Zimmertemperatur beendet. Der Kolben wird in einem Eisbade gekühlt. Durch den Kühler werden 5 ml n-Natronlauge zugesetzt, anfangs tropfenweise, und dann wird der Kühler mit einigen Millilitern Wasser nachgespült. Nach 2—3 Minuten werden 10 ml 3 n-Salpetersäure durch den Kühler zugegeben. Dann entfernt man das Eisbad und fügt nach 2 Minuten 15 ml 6 n-Natronlauge durch den Kühler hinzu. Der Kühler wird wiederum mit Wasser nachgespült, der Inhalt des Kolbens quantitativ in ein 400 ml-Becherglas übergeführt und mit 10 ml konzentriertem Ammoniakwasser versetzt. Man titriert potentiometrisch mit einem Silberelektrode/Calomelektrode-System mit 0,1 n-Silbernitrat. Das Äquivalentgewicht des Disulfids ist:

$$E = M = \frac{2 \cdot a \cdot 1000}{b \cdot n},$$

wenn a g Disulfid b ml Silbernitrat der Normalität n verbrauchen.

c) Isothiocyansäureester (Senföle)

α) Acidimetrische Bestimmungen der N, N′-substituierten Thioharnstoffe [29]

In einen 100—150 ml Jodzahlkolben mit eingeschliffenem Stopfen werden 20,0 ml einer Lösung von n-Butylamin in Dioxan pipettiert (12,5 g Amin in einem 100 ml Meßkolben mit Dioxan bis zur Marke gefüllt) und etwa 2 Millimol des Isothiocyansäureesters zugefügt. Man setzt den Stopfen ein und läßt den Kolben bei Zimmertemperatur stehen, 45 Minuten bei aliphatischen Isothiocyansäureestern, 15 Minuten bei den aromatischen. In einzelnen

Fällen muß man einige Minuten unter Rückflußkühlung erwärmen, um die Reaktion zu Ende zu bringen (vgl. Reaktion 3 c), S. 276). Der Kühler wird mit Dioxan gewaschen und das Waschdioxan mit der Reaktionsmischung vereinigt. Man titriert mit 0,1 *n*-Salzsäure (ohne die Dioxanlösung mit Wasser zu verdünnen); Indicator: Phenolphthalein. Die Normalität des Reagens wird in einer Blindprobe mit 20 ml Reagens bestimmt.

Das Äquivalentgewicht, *E*, ist:

$$E = \frac{a \cdot 1000}{b \cdot n},$$

wenn *a* g der Substanz sich mit einer *b* ml Säure der Normalität *n* äquivalenten Menge *n*-Butylamin vereinigen, wobei *b* die Differenz zwischen Blindprobe und Hauptversuch ist.

β) Alkalimetrische Bestimmung durch die *p*-Carboxyphenylthiosemicarbazide [30]

Diese Derivate, die wie auf Seite 276 angegeben präpariert werden, sind als Säuren genügend stark, um die alkalimetrische Bestimmung zu gestatten. Eine genau abgewogene Menge des Derivates wird in Äthanol gelöst, und mit einer 0,1 *n* wäßerigen Lösung von Natronlauge titriert; Indicator: Phenolphthalein. Das Äquivalentgewicht des Thiosemicarbazids wird wie üblich berechnet. Man findet dann:

$$E_{\text{Senföl}} = E_{\text{Thiosemicarbazid}} - 152{,}1 .$$

γ) Argentometrische Bestimmung der Senföle

Wie auf Seite 276 angeführt, wird der Schwefel der Senföle als Silbersulfid gefällt, wenn man Silbernitrat zu einer äthanolisch-ammoniakalischen Lösung des Senföls zusetzt.

0,1—0,2 g des Senföls werden in einen 200-ml-Erlenmeyerkolben eingewogen, in 50 ml Äthanol gelöst und mit 10 ml verdünntem Ammoniakwasser versetzt. Dann gibt man 30—50 ml einer 0,1 *n* wäßrigen Silbernitratlösung hinzu und erhitzt das Gemisch 15 Minuten auf dem Wasserbade, wobei sich Silbersulfid ausscheidet. Man filtriert, wäscht den Niederschlag sorgfältig mit sehr verdünnter Salpetersäure, vereinigt Filtrat und Waschwasser und säuert vorsichtig mit Salpetersäure an. Der Silbernitratüberschuß wird mit 0,1 *n*-Ammoniumthiocyanat zurücktitriert; Indicator: Fe(III)ammoniumsulfat.

Das Äquivalentgewicht *E*, d. h. die Gewichtsmenge der zu untersuchenden Substanz, welche 1 Atom Schwefel enthält, ist:

$$E = \frac{2 \cdot a \cdot 1000}{b \cdot n},$$

da Schwefel als Ag_2S präzipitiert wird. *a*, *b* und *n* haben die üblichen Bedeutungen.

Bisweilen entstehen kolloidale Silbersulfidlösungen, die sich nicht filtrieren lassen. Man kann versuchen, die Koagulation des Sulfids dadurch hervorzurufen, daß man etwas fein verteiltes Filtrierpapier zum ammoniakalischen Filtrat hinzugibt und einige Minuten auf dem Wasserbade erwärmt. Ist diese Behandlung ohne Wirkung, kann man versuchen, den Ammoniak genau mit Salpetersäure zu neutralisieren und dann das Erwärmen mit Filtrierpapier zu wiederholen. Ein Überschuß von Salpetersäure ist zu vermeiden, denn Silbersulfid, besonders im kolloidalen Zustand, wird in der Wärme sehr leicht von Salpetersäure oxydiert und gelöst.

δ) Bestimmung des Stickstoffs nach KJELDAHL

Diese Bestimmung verläuft gewöhnlich ohne Komplikationen nach der auf Seite 23 beschriebenen Methode, vorausgesetzt, daß die Substanz keine andere funktionelle Gruppe mit Stickstoff in einer höheren Oxydationsstufe enthält.

d) Thiamide und Thioharnstoffe

α) Argentometrische Bestimmung

Die für die Senföle angegebene argentometrische Methode erlaubt auch die Bestimmung der meisten Thiamide und Thioharnstoffe. Die Bestimmung wird jedoch dadurch kompliziert, daß die Thiamide und die Thioharnstoffe dazu neigen, in ammoniakalischer Lösung Molekülverbindungen mit Silbernitrat zu bilden, wodurch die Ausfällung des Silbersulfids verhindert wird. Man muß dann vor dem Abfiltrieren des Silbersulfids die Lösung mit Salpetersäure neutralisieren oder ganz schwach ansäuern, ungeachtet der eventuellen Anwesenheit von kolloidalem Silbersulfid. Verbleibt das Silbersulfid auch in schwach saurer Lösung kolloidal gelöst, neutralisiert man die Lösung sehr genau mit Ammoniakwasser und erwärmt dann die neutralisierte Lösung mit Filtrierpapier, wie vorher angegeben. Vorstehend wurde auch dargelegt, warum man die sauren kolloiden Lösungen nicht erwärmen darf.

Das Äquivalentgewicht wird wie für die Senföle berechnet.

β) Bestimmung des Stickstoffs nach KJELDAHL

Die übliche Digestion der Thiamide und Thioharnstoffe bereitet im allgemeinen keine Schwierigkeiten. Meistens erübrigt sich aber die vollständige Digestion: es genügt gewöhnlich, eine abgewogene Probe der zu untersuchenden Substanz eine Stunde unter Rückflußkühlung mit 6 *n*-Salzsäure zu kochen, um die quantitative Hydrolyse der Substanz zu erreichen. Die hydrolysierte oder digerierte Lösung wird quantitativ in einen 1000 ml-Destillationskolben übergeführt und mit Wasser bis auf 300—400 ml verdünnt. Nach Übersättigung mit Natronlauge destilliert man, wie auf Seite 24 angegeben, das Ammoniak ab.

Das Äquivalentgewicht wird wie auf Seite 25 angegeben berechnet. Für die Thiamide findet man Schwefel und Stickstoff gegenüber dasselbe Äquivalentgewicht; für die Thioharnstoffe dagegen ist das Äquivalentgewicht gegenüber Stickstoff nur die Hälfte des Äquivalentgewichts gegenüber Schwefel.

γ) Bestimmung der Thioharnstoffe mittels Wasserstoffsuperoxid [31]—[33]

Etwa 1 Millimol der zu untersuchenden Substanz wird in Wasser gelöst und mit 5 ml einer 10%igen Lösung von Wasserstoffsuperoxid und 50 ml 0,1 *n*-Natronlauge versetzt. Man läßt das Gemisch 2 Stunden bei Zimmertemperatur stehen. Dann wird ein bekannter Überschuß von 0,1 n-Salzsäure zugesetzt und die Lösung gekocht, um Kohlendioxid auszutreiben.

Die Reaktionsgleichungen:

$$CS(NH_2)_2 + 4\ H_2O_2 + 4\ NaOH \rightarrow Na_2SO_4 + Na_2CO_3 + 2\ NH_3 + 5\ H_2O$$

$$Na_2SO_4 + Na_2CO_3 + 2\ NH_3 + 4\ HCl \rightarrow Na_2SO_4 + 2\ NaCl + CO_2 + H_2O + 2\ NH_4Cl\,.$$

zeigen, daß $E = \frac{2 \cdot a \cdot 1000}{b \cdot n}$

ist, wobei a wie üblich die abgewogene Menge der Substanz, b den Totalverbrauch an Salzsäure der Normalität n bedeutet. E wird dann das Molekülgewicht des Thioharnstoffs.

Diese Methode kann auch zur Bestimmung der Senföle dienen, wenn man zuerst nach der auf Seite 216 angegebenen Methode die Senföle in Thioharnstoffe umbildet.

Die erhaltene Lösung wird zur Trockene eingedampft, um den Ammoniaküberschuß zu entfernen. Der Rückstand wird in Wasser gelöst und wie vorstehend beschrieben behandelt. Man findet dann:

$$E_{\text{Senföl}} = E_{\text{Thioharnstoff}} - 17{,}0\,.$$

δ) Bestimmung der Thioharnstoffe mit Mercurinitrat [34], [35]

Hg(II)nitrat vereinigt sich in wäßeriger Lösung mit Thioharnstoffen, monosubstituierten bis tetrasubstituierten, wobei ein Äquivalent Hg(II)nitrat mit einem Molekül Thioharnstoff reagiert. Diese Reaktion erlaubt die Bestimmung der Thioharnstoffe und, die Reaktion 3 c) ausnützend, der Senföle. Folgende Arbeitsweise wird empfohlen:

Man bereitet eine etwa 0,1 n-Lösung des zu untersuchenden Thioharnstoffes. 10 ml dieser Lösung werden mit 1 ml 0,1 n-Kaliumthiocyanatlösung und 2 ml einer 5%igen Fe(III)Ammoniumsulfatlösung (als Indicator) versetzt. Man füllt mit Wasser bis zu etwa 50 ml auf. Diese Lösung wird mit einer 0,1 n-Hg(II)nitratlösung (10,03 g Quecksilber werden in Salpetersäure gelöst und alle Stickoxide ausgekocht. Man füllt mit Wasser auf 1000 ml auf) titriert, bis die rote Farbe des Fe(III)thiocyanats verschwindet. In einer Blindprobe bestimmt man das Volumen der Hg(II)nitratlösung, welches von 1 ml der Kaliumthiocyanatlösung verbraucht wird. Das Äquivalentgewicht E ist:

$$E = \frac{a \cdot 1000}{b \cdot n}\,,$$

wenn a g Thioharnstoff b ml Mercurinitrat der Normalität n verbrauchen.

ε) Bestimmung des Schwefels als Sulfat

Ziemlich oft läßt sich der Schwefel der Thiamide und Thioharnstoffe mit Salpetersäure oder Königswasser zu Sulfat oxydieren. In einen KJELDAHL-Aufschlußkolben (250 ml) wird eine abgewogene Menge der zu untersuchenden Substanz eingeführt. Konzentrierte Salpetersäure wird tropfenweise zugesetzt. Wenn durch einen Tropfen keine lebhafte Reaktion hervorgerufen wird, setzt man noch 4—5 Tropfen Salpetersäure hinzu und erwärmt den Kolben auf dem Dampfbade so lange, bis jede Gasentwicklung aufgehört hat. Dann wird bis zur Trockene eingedampft. Man gibt wiederum einige Tropfen Salpetersäure hinzu und dampft bis zur Trockene ein. Dieses Verfahren wird 1—2 mal wiederholt. Endlich wird der Rückstand in verdünnter Salzsäure gelöst und Sulfat wie üblich als Bariumsulfat bestimmt. Das Äquivalentgewicht E ist:

$$E = \frac{a \cdot 233{,}4}{b},$$

wenn a g Substanz b g Bariumsulfat geliefert haben.

e) Sulfonsäuren und Sulfonamide

α) Sulfonsäuren

Die Sulfonsäuren sind starke Säuren, die sich ohne Komplikation mit 0,1 n-Natronlauge titrieren lassen; Indicator: Phenolphthalein. Es ist nützlich zu erinnern, daß viele Sulfonsäuren mit Kristallwasser kristallisieren, oft mit 2 Molekülen, aber auch Säuren, die mit 1 oder 3 Molekülen Wasser kristallisieren, kommen vor. Erscheint der mit einem gefundenen Äquivalentgewicht berechnete Wert für R in RSO_3H wenig glaubhaft, lohnt es sich zu untersuchen, ob wahrscheinlichere Werte entstehen, wenn man 18 oder ein Vielfaches davon vom gefundenen Äquivalentgewicht abzieht.

Die *Aminosulfonsäuren* verhalten sich wie die Aminocarboxylsäuren (siehe S. 216), d. h., daß man die aromatischen Aminosulfonsäuren normal titrieren kann, während die aliphatischen Aminosulfonsäuren sich nur durch Formoltitrierung oder nach Blockierung der Aminogruppe durch Acetylierung mittels gewöhnlicher Titration bestimmen lassen.

β) Bestimmung durch die Benzylthiuroniumsalze

Das Äquivalentgewicht der Benzylthiuroniumsalze läßt sich nach Kjeldahl berechnen (siehe S. 164). Die Sulfonsäuren sind so starke Säuren, daß man ihre Salze nicht mit Perchlorsäure-Eisessig titrieren kann [36].

γ) Sulfonamide

Für die Bestimmung des Äquivalentgewichtes eines Sulfonamids scheint die Kjeldahl-Methode die geeignetste zu sein. Man kann zwar die Sulfonamide durch Kochen mit 6 n-Salzsäure unter Rückflußkühlung hydrolysieren. Die Hydrolyse ist aber so langsam, daß man es vorzieht, eine Untersuchung nach Kjeldahl durchzuführen.

Die Amide der Aminosulfonsäuren lassen sich bequem mit Perchlorsäure-Eisessig titrieren, potentiometrisch oder mit Kristallviolett als Indicator. Dabei wird nur die Aminogruppe, nicht die Amidgruppe titriert [37].

LITERATUR

[1] Tasker, H. S., und Jones, H. O., J. chem. Soc. **95**, 1917, 1909.
[2] Vorländer, D., und Mittag, E., Ber. **52**, 422, 1919.
[3] Rheinboldt, H., Ber. **59**, 1311, 1926; **60**, 184, 1927.
[4] Walker, G. T., Industries Parfum. **10**, 236, 1955; Chem. Abstr. **49**, 15606, 1955.
[5] Bost, R. W., Turner, J. O., und Norton, R. D., J. amer. chem. Soc. **54**, 1985, 1932.
[6] Bost, R. W., Turner, J. O., und Conn, M. W., J. amer. chem. Soc. **55**, 4956, 1933.
[7] Jureček, M., Večeřa, M., und Gasparič, J., Chem. Listy **47**, 1410, 1953; **48**, 542, 1954; Referat Z. anal. Chem. **143**, 68, 1954; **144**, 436, 1955.
[8] Gasparič, J., Večeřa, M., und Jureček, M., Chem. Listy **51**, 660, 1957.

[9] GASPARIČ, J., VEČEŘA, M., und JUREČEK, M., Coll. czech. chem. Comm. 23, 97, 1958.
[10] VEIBEL, S., und JUHL NIELSEN, B., Acta chem. Scand. 10, 1488, 1956.
[11] VEČEŘA, M., GASPARIČ, J., SNOBL, D., und JUREČEK, M., Coll. czech. chem. Comm. 21, 1284, 1956.
[12] VEČEŘA, M., GASPARIČ, J., und JUREČEK, M., Coll. czech. chem. Comm. 24, 640, 1959.
[13] WELLER, L. E., BALL, C. D., und SELL, H. M., J. amer. chem. Soc. 74, 1104, 1952.
[14] VEIBEL, S., Dansk Tidsskr. Farm. 17, 42, 1943.
[15] CHAMBERS, R. F., und SCHERER, P. C., J. Ind. Engng. Chem. 16, 1272, 1924.
[16] HANN, R. M., und KEENAN, G. L., J. phys. Chem. 31, 1082, 1927.
[17] HANN, R. M., J. amer. chem. Soc. 57, 2166, 1935.
[18] VEIBEL, S., und LILLELUND, H., Bull. Soc. chim. [5] 5, 1153, 1938.
[19] CHAMBERS, E., und WATT, G. W., J. org. Chem. 6, 376, 1941.
[20] CHAMBERS, E., und SUTER, C. M., J. amer. chem. Soc. 64, 3040, 1942.
[21] VEIBEL, S., J. amer. chem. Soc. 67, 1867, 1945.
[22] MURAMOTO, Y., HIRAO, K., ONOA, K., und MORITA, M., Science and Ind. (Japan) 28, 15; 47; 103; 323; 347, 1954; Chem. Abstr. 49, 14582, 1955.
[23] PHILLIPS, R. F., und FRANK, V. S., J. org. Chem. 9, 9, 1944.
[24] OBTEMPERANSKAJA, S. I., TERENTIEV, A. P., und BUSLANOVA, M. M., Vestnik Moskov Univ. 12, Ser. Mat. Mekh. Astron. Fiz. Khim. Nr. 3, 145, 1957; Chem. Abstr. 52, 4414, 1958.
[25] VEIBEL, S., und JUHL NIELSEN, B., Acta chen. Scand. 10, 1488, 1956.
[26] HOUFF, WM. H., und SCHUETZ, R. D., Anal. Chem. 25, 1258, 1953.
[27] SIGGIA, S., und EDSBERG, R. L., Anal. Chem. 20, 938, 1948.
[28] STAHL, C. R., und SIGGIA, S., Anal. chem. 29, 154, 1957.
[29] SIGGIA, S., und HANNA, J. G., Anal. Chem. 20, 1084, 1948.
[30] VEIBEL, S., Dansk Tidsskr. Farm. 17, 42, 1943.
[31] BÖHME, H., Z. anal. Chem. 129, 129, 1949.
[32] THORIN, E. G., Z. phys. Chem. 89, 685, 1915.
[33] KITAMURA, R., J. pharm. Soc. Japan 54, 98, 1934; Chem. Abstr. 30, 3434, 1936.
[34] SAHASRABUDHEY, R. H., und SINGH, R., J. Indian chem. Soc. 30, 223, 1953.
[35] WILLIAMS, H. E., J. Soc. chem. Ind. 58, 77, 1939.
[36] BERGER, J., Acta chem. Scand. 8, 427, 1954.
[37] TOMČIEK, O., Coll. czech. chem. Comm. 13, 116, 1948.

V. DIE DOPPELBINDUNG

1. NACHWEIS DER DOPPELBINDUNG

Es steht keine absolut spezifische Reaktion zum Nachweis der Doppelbindung zur Verfügung. Substanzen, die in den unten als a) und b) bezeichneten Proben positiv reagieren, werden aber wahrscheinlich eine oder mehrere Kohlenstoff-Kohlenstoff-Doppelbindungen enthalten.

a) Reduktion von Kaliumpermanganat

Ungesättigte Verbindungen werden durch eine alkalische Lösung von Kaliumpermanganat oxydiert, wobei das Permanganation zu Mangandioxid reduziert wird.

Die zu untersuchende Substanz wird in Wasser gelöst oder suspendiert und die Lösung mit 1—2 ml einer verdünnten Natriumcarbonatlösung schwach alkalisch gemacht. Zur alkalischen Lösung setzt man einige Tropfen einer verdünnten Kaliumpermanganatlösung. Verschwindet die Permanganatfarbe schnell, und wird das Mangandioxid ausgeschieden, ist es möglich, daß die Substanz eine C=C-Doppelbindung enthält. Die Reaktion ist aber nicht spezifisch für ungesättigte Substanzen. Viele gesättigte Substanzen, z. B. Polyole, Phenole, Amine, werden gleichfalls in alkalischer Lösung von Kaliumpermanganat bei Zimmertemperatur oxydiert, wobei Mangandioxid gebildet wird.

Ist die Substanz in Wasser unlöslich, kann man sie in Äthanol oder Aceton lösen. Diese Lösungsmittel werden aber selbst langsam vom alkalischen Kaliumpermanganat oxydiert.

Man muß deshalb eine Blindprobe anstellen, um festzustellen, ob das Permanganation von der Lösung der Substanz schneller reduziert wird als vom reinen Lösungsmittel.

Selbst in Wasser so schwerlösliche Substanzen wie Ölsäure reagieren in Suspension schnell mit Kaliumpermanganat,

b) Addition von Brom

Ungesättigte Substanzen mit C=C-Doppelbindungen werden gewöhnlich durch Zugabe von Bromwasser Brom addieren. Eine schnelle Entfärbung von Bromwasser, welches einer Lösung der Substanz in Wasser oder Chloroform zugesetzt wird, kann deshalb bedeuten, daß die Substanz ungesättigt ist. Diese Reaktion ist aber ebensowenig wie die Permanganatreaktion spezifisch. In vielen Substanzen, besonders aromatischen (z. B. Phenole, Amine), wird Wasserstoff so leicht und schnell durch Brom substituiert, daß das Reagens (Bromwasser) ebenso schnell entfärbt wird wie im Falle einer Addition an eine Doppelbindung. Es läßt sich jedoch ein Unterschied zwischen Substitution und Addition feststellen: Eine Substitution ist von einer Entwicklung von Bromwasserstoff begleitet, eine Addition nicht. Benutzt man als Lösungsmittel sowohl für die zu untersuchende Substanz als auch für das Brom Tetrachlorkohlenstoff, kann man leicht die Entwicklung von Bromwasser feststellen, denn Bromwasserstoff ist in Tetrachlorkohlenstoff sehr wenig löslich.

Dreifachbindungen, Acetylenbindungen, können wie die Doppelbindungen Brom addieren. Einige ungesättigte Verbindungen vereinigen sich mit Brom sehr langsam oder überhaupt nicht. Elektrophile Substitution an den doppelgebundenen Kohlenstoffatomen (wie z. B. in α,β-ungesättigten Säuren) kann die Additionsgeschwindigkeit bedeutend herabsetzen und gegebenenfalls die Additionsfähigkeit ganz aufheben.

c) Farbreaktion mit Tetranitromethan

Ungesättigte Verbindungen mit C=C-Doppelbindungen, und zwar rein aliphatische ebenso gut wie aromatische mit ungesättigten Seitenketten, können sich mit Tetranitromethan vereinigen. Setzt man die ungesättigte Verbindung zu einer Lösung von Tetranitromethan in Äther oder Chloroform, entsteht eine gelbe, orangefarbige oder gelbbraune Tönung.

Die aliphatischen α,β-ungesättigten Aldehyde und Carboxylsäuren sind Ausnahmen, die diese Farbreaktion nicht geben.

Andererseits können Substanzen, die zwar keine Doppelbindung, aber statt dessen ein „ungesättigtes Atom" enthalten (z. B. die Dialkylsulfide, die Thiole, die tertiären aliphatischen Amine), wie die Verbindungen mit Doppelbindungen eine positive Reaktion geben.

d) Reaktion auf konjugierte Doppelbindungen

Verbindungen, die konjugierte Doppelbindungen enthalten, vereinigen sich leicht mit Maleinsäureanhydrid oder β-Naphthochinon, wobei kristallinische Derivate gebildet werden. Mit Maleinsäureanhydrid entstehen Säureanhydride, die, aus Wasser umkristallisiert, die entsprechenden dibasischen Säuren bilden:

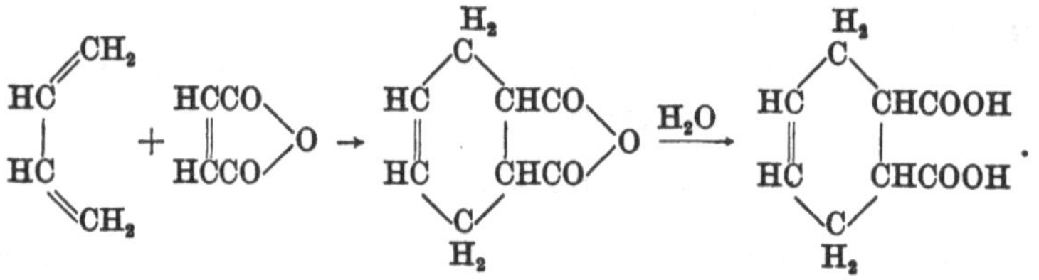

2. BESTIMMUNG UNGESÄTTIGTER VERBINDUNGEN MIT DOPPELBINDUNGEN

Die ungesättigten Verbindungen werden oft durch Feststellung der *Brom-* oder *Jodzahl* charakterisiert und bestimmt. Diese Zahlen geben an, wie viele Gramm Brom oder Jod sich mit 100 g der ungesättigten Verbindung vereinigen können. Dieselben Zahlen kann man selbstverständlich dazu benutzen, das Äquivalentgewicht in bezug auf eine Doppelbindung zu berechnen.

a) Addition von Brom

Zur Bestimmung einer ungesättigten Verbindung kann man die auf Seite 84 beschriebene Methode zur Bestimmung der Phenole benutzen.

Man löst, wenn möglich, 0,10—0,15 g der Verbindung in Wasser und arbeitet sonst wie angegeben. Da eine Doppelbindung ein Molekül Brom addiert, ist das Äquivalentgewicht E, d. h. die Gewichtsmenge der Verbindung, die eine Doppelbindung enthält:

$$E = \frac{2 \cdot a \cdot 1000}{b \cdot n},$$

wobei a, b und n, wie üblich, Gewichtsmenge der Substanz (in g), Volumen (in ml) und Normalität des Reagens bedeuten.

Ist die zu untersuchende Substanz in Wasser unlöslich, kann man eine Lösung davon in Chloroform oder Tetrachlormethan benutzen. Das Brom wird dann in demselben Lösungsmittel gelöst. Um den Bromüberschuß zu bestimmen, setzt man nach beendeter Addition zum Reaktionsgemisch Wasser, eine wäßrige

Kaliumjodidlösung und verdünnte Schwefelsäure. Man schüttelt den Kolben energisch, um den Kontakt zwischen Brom und Jodionen zu erleichtern. Dann titriert man das freigemachte Jod mit 0,1 *n*-Natriumthiosulfat, wobei man auch während der Titration tüchtig schüttelt, bis die wäßrige Schicht farblos wird und auch so bleibt (Indicator: Stärke).

Findet man in der beschriebenen Weise Äquivalentgewichte, die einem unwahrscheinlich vorkommen, muß man untersuchen, ob während der Reaktion Bromwasserstoff gebildet worden ist, was der Fall sein wird, wenn die Addition von einer Substitution begleitet ist. Stellt die Reaktion ausschließlich eine Substitution dar, wird man bei der Bestimmung der Bromionen nach VOLHARD dasselbe Äquivalentgewicht finden wie bei der Feststellung des Bromverbrauches. Ist die Reaktion eine Addition an eine Doppelbindung und eine Substitution eines Wasserstoffatoms, wird man bei der VOLHARD-Bestimmung ein doppelt so großes Äquivalentgewicht errechnen wie bei der Feststellung des Bromverbrauches. Zur Bestimmung dieser beiden Äquivalentgewichte wird folgende Arbeitsweise empfohlen:

In einem 500 ml Jodzahlkolben, dessen eingeschliffener Glasstopfen mit einem gebogenen Glasrohr mit Hahn ausgestattet ist, wird die Substanz (0,25—1 g) in 10 ml Tetrachlorkohlenstoff gelöst und mit 20 ml einer etwa 0,3 *n*-Lösung von Brom in Tetrachlormethan versetzt. Man setzt den Stopfen ein, schließt den Hahn und läßt den Kolben, *gegen das Licht geschützt*, 18 Stunden stehen. Am Ende dieser Zeit wird der Kolben in einem Eis-Salz-Bad gekühlt, wodurch ein Unterdruck im Kolben entsteht. Das gebogene Rohr wird in ein Becherglas mit destilliertem Wasser gesteckt; man öffnet den Hahn und läßt etwa 25 ml Wasser in den Kolben hineinströmen. Der Hahn wird wiederum geschlossen, und man schüttelt energisch durch, um die Absorption des während der Reaktion gebildeten Bromwasserstoffs im Wasser zu erreichen.

Der Bromüberschuß wird bestimmt, indem man 20—30 ml einer 10%igen Kaliumjodidlösung und 75 ml Wasser zusetzt und das freigemachte Jod mit 0,1 *n*-Natriumthiosulfat titriert. Das Äquivalentgewicht E wird wie bereits angegeben berechnet.

Um den Bromwasserstoff zu bestimmen, fügt man zur austitrierten Lösung 5 ml einer 2%igen Kaliumjodatlösung hinzu, wodurch gemäß der Reaktionsgleichung:

$$6\,HBr + KJO_3 + 5\,KJ \rightarrow 6\,KBr + 3\,J_2 + 3\,H_2O$$

Jod wiederum freigemacht wird.

Wird zur Titrierung dieser Jodmenge b_1 ml Natriumthiosulfat der Normalität n verbraucht, ist das Äquivalentgewicht in bezug auf Substitution, d. h. die Gewichtsmenge, die 1 substituierbares Wasserstoffatom enthält:

$$E_{\text{Subst.}} = \frac{a \cdot 1000}{b_1 \cdot n}.$$

Das Verhältnis $E/E_{\text{Subst.}}$ ist also das Verhältnis zwischen Zahl der Doppelbindungen und Zahl der substituierbaren Wasserstoffatome.

b) Jodaddition (Bestimmung der Jodzahl)

α) International empfohlene Methoden

Zahlreiche Methoden sind im Laufe der Zeit zur Bestimmung der Jodzahl empfohlen worden. Die Jodzahl zeigt an, in welchem Maße die Substanz ungesättigt ist. Konventionell ist die Jodzahl als die Jodmenge (in g) festgesetzt, die von 100 g der zu untersuchenden Substanz aufgenommen wird. Unter den vorgeschlagenen Methoden haben drei die Autorisation der *Commission Internationale pour l'Étude des Matières grasses* erhalten, und zwar die Methoden von WIJS, von HANUS und von HÜBL (siehe [1]). Hier wird nur die Arbeitsweise nach WIJS wiedergegeben:

Bereitung des Reagens. WIJS' Lösung

Etwa 9 g Trichlorjod (Cl_3J) werden in einem Gemisch von 700 ml Eisessig (mindestens 99%) und 300 ml Tetrachlorkohlenstoff gelöst. Die Konzentration des Halogens wird in folgender Weise bestimmt: zu 5 ml der Lösung (mit einer Pipette oder einer Bürette abgemessen) setzt man 5 ml einer 10%igen Kaliumjodidlösung und 30 ml Wasser. Die Lösung wird mit 0,1 *n*-Natriumthiosulfat titriert; Indicator: Stärke.

Dann werden 10 g pulverisiertes Jod zugesetzt, und man schüttelt, um Jod in Lösung zu bringen, bis der Halogengehalt der Lösung, in herausgenommenen Proben bestimmt, 150% der ersten Bestimmung erreicht hat. Um eine wirklich stabile Lösung zu erhalten, sollte man diese Grenze leicht überschreiten. Man ist dann sicher, daß keine Spur des Trichlorjods mehr übrig ist.

Die klare Flüssigkeit wird filtriert (oder dekantiert) und das Filtrat mit Eisessig oder einem Eisessig-Tetrachlorkohlenstoff-Gemisch verdünnt, bis man den gewünschten Titer erreicht hat. Am bequemsten stellt man die Lösung so ein, daß 5 ml genau 10 ml 0,1 *n*-Natriumthiosulfat entsprechen.

Bestimmung der Jodzahl

Man nimmt zur Bestimmung immer 25 ml des Reagens und wählt die Menge des Fettstoffes (oder der Substanz, deren Ungesättigtheit man zu bestimmen wünscht) so, daß nach der Addition mindestens 70% der Jodmenge unaddiert übrig bleiben. Das heißt, daß man bei Jodzahlen zwischen 0 und 30 1 g, zwischen 30 und 50 0,6 g, zwischen 50 und 100 0,3 g, zwischen 100 und 150 0,2 g und zwischen 150 und 200 0,15 g des Fettstoffes abwiegt. Der Fettstoff wird in einen 300—500 ml Jodzahlkolben mit eingeschliffenem Stopfen eingeführt und in 15 ml Tetrachlorkohlenstoff gelöst. Aus einer Bürette werden 25 ml des Reagens zugefügt; man setzt den Stopfen ein, homogenisiert die Lösung durch Schüttlung und läßt den Kolben 1—2 Stunden gegen das Licht geschützt stehen. Dann werden 20 ml einer 10%igen Kaliumjodidlösung und 150 ml Wasser zugegeben. Man schüttelt und titriert mit 0,1 *n*-Natriumthiosulfat; Indicator: Stärke.

Verbrauchen *a* g der Substanz eine *b* ml Natriumthiosulfat (Normalität *n*) entsprechende Jodmenge (*b* ist die Differenz zwischen Blindversuch und Hauptversuch), ist:

$$\text{Jodzahl} = \frac{b \cdot n}{a} \cdot 12{,}69; \quad E = \frac{2 \cdot a \cdot 1000}{b \cdot n}.$$

β) Methode der Pharmacopoea Danica [2]

Die zu untersuchende Substanz (Menge wie vorstehend angegeben) wird in einem 500 ml Jodzahlkolben mit eingeschliffenem Stopfen in 10 ml Tetrachlormethan gelöst. 50 ml einer 0,1 *n*-Lösung von Kaliumbromat und 5 g Kaliumbromid werden zugesetzt. Nach vollständiger Lösung des Kaliumbromids gibt man noch 10 ml 2 *n*-Schwefelsäure hinzu. Der Kolben wird geschüttelt, um die Verteilung des Broms zwischen den beiden Phasen zu sichern, und dann 2 Stunden bei Zimmertemperatur gegen das Licht geschützt stehen gelassen. Während der ersten Stunde wird oft, während der zweiten Stunde einige Male geschüttelt. Ist die Jodzahl größer als 150, muß man den Kolben die Nacht über (20 Stunden) stehen lassen. Dann werden 20 ml Kaliumjodidlösung zugesetzt; der Kolben wird geschüttelt, um die vollständige Reaktion des Broms mit Jodwasserstoff zu sichern, und das freigemachte Jod mit 0,1 *n*-Natriumthiosulfat titriert; Indicator: Stärke.

Da die Kaliumbromatlösung vollkommen stabil ist, erübrigt sich die Blindprobe, und *b* in dem Ausdruck zur Berechnung der Jodzahl oder des Äquivalentgewichtes wird die Differenz zwischen 50,00 und dem zur Titration des Jods verbrauchten Thiosulfatvolumen (vorausgesetzt, daß sowohl Kaliumbromat wie Thiosulfat genau 0,1000 *n* sind).

c) Bestimmung von α,β-ungesättigten Substanzen durch Reaktion mit Morpholin

Morpholin vereinigt sich mit ungesättigten Substanzen, wenn die Doppelbindung mit einer elektrophilen Gruppe verbunden ist: R—CH=CH—X.

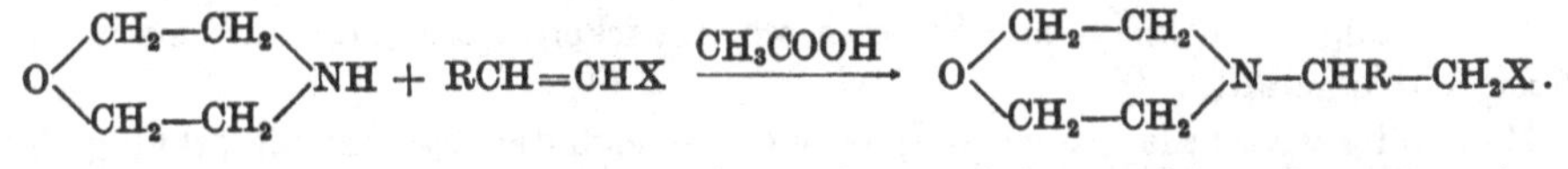

Die Reaktion wird durch Essigsäure katalysiert und das resultierende tertiäre Amin nach Acetylierung des Morpholinüberschusses mit Essigsäureanhydrid durch Titration mit 0,5 *n*-äthanolischem Chlorwasserstoff bestimmt. Folgende Arbeitsweise wird angegeben [3]:

In zwei 250 ml Jodzahlkolben mit eingeschliffenem Stopfen werden je 10 ml Morpholin hineinpipettiert. Der eine Kolben dient zur Blindprobe, in den anderen wird die zu untersuchende Substanz (nicht mehr als 23 Millimol) eingeführt. Beiden Kolben werden 7 ml 50%iger Essigsäure zugesetzt (Eisessig mit gleichem Volumen Wasser verdünnt). Ist die Substanz in diesem Gemisch nicht löslich, kann man Methanol bis zur vollständigen Lösung der Substanz hinzufügen. Man läßt die Flaschen 5—120 Minuten bei Zimmertemperatur stehen (bisweilen muß man auf dem Dampfbade erwärmen). Dann setzt man den beiden Flaschen nach eventueller Abkühlung je 50 ml Acetonitril und dann 20 ml Essigsäureanhydrid zu und homogenisiert durch Schüttelung. Man kühlt wieder ab, gibt 5—6 Tropfen Indicator (0,5 g Methylorange und 0,08 g Xylencyanol FF in 100 ml Wasser) hinzu und titriert mit 0,5 *n*-äthanolischer Salzsäure bis zum Verschwinden der grünen Farbe.

Es ist klar, daß stark saure Gruppen und basische Gruppen die Bestimmung stören können.

Das Äquivalentgewicht E der ungesättigten Substanz ist:

$$E = \frac{a \cdot 1000}{b \cdot n} - 87{,}1\,,$$

wenn a g der Substanz b ml Säure der Normalität n (Differenz des Hauptversuches und der Blindprobe) verbrauchen.

Die beschriebene Arbeitsweise hat kein allgemeines analytisches Interesse, denn die benutzten Substanzmengen sind zu groß. Erst wenn es sich zeigen sollte, daß die Methode mit $^1/_{10}$—$^1/_{20}$ der angegebenen Mengen benutzt werden kann, ohne daß die Empfindlichkeit leidet, wird sie allgemeines Interesse erwecken.

LITERATUR

[1] Méthodes unifiées pour l'analyse des matières grasses. 4. Edition redigée par la Division des matières grasses de la Section de Chimie Appliquée de l'Union Internationale de Chimie Pure et Appliquée, Paris 1954, S. 50.
[2] Pharmacopoea Danica 1948 I, S. 79; Nyt Nordisk Forlag, København 1948.
[3] Critchfield, F. C., Funk, G. L., und Johnson, J. B., Anal. Chem. 28, 76, 1956.

W. DIE DREIFACHBINDUNG

1. NACHWEIS VON SUBSTANZEN MIT DREIFACHBINDUNG
2. BESTIMMUNG VON SUBSTANZEN MIT DREIFACHBINDUNG

1. NACHWEIS DER DREIFACHBINDUNG

a) Salzbildung

α) Cu(I)- oder Silberacetylenide

Läßt man Acetylen oder ein monosubstituiertes Acetylen auf eine ammoniakalische Lösung eines Cu(I)- oder Silbersalzes einwirken, werden die entsprechenden Acetylenide gefällt.

Man sollte weder die roten Cu-(I)acetylenide noch die farblosen Silberhalogenide isolieren und trocknen, denn sie sind im trockenen Zustand sehr explosiv.

β) Hg(II)acetylenide

Gibt man Acetylen oder ein monosubstituiertes Acetylen zu einer alkalischen Lösung von Kaliummercurijodid (Nesslers Reagens, siehe S. 53), werden Hg(II)acetylenide kristallinisch gefällt. Diese Salze sind nicht explosiv. Meistens haben sie wohldefinierte Schmelzpunkte und sind deshalb zur Charakterisierung des Acetylens und der monosubstituierten Acetylene geeignet [1], [2]:

$$2\,RC \equiv CH + K_2HgJ_4 + 2\,KOH \rightarrow (RC \equiv C)_2Hg + 4\,KJ + 2\,H_2O\,.$$

b) Addition von Wasser

Mit einer wäßrig-äthanolischen Lösung von Schwefelsäure und Hg(II)sulfat behandelt, addieren Acetylen und die mono- oder disubstituierten Alkyne ein Molekül Wasser, wobei ein Keton entsteht:

$$RC{\equiv}CR' + H_2O \xrightarrow{HgSO_4} RCOCH_2R'\,.$$

Die Alkyne lassen sich also durch Derivate dieser Ketone charakterisieren.

c) Addition von Halogen oder Halogenwasserstoff

Die Alkyne addieren leicht zwei Moleküle Halogen oder Halogenwasserstoff (oder andere sauerstofffreie Säuren). Wenn Halogenwasserstoff addiert wird, kommen beide Halogenatome an dasselbe Kohlenstoffatom.

2. BESTIMMUNG VON SUBSTANZEN MIT DREIFACHBINDUNGEN

Man kann die Cu(I)- oder Silbersalze, die vorstehend (1, a, *α*) erwähnt wurden, zur Bestimmung der monosubstituierten Alkyne benutzen. Da aber diese Salze im trockenen Zustande explosiv sind, zieht man es vor, andere Bestimmungsmethoden zu benutzen.

a) Bestimmung mit Nesslers Reagens

Die Reaktionsgleichung, die vorstehend (1, a, *β*) angegeben wurde, zeigt, daß ein Molekül eines monosubstituierten Alkyns einem Molekül Kaliumhydroxid entspricht. Folgende Arbeitsweise wird für die Bestimmung angegeben [3]:

Das NESSLERsche Reagens wird dadurch präpariert, daß man 50 g Hg(II)oxid in 250 ml einer 20%igen Kaliumjodidlösung löst.

In einem 250-ml-Erlenmeyerkolben mischt man 50 ml des Reagens und 100 ml Methanol. 10—15 Millimol des Alkyns und dann, mittels einer geeichten Pipette, 50,0 ml 0,5 *n*-Natronlauge werden zugesetzt. Der Natronlaugenüberschuß wird sofort mit 0,5 *n*-Schwefelsäure zurücktitriert; Indicator: Phenolphthalein. Das Äquivalentgewicht E ist dann:

$$E = \frac{a \cdot 1000}{b \cdot n},$$

wo a, b und n die üblichen Bedeutungen haben.

b) Bestimmung mittels Silbernitrat

α) Monosubstituierte Alkyne [4]

1 Millimol Alkyn wird in 20—25 ml Äthanol gelöst und mit 5 ml 0,1 *n*-äthanolischen Silbernitratlösung (neutral gegenüber Thymolphthalein) und 7—8 ml einer 8%igen äthanolischen Äthylendiaminlösung (ebenfalls neutral gegen Thymolphthalein) versetzt. Die Funktion des Äthylendiamins besteht darin, durch Komplexbildung den Überschuß an Silbernitrat zu beseitigen. Die Reaktionsgleichung:

$$RC{\equiv}CH + 2\,AgNO_3 \rightarrow RC{\equiv}CAg{,}AgNO_3 + HNO_3$$

zeigt, daß pro Mol Alkyn ein Mol Salpetersäure freigemacht wird. Man titriert die Salpetersäure mit 0,1 *n*-Natronlauge und findet dann das Äquivalentgewicht E durch:

$$E = \frac{a \cdot 1000}{b \cdot n},$$

wenn a g Substanz b ml Natriumhydroxid der Normalität n verbrauchen.

β) Disubstituierte Alkyne [5]—[7]

Behandelt man ein disubstituiertes Alkyn mit Hg(II)acetat, werden zwei Äquivalente Essigsäure freigemacht gemäß der Reaktionsgleichung:

$$RC{\equiv}CR + 2\,(CH_3COO)_2Hg + H_2O \rightarrow \begin{array}{c} HgOOCH_3 \\ | \\ RC{-}COR \\ | \\ HgOOCCH_3 \end{array} \text{ oder } \begin{array}{c} OHgOOCCH_3 \\ | \\ RC{=}CR \\ | \\ HgOOCCH_3 \end{array} + 2\,CH_3COOH\,.$$

Folgende Arbeitsweise wird angegeben:

In einem geeichten 15-ml-Meßkölbchen löst man 2 Millimol des Alkyns in absolutem Äthanol und füllt bis zur Marke mit absolutem Äthanol auf.

In einem 250-ml-Jodzahlkolben mit eingeschliffenen Stopfen übergießt man 0,8—1,0 g Hg(II)acetat mit 30—40 ml absolutem Äthanol. Der Kolben wird einige Minuten geschüttelt, um den größten Teil des Hg(II)acetats in Lösung zu bringen. Dabei wird der Kolben mäßig (maximal bis zu 30—40°) erwärmt. Dann werden 5 ml der Alkynlösung zugesetzt, und man schüttelt den Kolben mechanisch bis zum vollständigen Lösen des Salzes (etwa 20—30 Minuten). Während des Schüttelns verschwindet die gelbe Farbe der Lösung. Man läßt den Kolben 2—4 Stunden bei Zimmertemperatur stehen und setzt dann 50—60 ml einer gesättigten Natriumchloridlösung hinzu, um den Überschuß von Hg(II)-acetat komplex zu binden, verdünnt mit 40—50 ml Wasser, setzt 10—15 Tropfen Phenolphthalein hinzu und titriert mit 0,1 *n*-Natronlauge. Eine Blindprobe wird parallel durchgeführt.

Das Äquivalentgewicht E ist:

$$E = \frac{2 \cdot a \cdot 1000}{b \cdot n},$$

wobei a, b und n die üblichen Bedeutungen haben.

Nicht alle disubstituierten Alkyne folgen jedoch diesem Schema, z. B. werden bei den Alkyndiolen und den Aminoalkynen sekundäre Reaktionen stören. Weiter können Substanzen mit Doppelbindungen mit Mercuriacetat reagieren, siehe die Literaturhinweise [6] u. [7] sowie M. N. Das [8].

LITERATUR

[1] Johnson, J. R., und McEwen, W. L., J. amer. chem. Soc. **48**, 469, 1926.
[2] Vaughn, T. H., J. amer. chem. Soc. **55**, 3453, 1933.
[3] Hanna, J. G., und Siggia, S., Anal. Chem. **21**, 1469, 1949.
[4] Koulkes, M., und Marszak, I., Bull. Soc. chim. 556, **1952**.
[5] Koulkes, M., Bull. Soc. chim. 402, **1953**.
[6] Marquardt, R. P., und Luce, E. N., Anal. Chem. **20**, 751, 1948.
[7] Martin, R. W., Anal. Chem. **21**, 921, 1949.
[8] Das, M. N., Analyt. Chem. **26**, 1086, 1954.

X. KOHLENWASSERSTOFFE

1. CHARAKTERISIERUNG DER KOHLENWASSERSTOFFE
2. BESTIMMUNG DER KOHLENWASSERSTOFFE

Hat man in einer Substanz kein Element außer Kohlenstoff und Wasserstoff und keine funktionellen Gruppen nachweisen können, ist die zu untersuchende Substanz wahrscheinlich ein Kohlenwasserstoff, und zwar ein gesättigter.

Die *gesättigten Kohlenwasserstoffe* sind gewöhnlich ziemlich reaktionsträge Substanzen, und es ist deshalb schwierig, Reaktionen anzugeben, die den Nachweis dieser Substanzen erlauben.

Für die *aromatischen Kohlenwasserstoffe* haben folgende Reaktionen einen gewissen diagnostischen Wert:

Ein Reagenzglas wird mit einem durchbohrten Stopfen versehen, durch den ein gebogenes Glasrohr geht. In diesem Reagenzglas wird zu einer kleinen Probe der Substanz und einem Stückchen wasserfreiem Aluminiumchlorid 1 ml wasser- und äthanolfreies Chloroform gegeben. Der Stopfen wird eingesetzt und das Glas mäßig erhitzt. Ist die zu untersuchende Substanz ein aromatischer Kohlenwasserstoff, wird das Gemisch eine braune oder rotbraune Farbe annehmen und Chlorwasserstoff entwickeln. Um sich davon zu überzeugen, daß das entwickelte Gas Chlorwasserstoff ist und nicht nur Luft oder Dämpfe der Substanz oder des Chloroforms, leitet man es mittels des Ableitungsrohres in eine salpetersaure Lösung von Silbernitrat hinein. Ein Niederschlag von Silberchlorid bestätigt die Möglichkeit der Anwesenheit eines aromatischen Kohlenwasserstoffes.

Es ist aber nur eine Möglichkeit, denn viele andere Substanztypen als aromatische Kohlenwasserstoffe können mit Aluminiumchlorid unter Entwicklung von Chlorwasserstoff reagieren, z. B. Wasser, Anisole, Acetale und viele andere. Erst wenn man sicher ist, daß Wasser und sauerstoffhaltige Gruppen, die hydroxylhaltige Moleküle abspalten können, nicht vorkommen, wird die Entwicklung von Chlorwasserstoff ziemlich eindeutig beweisen, daß ein aromatischer Kohlenwasserstoff vorliegt.

1. CHARAKTERISIERUNG DER KOHLENWASSERSTOFFE

Die *gesättigten aliphatischen Kohlenwasserstoffe* sind am bequemsten durch ihre physikalischen Konstanten (Siedepunkt, spezifisches Gewicht usw.) charakterisiert, die *ungesättigten Kohlenwasserstoffe* durch die Derivate, die bei der Addition zur Doppel- oder Dreifach-Bindung entstehen (siehe S. 288 und S. 292).

Von den *aromatischen Kohlenwasserstoffen* lassen sich gewöhnlich Additions- oder Substitutionsprodukte herstellen. Die nachstehend angegebenen Derivate wurden zur Charakterisierung der aromatischen Kohlenwasserstoffe empfohlen.

a) Molekülverbindungen mit Trinitrobenzol

Zu einer äthanolischen Lösung des Kohlenwasserstoffes wird eine gesättigte äthanolische Lösung von 1,3,5-Trinitrobenzol zugesetzt. Man erwärmt bis zum Sieden und läßt langsam abkühlen. Findet keine Kristallisation statt, kann man versuchen, etwas vom Lösungsmittel durch einen Luftstrom zu entfernen. Hier besteht aber die Gefahr, daß das Reagens oder ein Gemisch von Reagens und Molekülverbindung auskristallisiert.

Eine zuverlässigere Methode wurde auf Seite 180 zur Darstellung der Anisolpikrate beschrieben.

Das Addukt wird abfiltriert und bei Zimmertemperatur zwischen Filtrierpapierbogen getrocknet.

Schmelzpunkte der Addukte sind im Beilstein, Bd. V, unter den entsprechenden Kohlenwasserstoffen angegeben.

Statt 1,3,5-Trinitrobenzol kann man zur Bildung der Addukte Pikrinsäure oder Styphninsäure heranziehen. Schmelzpunkte solcher Addukte findet man im Beilstein, Bd. VI, unter Pikrinsäure oder Styphninsäure.

b) Nitrierung

Die meisten aromatischen Kohlenwasserstoffe werden von „Nitriersäure“ (ein Gemisch konzentrierter Schwefelsäure und Salpetersäure) nitriert, bei Zimmertemperatur oder auf dem Dampfbade. Die nitrierten Kohlenwasserstoffe sind gewöhnlich bei Zimmertemperatur feste Körper. Sie werden durch Umkristallisation aus Äthanol gereinigt.

Eine ernsthaft störende Komplikation hängt damit zusammen, daß bei der Nitrierung schwierig trennbare Mischungen von *o*- und *p*-substituierten oder von mono- und disubstituierten Kohlenwasserstoffen entstehen, die vor der Bestimmung des Schmelzpunktes getrennt werden müssen.

Die Dinitroderivate sind gewöhnlich in Äthanol weniger löslich als die Mononitroderivate, und die *o*-nitrierten Kohlenwasserstoffe sind gewöhnlich weniger löslich als die *p*-nitrierten. Deshalb versucht man, um den Kohlenwasserstoff zu identifizieren, ein Dinitroderivat oder ein *p*-Nitroderivat rein darzustellen.

Schmelzpunkte der nitrierten Kohlenwasserstoffe findet man im BEILSTEIN, Bd. V, unter den entsprechenden Kohlenwasserstoffen.

c) Sulfonierung

Die aromatischen Kohlenwasserstoffe lassen sich leicht durch Einwirkung rauchender Schwefelsäure oder, oft bequemer, durch *Chlorsulfonsäure* sulfonieren. Mit Chlorsulfonsäure entstehen aus den Arenen direkt Arensulfonylchloride, die, mit Ammoniak behandelt, Arensulfonamide geben, welche schwer löslich sind und sich deshalb leicht isolieren und reinigen lassen [1]. Die Arbeitsweise ist dieselbe wie die auf Seite 179 für die Chlorsulfonierung der Anisole beschriebene.

Schmelzpunkte einiger Arensulfonamide sind in [1] angegeben.

d) Oxydation

Aromatische Kohlenwasserstoffe mit Seitenketten lassen sich zu Carboxylsäuren oxydieren, wobei jede Seitenkette eine Carboxylgruppe gibt, indem die Seitenkette mit Ausnahme des direkt am Kern haftenden Kohlenstoffatoms wegoxydiert wird. Sowohl Toluol als Äthylbenzol und Cumol werden Z. B. zu Benzoesäure oxydiert. Kohlenwasserstoffe mit zwei Seitenketten (Naphthalin mit einbegriffen) oxydieren zu Benzoldicarboxylsäuren (Phthalsäure, Isophthalsäure oder Terephthalsäure), die leicht durch ihre Schmelzpunkte identifiziert werden können.

Man kann keine allgemein gültige Arbeitsweise zur Durchführung der Oxydation angeben, weder in bezug auf Oxydationsmittel, noch was die zur Durchführung der Oxydation notwendige Zeit anbelangt. Wünscht man mit Chromsäure zu oxydieren, wird empfohlen, gleiche Gewichtsteile von Chromsäureanhydrid, Wasser und konzentrierter Schwefelsäure zu nehmen; bisweilen scheint es aber vorteilhafter, eine Lösung von Chromsäureanhydrid in Eisessig als Oxydationsmittel zu benutzen. Man läßt die Substanz eine gewisse Zeit mit der Chromsäurelösung unter Rückflußkühlung sieden, kühlt ab und verdünnt das Gemisch mit Wasser. Die aromatische Säure wird durch Filtrieren oder durch Wasserdampfdestillation isoliert. Im letzten Falle wird die Säure oft im Kühler auskristallisieren und ist dann leicht zu isolieren.

Benutzt man als Oxydationsmittel Kaliumpermanganat, findet die Oxydation gewöhnlich in alkalischer Lösung statt, da das Reaktionsgemisch Natriumcarbonat enthält. Das Mangandioxid, welches sich während der Oxydation ausscheidet, wird durch Filtration des siedend heißen Reaktionsgemisches entfernt. Nachher muß man das Mangandioxid sorgfältig mit siedendem Wasser auswaschen, denn große Mengen (oft das meiste) des Oxydationsproduktes werden vom Mangandioxid durch Adsorption zurückgehalten.

Das alkalische Filtrat wird etwas eingeengt und dann mit einer Mineralsäure angesäuert. Die aromatische Säure scheidet sich beim Abkühlen aus.

Diese Oxydation der Seitenketten erlaubt nicht nur eine bequeme Identifizierung der Kohlenwasserstoffe. Auch zur Identifizierung z. B. der nitro- oder halogensubstituierten Arene mit aliphatischen Seitenketten wird man oft versuchen, die Seitenketten durch Oxydation in Carboxylgruppen überzuführen.

e) Umbildung der Arene in Aroylbenzoesäuren oder Aroyltetrachlorbenzoesäuren

LEWENZ und SERIJAN [2] empfehlen zur Charakterisierung der Arene, diese durch eine aluminiumchloridkatalysierte Reaktion mit Phthalsäureanhydrid oder Tetrachlorphthalsäureanhydrid als Aroylbenzoesäuren oder Aroyltetrachlorbenzoesäuren zu charakterisieren.

In einem Mörser mischt man 0,01 Mol des Säureanhydrids mit 0,022 Mol wasserfreiem Aluminiumchlorid. Das Gemisch wird in ein Reagenzglas eingefüllt und mit 0,05 Mol des Kohlenwasserstoffes versetzt. Das Reagenzglas, durch ein Chlorcalciumrohr gegen Feuchtigkeit geschützt, wird 1—2 Stunden in ein Eisbad gestellt und dann bei Zimmertemperatur stehen gelassen, bis die Entwicklung von Chlorwasserstoff aufhört. Das Gemisch wird dann mit eiskalter Salzsäure behandelt. Nach vollständiger Auflösung des Reaktionsproduktes wird filtriert; der Rückstand wird mit Wasser und mehrmals mit Petroläther gewaschen, im Vacuum bei 50° getrocknet und durch Umkristallisation gereinigt. Die Aroylbenzoesäuren werden zur Reinigung in heißem Toluol gelöst und dann mit Petroläther bis zur Trübung versetzt. Die Aroyltetrachlorbenzoesäuren werden in heißem Eisessig gelöst und mit Wasser bis zur Trübung versetzt.

Einige Schmelzpunkte sind in [2] angegeben.

2. BESTIMMUNG DER KOHLENWASSERSTOFFE

Um die *gesättigten Kohlenwasserstoffe* zu bestimmen, wird man meistens eine Molekülgewichtsbestimmung durchführen und diese, wenn möglich, mit einer Elementaranalyse kombinieren. Bei *ungesättigten Kohlenwasserstoffen* wird gewöhnlich die Addition von Brom oder Jod die Bestimmung der Substanz erlauben.

Die *aromatischen Kohlenwasserstoffe* werden am bequemsten unter Zuhilfenahme von Derivaten bestimmt.

Bilden die Kohlenwasserstoffe Addukte mit Pikrinsäure oder Styphninsäure, kann man diese Derivate wie auf Seite 187 angegeben titrieren.

Dieselben Derivate, wie auch die Addukte mit Trinitrobenzen, lassen sich titanometrisch bestimmen. Das Molekülgewicht des Adduktes ist dann $18 \cdot E$, wo E das titanometrisch festgestellte Äquivalentgewicht ist. Das Molekülgewicht des Kohlenwasserstoffes wird dann gefunden, wenn man 229,1, 245,1 oder 213,1 vom Molekülgewicht des Adduktes abzieht.

Hat man einen Kohlenwasserstoff durch Nitrierung charakterisiert, gestattet das Derivat die titanometrische Bestimmung des Molekülgewichtes. Wird titanometrisch das Äquivalentgewicht E gefunden, ist das Molekülgewicht des Derivats $p \cdot 6 \cdot E$, wo p die Zahl der Nitrogruppen im Derivat ist. Man findet dann:

$$M_{\text{Aren}} = M_{\text{Nitroaren}} - p \cdot 45{,}0\,.$$

Auch die Sulfonamide, die bisweilen zur Charakterisierung der Arene herangezogen werden, gestatten die Bestimmung des Molekülgewichtes des Arens. Man bestimmt den Stickstoff im Sulfonamid nach KJELDAHL und berechnet dann:

$$M_{\text{Aren}} = M_{\text{Sulfonamid}} - 79{,}1\,.$$

Die Aroylbenzoesäuren und die Aroyltetrachlorbenzoesäuren sind genügend starke Säuren, um die alkalimetrische Bestimmung ihrer Äquivalentgewichte zu erlauben; Indicator: Phenolphthalein. Man findet dann:

$$M_{\text{Aren}} = E_{\text{Aroylbezoesäure}} - 148{,}1 \quad \text{oder} \quad - 285{,}9\,.$$

LITERATUR

[1] HUNTRESS, E. H., und AUTENRIETH, S. J., J. amer. chem. Soc. **63**, 3446, 1941.
[2] LEWENZ, G. F., und SERIJAN, K. T., J. amer. chem. Soc. **75**, 5753, 1953.

Zusammenstellung der benutzten Reagenzien

Azetylchlorid-Toluol . . . . 1,5 *n*

110 ml Azetylchlorid werden mit Toluol gemischt und auf 1000 ml aufgefüllt.

Ammoniakwasser, konz., 25% . . . . 12—13 *n*

Ammoniakwasser, verdünntes . . . . 2 *n*

Ammoniumcarbonat . . . . 2 *n*

Ammoniummolybdat . . . .

50 g Ammoniummolybdat werden in einer Mischung von 150 ml konz. Ammoniakwasser und 150 ml Wasser gelöst. Die Lösung wird mit verdünnter Salpetersäure auf 4 Liter gebracht.

Ammoniumoxalat . . . . 0,5 *n*

Ammoniumthiocyanat, 10% . . . . 1,3 *n*

Barfoeds Reagens . . . .

6—7% Cupriazetatlösung, 1% freie Essigsäure enthaltend.

Bariumchlorid . . . . 1 *n*

Bariumhydroxid . . . . 0,2 *n*

Beckmanns Reagens . . . .

300 g Kalium- (oder Natrium-)dichromat werden in 1500 ml Wasser gelöst; zur Lösung werden 135 ml konz. Schwefelsäure gesetzt.

Bleiazetat . . . . 2 *n*

Bleiazetat, basisches . . . .

1 Liter Bleiazetatlösung wird mit 200 g Bleioxid 3 Stunden auf dem Dampfbade unter häufigem Schütteln erwärmt. Man läßt das nicht gelöste Bleioxid sich absetzen und dekantiert die obenstehende klare Flüssigkeit.

Bromwasser, gesättigtes . . . . ca. 0,45 *n*

Calciumazetat . . . . 2 *n*

Calciumchlorid . . . . 1 *n*

p-Carboxyphenylhydraziniumchlorid . . . . ca. 0,2 *n*

4 g *p*-Carboxyphenylhydraziniumchlorid werden in 100 ml Wasser gelöst.

Cu(II)sulfat . . . . 1 *n*

Cu(II)sulfat, konz. (gesättigt) . . . . 2,5 *n*

2,4-Dinitrophenylhydraziniumchlorid . . . . 0,01 *n*

2 g 2,4-Dinitrophenylhydrazin werden in 500 ml heißer verdünnter Salzsäure gelöst; die Lösung wird mit Wasser auf 1000 ml aufgefüllt und nach Abkühlung filtriert.

2,4-Dinitrophenylhydraziniumperchlorat . . . . 0,12 *n*

12 g 2,4-Dinitrophenylhydrazin werden in 500 ml 30% Perchlorsäure gelöst.

2,4-Dinitrophenylhydraziniumphosphat . . . . 0,25 *n*

50 g 2,4-Dinitrophenylhydrazin werden in 600 ml 85% Phosphorsäure gelöst; die Lösung wird mit Äthanol auf 1000 ml gebracht.

DENIGÈS' Reagenz

50 g Mercurioxid werden in 200 g konz. Schwefelsäure gelöst. Die Lösung wird zu 1000 ml Wasser gesetzt.

Eisessig . . . 17 *n*

Essigsäure, verdünnte . . . 4 *n*

Essigsäureanhydrid-Pyridin nach DELABY und BREUGNOT . . . 3,3 *n*

335 ml Essigsäureanhydrid werden mit 665 ml Pyridin gemischt.

Essigsäureanhydrid-Pyridin nach VERLEY und BÖLSING . . . 1,5 *n*

120 ml Essigsäureanhydrid werden mit 880 ml Pyridin gemischt.

Essigsäureanhydrid-Pyridin nach HAUSCHILD, SINGER und PETIT . . . 1,2 *n*

100 ml Essigsäureanhydrid werden mit 900 ml Pyridin gemischt.

FEHLINGsche Flüssigkeit

I. 20 g Cu(II)sulfat (5 H_2O) werden in Wasser zu 500 ml gelöst.

II. 100 g Seignette-Salz und 75 g Natriumhydroxid werden in Wasser zu 500 ml gelöst. Unmittelbar vor dem Gebrauch werden gleiche Volumina der beiden Lösungen gemischt.

Fe(III)ammoniumsulfat . . . 2,0 *n*

Enthält 5 ml konz. Schwefelsäure je Liter Lösung.

Fe(III)chlorid . . . 1,5 *n*

Enthält 20 ml konz. Salzsäure je Liter Lösung.

Fe(II)sulfat . . . 1 *n*

Enthält 10 ml konz. Schwefelsäure je Liter Lösung.

Fuchsin-Schweflige Säure

siehe SCHIFFS Reagens.

Jod in Äthanol . . . 0,4 *n*

Jod in Kaliumjodid . . . 0,1 *n*

16,7 g Kaliumjodid werden in 200 ml Wasser gelöst. In dieser Lösung werden 12,7 g Jod gelöst; das Gemisch wird mit Wasser auf 1000 ml gebracht.

Jodazidreagens

Gleiche Volumina von 0,01 m Jod in 0,5 m Kaliumjodidlösung und 0,5 m Natriumazidlösung, unmittelbar vor dem Gebrauch gemischt.

Kaliumantimonat . . . 0,1 *n*

20 g Kaliumantimonat und 50 g Kaliumhydroxid werden in Wasser gelöst und auf 1000 ml aufgefüllt.

Kaliumazetat . . . 1 *n*

Kaliumbromid-Kaliumbromatlösung . . . 0,1 *n*

11 g Kaliumbromid und 2,8 g Kaliumbromat werden in Wasser gelöst und auf 1000 ml aufgefüllt.

Kaliumcarbonat . . . 2 *n*

Kaliumchromat . . . 1 *n*

Kaliumcobalticarbonat

7 g Kaliumhydrogencarbonat werden in 50 ml Wasser gelöst und mit 10 ml 3%iges Wasserstoffsuperoxid versetzt. Dem Gemisch wird unter Schütteln langsam eine konzentrierte Lösung von 2,4 g wasserfreies Cobaltochlorid zugesetzt.

KaliumFe(III)cyanid . . . 0,5 *n*

KaliumFe(II)cyanid . . . 0,5 *n*

Kaliumjodat, 5% . . . 0,22 *n*

Kaliummanganit

siehe S. 27

KaliumHg(II)jodid siehe NESSLERS Reagens	
Kaliumpermanganat, 4%	1,3 *n*
Kaliumthiocyanat	0,5 *n*
Kristallviolett in Eisessig	1%
Manganosulfat	0,5 *n*
Hg(II)chlorid	0,25 *n*
Methylrot 0,1 g Methylrot wird in 300 ml Äthanol gelöst und mit Wasser auf 500 ml aufgefüllt.	
Natriumazetat	1 *n*
Natriumborat (Borax), 2%	0,05 *n*
Natriumborhydrid 0,0625 *m*-Lösung in *n*-Natronlauge.	0,5 *n*
Natriumborhydrid zur Reduktion von Disulfiden siehe S. 281.	
Natriumcarbonat	2 *n*
Natriumcitrat, 20%	0,85 *n*
Natriumcobaltinitrit 150 g Natriumnitrit und 50 g Cobaltonitrat werden in 500 ml Wasser gelöst und mit 30 ml konz. Essigsäure versetzt. Dann wird eine Stunde lang Luft durch die Lösung gesaugt.	
Natronlauge, konz. 30%	10 *n*
Natronlauge, verdünnte	2 *n*
Natriumhypochloritlösung zum Chlorieren der aliphatischen Nitroverbindungen	0,7 *n*
α-Naphthylamin in äthanolischer Salzsäure 1 g α-Naphthylamin wird in einem Gemisch von 0,8 ml konz. Salzsäure und 100 ml Äthanol gelöst.	
NESSLERS Reagens 13,4 g Hg(II)chlorid und 50 g Kaliumjodid werden in Wasser gelöst und auf 1000 ml aufgefüllt.	
NESSLERS Reagens zur Bestimmung der Dreifachbindung siehe S. 293.	
Nickelnitrat	5%
Phenolphthalein 5 g Phenolphthalein in 500 ml 90% Äthanol gelöst.	
Pikrinsäure, 1%	0,04 *n*
Phosphorsäure, 89%	48 *n*
Phosphorsäure, verdünnte	4 *n*
Salpetersäure, konz., 65%	14 *n*
Salpetersäure, verdünnte	4 *n*
Salzsäure, konz., 38%	12 *n*
Salzsäure, verdünnte	4 *n*
SCHIFFS Reagens 20 ml einer gesättigten Natriumhydrogensulfitlösung werden zu 500 ml einer wäßrigen 0,1%igen Fuchsinlösung gesetzt. Nach einer Stunde werden 10 ml konz. Salzsäure zugefügt.	
Schwefelsäure, konz., 98%	37 *n*
Schwefelsäure, verdünnte	4 *n*
Schweflige Säure, gesättigte Lösung	0,25 *n*
Silbernitrat, 10%	0,6 *n*

Silbernitrat . . . . 0,1 *n*

Silbernitrat, äthanolische Lösung . . . . 0,1 *n*

17 g Silbernitrat werden in 20 ml Wasser gelöst und unter ständigem Rühren mit 1000 ml 96%igem Äthanol gemischt.

Stannochlorid . . . . *n*

113 g Stannochlorid (dihydrat) werden in 170 ml konz. Salzsäure gelöst. Die Lösung wird mit Wasser auf 1000 ml aufgefüllt und mit etwas Zinnpulver versetzt.

Stärke 1%

Einige Hg(II)jodid-Kristalle werden zur Stärkelösung zugesetzt, um das Wachstum von Mikroorganismen zu verhindern.

Sulfanilsäure . . . . 0,025 *n*

5 g Sulfanilsäure werden in einem Gemisch von 104 ml konz. Salzsäure und 146 ml Wasser gelöst und mit Wasser auf 1000 ml verdünnt.

Titantrichlorid . . . . 0,06—0,1 *n*

100 ml der kommerziellen 15% Titantrichloridlösung werden mit 200 ml konz. Salzsäure gemischt und mit Wasser auf 1000 ml aufgefüllt.

TOLLENS' Reagens . . . .

Gleiche Volumina von 10% Silbernitrat und verd. Natronlauge werden gemischt. Konz. Ammoniakwasser wird tropfenweise zugesetzt, bis das Silberoxid sich eben gelöst hat.

Weinsäure . . . . 0,5 *n*

WIJS' Flüssigkeit (Jodzahlbestimmung) . . . .

9 g Trichlorjod werden in einem Gemisch von 700 ml Eisessig und 300 ml Tetrakohlenstoff gelöst. 10 g pulverisiertes Jod werden zugesetzt; dann schüttelt man, bis keine Spur von Trichlorjod übrig ist (siehe S. 290).

Xylen Cyanol F. F. (Indicator) . . . .

0,5 g Methylorange und 0,08 g Xylen Cyanol F. F. (Formel siehe unten) werden in 100 ml Wasser gelöst.

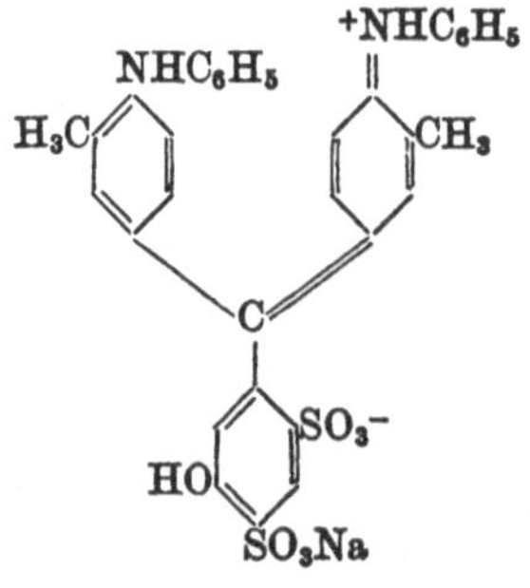

SACHREGISTER

AUTORENREGISTER

FSC
www.fsc.org
MIX
Papier | Fördert
gute Waldnutzung
FSC® C083411

Kolibri 360 GmbH
Ferdinand-Jühlke-Straße 7
99095 Erfurt, Deutschland
produktsicherheit@kolibri360.de